［増補版］

Elementary Calculus for Economics
Enlarged Edition

経済系のための微分積分

西原健二・瀧澤武信・玉置健一郎［著］

共立出版

増補版まえがき

本書は，経済などの社会科学系の学生向けに書かれた微分法と積分法についての教科書であり，「経済系のための微分積分」の書き方を変えないまま，第2章と第3章にそれぞれ，経済数学でよく出てくる「準凸関数」「準凹関数」に関する性質を増補した．凸，凹と準凸，準凹の関係は，凸（凹）であれば準凸（準凹）であり，狭義の凸（狭義の凹）であれば狭義の準凸（狭義の準凹）である（定理 2.5.1）．また，凸性（凹性），準凸性（準凹性）の定義から狭義の凸（狭義の凹）であれば凸（凹）であり（定理 2.3.3 の後），狭義の準凸（狭義の準凹）であれば準凸（準凹）である（定義 2.5.1 の後）．なお，凸（凹）であることと，狭義の準凸（狭義の準凹）であることに関しては，それぞれ一方であり他方でない例が存在する（例 2.5.2（図 2.17），例 2.5.4（図 2.19））ことに注意が必要である．

増補版作成にあたり，早稲田大学の玉置健一郎准教授が著者に加わった．また，増補分にある練習，章末問題の作成にあたっては，拓殖大学政経学部の高橋大輔准教授から貴重な助言をいただいた．深く感謝申し上げる．

また，共立出版の寿日出男氏，古宮義照氏，河原優美氏には大変お世話になった．厚くお礼申し上げる．

2018 年 9 月　　著者

初版まえがき

本書は，経済などの社会科学系の学生向けに書かれた微分法と積分法についての教科書である．高校初級レベルの内容から説き起こし（第1章）ているが，最終到達レベルは決して低いものではない（微分法の第4章，積分法の第6章）．基礎的で重要な定理（最大最小の定理など）の証明の多くは本文中では省いてあるが，節末のショートノートや脚注で補っている．いわゆる文系学部の多くの学生は高校において数学になじみが薄く，また，応用の面を考えても厳密な証明をすることはそれほど必要がないかもしれない．したがって，証明がそこに書かれている，必要になったとき振り返ることができるといった使い方でよいと思う．

内容をもう少し詳しく見ると，微分法では極値問題，制約条件付極値問題を目標にしている．1変数関数の微分法（第1章，第2章），2変数関数の偏微分法と極値問題（第3章），そして，最後に第4章で，一般の n 変数関数についての極値問題を取り扱っている．そこではベクトルや行列，行列式といった線形代数の知識も必須である．線形代数を学んでいない場合は学んだ後に取り組むことを薦める．

積分法では，目標は統計学に出てくる確率分布（正規分布またはガウス分布，カイ2乗分布，t 分布，コーシー分布など）について，$\int_{-\infty}^{\infty} f(x)\,dx = 1$（$f(x)$ は確率密度関数という）を確認することとした．確率密度関数には，文系数学としてはレベルの高い関数（誤差関数，ガンマ関数，ベータ関数など）が出てくる．レベルが高いが実際に使われるのであるから仕方がない．難しいと思われることを承知で頑張って解説してある．第5章では，微分公式の逆演算として不定積分を導入し，定積分そして広義積分を解説した．さらに，$\int_0^{\infty} e^{-x^2}\,dx = \frac{\sqrt{\pi}}{2}$（いろいろな場合に基礎となる積分値）を認めた上で，正規分布やガンマ関数，ベータ関数にもふれている．最終章の第6章では，二重積分を積分領域が複雑な場合を避けてできるだけ簡潔に取り扱った．その結果として，$\int_0^{\infty} e^{-x^2}\,dx = \frac{\sqrt{\pi}}{2}$ を導いた．

本書の内容は，大学における1年間の講義の分量を超えていると思われる．

高校で「数学 III」や「数学 C」を学ばなかった学生には 4 単位で第 1 章から第 3 章までの内容を学ぶことを想定し，学んできた学生には 2 単位でやはり第 3 章まで学ぶことを想定している．第 4 章は「線形代数」も学んだ学生を対象にしている．第 4 章以降の内容は文系学生向けの教科書としては密度の濃いものとなったかと思われる．しかし，全般を通じて，解説には丁寧さを心がけたつもりである．「数学 III」等の既習者には第 1 章は「そこまで？」と思われる部分もある．自分の数学の既習レベルに合せて「じっくり」あるいは「駆け足」で進んでいただきたい．

早稲田大学の井上 淳助教授には，原稿の段階で，確率・統計に関する事項について貴重な助言をいただいた．深く感謝申し上げる．

本書の執筆に当たって共立出版の松永智仁氏には大変お世話になった．文章のスタイルから TEX に関することまでアドバイスをいただき出版の運びとなった．厚く御礼を申し上げたい．

2007 年 1 月　　編著者

目次

1

1変数関数の微分法（I）

第 1 章では，実数の基本性質を踏まえた上で，厳密性より直感を重視して微分法の公式を導く．ともかく微分の計算ができるようになって欲しいというのがこの章の眼目である．逆三角関数を除けば，高校で学ぶ「数学 III」に含まれる．既習者は実数の基本性質（1.1 節）を確認して第 2 章に進んでいただきたい．文系学部の学生の多くは「数学 III」を学んでいない．丁寧さを強く心掛けて解説してあるので，まずこの章で数学になじんでいただき，かつ計算の訓練もして欲しい．

この章で学ぶことをまとめると，関数 $y = f(x)$ の導関数は

$$\frac{dy}{dx} = f'(x) = \lim_{\Delta x \to 0} \frac{\Delta y}{\Delta x} = \lim_{\Delta x \to 0} \frac{f(x+\Delta x) - f(x)}{\Delta x}$$

で定義され，その微分公式は次の表で与えられる．

初等関数の微分公式（α, a: 定数，$a > 0, a \neq 1$）	
$(x^\alpha)' = \alpha x^{\alpha-1}$ $(e^x)' = e^x$，$(a^x)' = a^x \log_e a$ $(\sin x)' = \cos x$ $(\cos x)' = -\sin x$ $(\tan x)' = \dfrac{1}{\cos^2 x} = \sec^2 x$	$(\log_e x)' = \dfrac{1}{x}$，$(\log_a x)' = \dfrac{1}{x \log_e a}$ $(\sin^{-1} x)' = \dfrac{1}{\sqrt{1-x^2}}$ $(\cos^{-1} x)' = -\dfrac{1}{\sqrt{1-x^2}}$ $(\tan^{-1} x)' = \dfrac{1}{1+x^2}$
和差，スカラー倍，積，商の微分公式	
$(f(x) \pm g(x))' = f'(x) \pm g'(x)$ $(cf(x))' = cf'(x)$ (c : 定数)	$(f(x)g(x))' = f'(x)g(x) + f(x)g'(x)$ $\left(\dfrac{f(x)}{g(x)}\right)' = \dfrac{f'(x)g(x) - f(x)g'(x)}{\{g(x)\}^2}$

合成関数 $y=g(f(x))$ の微分法 $y=g(u),\, u=f(x) \Rightarrow \dfrac{dy}{dx}=\dfrac{dg(u)}{du}\dfrac{du}{dx}=g'(u)f'(x)$
逆関数 $y=f^{-1}(x)$ の微分法　$x=f(y) \Rightarrow \dfrac{dy}{dx}=\dfrac{1}{\frac{dx}{dy}}=\dfrac{1}{f'(y)}$
媒介変数表示の関数 $x=f(t), y=g(t)$ の微分法　$\dfrac{dy}{dx}=\dfrac{\frac{dy}{dt}}{\frac{dx}{dt}}=\dfrac{g'(t)}{f'(t)}$
対数微分法 $y=f(x),\, \log y=\log f(x) \Rightarrow \dfrac{y'}{y}=(\log f(x))',\, y'=y(\log f(x))'$
積の n 階導関数（ライプニッツの公式） $(f\cdot g)^{(n)}=\sum_{k=0}^{n}\binom{n}{k}f^{(n-k)}g^{(k)},\ \binom{n}{k}={}_nC_k=\dfrac{n!}{(n-k)!k!}$

1.1　実数の基本性質と数列の極限

日常生活でもよく使う言葉として，たとえば，「物価は下落傾向にある」,「物価は下げ止まりつつある」とか「物価の下落傾向が上昇傾向に転じつつある」などという．これらは物価という数値が減少，増加あるいはその度合が減少，増加していることを表現している．微分法はそのような増加，減少を数学というツールあるいは言葉（と言ってもよいと思われる）を使って論理的な厳密性をもって表現しようとするものである．もちろん数字を使うので数とはなにかを確認しておく必要がある．

まず，1個，2個 … あるいは1番目，2番目 … と数えて，**自然数**（natural number）が得られる．自然数の全体を頭文字の n を使って，$\mathbf{N}$ と表す．集合の言葉では

$$\mathbf{N}=\{1,2,3,4,\ldots\} \tag{1.1}$$

と表す．中かっこ $\{\}$ で囲まれたものすべての集まりを表していて，そのような集まりを一般に**集合**（set）と呼び，構成している1つひとつを集合の**要素**，または**元**（element）と呼ぶ．記号では，x が集合 S の元である（元でない）

とき，$x \in S$ ($x \notin S$) と表す．$\mathbf{N}$ は自然数の集合を表し，13 は $\mathbf{N}$ の元で，$\frac{5}{3}$ は $\mathbf{N}$ の元ではない，*i.e.*[1] $13 \in \mathbf{N}$, $\frac{5}{3} \notin \mathbf{N}$. 自然数 $\mathbf{N}$ の中では足算と掛算が可能であるが，引算や割算ができなくなる場合が出てくる．インドで発見されたといわれる 0（零）の発見を経て[2]，引算ができるように数を増やすと**整数**（integer,（独）Zahl）の集合となる．それを $\mathbf{Z}$ と書こう，すなわち

$$\mathbf{Z} = \{\ldots, -2, -1, 0, 1, 2, \ldots\} \tag{1.2}$$

$\mathbf{Z}$ の中では掛算も可能である．割算のためには**有理数**（rational number）の集合 $\mathbf{Q}$ が必要である．これは，

$$\mathbf{Q} = \left\{\frac{q}{p}\,;\, p, q \in \mathbf{Z},\ p \neq 0\right\} \quad \text{または} \quad \left\{\frac{q}{p}\,\middle|\, p, q \in \mathbf{Z},\ p \neq 0\right\} \tag{1.3}$$

と表す．$\mathbf{N}$ や $\mathbf{Z}$ のようにすべての元を並べて書きにくいため，代表元 $\frac{q}{p}$ を書いて，セミコロン（または，縦棒|）の後にその性質を書いている．集合を表すにはこの表現と (1.1), (1.2) のように元を並べて書く表現を随時使い分ける．文字 $\mathbf{Q}$ の出所は有理数は 2 つ整数の商（quotient）の頭文字と思えばよい．$\mathbf{Q}$ の中では，足算，掛算はもちろん引算も（0 で割る場合を除いて）割算も可能である，つまり加減乗除の四則演算ができるということである．なじみの数直線を描いてもぎっしり数が詰まっているように見える（図 1.1）．

しかしながら，これでも穴がいっぱい空いている．$\sqrt{2}$ や π が有理数ではなく**無理数**（irrational number）であることを知っている人も多いと思う．有理数に，これらの無理数を合わせたものを**実数**（real number）といい，$\mathbf{R}$ と書く．この実数の集合が本書の考察のベースとなるものである．直感的には数直線で表した穴の空いていた有理数の集合の穴を埋めたものが実数の集合である．本当に数直線上に隙間なくぎっしり詰まった数の全体である（図 1.2）．

このように理解すれば実用的には支障がないであろうが，厳密な議論を積み重ねるにはいささか不十分なのである．日常の議論でもよくかみ合わないことがあるであろう．よく確かめてみると前提が違っていたなどという経験はない

---

[1] *i.e.* = that is, すなわち．

[2] 自然数の集合 $\mathbf{N}$ に $\{0\}$ を付加して考察したほうがよい場合もある．本書ではそれを $\mathbf{N}_0$ と書こう．すなわち，

$$\mathbf{N}_0 = \{0, 1, 2, 3, 4, \ldots\}$$

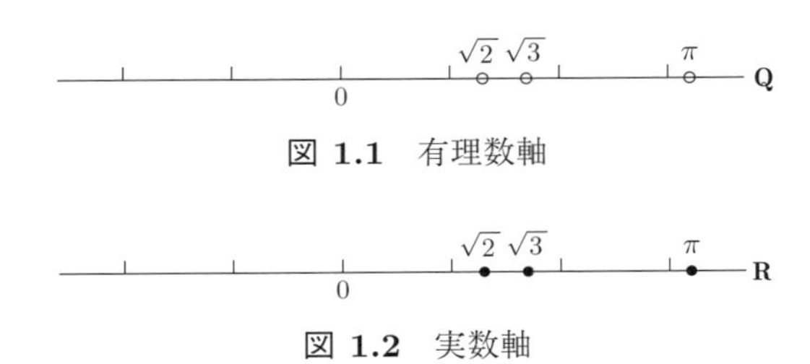

図 1.1　有理数軸

図 1.2　実数軸

であろうか．これではかみ合うはずがない．上の議論でも無理数の集合がはっきりしていない．したがって，考察のベースの実数の集合 $\mathbf{R}$ がはっきりしない（およその認識は $\mathbf{R}$ は数直線上の数の全体ということではあるが）．

議論の前提をきっちり確認して，その上で議論を積み重ねようとする考え方を**公理主義**といい，その前提を**公理**（axiom）という．そこまで大上段に構えなくとも，まずは「実数とは何か」という前提を申し合わせておこうというのがこの節の目的である．上にも述べたように，$\mathbf{R}$ は数直線上の数の全体ということで大きな支障はないが，このような考え方が厳密な議論には必要なのであることを認識していただきたい．本書を読み進んだ後に，改めてこの節を読み直していただくのも効果的と思われる．

さて，実数の基本性質，または公理とも言ってよいが，それは次の3つにまとめられる．

実数の基本性質

基本性質 I　実数 $\mathbf{R}$ には加減乗除の四則演算が0で割る場合を除いて定義されている[3]．

基本性質 II　実数 $\mathbf{R}$ は大小関係をもつ[4]．

基本性質 III　実数 $\mathbf{R}$ は連続性をもつ．

当たり前のように思っている数直線上の数が上のようにきちんと述べられた．

[3]正確に言うと次のようになる．$x, y \in \mathbf{R}$ に対し，和 $x+y \in \mathbf{R}$，積 $xy \in \mathbf{R}$ が定義される．さらに，零元 0 と単位元 1 があり，x に対し $x+y=0$ となる元 $y=-x$ が存在し，$x \neq 0$ ならば $xy=1$ となる元 $y=\frac{1}{x}=x^{-1}$ が存在する．これらの演算に関し，交換法則，結合法則，分配法則の演算法則も成立する．

[4]これは，異なる $x, y \in \mathbf{R}$ に対し，必ず $x<y$ または $x>y$ のどちらかが成立すること．

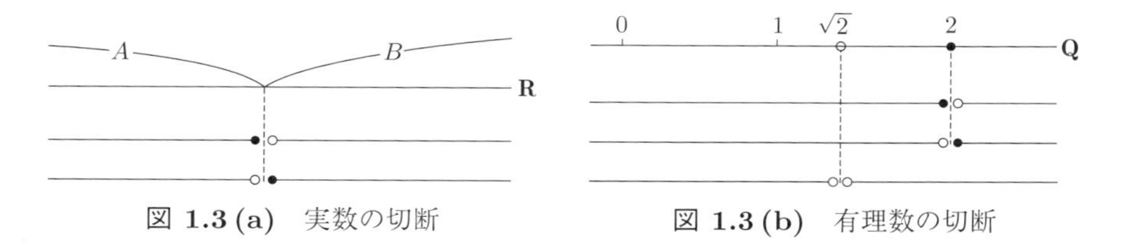

図 1.3 (a)　実数の切断　　**図 1.3 (b)**　有理数の切断

性質 I, II は説明を要しないであろうが，性質 III について説明をしよう．実数の連続性（continuity）とは，有理数と違って，“隙間なく” ぎっしり数が詰まっていて繋がっていることを表している．これはデデキント（Dedekind）の**切断**（cut）の概念[5]を使って述べられる．そのために集合の記号をもう少し導入する．一般に集合 A, B をあわせた集合を**和集合**（union）と呼び，$A \cup B$ と書く，*i.e.* $A \cup B = \{x; x \in A$ または $x \in B\}$．A, B に共通の要素の集合を，A, B の**共通部分**（intersection）といい，$A \cap B$ と書く，*i.e.* $A \cap B = \{x; x \in A$ かつ $x \in B\}$．特に，共通する要素が存在しないときは $A \cap B = \emptyset$ と書いて A と B は**互いに素**（disjoint）という．$\emptyset$ は要素をもたない集合で**空集合**（empty set）という．さて，実数 $\mathbf{R}$ を 2 つの集合 A, B に分割する，*i.e.* $\mathbf{R} = A \cup B$．さらに A の元はすべて B の元より小さく，B の元は A の元より大きくとる（図 1.3 (a) 参照）．その結果 A, B は互いに素となっている．この組 (A, B) を $\mathbf{R}$ の切断という．「実数 $\mathbf{R}$ が連続性をもつ」ことの定義は次のように言うことができる．

> **基本性質 III'**　(A, B) を $\mathbf{R}$ の切断とするとき，
> (i) A が最大数をもつ か，(ii) B が最小数をもつ．

隙間のある有理数 $\mathbf{Q}$ の切断 (A, B) と比較してみると理解できるであろう．鋭利な刃物で数直線を切って，$\mathbf{Q}$ を A と B に分割するとしよう（図 1.3 (b) 参照）．そのとき，有理数たとえば 2 のところで切ったとすると，2 を A に含めれば (i) A が最大数をもち，B に含めれば (ii) B が最小数をもつ ことになる．ところが，有理数から見れば隙間となっているたとえば $\sqrt{2}$ で切ると (iii)「A が最大数をもたず，B も最小数をもたない」場合が出現する．隙間があるから

[5] Julius W. R. Dedekind (1831–1916). Dedekind 著，河野伊三郎訳，「数について」，岩波文庫，1961 に詳しい．

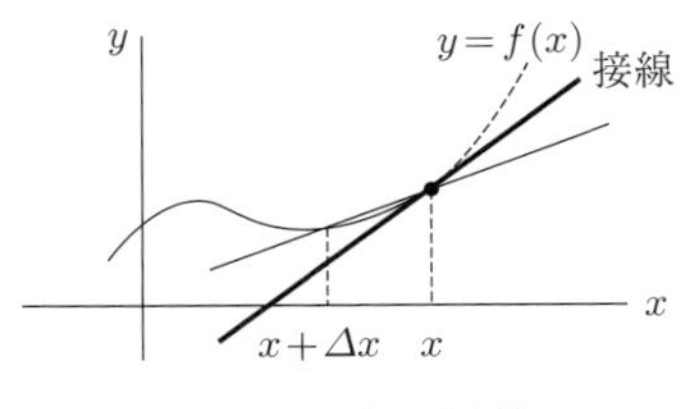

図 1.4　微分係数

こそケース (iii) が出るのである．基本性質 III' は，実数では (iii) のケースがない，すなわち隙間がないと言っているのである．別の見方をすれば，有理数 $\mathbf{Q}$ の切断を考え，有理数 q で切ったケース (i) または (ii) が出るときこの切断 (A, B) に有理数 q を対応させ，“隙間” の所で切ったケース (iii) の切断 (A, B) は無理数と考え，これらの無理数を付加して実数が完成することになる．

さて，われわれの目標は微分法で，増加または減少に従って “傾き” を調べたい．株価など，過去の実績 $y = f(x)$ が現時点 x までわかっていて，近い未来を予測したいと思えば点 x での傾きを出したい（図 1.4 参照）．少し過去の $x + \Delta x$ と結んだ直線の傾き

$$\frac{f(x+\Delta x) - f(x)}{\Delta x} \quad \text{(平均変化率という)}$$

を調べればほぼ目的を達するが，Δx をどんどん小さくしていけば完全である．

$$\lim_{\Delta x \to 0} \frac{f(x+\Delta x) - f(x)}{\Delta x} \quad (x \text{ における “接線” の傾き})$$

（これが x における f の微分係数または変化率といい，x を変数と思えば f の導関数で，これから学んでいこうとする対象である）．lim は極限（limit）と呼ばれ，微分法では必須で極限が存在するか否かが問題となるのである．したがって，数列，数列の極限，関数の極限を考察し，基本性質 III を数列の言葉で表現する．そのために数列から復習しよう．

何らかの規則性をもって並んでいる数の列

$$a_1, a_2, \ldots, a_n, \ldots \tag{1.4}$$

を**数列**（sequence）と呼び，a_1 を初項，a_n を一般項という．一般項を代表させて $\{a_n\}_{n=1}^{\infty}$ または単に $\{a_n\}$ とも書く（いま，a_1 からスタートしたが，a_0

からスタートすることもある．この場合は

$$a_0, a_1, a_2, \ldots, a_n, \ldots \quad \text{または} \quad \{a_n\}_{n=0}^{\infty}$$

となる）．今後，数列といえば無限個の項の出る**無限数列**を表す．たとえば，

$$1, -3, 5, -7, \ldots, (-1)^{n-1}(2n-1), \ldots \quad \text{または} \quad \{(-1)^{n-1}(2n-1)\} \tag{1.5}$$

は符号が1項ずつ入替わる奇数の列となっている．一般項 $a_n = (-1)^{n-1}(2n-1)$ であることもわかるであろう．

等差数列，等差数列の和　上の (1.5) で符号が変わらなければ，

$$1, 3, 5, 7, \ldots, 2n-1, \ldots.$$

これは奇数の列で，見方を変えれば，項が増すごとにつねに 2 ずつ増えていてこのような数列を等差数列という．2 は公差という．一般には

$$a, a+d, a+2d, a+3d, \ldots, a+(n-1)d, \ldots \tag{1.6}$$

が初項 a，公差（difference）d の**等差数列**（arithmetic progression）であり，一般項は $a_n = a+(n-1)d$ である．数列の各項の和が数列の和で，等差数列の第 1 項から第 n 項までの和 S_n は

$$S_n = a_1 + a_2 + \cdots + a_n = \frac{1}{2}n(2a+(n-1)d) = \frac{n}{2}(a_1 + a_n) \tag{1.7}$$

となる．これは，S_n を片方は項の順序を逆にして 2 つ並べて

$$\begin{aligned} S_n &= \quad a \quad + \quad (a+d) \quad + \cdots + a+(n-2)d + a+(n-1)d \\ S_n &= a+(n-1)d + a+(n-2)d + \cdots + \quad (a+d) \quad + \quad a \end{aligned}$$

上下の和がすべて $2a+(n-1)d$ になっていることを確認すれば (1.7) が得られる．

例 **1.1.1**[6]　$1 + 2 + \cdots + 100 = \frac{1}{2}100 \cdot (1+100) = 5050$

[6]この和は算盤を経験した人は計算したこともあろう．最近は電卓はあるし，携帯電話が電卓も兼ねていて，算盤を習った人も少ないかもしれないが．また，数学の神様といわれるガウス（Carl F. Gauss (1777–1855)）の子供のころの逸話としても有名である．学校の先生が忙しくて，生徒たちに 1 から 100 まで計算させておけばその間に仕事ができると思ったら，ガウスがあっという間に計算してしまってその目論見が失敗してしまったという．高木貞治著「近世数学史談」（共立出版 1970）では，1 から 40 までの計算となっている．前出のデデキントはゲッチンゲンでのガウスの晩年の弟子．

等比数列，等比数列の和　項が増すごとに $r(\neq 1)$ 倍になっている数列

$$a, ar, ar^2, ar^3, \ldots, ar^{n-1}, \ldots \tag{1.8}$$

を，初項 a，公比 r の**等比数列**（geometric progression）という．$r \neq 1$ としたのは，$r = 1$ ならば単純な $a, a, a, \ldots$ となってしまうからである．一般項は $(n-1)$ 乗であることに注意すること．

例 1.1.2　$1, 3, 9, 27, 81, \ldots, 3^{n-1}, \ldots$ は初項 1，公比 3 の等比数列である．n がどんどん大きくなると $a_n = 3^{n-1}$ もどんどん大きくなる．このとき，a_n は $n \to \infty$ のとき無限大に発散するといい，$\lim_{n\to\infty} a_n = \infty$ または $a_n \to \infty (n \to \infty)$ と書く．∞ は無限大と読み，$n \to \infty$ は n をどんどん大きくすることを，$a_n \to \infty$ は a_n がどんどん大きくなることを意味する．∞ という数がある訳ではない．

例 1.1.3　$-2, 4, -8, 16, \ldots, (-2)^n, \ldots$ は初項 -2，公比 -2 の等比数列である．$n \to \infty$ のとき，プラス，マイナスの符号を変えながら大きくなる．このときは振動する，または振動しながら発散するといい，lim を使った表現はできない．

例 1.1.4　$1, \frac{1}{2}, \frac{1}{2^2}, \frac{1}{2^3}, \ldots, \frac{1}{2^{n-1}}, \ldots$ は初項 1，公比 $\frac{1}{2}$ の等比数列である．この場合は，$n \to \infty$ のとき $a_n = \frac{1}{2^{n-1}}$ はどんどん 0 に近づいていくので，$\lim_{n\to\infty} a_n = 0$ または $a_n \to 0 (n \to \infty)$ と書き，a_n は 0 に収束するという．

等比数列の n 項までの和 S_n は

$$S_n = a + ar + ar^2 + \cdots + ar^{n-1} = \frac{a(1-r^n)}{1-r} \; (r \neq 1) \tag{1.9}$$

これは，等差数列のときと同様に，S_n と r 倍した rS_n をちょっとずらして並べて

$$\begin{array}{rcccccccccccc} S_n = & a & + & ar & + & ar^2 & + & \cdots & + & ar^{n-1} & & \\ rS_n = & & & ar & + & ar^2 & + & \cdots & + & ar^{n-1} & + & ar^n \end{array}$$

辺々引くと，$(1-r)S_n = a - ar^n = a(1-r^n)$ が出て，$(1-r)$ で割って (1.9) を得る．さらに，無限に加えると $|r|$ が 1 以上のときは振動も含め発散してし

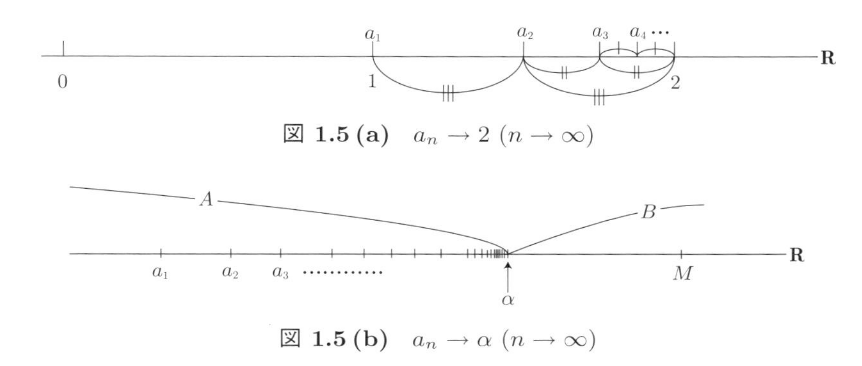

図 1.5 (a)　$a_n \to 2\ (n \to \infty)$

図 1.5 (b)　$a_n \to \alpha\ (n \to \infty)$

まう．$|r| < 1$ のときは例 1.1.4 で見たように

$$\lim_{n\to\infty} r^n = 0 \quad \text{または} \quad r^n \to 0\ (n \to \infty)$$

なので，(1.9) より，無限等比数列の和（**等比級数**という）S は

$$S = a + ar + \cdots + ar^{n-1} + \cdots = \frac{a}{1-r} \quad (|r| < 1) \tag{1.10}$$

例 1.1.5　各項が等比数列の和となっている数列

$$1, 1+\frac{1}{2}, 1+\frac{1}{2}+\frac{1}{2^2}, 1+\frac{1}{2}+\frac{1}{2^2}+\frac{1}{2^3}, \ldots, 1+\frac{1}{2}+\cdots+\frac{1}{2^{n-1}}, \ldots$$

を考えよう．一般項 $a_n = 1 + \frac{1}{2} + \cdots + \frac{1}{2^{n-1}}$ で，$\lim_{n\to\infty} a_n = \frac{1}{1-\frac{1}{2}} = 2$ である．その様子は図 1.5 (a) を見ると理解しやすい．

すでに一部述べたが，収束や発散の言葉を改めて定義しておこう．

定義 1.1.1　数列 $\{a_n\}$ に対し，ある実数 α があって，$n \to \infty$ のとき a_n が α に近づくならば，数列 $\{a_n\}$ は α に**収束する** (converge), α は $\{a_n\}$ の**極限値**（limit value）といい，

$$a_n \to \alpha\ (n \to \infty) \quad \text{または} \quad \lim_{n\to\infty} a_n = \alpha$$

と書く．極限値が存在しないとき，数列は**発散する**（diverge）という．

収束しない場合はすべて発散に分類されるので，次のような数列はすべて発

散する数列の例である．

- 例 1.1.2, 例 1.1.3.
- $a_n = (-1)^n$ は振動する典型例である．
- $a_n = 6 \cdot 2^{n-1} = 3 \cdot 2^n$（等比数列）は $\lim_{n \to \infty} a_n = +\infty$ で，特に正の無限大に発散するという．
- $a_n = 5 + (n-1)(-3) = -3n + 8$（等差数列）は $\lim_{n \to \infty} a_n = -\infty$ で，特に負の無限大に発散するという．

さて，基本性質 III, III' は極限値を求めるのには使いにくいので，数列の言葉で言い直すと次のようになる．

基本性質 III"　上に有界な単調増加数列は収束する．

未定義の言葉をまず定義し，説明を加えよう．

定義 1.1.2　数列 $\{a_n\}$ が**単調増加**（monotonically increasing）であるとは

$$a_1 \leq a_2 \leq a_3 \leq \cdots$$

となること．もちろん，$a_1 \geq a_2 \geq a_3 \geq \cdots$ となる数列は**単調減少**（monotonically decreasing）である．

定義 1.1.3　数列 $\{a_n\}$ が**上に有界**（bounded from above）とは，ある定数 M があって，任意の番号 n に対し，$a_n \leq M$ となることで，この M を $\{a_n\}$ の**上界**（upper bound）という．数列 $\{a_n\}$ が**下に有界**（bounded from below）とはある定数 m があって，任意の番号 n に対し，$a_n \geq m$ となることで，m は**下界**（lower bound）と呼ばれる．上下に有界な数列は単に**有界**（bounded）であるという．

例 1.1.5 では，$\{a_n\}$ は下にも有界であるが，上に有界であることが以下の議論で参考になる．3 や 5 などは M の資格がある，すなわち上界である．ぎりぎり 2 まで上界となっている．2 よりちょっとでも小さいと上界にはならない．さて，この例を参考に，基本性質 III" を説明しよう．図 1.5 (b) のように上に有界な単調増加数列 $\{a_n\}$ に対し，実数 $\mathbf{R}$ の切断 (A, B) を，B が $\{a_n\}$ のすべての上界の集合とし，A は残りの実数とするように作る．基本性質 III' から，A が最大値をもつか B が最小値をもつ．もし，A が最大値 α をもつならば，必ず $a_n \leq \alpha$ となるはずなので，α は $\{a_n\}$ の上界となる，すなわち α は B の元となる．したがって，A は最大値をもてず B が最小値をもつことになる．実はこの最小の上界 α が $\{a_n\}$ の極限値なのである[7]．α よりちょっと小さい $\alpha - \varepsilon$ はもはや上界でないので，ある a_{n_0} は $\alpha - \varepsilon$ より大きく，単調増加数列なので n_0 から先のすべての a_n は $\alpha - \varepsilon$ より大きくなる．ε を小さくとっていくと，それにつれて n_0 はどんどん大きくなるがそこから先はやはり $\alpha - \varepsilon$ より大きくなる．つまり，どんどん α に近づくことがわかる．したがって，α は $\{a_n\}$ の極限値で，$\{a_n\}$ は収束するのである．基本性質 III" は，"下に有界な単調減少数列は収束する" と言い換えてもよいことはおわかりであろう．

どうだろうか，このような考え方は？ これまでの数学では体験しなかった思考形式ではないだろうか？ これからは

実数 $\mathbf{R}$ は基本性質 I, II, III" を満たす

ものとして考えることとしよう．

定理 1.1.1　**（自然対数の底）**　数列 $\{(1+\frac{1}{n})^n\}$ の極限値 $\lim_{n\to\infty}(1+\frac{1}{n})^n$ が存在し，その極限値を e と書く．近似値は $2.7182818\cdots$ である．つまり，

$$e = \lim_{n\to\infty}\left(1+\frac{1}{n}\right)^n = 2.7182818\cdots$$

注意 1.1.1　定理 1.1.1 で得られた実数 e を**自然対数の底**（base of natural logarithm）または**ネイピアの数**（Napier's number）と呼ぶ．ネイピア（J. Napier）の生年は 1550–1617 で江戸幕府開府の前後の人で，1.6 節で取り扱う "対数" を初めて導入したといわれている．e という記号はオイラー（L. Euler (1707–1783)）が手紙（1731）の中で使って以来そのように表す．日本では勤皇か佐幕か，開国か攘夷か争う以前からである．この e は無理数で，その証明は 1 変数の微分法の最後（第 2 章 2.4

[7] 数列 $\{a_n\}$ の最小の上界 α を $\{a_n\}$ の**上限**（supremum）といい，$\sup a_n = \alpha$ と書く．最大の下界を**下限**（infimum）といい，$\inf a_n$ と書く．B が必ず最小値をもつので，上限はつねに存在する．下限も同様である．

節ショートノート）で示す．e は重要な初等関数である指数関数，対数関数の定義に必要不可欠な無理数である．ちなみに，同様に重要な無理数である $\pi = 3.14159265\cdots$ は**円周率**（circular constant）または**ルドルフの数**（Ludolph's number）と呼ぶ．

以下で定理 1.1.1 の証明を試みるが，基本性質 III" の "上に有界な単調増加数列である" ことを何らかの方法で示せばよい．ここでは二項定理を用いて示すが，念のため復習しておこう．

補題 1.1.1（二項定理）　任意の実数 a, b と自然数 n に対し，次の展開式が成立する．

$$(a+b)^n = a^n + {}_nC_1 a^{n-1}b + {}_nC_2 a^{n-2}b^2 + \cdots + {}_nC_{n-1}ab^{n-1} + b^n = \sum_{k=0}^{n} {}_nC_k a^{n-k} b^k$$

ここに，${}_nC_k$ は n 個の中から順序を考えず k 個選ぶ組合せで[8]，

$${}_nC_k = \frac{n!}{(n-k)!k!} = \frac{n(n-1)\cdots(n-k+1)}{k(k-1)\cdots 2\cdot 1}, \quad {}_nC_0 = {}_nC_n = 1$$

である．

定理 1.1.1 の証　二項定理により

$$\begin{aligned} a_n &= \left(1+\frac{1}{n}\right)^n = 1 + \frac{n}{1!}\frac{1}{n} + \frac{n(n-1)}{2!}\frac{1}{n^2} + \frac{n(n-1)(n-2)}{3!}\frac{1}{n^3} + \cdots + \frac{n!}{n!}\frac{1}{n^n} \\ &= 1 + \frac{1}{1!} + \frac{1-\frac{1}{n}}{2!} + \frac{(1-\frac{1}{n})(1-\frac{2}{n})}{3!} + \cdots + \frac{(1-\frac{1}{n})(1-\frac{2}{n})\cdots(1-\frac{n-1}{n})}{n!} \end{aligned} \tag{1.11}$$

この最後の式から，

$$\begin{aligned} a_n &< 1 + \frac{1}{1!} + \frac{1}{2!} + \frac{1}{3!} + \frac{1}{4!} + \cdots + \frac{1}{n!} \\ &< 1 + 1 + \frac{1}{2} + \frac{1}{2^2} + \frac{1}{2^3} + \cdots + \frac{1}{2^{n-1}} < 1 + \frac{1}{1-\frac{1}{2}} = 3 \end{aligned}$$

ゆえに，3 が上界で，上に有界が出た．ここで，$3! > 2^2$, $4! > 2^3$ 等を使い，最後の式では等比数列の和を使った．単調増加は $a_n < a_{n+1}$ を示せばよいので，n が $n+1$ になると (1.11) がどう変わるかを考える．n が $n+1$ になって，項が 1 つ増える．

$$1+1+\frac{1-\frac{1}{n+1}}{2!} + \frac{(1-\frac{1}{n+1})(1-\frac{2}{n+1})}{3!} + \cdots + \frac{(1-\frac{1}{n+1})(1-\frac{2}{n+1})\cdots(1-\frac{n-1}{n+1})}{n!}$$

---

[8] ${}_nC_k$ は $\binom{n}{k}$ とも表し，実はそのほうが一般的である．$0! = 1$ と定義して，${}_nC_0 = {}_nC_n = 1$ となる．

$$+\frac{(1-\frac{1}{n+1})(1-\frac{2}{n+1})\cdots(1-\frac{n-1}{n+1})(1-\frac{n}{n+1})}{(n+1)!}$$

項が 1 つ増えた分大きくなって，さらに，$1-\frac{1}{n}<1-\frac{1}{n+1}$ 等だから，$a_n<a_{n+1}$ がわかる．したがって，$\{a_n\}$ は上に有界で，かつ単調増加が出たので基本性質 III" によって極限値の存在がわかった． **証終**

高校数学の「数学 III」においては "e という数が存在することがわかっている" と書いてある．その存在は，ここまで記したように，実数の基本性質まで遡って考え，なおかつ上のような証明をして初めてわかるのである．存在がわかってもその値がいくつになるのかは別問題で，それには n の値を大きくして計算するしかない．少し計算してみると以下のようになる．

n	1	2	10	100	1000	1000 万
$(1+\frac{1}{n})^n$	2	2.25	$2.5937\cdots$	$2.7048\cdots$	$2.7169\cdots$	$2.718169\cdots$

練習 1.1.1 $S_n=\sum_{k=1}^{n}k\left(\frac{1}{2}\right)^{k-1}$ のとき，$S_n=4(1-\frac{1}{2^n})-\frac{n}{2^{n-1}}$ を導け（その結果，$\lim_{n\to\infty}\frac{n}{2^{n-1}}=0$ を知っていれば，$\sum_{k=1}^{\infty}k\left(\frac{1}{2}\right)^{k-1}=\lim_{n\to\infty}S_n=4$ が得られる）．

練習 1.1.2 $\lim_{n\to\infty}\left(1+\frac{1}{n}\right)^n=e$ を知って，次の値を求めよ．

(1) $\lim_{n\to\infty}\left(1+\frac{1}{2n}\right)^n$ (2) $\lim_{n\to\infty}\left(1+\frac{1}{2n}\right)^{3n}$ (3) $\lim_{n\to-\infty}\left(1+\frac{1}{n}\right)^n$

数学では，自然対数の底の存在の例を見てもわかるように，存在することを示す定理（存在定理）を証明することが大切である．以下で，実際には証明を省く場合が多いが，存在定理の証明に有効なワイエルストラス-ボルツァーノ（Weierstrass-Bolzano）の定理を述べる．

数列 $\{a_n\}_{n=1}^{\infty}$ に対して，番号 $1,2,3,4,\ldots$ から適当な番号 $n_1,n_2,n_3,\ldots,n_k,\ldots$ $(1\leq n_1<n_2<\cdots<n_k<\cdots)$ を抜き出してとる数列 $\{a_{n_k}\}$，すなわち $\{a_{n_1},a_{n_2},\ldots,a_{n_k},\ldots\}$ を数列 $\{a_n\}$ の**部分列**（subsequence）という．このとき次の定理が成立する．

定理 1.1.2 （ワイエルストラス-ボルツァーノの定理） 有界な数列は収束する部分列を含む．

たとえば，$a_n=(-1)^n$ は n が奇数，偶数に対して $-1,+1$ をとる振動する

（発散する）が，有界な数列である．部分列 $\{a_{2n}\}$ は $1, 1, 1, \ldots$ で，1 に収束し，$\{a_{2n-1}\}$ は -1 に収束する．

存在証明についても，すべての読者がそれを理解できればそれに越したことはないが，スキップすることも十分可能である．やや高度な数学的な証明は省略するが，各節末の「ショートノート」あるいは脚注として与える場合もある．定理 1.1.2 はやや高度と思われるが，存在定理を示す基本的な定理なので「ショートノート」に与える．必要な場合に振り返ってもらえばよい．

ショートノート（ワイエルストラス-ボルツァーノの定理）

ワイエルストラス-ボルツァーノの定理の証明を与える．区間を半分ずつにして縮小していく方法で**区間縮小法**という．$\{a_n\}$ は有界なので任意の n に対し $m \leq a_n \leq M$ となる数 m, M がある．閉区間 $[m, M]$ を半分の $[m, \frac{m+M}{2}]$ と $[\frac{m+M}{2}, M]$ に分割すると，少なくともどちらかには無限個の a_n が含まれる．その区間をとり（両方に無限個含んでいればどちらでもよい），その区間 I_1 の中の 1 つの項 a_{n_1} をとる．そのとき，$I_1 = [m_1, M_1]$ と書く（$I_1 = [m, \frac{m+M}{2}]$ ならば $m_1 = m, M_1 = \frac{m+M}{2}$ で，$I_1 = [\frac{m+M}{2}, M]$ ならば，$m_1 = \frac{m+M}{2}, M_1 = M$ である）と，

$$m \leq m_1 \leq a_{n_1} \leq M_1 \leq M, \ \ M_1 - m_1 = \frac{M-m}{2}$$

次に，$I_1 = [m_1, M_1]$ を 2 分割して，$\{a_n\}_{n>n_1}$ が無限個含まれる区間を $I_2 = [m_2, M_2]$（$m_2 = m_1, M_2 = \frac{m_1+M_1}{2}$ または $m_2 = \frac{m_1+M_1}{2}, M_2 = M_1$ である）とし，I_2 に含まれる 1 つの項 $a_{n_2} (n_2 > n_1)$ をとると，

$$(m \leq m_1 \leq) m_2 \leq a_{n_2} \leq M_2 (\leq M_1 \leq M), \ \ M_2 - m_1 = \frac{M-m}{2^2}$$

この分割を繰り返すと，$a_{n_k} \in I_k = [m_k, M_k]$ で，

$$(m \leq m_1 \leq \cdots \leq) m_k \leq a_{n_k} \leq M_k (\leq \cdots \leq M_1 \leq M), \ \ M_k - m_k = \frac{M-m}{2^k}$$

結局，$\{a_{n_k}\}$ と，単調増加な $\{m_k\}$ と単調減少の $\{M_k\}$ が得られた．実数の基本性質 III" によって，$\{m_k\}$ と $\{M_k\}$ は収束し，$M_k - m_k \to 0 \ (k \to \infty)$ より，その極限値は一致する．かつ $m_k \leq a_{n_k} \leq M_k$ なので，"はさみうち" となって $\{a_{n_k}\}$ の極限値も存在する．こうして収束する部分列をとることができた．

1.2 関数，連続関数

一般に，集合 A に含まれる集合 B を，A の**部分集合** (subset) といい，$B \subset A$ と書く．いま集合 M, N を，$M, N \subset \mathbf{R}$ とする．M の任意の元 x に対し，ある規則 f によって N の元 y がただ 1 つ決まるとき，f を M から N への**関数** (function) と呼び，

$$f : M \to N$$

と書く（図 1.6）．M を f の**定義域** (domain) という．y は x における f の**値** (value) といい，$y = f(x)$ と書く．この y の集合を $f(M)$，つまり $f(M) = \{f(x); x \in M\} (\subset N \subset \mathbf{R})$ を f の**値域** (range) という．値が実数なので f は**実数値関数**，または単に**実数関数**という[9]．x とその値 $f(x)$ のペアの集合 $\{(x, f(x)); x \in M\}$ を f の**グラフ** (graph) という．

恐らくこれまでは，関数といえば $y = f(x)$ であり，グラフといえば，x-y 座標上の曲線を意味すると思っている人も多いかと思う．しかし，本来の意味は関数とは f 自身のことを指す．それにもかかわらず，実際には "関数 $y = f(x)$" という表現を今までもしていただろうし，これからもしていく．それは具体的な関数があるときは，特に制限しない限り自然に定義域が決まるし，関数 f の形も式 $f(x)$ を見ることによってわかるので，多少定義を逸脱した表現であるが，大変便利で "関数 $y = f(x)$" を使う．このとき，x を**独立変数**，y を**従属変数**という．

前置きはさておき，具体的な例をごくやさしいところから見てみよう．

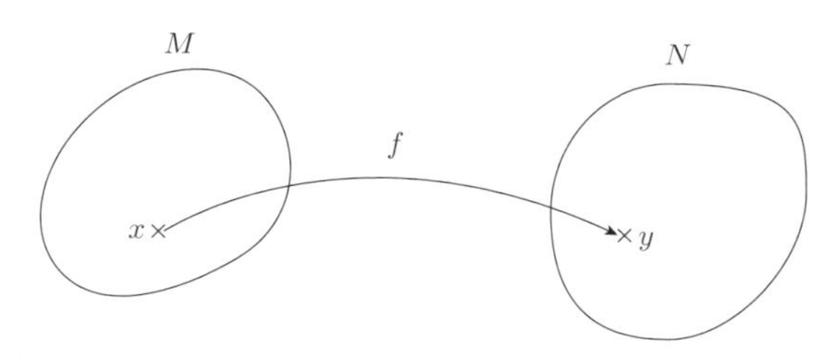

図 1.6 関数 $f : M \to N$

[9] N が実数に限らず一般の集合の場合は「関数」という用語の代わりに「写像」(mapping) ということが多い．

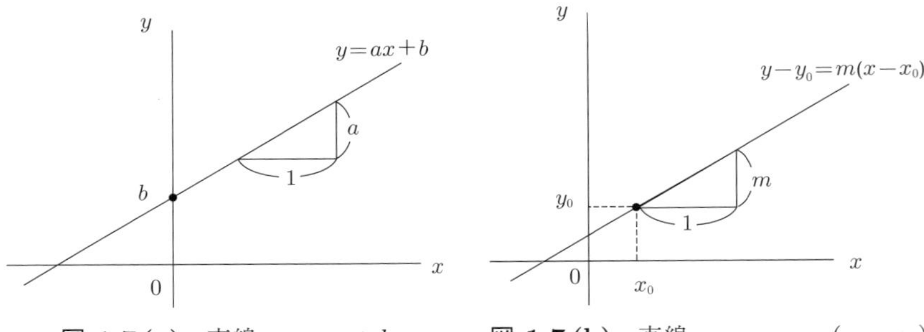

図 **1.7 (a)**　直線 $y = ax + b$　　図 **1.7 (b)**　直線 $y - y_0 = m(x - x_0)$

例 1.2.1（比例，1 次関数）　$y = 2x$ は，任意の $x \in \mathbf{R}$ に対し定義できるので，定義域は実数全体 $\mathbf{R}$ であり，値域も $\mathbf{R}$ である．グラフは原点を通る傾き 2 の直線となる．一般に，

$$y = ax + b \tag{1.12}$$

は 1 次関数で，傾き a，y 切片 b の直線である（図 1.7 (a)）．少し変形をして，

$$y - y_0 = m(x - x_0) \tag{1.13}$$

と書けば，(x_0, y_0) を通る傾き m の直線で（図 1.7 (b)），どちらも意味のある表現である．(1.13) の形を必ず (1.12) の形に変形をする人がいるが，目的によっては (1.13) の形のほうがよいことも多い．教えられたことを素直に“学ぶ（真似ぶ）”ことも重要であるが，ちょっと立ち止まって考えることも重要である．

例 1.2.2（反比例，分数関数）　$y = \frac{2}{x}$ は，定義域 $\{x \in \mathbf{R};\ x \neq 0\}$，値域 $\{y \in \mathbf{R};\ y \neq 0\}$．グラフは双曲線（hyperbola）で，$x$ 軸，y 軸が漸近線となっている．2 つの漸近線が直交しているので特に直角双曲線という．関数

$$y - q = \frac{\alpha}{x - p} \quad \text{または} \quad y = q + \frac{\alpha}{x - p}, \quad x \neq p \tag{1.14}$$

は，$y = \frac{\alpha}{x}$（図 1.8 (a)）を x, y 方向にそれぞれ p, q だけ平行移動したグラフとなっているので，$x = p, y = q$ を漸近線とする双曲線である（図 1.8 (b)）．(1.14) を通分すれば

$$y = \frac{cx + d}{ax + b}, \quad x \neq -\frac{b}{a} \tag{1.15}$$

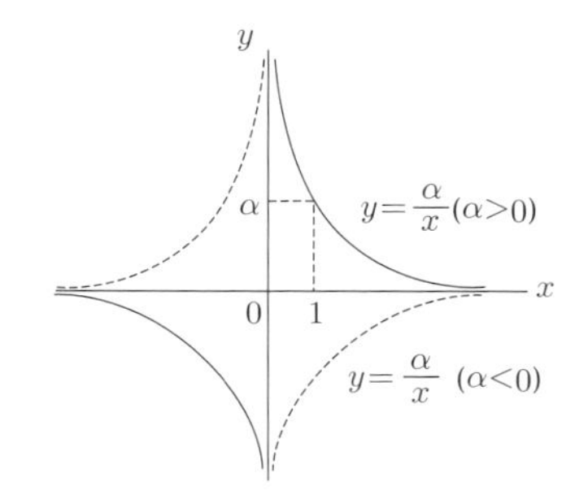

図 1.8 (a)　直角双曲線 $y=\frac{a}{x}$

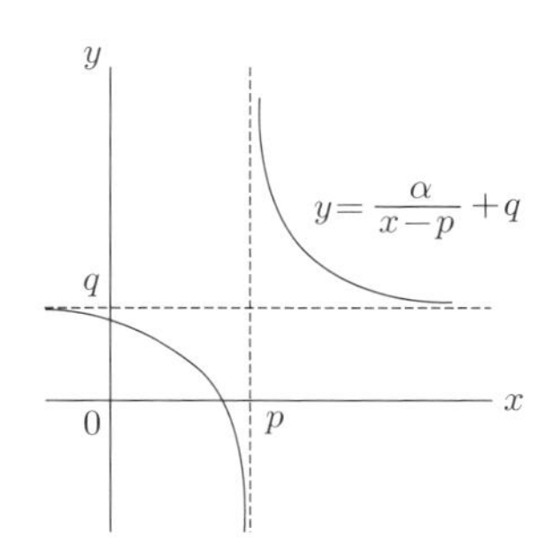

図 1.8 (b)　分数関数 $y=\frac{\alpha}{x-p}+q$

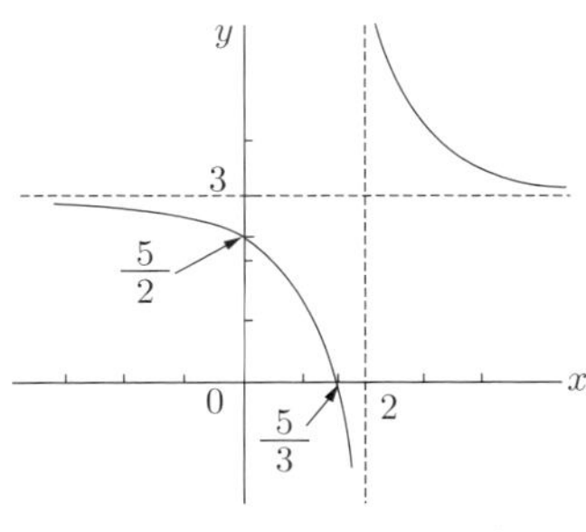

図 1.9 (a)　$y=\frac{3x-5}{x-2}$

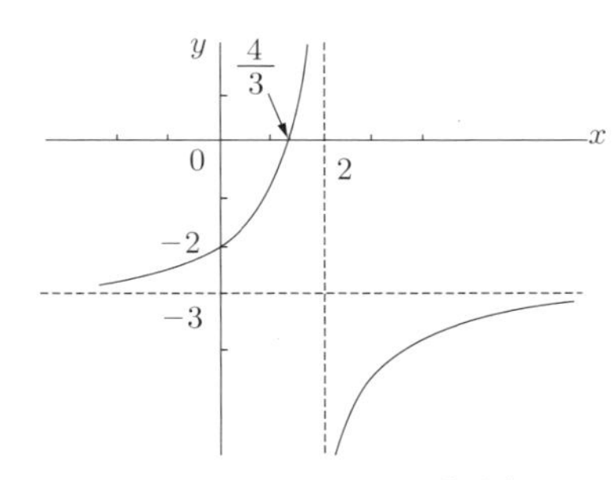

図 1.9 (b)　$y=\frac{-3x+4}{x-2}$

となっていて，この関数は**分数関数**と呼ばれる．

以下，分数関数のグラフを書いてみよう．

$$(1)\ y=\frac{3x-5}{x-2}\quad (2)\ y=\frac{-3x+4}{x-2}$$

解　(1) $y=\frac{3(x-2)+1}{x-2}=3+\frac{1}{x-2}$　$\therefore\ y=\frac{1}{x}$ のグラフを x,y 方向にそれぞれ $2,3$ だけ平行移動した双曲線である（図 1.9 (a)）．漸近線は $x=2, y=3$．分数関数の変形は $3x-5$ を $x-2$ で割って，3 余り 1 を出してもよい．

(2) $y=\frac{-3(x-2)-2}{x-2}=-3+\frac{-2}{x-2}$　$\therefore\ y=-\frac{2}{x}$ のグラフを x,y 方向にそれぞれ $2,-3$ だけ平行移動した双曲線である (図 1.9 (b))．漸近線は $x=2, y=-3$．なお，双曲線 $y=-\frac{2}{x}$ はグラフが第 2, 4 象限に出てくることに注意すること．

例 1.2.3（**放物線，2 次関数**）　$y=2x^2$ は定義域 $\mathbf{R}$，値域は $\{y\in\mathbf{R};\ y\geq 0\}$．グラフは y 軸を軸とし，原点を頂点とする放物線（parabola）．これは 2 次関

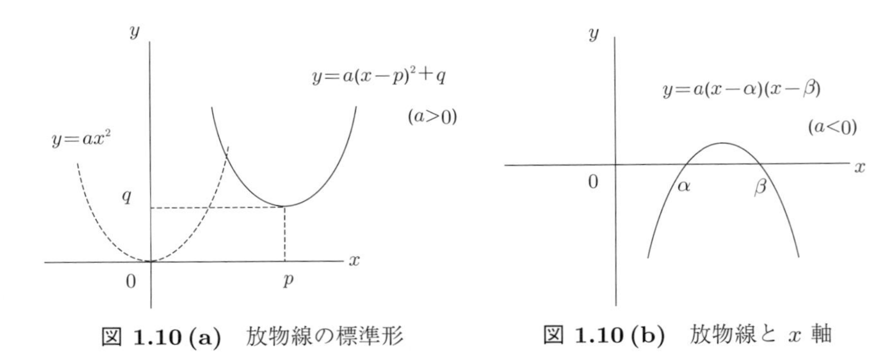

図 1.10 (a)　放物線の標準形　　図 1.10 (b)　放物線と x 軸

数でその一般形は

$$y = ax^2 + bx + c \quad (a \neq 0) \tag{1.16}$$

標準形と呼ばれるのが，平方完成を使って得られる

$$y - q = a(x-p)^2 \quad \text{または} \quad y = a(x-p)^2 + q \tag{1.17}$$

で，これは $y = ax^2$ を x, y 方向にそれぞれ p, q だけ平行移動したグラフとなる．よって，$x = p$ を軸とし，点 (p, q) を頂点とする放物線である（図 1.10 (a)）．また，a が正（負）であれば，(1.16) の最小値（最大値）が q であることもわかる．(1.17) の形の式はいろいろな意味を含んだ形となっていて 2 次関数の標準形といわれる所以であろう．また，実数 α, β を使って因数分解ができる場合

$$y = a(x-\alpha)(x-\beta) \tag{1.18}$$

の形も有益で，グラフが $x = \alpha$ と $x = \beta$ で x 軸と交わることがわかるし，$a < 0$ ならば，2 次不等式 $ax^2 + bx + c > 0$ の解が $\alpha < x < \beta$ である（図 1.10 (b)）こと等もわかる．(1.16) から (1.18) はいずれも 2 次関数の標準的な形であって，目的によって使い分けることができることが要請される．

例 1.2.4（無理関数）　(1) $y = \sqrt{4-x}$　(2) $y = \sqrt{4-x^2}$
本書では実数を扱っているのでルート（根号）の中は 0 以上の数でなければならない．よって，(1) の定義域は $\{x;\, x \leq 4\}$，値域は $\{y;\, y \geq 0\}$[10]．グラフは

[10] 4 の平方根は $+2$，-2 であるが，$\sqrt{}$ は正の平方根を表し，$\sqrt{4} = 2$ である．一般に，$\sqrt{a^2} = |a|$ である．

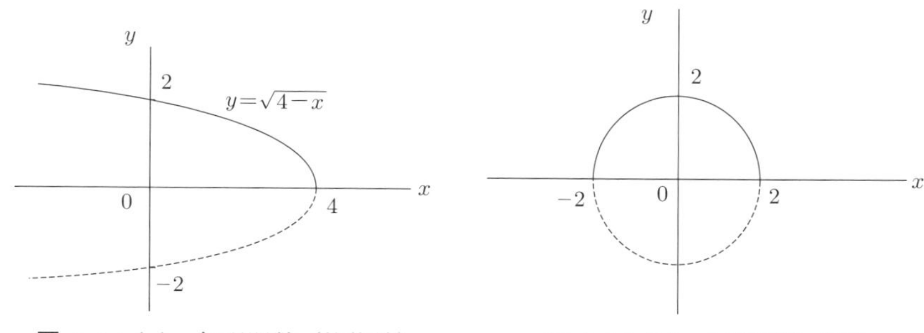

図 1.11 (a)　無理関数（放物線）　　**図 1.11 (b)**　無理関数（円）

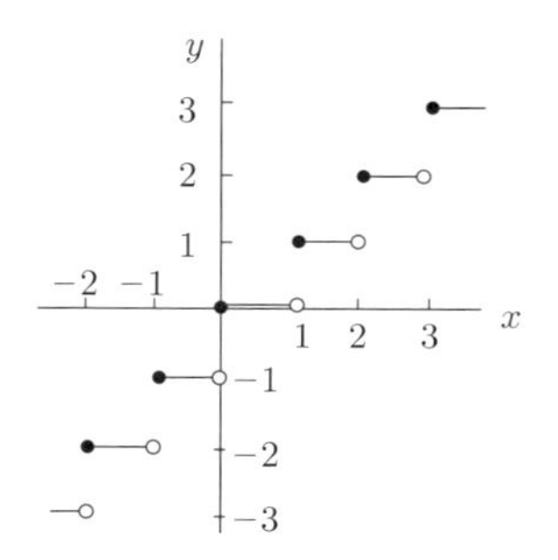

図 1.12　階段関数 $y = [x]$

平方して $x = -y^2 + 4$ となるので，2 次関数の例 1.2.3 から，x, y が入れ替わっているので x 軸を軸とし，$(4, 0)$ を頂点とする放物線となっている．ゆえに，グラフはその放物線の y が正の部分である（図 1.11 (a)）．(2) の定義域は $\{x;\, -2 \leq x \leq 2\}$，値域は $\{y;\, 0 \leq y \leq 2\}$．グラフはやはり平方してみると，$x^2 + y^2 = 2^2$ となるので，原点を中心とする半径 2 の円周を表す．ゆえに，グラフはその上半円周である（図 1.11 (b)）．

例 1.2.5（ガウスの記号）　$y = [x]$

まず, $[x] =$ “x を超えない最大の整数” で, **ガウスの記号**と呼ばれる．たとえば, $[2.3] = 2$, $[2] = 2$, $[-1.4] = [-2+0.6] = -2$ である．では, $[5.98]$, $[\frac{10}{3}]$, $[-0.1]$ はいくつになるだろうか？（答は $5, 3, -1$）．さて，任意の x に対し整数が対応するので，定義域は $\mathbf{R}$，値域は $\mathbf{Z}$ となって，グラフは図 1.12 で，階段の形になるので**階段関数**（step function）と呼ばれる関数の 1 つである．

練習 1.2.1　次の関数の定義域，値域を求め，そのグラフを描け (解答を見ながらでもやってみよう).

(1) $y = \frac{-3x-7}{x+2}$　(2) $y = -2x^2 + 12x - 10$　(3) $y = 2 - \sqrt{4-x}$
(4) $y = 2 - \sqrt{9-x^2}$　(5) $y = 2 - \sqrt{-x^2+8x-7}$

例 1.2.6 (数列)　数列は実は関数の例ともなっている．数列 $\{a_n\}_{n=1}^{\infty}$ は，$f(n) = a_n$ と思えば，定義域を $\mathbf{N}$ とする関数であり，0 番目からスタートする数列 $\{a_n\}_{n=0}^{\infty}$ は定義域が $\mathbf{N}_0 = \mathbf{N} \cup \{0\}$ である.

いろいろな関数の例をみてきたが，この節のタイトルである連続関数の定義を述べよう.

定義 1.2.1　実数値関数 $f: M \to \mathbf{R}$ が $a \in M$ で**連続** (continuous) であるとは, $x \to a (x \in M)$ のとき $f(x) \to f(a)$, つまり, $\lim_{x \to a, x \in M} f(x) = f(a)$ となることである．M のすべての点で連続のとき f は M 上の**連続関数**という.

x を a に近づけたとき値 $f(x)$ も $f(a)$ に近づくのが連続の定義なので，f が a で連続とは，グラフが a で繋がっていることを意味している (図 1.13 (a) が連続で，(b) が不連続を表す)．特に，定義域 M が開区間[11] I で与えられて

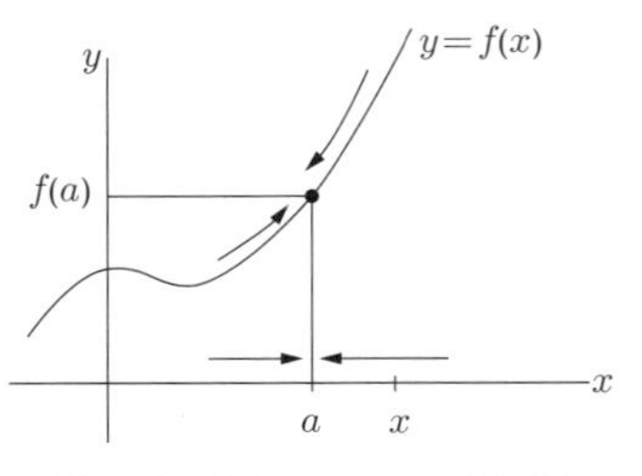

図 1.13 (a)　$x = a$ で連続

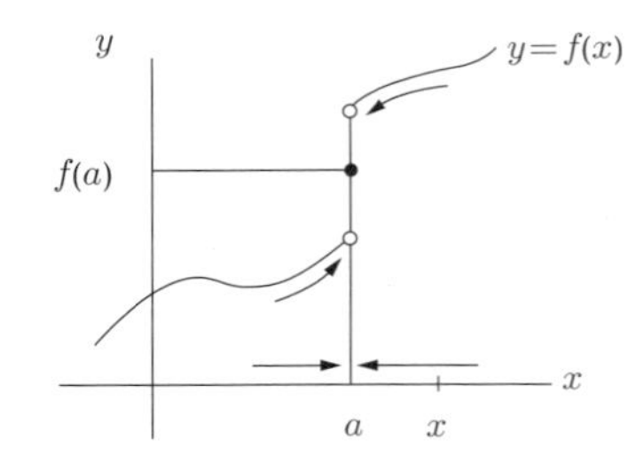

図 1.13 (b)　$x = a$ で不連続

[11] 2 つの実数 $a, b (a < b)$ があって，a と b の間の実数全体を<u>区間</u>という．端点 a, b を含めるかどうかによって，<u>閉区間</u> $[a, b]$，<u>開区間</u> (a, b)，<u>半開区間</u> $[a, b), (a, b]$ に分れる．有界でない区間は $[a, \infty), (a, \infty), (-\infty, a], (-\infty, a)$ と表す．実数全体 $\mathbf{R}$ は $(-\infty, \infty)$ とも表す．また，端点を含まないことを示す丸かっこ () は逆大かっこ][で表すこともある．たとえば，(a, b) は $]a, b[$. 閉区間と開区間の違いは，区間 I に対し，I から収束する数列 $\{x_n\} \subset I$, $x_n \to x_\infty$

いるとき，$a \in I$ で連続とは，$x \in I$ を a に右から近づけても左から近づけても $f(x) \to f(a)$ となることである．x を右側からだけ a に近づけるときには $x \to a+0$ と書く．$\lim_{x \to a+0} f(x)$ は**右側極限**といい，**左側極限**は $\lim_{x \to a-0} f(x)$ である．したがって，f が $a \in I$ で連続とは右，左側極限がともに存在し，かつその値が $f(a)$ に一致するときである *i.e.* $\lim_{x \to a+0} f(x) = \lim_{x \to a-0} f(x) = f(a)$．閉区間 $[a, b]$ で連続とは，内部の (a, b) で連続で，端点 a で**右側連続** $\lim_{x \to a+0} f(x) = f(a)$ で，端点 b で**左側連続** $\lim_{x \to b-0} f(x) = f(b)$ となることである．

上の例 1.2.1–1.2.5 では，例 1.2.1 と例 1.2.3 は $\mathbf{R}$ 全体で連続である．例 1.2.2 は $x = 0$ では元々関数が定義されていないので連続ではない．定義域内のすべての点では連続である．例 1.2.4 も定義域全体で連続（端点でも右側連続，あるいは左側連続である）．例 1.2.5 では x が整数となる点 $x = n$ で不連続である．正確には，$x = n$ で右側連続であるが，左側連続ではない．

定理 1.2.1　2 つの関数 $f, g : M \to \mathbf{R}$ が $a \in M$ で連続ならば，和，差 $f \pm g$，定数倍 cf(c：定数)，積 fg，商 $\frac{f}{g}(g \neq 0)$ も $a \in M$ で連続である．

定理 1.2.1 の証　$x \in M$ をとって，$x \to a$ のとき $f(x) - f(a) \to 0$, $g(x) - g(a) \to 0$ が仮定である．このとき，たとえば $(f(x) + g(x)) - (f(a) + g(a)) \to 0$ を示せば和 $f + g$ も a で連続を示したことになる．実際，絶対値の記号を使って，$x \to a$ のとき

$$|(f(x) + g(x)) - (f(a) + g(a))| \leq |f(x) - f(a)| + |g(x) - g(a)| \to 0$$

として示すことができた．$f - g$ も同様である．定数倍は

$$|cf(x) - cf(a)| = |c||f(x) - f(a)| \to 0$$

積，商を示すためには，$g(x) \to g(a)$ のとき，$g(x)$ が有界であること，つまり定数 m, M があって $m \leq g(x) \leq M$，あるいは $|g(x)| \leq M' = \max(|m|, |M|)$ を示しておく必要がある．$x \to a$ のとき $g(x) \to g(a)$ だから，$g(x)$ は $g(a)$ に近いので少な

をとったとき，$x_\infty \in I$ となるか，それとも，$x_\infty \notin I$ となる場合が出現するかの違いである．たとえば，開区間 $(a, a+2)$ に対し，$\{x_n\} = \{a + \frac{1}{n}\} \subset I$ であるが，$\lim_{n \to \infty} x_n = a \notin I$ であり，もし，$I = [a, a+2]$ であれば $\lim_{n \to \infty} x_n = a \in I$ である．結局，閉区間 $[a, b]$ に対しては，収束する数列 $\{x_n\}$，$x_n \to x_\infty$ のとき，必ず $x_\infty \in [a, b]$ であり，開区間 (a, b) に対しては必ずしも $x_\infty \in (a, b)$ とはならない．

くとも $g(a)-1 \leq g(x) \leq g(a)+1$ となって，$m = g(a)-1, M = g(a)+1$ ととれば有界であることがわかる．そこで，積の連続性は

$$
\begin{aligned}
&|f(x)g(x)-f(a)g(a)| = |(f(x)-f(a))g(x)+f(a)(g(x)-g(a))| \\
&\leq |f(x)-f(a)||g(x)|+|f(a)||g(x)-g(a)| \\
&\leq M'|f(x)-f(a)|+|f(a)||g(x)-g(a)| \to 0,
\end{aligned}
$$

商は

$$
\begin{aligned}
&\left|\frac{f(x)}{g(x)}-\frac{f(a)}{g(a)}\right| = \left|\frac{f(x)g(a)-f(a)g(x)}{g(x)g(a)}\right| = \left|\frac{(f(x)-f(a))g(a)-f(a)(g(x)-g(a))}{g(x)g(a)}\right| \\
&\leq \frac{|f(x)-f(a)||g(a)|+|f(a)||g(x)-g(a)|}{|g(x)||g(a)|} \to 0
\end{aligned}
$$

として示される．商の最後の式の分母は $|g(a)|^2$ に近づいて 0 でないことに注意しておこう．

証終

この定理から連続関数はたくさんあることがわかる．たくさんあっても連続関数であれば共通して成り立つ連続関数の基本性質が次の 2 つの定理である．

定理 1.2.2　**（最大最小の定理）**[12]　関数 f が有界閉区間 $[a,b]$ で連続とする．このとき，f はこの区間で最大値と最小値をとる．

[12]証明にはワイエルストラス-ボルツァーノの定理（定理 1.1.2）が有効性を発揮する．

(I)　まず，値域 $f([a,b])$ は有界である．もし，上に有界でなければ，どんなに大きな n に対しても $f(x_n) \geq n$, $x_n \in [a,b]$ となる数列 $\{x_n\}$ がとれる．もちろん $a \leq x_n \leq b$ なので $\{x_n\}$ は有界数列である．ワイエルストラス-ボルツァーノの定理によって，収束する部分列 $\{x_{n_k}\}$, $x_{n_k} \to x_\infty \in [a,b]$（閉区間）を含む．$f$ は連続なので，$\lim_{k\to\infty} f(x_{n_k}) = f(x_\infty)$，つまり極限値が存在する．ところが，$f(x_n) \geq n$ であったので，$f(x_{n_k}) \to \infty$ $(k \to \infty)$ となって発散し，矛盾する．下に有界も同様に示され，合わせて有界となる．

(II)　$f([a,b])$ の上限 M が最大値で，下限 m が最小値である．定義 1.1.3 の脚注で述べたように，$f([a,b])$ の上限 M と下限 m は必ず存在する．M は最小の上界なので，任意の n に対して，$M - \frac{1}{n} < f(x_n) \leq M$ となる $x_n \in [a,b]$ がある．$n \to \infty$ とすると $f(x_n) \to M$ となる．再び，$\{x_n\}$ の収束する部分列 $\{x_{n_k}\}$ をとると，$x_{n_k} \to x_\infty \in [a,b]$ かつ $\lim_{k\to\infty} f(x_{n_k}) = f(x_\infty) = M$ となって，$x_\infty \in [a,b]$ で最大値 M をとることがわかった．最小値 m についても同様で，合わせて閉区間 $[a,b]$ で最大値と最小値をとることがわかった．

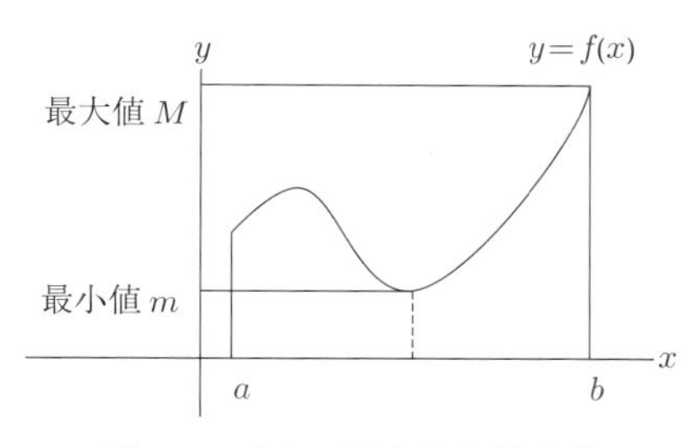

図 **1.14 (a)** 最大値と最小値

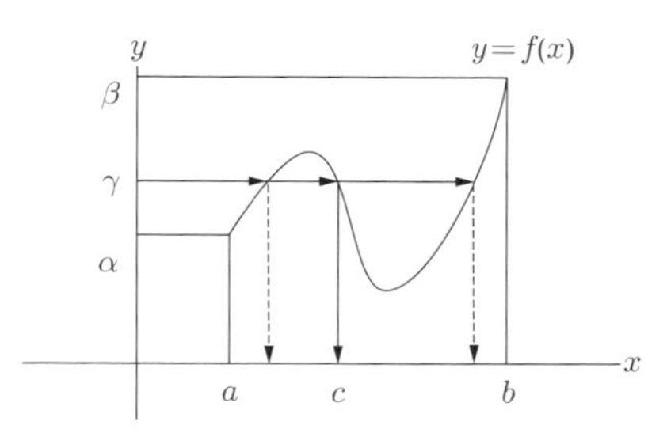

図 **1.14 (b)** 中間値の定理

定理 1.2.3 （中間値の定理） f が有界閉区間 $[a,b]$ 上の連続関数とし，$f(a)=\alpha$，$f(b)=\beta$，$\alpha\neq\beta$ とする．このとき，α と β の間の任意の γ に対し，$f(c)=\gamma$ となる c が (a,b) 内に存在する．

いずれも存在を保証する定理で，安心して最大値などを求めることができる．グラフを描けば当たり前に見える定理である（図 1.14）が，証明のためには実数の基本性質にまでさかのぼらなければならない．最大値や最小値を求めることは経済学等でも主眼目なので，最大最小の定理は脚注で証明を与え，中間値の定理については省略する．

練習 1.2.2 $x\geq 0$ で定義された関数 $y=f(x)=\lim_{n\to\infty}\frac{1+x}{1+x^n}$ のグラフを描き，$x=1$ で不連続となることを確認せよ．

ショートノート（ε-δ 論法，コーシー列）

数列や関数の極限を厳密に扱うためには，定義 1.1.1 や定義 1.2.1 よりも収束の定義をきちんとしておくことが必要である．まず，数列 $\{a_n\}$ に対し，$\lim_{n\to\infty}a_n=\alpha$ とは，n をどんどん大きくするとき a_n が限りなく α に近づくことを意味するが，“どんどん” “限りなく” といった情緒的な言葉でなく論理的に述べたいということである．n をどんどん大きくするとき，a_n が限りなく α に近づくとは，n を十分大きくとると，$a_n-\alpha$ が限りなく 0 に近づくことなので，次の定義に到達する．

定義 1.2.2 （$\varepsilon-N$ 論法） 数列 $\{a_n\}$ が α に収束する，*i.e.* $\lim_{n\to\infty}a_n=\alpha$ とは，任意の $\varepsilon>0$ に対して ε によって決まるある番号 $N=N(\varepsilon)$ があって，$n\geq N$ ならば $|a_n-\alpha|<\varepsilon$ となることである．

注意 1.2.1　記号 $\forall, \exists$ を使って書くと定義は次のようになる．

$$\forall\varepsilon > 0,\ \exists N = N(\varepsilon) \in \mathbf{N}\ :\ n \geq N \Rightarrow |a_n - \alpha| < \varepsilon$$

記号 $\forall, \exists$ は論理記号で，「任意の，すべての」（Any, All）と「存在する」（Exists）ことを表す．

小さい ε に依存して十分大きな番号 $N(\varepsilon)$ が決まって，$n \geq N(\varepsilon)$ ならば，a_n と α の距離が ε より小さい．もっと小さな ε_1 に対してはもっと大きな $N(\varepsilon_1)$ が決まって，$n \geq N(\varepsilon_1)$ ならば，a_n と α の距離が ε_1 より小さい（図 1.15）．ε がどんなに小さくともよいので $a_n - \alpha$ が限りなく小さくなると主張している．これが収束の定義で，N はそれほどでもないが，ε の使用は普遍的でここでは $\varepsilon - N$ 論法 と呼ぶ．

この $\varepsilon - N$ 論法の議論を関数の極限に応用すれば連続性の定義に至る．

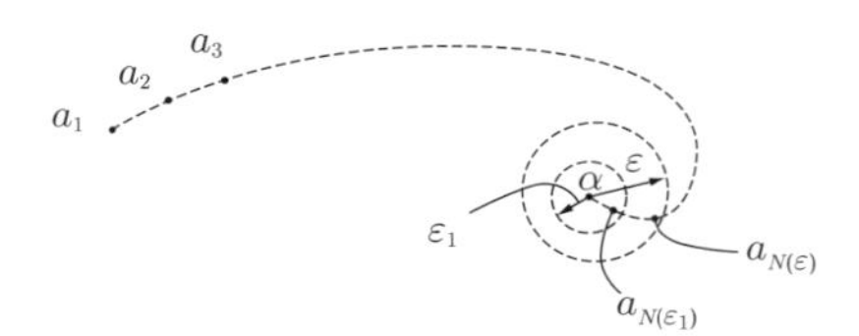

図 1.15　$\varepsilon - N$ 論法

定義 1.2.3　（$\boldsymbol{\varepsilon - \delta}$**論法**）　関数 $f : M \to \mathbf{R}$ が $a \in M$ で連続，*i.e.* $\displaystyle\lim_{x\to a, x\in M} f(x) = f(a)$ とは，任意の $\varepsilon > 0$ に対して ε によって決まる正数 $\delta = \delta(\varepsilon) > 0$ があって，$|x - a| < \delta$ ならば $|f(x) - f(a)| < \varepsilon$ となることである．すなわち，

$$\forall\varepsilon > 0,\ \exists\delta = \delta(\varepsilon) > 0\ :\ |x - a| < \delta \Rightarrow |f(x) - f(a)| < \varepsilon$$

これは，$f(a)$ を中心に ε 幅をとると，小さな $\delta > 0$ が決まって a を中心に δ 幅におけるグラフが先の ε 幅にすっぽり入ってしまうといっている（図 1.16 (a)）．ε をどんなに小さくとってもよいので $\displaystyle\lim_{x\to a, x\in M} f(x) = f(a)$ を意味している．a で不連続の場合を考えてみると，a における gap より小さい ε をとると，どんなに小さな δ 幅におけるグラフも ε 幅からはみ出てしまう（図 1.16 (b)）．ε, δ の使用は普遍的で，$\varepsilon - \delta$論法 と呼んでいる．初学者にはなじみにくい議論かもしれないが，よく味わってみると含蓄を感ずることができるのではないかと思われる（第 3 章 3.1 節の 2 変数の関数の連続性の定義 3.1.1 および脚注も参照，また，第 4 章 4.1 節ではもう少し進んだ議論がなされる）．

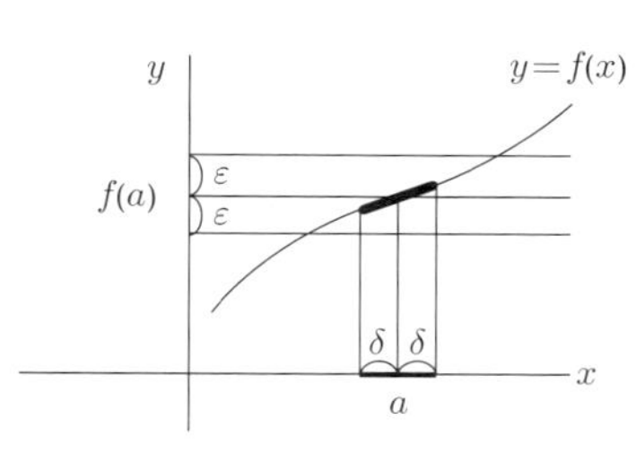

図 **1.16 (a)**　$x = a$ で連続

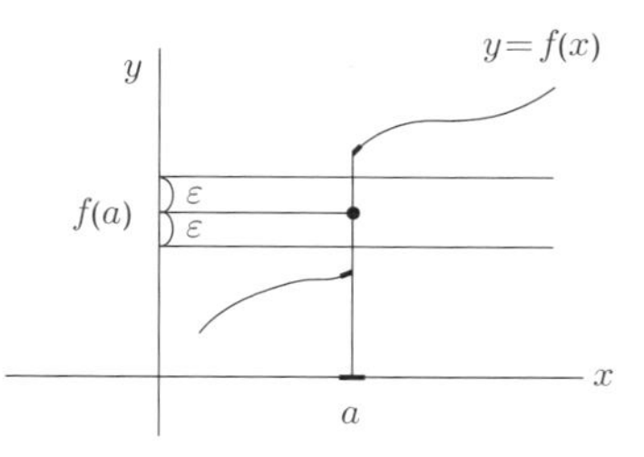

図 **1.16 (b)**　$x = a$ で不連続

数列の議論で，もう 1 つ重要な概念としてコーシー列がある．数列 $\{a_n\}$ が**コーシー列**（Cauchy sequence）であるとは，

任意の $\varepsilon > 0$ に対して，ある番号 N があって，$n, m \geq N$ ならば，$|a_n - a_m| < \varepsilon$

となることである．$\{a_n\}$ が α に収束すれば，a_n も a_m も α に近づくのでその差 $a_n - a_m$ はどんどん小さくなっていって，コーシー列となる．ところが，コーシー列が必ずしも収束するとは限らない．たとえば，$a_n \in \mathbf{Q}$（有理数）が $\sqrt{2}$（無理数）に収束するとすると，有理数の世界では極限値は穴に落ちて存在しないことになる．穴の埋まった連続性をもつ実数の世界ではコーシー列は必ず収束するのである．

切断の概念を使って，有理数の世界のもつ穴を埋めて，連続性をもつ実数の世界を考えたように，コーシー列の極限が穴に落ちるとき，それを無理数と考えて穴を埋め，実数を構成する方法もある．切断の概念を使うには，2 つの実数の大小関係が必要であるが，数列を考えるのに大小関係は不要なのでコーシー列で穴埋めをするほうが汎用的であるともいえる．コーシー列が必ず収束する空間は完備であるといい，穴の空いた空間の穴を埋めて完備な空間を構成することを完備化という．有理数の世界を完備化して，完備な実数の世界を得たということである．経済学でも，たとえば均衡価格の存在を示そうとすると，完備な空間で考える必要がある．

1.3　微分係数と導関数

f が開区間 I 上の実数値関数とする．f が $a \in I$ で**微分可能** (differentiable) とは，

$$\lim_{h \to 0} \frac{f(a+h) - f(a)}{h} = \lim_{x \to a} \frac{f(x) - f(a)}{x - a}$$

が存在することである．このとき，この極限値を $f'(a)$, $\frac{df}{dx}(a)$ と書き，a にお

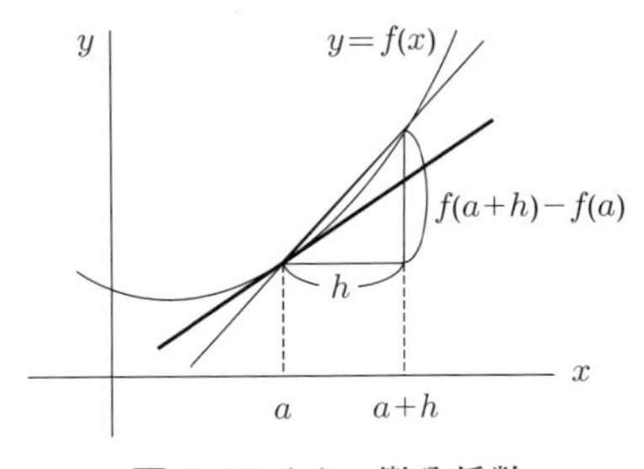

図 1.17 (a)　微分係数

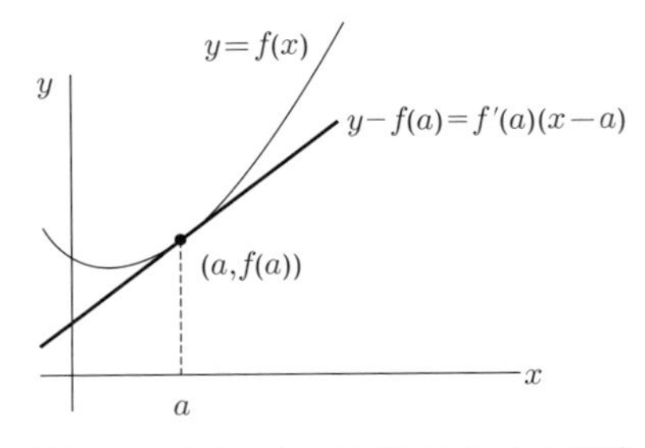

図 1.17 (b)　$(a, f(a))$ における接線

ける f の**微分係数**（differential coefficient）という．すなわち，

$$f'(a) = \lim_{h \to 0} \frac{f(a+h) - f(a)}{h} = \lim_{x \to a} \frac{f(x) - f(a)}{x - a} \tag{1.19}$$

$f'(a)$ は，直感的には，$y = f(x)$ のグラフの点 $(a, f(a))$ における接線の傾きを表している．よって，接線の式は

$$y - f(a) = f'(a)(x - a) \tag{1.20}$$

となる（図 1.17）[13]．f が I のすべての点で微分可能ならば任意の $x \in I$ で

$$f'(x) = \lim_{h \to 0} \frac{f(x+h) - f(x)}{h} \tag{1.21}$$

となる．これは f の**導関数**（derivative）という．微分係数あるいは導関数は，x を h だけ増やしたときの y の増加分との商となっている．そこでその**増分**（increment）を Δx, Δy と表記し，

$$\frac{dy}{dx} = \lim_{\Delta x \to 0} \frac{\Delta y}{\Delta x} = \lim_{\Delta x \to 0} \frac{f(x + \Delta x) - f(x)}{\Delta x} \tag{1.22}$$

と書くことも多い．微分係数，あるいは導関数を求めることを**微分する**（differentiate）という．

---

[13] I が閉区間 $[a, b]$ のとき，端点 a（または端点 b）では右側微分係数 $f'_+(a) = \lim_{h \to +0} \frac{f(a+h)-f(a)}{h}$（または左側微分係数 $f'_-(b) = \lim_{h \to -0} \frac{f(b+h)-f(b)}{h}$）を考えることができ，接線の式も $y - f(a) = f'_+(a)(x - a)$（または $y - f(b) = f'_-(b)(x - b)$）で与えられる．

例 1.3.1　(1) $(x^2)' = 2x$　(2) $(x)' = 1$　(3) $(c)' = 0\,(c:$ 定数$)$

解　(1.21) または (1.22) にあてはめればよい．

$$(x^2)' = \lim_{h\to 0}\frac{(x+h)^2 - x^2}{h} = \lim_{h\to 0}\frac{x^2 + 2xh + h^2 - x^2}{h} = \lim_{h\to 0}(2x+h) = 2x,$$

$$(x)' = \lim_{\Delta x\to 0}\frac{(x+\Delta x) - x}{\Delta x} = \lim_{\Delta x\to 0} 1 = 1,\quad (c)' = \lim_{\Delta x\to 0}\frac{c-c}{\Delta x} = \lim_{\Delta x\to 0} 0 = 0$$

一般に，

$$\boxed{(x^\alpha)' = \alpha x^{\alpha-1}\ (\alpha \text{ は任意の実数})} \tag{1.23}$$

が成立する．$\alpha = n$（自然数）のとき，二項定理（1.1 節 補題 1.1.1）を使って，

$$\begin{aligned}
(x^n)' &= \lim_{\Delta x\to 0}\frac{(x+\Delta x)^n - x^n}{\Delta x}\\
&= \lim_{\Delta x\to 0}\frac{x^n + \binom{n}{1}x^{n-1}\Delta + \binom{n}{2}x^{n-2}(\Delta x)^2 + \cdots + (\Delta x)^n - x^n}{\Delta x}\\
&= \lim_{\Delta x\to 0}\left\{\binom{n}{1}x^{n-1} + \binom{n}{2}x^{n-2}\Delta x + \cdots + (\Delta x)^{n-1}\right\}\\
&= nx^{n-1}
\end{aligned}$$

α が自然数でないときも徐々に求めていく．$n = 0$ のときは，$x^0 = 1$（指数法則は 1.6.1 項を参照）なので，$(x^0)' = 0$ である．したがって，(1.23) は成り立つ．次に，f, g が微分可能のとき，その和や積の導関数を求めよう．

定理 1.3.1　f, g が開区間 I で微分可能のとき，和差 $f \pm g$，定数倍 cf（c:定数），積 fg，商 $\frac{f}{g}$（ただし，$g(x) \neq 0$）も微分可能で，

(1) $(f \pm g)' = f' \pm g'$　(2) $(cf)' = cf'$　(3) $(fg)' = f'g + fg'$

(4) $\left(\frac{f}{g}\right)' = \frac{f'g - fg'}{g^2}$　特に，$\left(\frac{1}{g}\right)' = -\frac{g'}{g^2}$

例 1.3.2　次の関数を微分し，$x = -1$ における接線の式を求めよ．

(1) $y = 3x^4 + \frac{1}{2}x^3 - 2x + 3$　(2) $y = (3x^2+2)(5x^3-4x-3)$　(3) $y = \frac{3x-5}{x-2}$

解　(1) $y' = (3x^4 + \frac{1}{2}x^3 - 2x + 3)' = 3(x^4)' + \frac{1}{2}(x^3)' - 2(x)' + (3)'$

$= 12x^3 + \frac{3}{2}x^2 - 2,$

$x = -1$ のとき，$y = \frac{15}{2}$，$y' = -\frac{25}{2}$　$\therefore$ 接線の式は $y - \frac{15}{2} = -\frac{25}{2}(x+1)$

(2) $y' = \{(3x^2+2)(5x^3-4x-3)\}'$
$= (3x^2+2)'(5x^3-4x-3) + (3x^2+2)(5x^3-4x-3)'$
$= 6x(5x^3-4x-3) + (3x^2+2)(15x^2-4) = 75x^4 - 6x^2 - 18x - 8$
（先に展開してから微分してもよい.）

$x=-1$ のとき，$y=-20$, $y'=79$　$\therefore$ 接線の式は $y+20=79(x+1)$

(3) $y' = \left(\frac{3x-5}{x-2}\right)' = \frac{(3x-5)'(x-2)-(3x-5)(x-2)'}{(x-2)^2} = \frac{3(x-2)-(3x-5)\cdot 1}{(x-2)^2} = \frac{-1}{(x-2)^2}$

[$= \left(3+\frac{1}{x-2}\right)' = 0 - \frac{(x-2)'}{(x-2)^2} = -\frac{1}{(x-2)^2}$ としてもよい.]

$x=-1$ のとき，$y=\frac{8}{3}$, $y'=-\frac{1}{9}$　$\therefore$ 接線の式は $y-\frac{8}{3}=-\frac{1}{9}(x+1)$

定理 1.3.1 の証　仮定は $\lim_{\Delta x\to 0}\frac{f(x+\Delta x)-f(x)}{\Delta x} = f'(x)$, $\lim_{\Delta x\to 0}\frac{g(x+\Delta x)-g(x)}{\Delta x} = g'(x)$.

(1) $(f\pm g)'(x) = \lim_{\Delta x\to 0}\frac{(f\pm g)(x+\Delta x)-(f\pm g)(x)}{\Delta x}$
$= \lim_{\Delta x\to 0}\frac{(f(x+\Delta x)-f(x))\pm(g(x+\Delta x)-g(x))}{\Delta x}$
$= \lim_{\Delta x\to 0}\frac{f(x+\Delta x)-f(x)}{\Delta x} \pm \lim_{\Delta x\to 0}\frac{g(x+\Delta x)-g(x)}{\Delta x} = f'(x)\pm g'(x)$

(2) $(cf)'(x) = \lim_{\Delta x\to 0}\frac{(cf)(x+\Delta x)-(cf)(x)}{\Delta x} = c\lim_{\Delta x\to 0}\frac{f(x+\Delta x)-f(x)}{\Delta x} = cf'(x)$

(3) $(fg)'(x) = (f(x)\cdot g(x))' = \lim_{\Delta x\to 0}\frac{f(x+\Delta x)g(x+\Delta x)-f(x)g(x)}{\Delta x}$
$= \lim_{\Delta x\to 0}\left\{\frac{f(x+\Delta x)-f(x)}{\Delta x}g(x+\Delta x) + f(x)\frac{g(x+\Delta x)-g(x)}{\Delta x}\right\}$
$= f'(x)g(x) + f(x)g'(x)$

(4) $\left(\frac{f}{g}\right)'(x) = \left(\frac{f(x)}{g(x)}\right)' = \lim_{\Delta x\to 0}\frac{\frac{f(x+\Delta x)}{g(x+\Delta x)}-\frac{f(x)}{g(x)}}{\Delta x}$
$= \lim_{\Delta x\to 0}\frac{1}{g(x+\Delta x)g(x)}\left\{\frac{f(x+\Delta x)-f(x)}{\Delta x}g(x) - f(x)\frac{g(x+\Delta x)-g(x)}{\Delta x}\right\}$
$= \frac{f'(x)g(x)-f(x)g'(x)}{g(x)^2}$

$f(x)=1$ のときは，$f'(x)=0$ だから，容易に，$(\frac{1}{g(x)})' = -\frac{g'(x)}{g(x)^2}$ を得る.　**証終**

(1.23) で，$\alpha = -n$（n : 自然数）のとき，定理 1.3.1 (4) を使えば，$(x^{-n})' = (\frac{1}{x^n})' = -\frac{(x^n)'}{(x^n)^2} = -\frac{nx^{n-1}}{x^{2n}} = -\frac{n}{x^{n+1}} = (-n)x^{(-n)-1}$ となって，(1.23) が整数 α に対して成立する．ここで，いくつか指数法則を使っている．指数法則は 1.6 節で改めて取り扱う.

練習 1.3.1　次の関数を微分し，$x=1$ における接線の式を求めよ.
(1) $y=(x^2-1)(x^2+3x-2)$　(2) $y=\frac{2x+3}{x^2+1}$　(3) $y=\frac{3}{x^2}$

例 1.3.3（応用—弾力性）　関数 $y=f(x), x>0, y>0$ が与えられたとき，

$$\sigma = \frac{xf'(x)}{f(x)} = \frac{x}{y}\frac{dy}{dx} = \frac{dy/dx}{y/x}$$

を，経済学では，y の x に関する弾力性と呼ぶ．比 $\frac{y}{x}$ の増減は，σ が 1 より大きいか小さいかでわかる．これは商の微分法（定理 1.3.1(4)）を応用して

$$\frac{d}{dx}\left(\frac{y}{x}\right) = \left(\frac{f(x)}{x}\right)' = \frac{f'(x)x - f(x)1}{x^2} = \frac{f(x)}{x^2}\left(\frac{xf'(x)}{f(x)} - 1\right) = \frac{f(x)}{x^2}(\sigma - 1)$$

だからである．$\sigma = 1$ のときは $\frac{dy}{dx} = \frac{y}{x}$．グラフでいえば，右辺は原点と点 (x, y) を結ぶ直線の傾きを表し，左辺は $y = f(x)$ の (x, y) における接線の傾きを表す．よって，その接線は原点を通る．

詳しくは経済学の講義で学習していただきたい．

練習 1.3.2　$Q = AL^{\alpha}K^{\beta}$ が与えられている．ただし，A, α, β は正定数（経済学では，Q は生産関数，L, K はそれぞれ労働投入量，資本投入量と呼ばれる）．Q が一定値 Q_0 のとき，K の L に関する弾力性 σ を求めよ．

練習 1.3.3　$y = f(x) = x^3 + ax$ と $y = g(x) = bx^2 + c$（a, b, c は定数）がともに点 $(-1, 0)$ を通り，この点における接線の式は一致している．このとき，a, b, c を求めよ．

練習 1.3.4　(i) $f'(2) = -1$ のとき，極限値 $\lim_{h \to 0} \frac{f(2-2h) - f(2+h)}{h}$ を求めよ．
(ii) 関数 $f(x)$ が $\mathbf{R}$ で微分可能とし，$f(1) = 3$ かつ $\lim_{h \to 0} \frac{f(1) - f(1-h)}{2h} = -1$ とする．このとき，点 $(1, f(1)) = (1, 3)$ における $y = f(x)$ の接線の式を求めよ．

1.4　合成関数と逆関数の微分法

微分の計算をするとき，合成関数の微分の計算を抜きに済ますことはできない．合成関数の微分法をきちんとマスターして欲しい．X, U, Y を $\mathbf{R}$ の集合とし，f が X から U への，g が U から Y への関数

$$f : X \to U, \quad g : U \to Y$$

とする．このとき，$x \in X$ に $y = g(f(x)) \in Y$ を対応させる関数 $g \circ f : X \to Y$ を，f と g の**合成関数**（composite function）という．つまり，

$$(g \circ f)(x) = g(f(x))$$

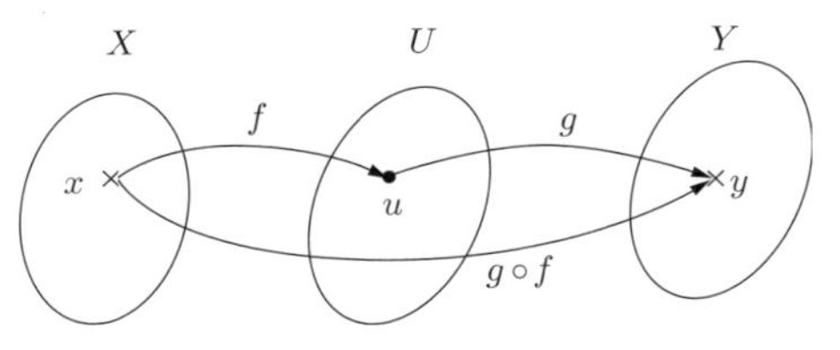

図 1.18　合成関数 $g \circ f$

である（図 1.18）．$f(x) = 1 - x^2 (x \in [-1, 1])$，$g(u) = \sqrt{u} (u \in [0, \infty))$ の合成関数は，$(g \circ f)(x) = g(f(x)) = \sqrt{1 - x^2} (x \in [-1, 1])$．$x$ の定義域を制限しなければ $u = f(x)$ が g の定義域をはみ出してしまって合成関数が定義できなくなってしまう．f の値域 $f(X)$ が $f(X) \subset U$ となっていることが肝要である．

定理 1.4.1　（合成関数の微分）　2つの関数 f, g が開区間 I, J で定義され，$f(I) \subset J$ とする．このとき，$u = f(x)$ が $x = a \in I$ で微分可能，$y = g(u)$ が $u = f(a) \in J$ で微分可能ならば，合成関数 $y = (g \circ f)(x) = g(f(x))$ は $x = a$ で微分可能で，

$$\frac{dy}{dx}(a) = (g \circ f)'(a) = \frac{dg}{du}(f(a)) \cdot \frac{df}{dx}(a)$$

注意 1.4.1　任意の $a \in I$ で微分可能であれば，導関数

$$\frac{dy}{dx} = \frac{dg}{du}(u) \cdot \frac{df}{dx}(x)$$

が得られる．これは，$y = g(u)$，$u = f(x)$ に対し，

$$\boxed{\frac{dy}{dx} = \frac{dy}{du} \cdot \frac{du}{dx}} \tag{1.24}$$

と書いて，形式的に du を約分すれば $\frac{dy}{dx}$ が得られる形として覚えればよい．

定理 1.4.1 の証　$b = f(a)$，$f(a + \Delta x) = b + \Delta u$ と書けば，

$$\begin{aligned}(g \circ f)'(a) &= \lim_{\Delta x \to 0} \frac{g(f(a + \Delta x)) - g(f(a))}{\Delta x} \\ &= \lim_{\Delta x \to 0} \frac{g(b + \Delta u) - g(b)}{\Delta u} \cdot \frac{\Delta u}{\Delta x}\end{aligned}$$

$$= \lim_{\Delta x \to 0} \frac{g(f(a)+\Delta u) - g(f(a))}{\Delta u} \cdot \frac{f(a+\Delta x) - f(a)}{\Delta x}$$
$$= \frac{dg}{du}(f(a)) \cdot \frac{df}{dx}(a)$$
証終

例 1.4.1 次の関数を微分せよ．

(1) $y = (x^2+1)^5$ (2) $y = (3x^4+2x+1)^{10}$ (3) $y = (4x^3+1)(3x^4+2)^{10}$

解 (1) $y = u^5$, $u = x^2+1$ と合成関数の形に書いて (1.24) を使う．

$\frac{dy}{dx} = \frac{dy}{du}\frac{du}{dx} = 5u^4 \cdot 2x = 5(x^2+1)^4 \cdot 2x = 10x(x^2+1)^4.$

(2) $y = u^{10}$, $u = 3x^4+2x+1$ と書いて，

$\frac{dy}{dx} = \frac{dy}{du}\frac{du}{dx} = 10u^9 \cdot (12x^3+2) = 20(6x^3+1)(3x^4+2x+1)^9.$

(3) これは積と合成関数の微分法の組み合さったものと考えて，

$y' = (4x^3+1)'(3x^4+2)^{10} + (4x^3+1)\{(3x^4+2)^{10}\}'$

として，最後の $(3x^4+2)^{10}$ の微分をするとき合成関数の微分を使う．$y_1 = u^{10}$, $u = 3x^4+2$ とおいて，$\frac{dy_1}{dx} = \frac{dy_1}{du}\frac{du}{dx} = 10u^9 \cdot 12x^3 = 120x^3(3x^4+2)^9$

$\therefore\ y' = 12x^2(3x^4+2)^{10} + (4x^3+1) \cdot 120x^3(3x^4+2)^9$

$= 12x^2(3x^4+2)^9\{(3x^4+2) + (4x^3+1) \cdot 10x\}$

$= 12x^2(3x^4+2)^9(43x^4+10x+2)$

練習 1.4.1 次の関数を微分せよ．

(1) $y = (3x^2-2)^7$ (2) $y = (2x^3+2x+3)^8$ (3) $y = (3x^3+2)^3(4x+1)^5$

次に，逆関数について考えよう．集合 X から Y への関数 $f : X \to Y$ が

(i) 任意の $x_1, x_2 \in X$ が $x_1 \neq x_2$ ならば，$f(x_1) \neq f(x_2)$（このとき，f は X から Y への単射（injective）または 1 対 1（one-to-one）という）

(ii) $f(X) = Y$（このとき，f は X から Y への全射（surjective，onto）という）

の 2 つの性質を満たすならば，任意の $y \in Y$ に対し $f(x) = y$ となる $x \in X$ がただ 1 つ決まる．このとき，$y \in Y$ に $x \in X$ を対応させる関数を f の**逆関数**（inverse function）といい，f^{-1} と書く（図 1.19）．

$$f^{-1} : Y \to X, \quad f^{-1}(y) = x \Leftrightarrow y = f(x)$$

これが逆関数の定義であるが，具体的には狭義の単調関数（単調増加または単調減少関数）に対して逆関数が決まる．ここに，f が狭義の単調増加関数と

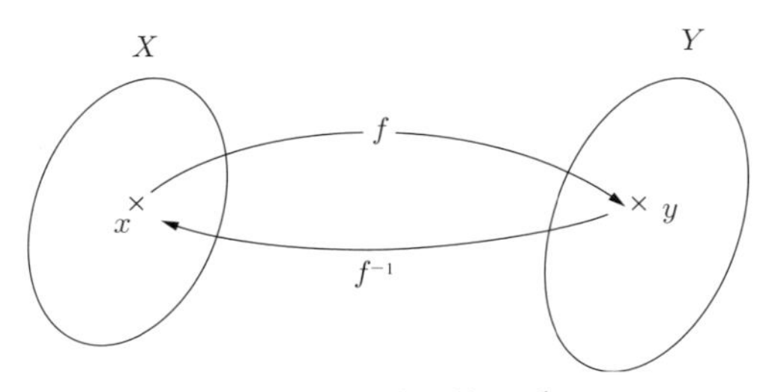

図 1.19　逆関数 f^{-1}

は，$x_1 < x_2$ のとき等号なしの $f(x_1) < f(x_2)$ が成り立つことである．減少関数の場合も同様である．

f が区間 $[a,b]$ で狭義の単調増加（または単調減少）で，$f(a) = \alpha, f(b) = \beta$ とおくと，f の逆関数 $f^{-1} : [\alpha, \beta] \to [a,b]$，$f^{-1}(y) = x \Leftrightarrow y = f(x)$ が定まり，f^{-1} も狭義の単調増加（または単調減少）な関数である．

逆関数の求め方は $y = f(x)$ を x について解いて，$x = f^{-1}(y)$ を求めればよい．これでよいのであるが，x と y を入れ替えて，$y = f^{-1}(x)$ が逆関数であると習ってきた人も多いと思う．これも正しい．このあたりは，1.2 節のはじめに述べた関数の本来の定義に関係する．関数は f あるいは f^{-1} のことであって，独立変数を x にとろうが y にとろうが関係がない．そこで $x = f^{-1}(y)$ も $y = f^{-1}(x)$ も正しく逆関数が求まっているのである．しかしである．$y = f(x)$ がわかっているとき，新しく逆関数 f^{-1} が出てきたのでそのグラフがどうなっているか知りたい．そのため，“x と y を入れ替える” ことによって，$y = f(x)$，$y = f^{-1}(x)$ がともに同じ独立変数，従属変数をもつので，それらのグラフを比較できるのである．さらに，“x と y を入れ替える” と x-y 座標軸上でどうなるかというと，たとえば，$(2,1)$ と $(1,2)$，$(5,2)$ と $(2,5)$，$\ldots$ は直線 $y = x$ について対称になっていることがわかるだろう（図 1.20 (a)）．

結局，f の逆関数の求め方は，$y = f(x)$ を解いて，$x = f^{-1}(y)$ を求め，x と y を入れ替えて，$y = f^{-1}(x)$ を得る．そのグラフは，$y = f(x)$ のグラフと直線 $y = x$ について対称である（図 1.20 (b)）．

例 1.4.2　(1) $y = x^2$ $(x \geq 0)$　(2) $y = x^n$ $(x \geq 0,\ n \in \mathbf{N})$ の逆関数を求め，そのグラフを描け．

解　(1) x について解いて，$x = \sqrt{y}$．x と y を入れ替えて，$y = \sqrt{x} = x^{\frac{1}{2}}$．

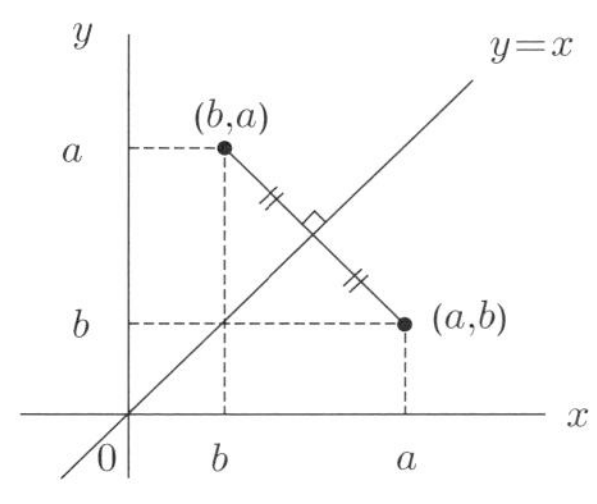

図 1.20 (a)　(a,b) (b,a) の関係

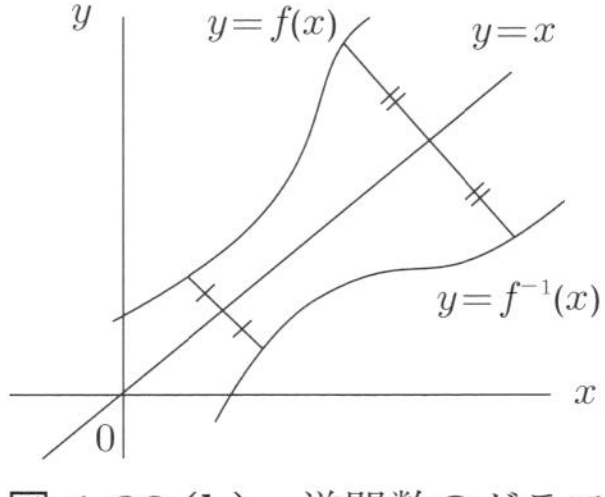

図 1.20 (b)　逆関数のグラフ

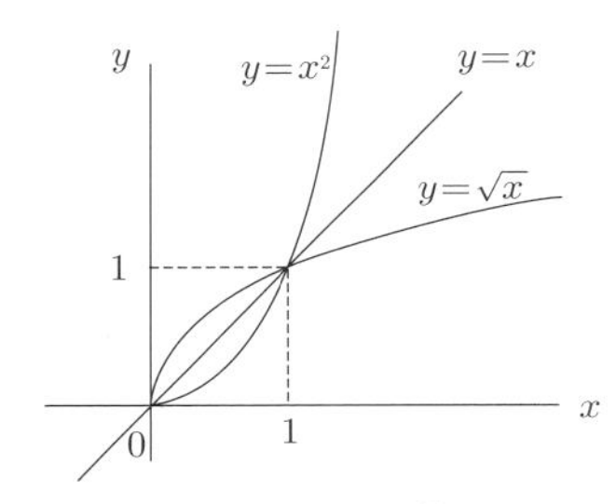

図 1.21 (a)　$y = \sqrt{x}$ のグラフ

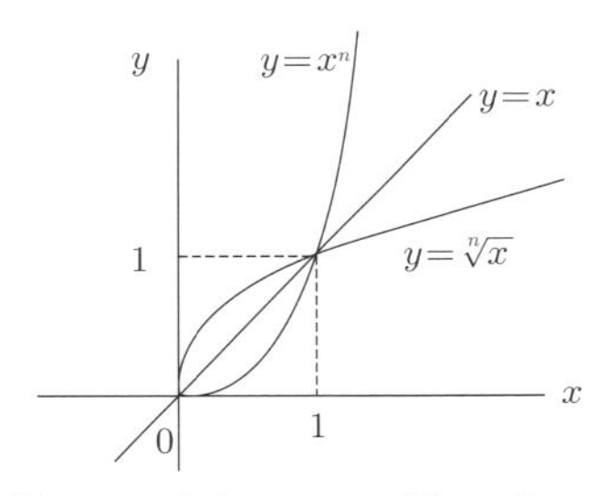

図 1.21 (b)　$y = \sqrt[n]{x}$ のグラフ

グラフは図 1.21 (a).

(2) やはり, x について解いて $x = \sqrt[n]{y}$. x と y を入れ替えて $y = \sqrt[n]{x} = x^{\frac{1}{n}}$. グラフは図 1.21 (b). $\sqrt[n]{x} = x^{\frac{1}{n}}$ は指数法則による.

注意 1.4.2　価格 p は一般に需要 D の関数なので, $p = f(D)$ と書ける. 需要は価格の関数でもあるが, D について解けば, 逆関数 $D = f^{-1}(p)$ で表現できる. このとき, p と D を入れ替えることはできない.

ようやく逆関数の微分にまで至った.

定理 1.4.2　（逆関数の微分）I を開区間とし, 関数 $f : J \to I$, $I = f(J)$ が微分可能で, $x = f(y)$ の導関数 $\frac{dx}{dy}(y) = f'(y) \neq 0 (y \in J)$ とする. このとき, 逆関数 $y = f^{-1}(x)$, $f^{-1} : I \to J$ は I で微分可能で,

$$\frac{dy}{dx} = \frac{1}{\frac{dx}{dy}} = \frac{1}{f'(y)}$$

定理 1.4.2 の証　$f'(y) \neq 0\,(y \in J)$ と仮定されているので $f'(y) > 0$ または $f'(y) < 0$．したがって，f は狭義の単調関数で逆関数 f^{-1} が存在する．そこで，$y = f^{-1}(x)$ とおいて，$f^{-1}(x + \Delta x) = y + \Delta y$ とおけば，$x = f(y)$，$x + \Delta x = f(y + \Delta y)$，かつ $\Delta x \to 0$ のとき，$\Delta y \to 0$．そこで，

$$
\begin{aligned}
\frac{dy}{dx} &= \lim_{\Delta x \to 0} \frac{f^{-1}(x + \Delta x) - f^{-1}(x)}{\Delta x} \\
&= \lim_{\Delta y \to 0} \frac{y + \Delta y - y}{f(y + \Delta y) - f(y)} = \lim_{\Delta y \to 0} \frac{1}{\frac{f(y+\Delta y)-f(y)}{\Delta y}} = \frac{1}{f'(y)}
\end{aligned}
$$

証終

上の証明はこの節でやったばかりの合成関数の微分を使ってもできる．$x = f(y)$ で，y は x の関数なので，$x = f(y(x))$ となる．この両辺を x で微分すると，

$$
1 = \frac{df}{dy}(y) \cdot \frac{dy}{dx} = f'(y)\frac{dy}{dx} \quad \therefore \quad \frac{dy}{dx} = \frac{1}{f'(y)}
$$

例 1.4.3　(1) $y = x^{\frac{1}{n}}\ (x > 0)$　(2) $y = x^{\frac{m}{n}}\ (x > 0)$ の導関数を求めよ．

解　これができれば，有理数 $\alpha = \frac{m}{n}$ に対し，$(x^\alpha)' = \alpha x^{\alpha-1} (x > 0)$ を示したことになる．$x > 0$ に対し指数法則 $x^{\frac{1}{n}} = \sqrt[n]{x}$，$x^{\frac{m}{n}} = \sqrt[n]{x^m}$ に注意して[14]，

(1) $y = x^{\frac{1}{n}}$ は $x = y^n$ の逆関数　$\therefore\ \frac{dy}{dx} = 1/\frac{dx}{dy} = \frac{1}{ny^{n-1}} = \frac{1}{n}y^{-n+1}$
$= \frac{1}{n}(x^{\frac{1}{n}})^{1-n} = \frac{1}{n}x^{\frac{1}{n}-1}$

(2) $y = (x^{\frac{1}{n}})^m$ を $y = u^m$ と $u = x^{\frac{1}{n}}$ の合成関数と考えて，$\frac{dy}{dx} = \frac{dy}{du}\frac{du}{dx}$
$= mu^{m-1} \cdot \frac{1}{n}x^{\frac{1}{n}-1} = \frac{m}{n}x^{\frac{1}{n}(m-1)+\frac{1}{n}-1} = \frac{m}{n}x^{\frac{m}{n}-1} = \alpha x^{\alpha-1}\ (\alpha = \frac{m}{n})$

例 1.4.4　次の関数を $(x^\alpha)' = \alpha x^{\alpha-1}$ を使って微分せよ（$\sqrt{x} = x^{\frac{1}{2}}$，$\frac{1}{\sqrt{x}} = x^{-\frac{1}{2}}$ 等に注意せよ）．

(1) $\sqrt{x}$　(2) $\frac{1}{\sqrt{x}}$　(3) $\sqrt{2x^2+3}$　(4) $\frac{1}{\sqrt{2x^2+3}}$

解　(1) $(\sqrt{x})' = (x^{\frac{1}{2}})' = \frac{1}{2}x^{-\frac{1}{2}} = \frac{1}{2\sqrt{x}}$

(2) $(\frac{1}{\sqrt{x}})' = (x^{-\frac{1}{2}})' = -\frac{1}{2}x^{-\frac{3}{2}} = -\frac{1}{2\sqrt{x^3}} = -\frac{1}{2x\sqrt{x}}$

(3), (4) は合成関数の微分を使う．

(3) $y = u^{\frac{1}{2}}$，$u = 2x^2 + 3$ とおいて，$y' = \frac{dy}{du}\frac{du}{dx} = \frac{1}{2}u^{-\frac{1}{2}} \cdot 4x = \frac{2x}{\sqrt{2x^2+3}}$

(4) $y = u^{-\frac{1}{2}}$，$u = 2x^2 + 3$ とおいて，$y' = \frac{dy}{du}\frac{du}{dx} = -\frac{1}{2}u^{-\frac{3}{2}} \cdot 4x$

---

[14] さらに，指数法則 $x^a \cdot x^b = x^{a+b}$，$x^a/x^b = x^{a-b}$，$(x^a)^b = x^{ab}\ (x > 0)$ を使っている．

$$= -\frac{2x}{\sqrt{(2x^2+3)^3}} = -\frac{2x}{(2x^2+3)\sqrt{2x^2+3}}$$

練習 1.4.2　次の関数を微分せよ．また，$y' = 0$ となる実数 x の値も求めよ．

(1) $y = (3x^2 + 2x + 1)^{10}$　(2) $y = \frac{1}{(3x^2+1)^{10}}$　(3) $y = \frac{1}{\sqrt{3x^2+1}}$

(4) $y = (5x^2 - 3)(3x^2 + 1)^5$　(5) $y = (1 - 2x)^3$　(6) $y = \sqrt{1 - 2x}$

(7) $y = \frac{1}{\sqrt{2-3x}}$　(8) $y = \sqrt{\frac{1+x}{1-x}}$

1.5　関数のグラフと極値

関数 $y = f(x)$ の微分係数 $f'(a)$ は点 $(a, f(a))$ におけるグラフの接線の傾きを表しているので，図 1.22 のように，$f'(x)$ の正負によって関数の増加，減少がわかる．

$$f'(x) > 0 \Rightarrow \text{単調増加}, \qquad f'(x) < 0 \Rightarrow \text{単調減少}.$$

$f'(a) = 0$ となる点 $(a, f(a))$ は $x = a$ の前後の $f'(x)$ の符号により，極大，極小および停留点となる（図 1.22）．

$$\begin{aligned} &f'(x) > 0(x < a),\ f'(a) = 0,\ f'(x) < 0(x > a) \\ &\quad \Rightarrow (a, f(a)) \text{ で極大となり}, \text{極大値 } f(a), \\ &f'(x) < 0(x < a),\ f'(a) = 0,\ f'(x) > 0(x > a) \\ &\quad \Rightarrow (a, f(a)) \text{ で極小となり}, \text{極小値 } f(a) \end{aligned}$$

ここに，f が $x = a$ で**極大**（または**極小**）となるとは，a の小さな近傍（a を含む開区間）で $f(a)$ が最大（または最小）となることである．a の前後で $f'(x) > 0$（または $f'(x) < 0$）かつ，$f'(a) = 0$ のとき，$(a, f(a))$ は**停留点**と呼ばれる，すなわち $x = a$ で増加，減少が一時的に停留する．直感的にはこれ

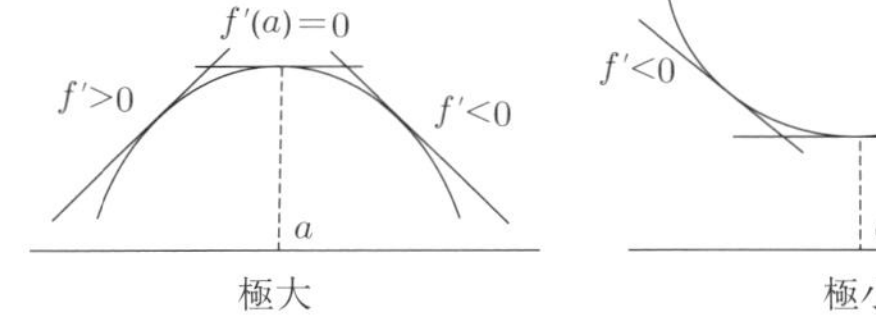

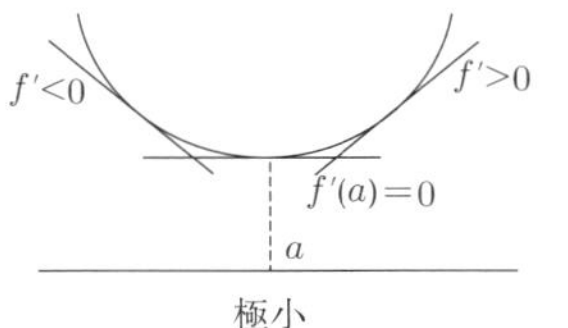

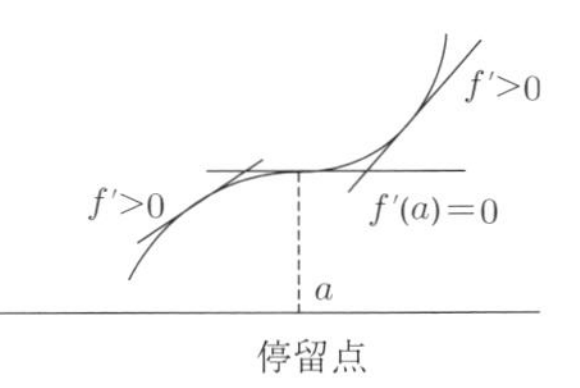

図 1.22　極値

x	$\cdots$	-1	$\cdots$	1	$\cdots$
y'	$+$	0	$-$	0	$+$
y	↗	極大 3	↘	極小 -1	↗

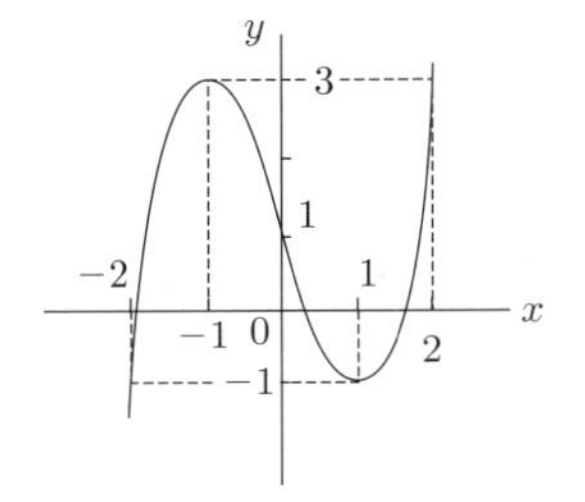

図 **1.23**　例 1.5.1

で十分であるが，正確には平均値の定理と呼ばれる定理が必要になり，2変数の関数になればより詳細な議論を必要とする．それらは第2章以降で取り扱う．

例 **1.5.1**　$y = x^3 - 3x + 1$ のグラフを描け．
解　導関数 y' の符号から増加，減少を求め，増減表を書く．

$$y' = 3x^2 - 3 = 3(x^2 - 1) = 3(x+1)(x-1)$$

因数分解ができる場合は因数分解しておけば，直ちに $x = -1$, $x = 1$ のときが $y' = 0$ で，前後の符号もわかるので，図 1.23 のような表（増減表という）にまとめ，それからグラフも図 1.23 のように描ける．

例 **1.5.2**　$y = x + \frac{1}{x}$ のグラフを描け．
解　$y' = (x + x^{-1})' = 1 - x^{-2} = \frac{x^2-1}{x^2} = \frac{(x+1)(x-1)}{x^2}$
より，$x = -1, 1$ のとき $y' = 0$．$x = 0$ のときは関数は定義されないので図 1.24 のように増減表を書き，それをもとにグラフが描ける．しかし，$x \to \pm\infty$ のときは増加していることはわかるが，この関数の場合は漸近線を求めれば，図 1.24 のように，より詳しいグラフの概形が得られる．$x \to \pm\infty$ のとき $\frac{1}{x} \to 0$ なので，求めるグラフは直線 $y = x$ に近づく，つまり $x \to \pm\infty$ のとき $y = x$ が漸近線となる．また $x = 0$（y 軸）も漸近線である（より詳しくは，$x \to 0$ のときグラフは $y = \frac{1}{x}$ に漸近するので，$y = \frac{1}{x}$ が $x = 0$ の近傍で漸近線ともいえる）．

例 **1.5.3**　(1) $y = x^4 - 4x^3 - 8x^2$　(2) $y = \frac{x^2-7x+7}{x-1}$ のグラフを描け．

x	$\cdots$	-1	$\cdots$	0	$\cdots$	1	$\cdots$
y'	$+$	0	$-$	╳	$-$	0	$+$
y	↗	極大 -2	↘	╳	↘	極小 2	↗

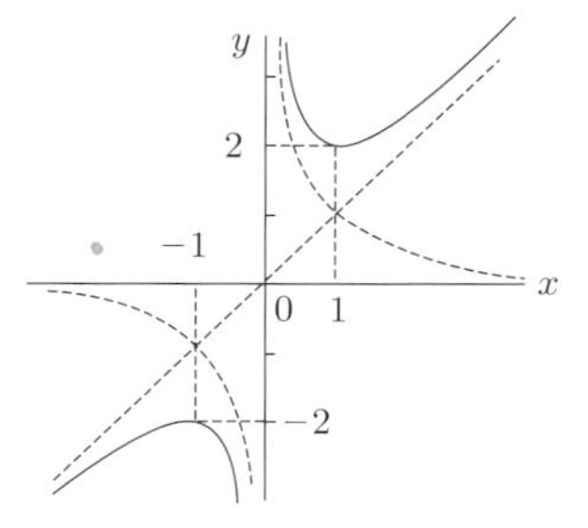

図 **1.24** 例 1.5.2

x	$\cdots$	-1	$\cdots$	0	$\cdots$	4	$\cdots$
y'	$-$	0	$+$	0	$-$	0	$+$
y	↘	極小 -3	↗	極大 0	↘	極小 -128	↗

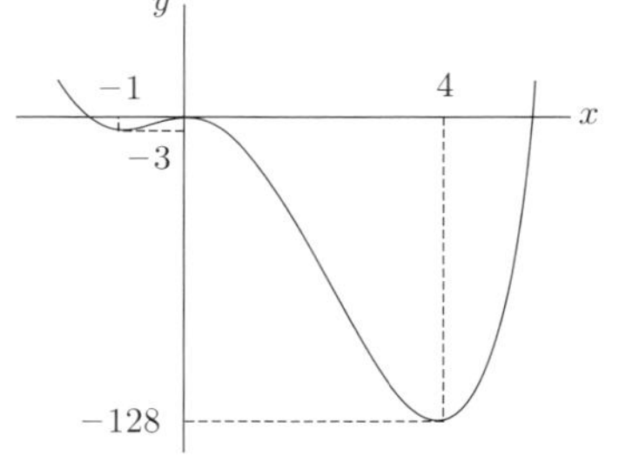

図 **1.25** 例 1.5.3 (1)

解　(1) $y' = 4x^3 - 12x^2 - 16x = 4x(x^2 - 3x - 4) = 4x(x-4)(x+1)$ なので，増減表およびグラフは図 1.25 のようになる．

(2) $y' = \frac{(2x-7)(x-1)-(x^2-7x+7)\cdot 1}{(x-1)^2} = \frac{x^2-2x}{(x-1)^2} = \frac{x(x-2)}{(x-1)^2}$

$y = \frac{(x-1)(x-6)+1}{x-1} = x - 6 + \frac{1}{x-1}$ より，$x \to \pm\infty$ のとき，$y = x - 6$ が漸近線となり，また $x = 1$ が漸近線（より詳しくは，$x = 1$ の近くで $y = -5 + \frac{1}{x-1}$ が漸近線）である．よって，増減表とグラフは図 1.26 のようになる．

練習 1.5.1　次の関数のグラフを描け．

(1) $y = x^3 - 12x + 10$　(2) $y = (x^2 + 2x - 3)^2$　(3) $y = \frac{x^2-2x-2}{x+1}$

練習 1.5.2　次の関数の極値を求めよ．

(1) $y = x - 5 + \frac{4}{x^2}$　(2) $y = \frac{1-x}{1+x}$　(3) $y = x^2 - 2|x| + 1$

1.5.1 $(x^\alpha)' = \alpha x^{\alpha-1}$ を使う練習問題

微分公式 $(x^\alpha)' = \alpha x^{\alpha-1}$ でできる範囲の問題をやってみよう．次節から，指

x	$\cdots$	0	$\cdots$	1	$\cdots$	2	$\cdots$
y'	$+$	0	$-$	╳	$-$	0	$+$
y	↗	極大 -7	↘	╳	↘	極小 -3	↗

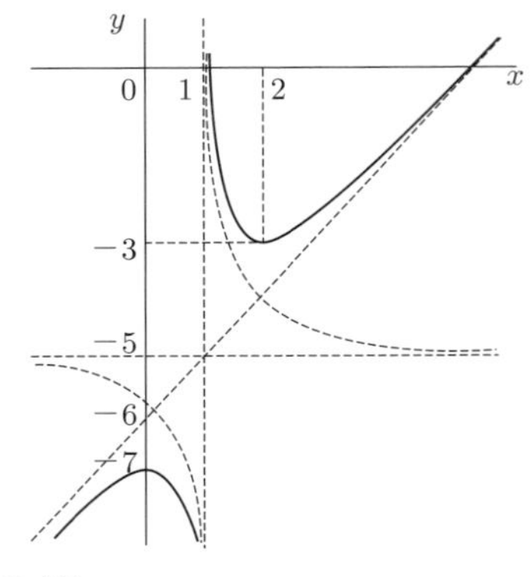

図 **1.26**　例 1.5.3 (2)

数関数，対数関数や三角関数の初等関数が加わって複雑となるので，その前に合成関数の導関数などをきちんと計算できるようにしておこう（解答はいずれも巻末）.

1. 次の関数の導関数を求めよ.

(1) $y=(x^2+x+1)(3x-1)$　(2) $y=(x^2-1)(x^4+x^2+3)$

(3) $y=\frac{x-2}{2x+3}$　(4) $y=\frac{x}{x^2+2x-1}$　(5) $y=\frac{-1}{x^3}$　(6) $y=\frac{2}{\sqrt[3]{x^2}}$

(7) $y=(10-x^3)^5$　(8) $y=\sqrt{x^2+2x+2}$　(9) $y=\frac{1}{(x^5-3x^2+4)^3}$

(10) $y=\frac{1}{\sqrt{1-x^2}}$　(11) $y=(x^3-1)(x^2+2x+3)^3$　(12) $y=\frac{x^3-1}{(x^2+2)^3}$

(13) $y=(2x+1)\sqrt{x^4+2}$

2. (　) の点における接線の式を求めよ.

(1) $f(x)=x^2+2x\ (x=2)$　(2) $f(x)=\sqrt{4-x^2}\ (x=-1)$

3. 次の関数の増減を調べ，極値を求めよ.

(1) $y=3x^5-5x^3+1$　(2) $y=\frac{x^3}{x^2+1}$　(3) $y=\frac{x^2+x-1}{x-1}$

4. 関数 $f(x)$ が，$f(x)=\begin{cases} 2x^3+3x^2-12x-8 & (x<-1) \\ 5 & (x=-1) \\ -3x^2-18x-10 & (x>-1) \end{cases}$ で与えられ

ているとき，次の問に答えよ．

(1) $x < -1$ のとき，$f'(x)$ を求めよ．

(2) $x > -1$ のとき，$f'(x)$ を求めよ．

(3) 定義に従って $f'(-1)$ を求めよ．

5. 不等式 $1+\alpha x \leq (1+x)^\alpha$ $(\alpha > 1,\ x \geq 0)$ を示せ．（$y = (1+x)^\alpha - \alpha x - 1$ のグラフが $x \geq 0$ のとき，x 軸より上方にあることを示せばよい．）

1.6 初等関数とその導関数

本節では基本的な初等関数である指数関数，対数関数そして三角関数を導入し，それらの微分公式を求める．

1.6.1 指数関数と対数関数

まず，指数関数を考えるため，すでに多少使ってきた指数法則から復習しよう．

$a > 0$ として，a の累乗 a^n（n は自然数）は

$$a^n = a \ \cdots \ a \quad (n \text{ 個の } a \text{ の積})$$

で定義される．このとき，次の 3 つの**指数法則**が成立する．

(i) $a^m \cdot a^n = a^{m+n}$ $(m, n$ は自然数$)$

(ii) $\frac{a^m}{a^n} = a^{m-n}$ $(m > n)$

(iii) $(a^m)^n = a^{mn}$

これらは自明であろう．累乗の概念を拡張して m, n が任意の実数の場合も成立することを導く．(ii) で $m = n$ とおくと，左辺は約分されて 1，右辺は形式的に a^0 で，$\boxed{a^0 = 1}$ となるのでこのように定義する．さらに，$m < n$ のとき，(ii) の左辺は $a^m/a^n = 1/a^{n-m}$ であり，右辺は形式的に a^{m-n} で指数が負となっている．そこで，$\boxed{a^{-n} = \frac{1}{a^n}}$ と定義すれば，$m < n$ のときも (ii) が成立する．(iii) で，形式的に $m = \frac{1}{n}$ ととれば，$(a^{\frac{1}{n}})^n = a^1 = a$．一方，$(\sqrt[n]{a})^n = a$．そこで，$\boxed{a^{\frac{1}{n}} = \sqrt[n]{a}}$ と定義し，$a^{\frac{m}{n}} = a^{\frac{1}{n}\cdot m} = a^{m\cdot\frac{1}{n}}$ なので，$\boxed{a^{\frac{m}{n}} = (\sqrt[n]{a})^m = \sqrt[n]{a^m}}$ と定める．よって，$a > 0$ に対して，$a^q (q \in \mathbf{Q}$ (有理数)) は定義できた．$a > 0$ は必要である．たとえば，$a = -8$ ならば，$(-8)^{\frac{1}{3}} = \sqrt[3]{-8} = -2$ である．これは $(-8)^{\frac{2}{6}} = \sqrt[6]{(-8)^2} = \sqrt[6]{64} = 2$ となって矛盾するからである．

$a>0$ に対して，a^r(r：無理数) を定義しなければならない．そのために無理数 r に収束する有理数列 $\{q_n\}$ をとって，$\boxed{a^r = \lim_{n\to\infty} a^{q_n}}$ と定義する．定義できるためには，① 極限値 $\lim_{n\to\infty} a^{q_n}$ の存在，② $q_n \to r$, $q'_n \to r$ となる有理数列 $\{q_n\}, \{q'_n\}$ をとると，$\lim_{n\to\infty} a^{q_n} = \lim_{n\to\infty} a^{q'_n}$ を証明する必要がある．なぜなら，a^r の値が唯一つに決まらなければならないから．細かい証明となるのでここでは省略するがその必要性を知っていただければよいであろう．さらに，無理数，よって任意の実数に対して $a^x \cdot a^y = a^{x+y}$ 等を示して（これも省略する），次の指数法則が成立する．

指数法則　$a>0$ と，任意の実数 x_1, x_2, α に対して，次の式が成り立つ．

(i)	$a^{x_1} \cdot a^{x_2} = a^{x_1+x_2}$
(ii)	$\frac{a^{x_1}}{a^{x_2}} = a^{x_1-x_2}$
(iii)	$(a^{x_1})^{\alpha} = a^{\alpha x_1}$

そこで，新しい関数が定義される．

定義 1.6.1　$a>0$, $a \neq 1$ に対し，関数

$$y = a^x \ (x \in \mathbf{R})$$

を，a を**底** (base) とする**指数関数** (exponential function) という．条件 $a>0$, $a \neq 1$ を底の条件という．

底の条件で $a \neq 1$ としたのは，つねに $1^x = 1$ となるからである．指数関数の定義域は $\mathbf{R}$，a^x はつねに正なので値域は $(0,\infty)$ で，$y=0$（x 軸）が漸近線となる．$a>1$ のときは単調増加，$0<a<1$ のときは単調減少の連続関数で，グラフは図 1.27 のようになる．

次に，対数関数を定義する．指数関数 $y=a^x$ が $\mathbf{R} \to (0,\infty)$ の単調関数なので，定義域を $(0,\infty)$，値域を $\mathbf{R}$ とする逆関数が存在する．$y=x^2 (x \geq 0)$ に対しては $x=\sqrt{y}$ と既知のルート（平方根）を使った無理関数で解けるが，$y=a^x$ を x について解くには新しい関数を定義しなければならない．それが対数関数で，$x = \log_a y$ と書く．つまり，

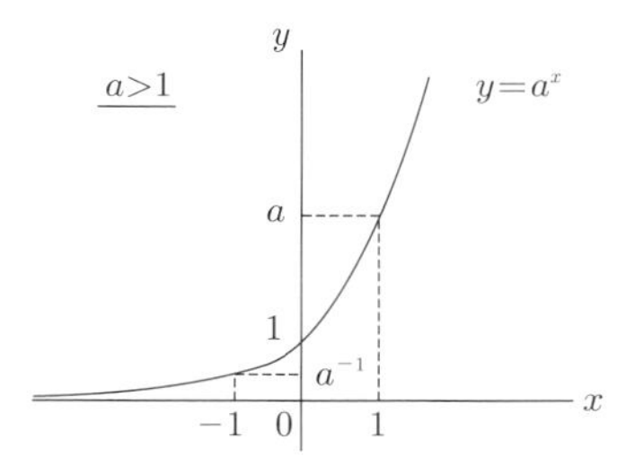

図 1.27 (a)　指数関数 ($a > 1$)

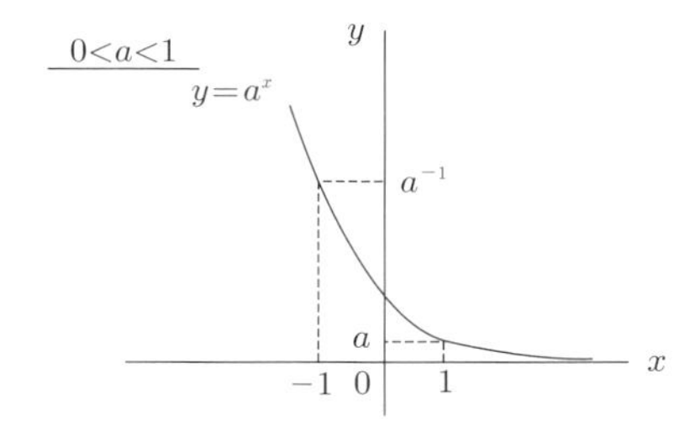

図 1.27 (b)　指数関数 ($0 < a < 1$)

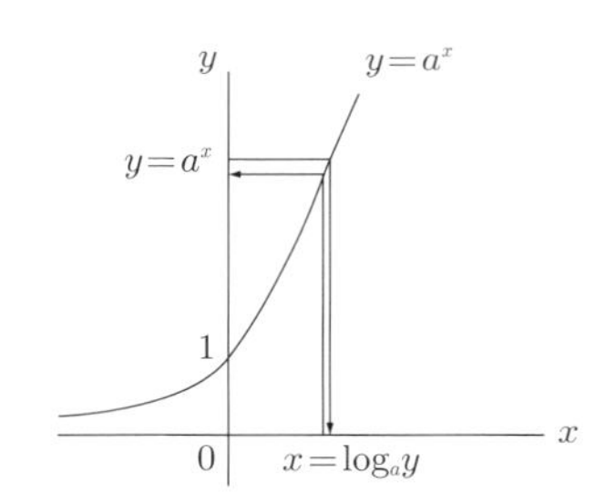

図 1.28　$y = a^x \Leftrightarrow x = \log_a y$

$$\boxed{y = a^x \quad \Longleftrightarrow \quad x = \log_a y}$$ （図 1.28 参照）

x と y を入れ替えて独立変数を x ととって，a を底とする**対数関数** (logarithmic function)

$$y = \log_a x$$

が得られる．定義域は $(0, \infty)$（つまり $x > 0$ でなければならず，x は真数と呼ばれ，$x > 0$ は真数条件という），値域は $\mathbf{R}$ となる．そのグラフは $y = x$ に関して線対称となっているので，$x = 0$（y 軸）が漸近線である．$a > 1$ のときは単調増加，$0 < a < 1$ のときは単調減少の連続関数である（図 1.29）．

対数計算に馴染みのない人は次の単純な例で小手調べといこう．もちろん必要のない人はスキップしてもよい．

例 1.6.1　次の値を求めよ．

(1) $\log_2 8$　(2) $\log_3 27$　(3) $\log_{\square} \square = 3$ となる $\square, \square$ の値　(4) $\log_2 \sqrt{2}$
(5) $\log_3 \frac{1}{9}$　(6) $\log_{10} 1$　(7) $\log_5 30$　(8) $\log_3 10$　(9) $\log_3 20$　(10) $\log_3 30$

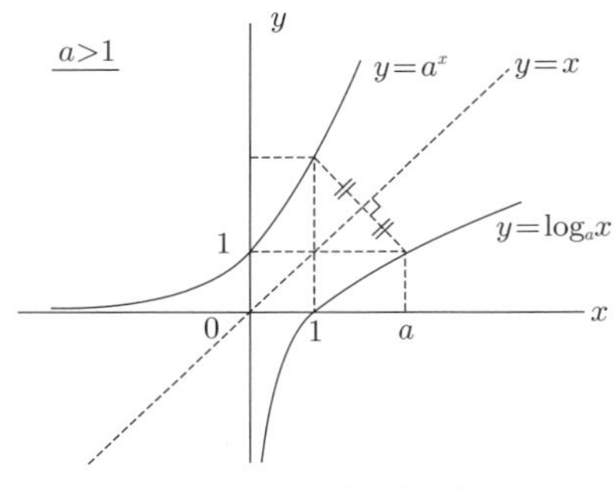

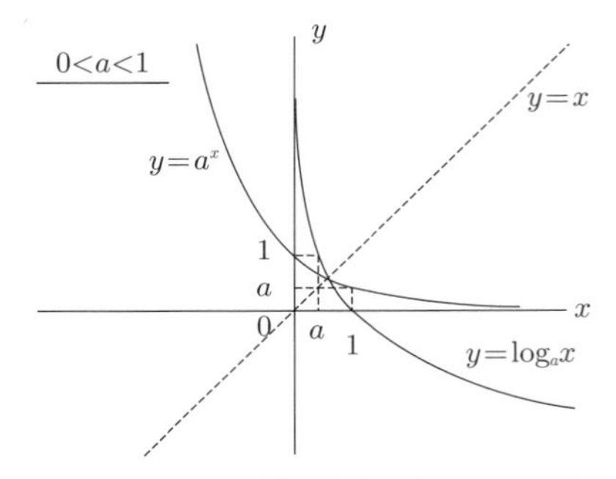

図 **1.29 (a)**　対数関数 ($a > 1$)　　図 **1.29 (b)**　対数関数 ($0 < a < 1$)

解　(1) $2^{\square} = 8$ となる $\square = 3$ $\therefore$ $\log_2 8 = 3$.　(2) $3^{\square} = 27$ となる $\square = 3$ $\therefore$ $\log_3 27 = 3$.　(3) $4^3 = 64$, $5^3 = 125$, $6^3 = 216, \cdots$ なので, $\log_4 64 = 3$, $\log_5 125 = 3$, $\log_6 216 = 3, \cdots$ (4) $2^{\square} = \sqrt{2}$ となるのは $\square = \frac{1}{2}$ $\therefore$ $\log_2 \sqrt{2} = \frac{1}{2}$.　(5) $3^{\square} = \frac{1}{9}$ となるのは $\square = -2$ $\therefore$ $\log_3 \frac{1}{9} = -2$. (6) $10^{\square} = 1$ となるのは $\square = 0$ $\therefore$ $\log_{10} 1 = 0$. 底の条件を満たす a に対し, つねに $a^0 = 1$ なので, $\log_a 1 = 0$ である.　(7) $5^{\square} = 30$ となる $\square$ は電卓などがなければはっきりわからない. しかし, $5^2 = 25$ で $5^3 = 125$ なので, $\square$ は 2 と 3 の間で 2 に近い数 $\therefore$ $\log_5 30 = 2.\cdots$ であることはわかる. 電卓によれば, $\log_5 30 = 2.11328\cdots$ である.　(8)–(10) も電卓がなければ, $\log_3 10 = 2.\cdots$, $\log_3 20 = 2.\cdots$, $\log_3 30 = 3.\cdots$ もちろん, $\log_3 10 < \log_3 20 < \log_3 30$ である. 電卓によると, $\log_3 10 = 2.0959\cdots$, $\log_3 20 = 2.7268\cdots$, $\log_3 30 = 3.0959\cdots$ (これはこの後すぐやる対数法則を使うと, $\log_3 30 = 1 + \log_3 10$ である).

上の例の (7)–(10) を見ると, 底を 10 にとると, 3 桁の数の対数は, たとえば $\log_{10} 100 = 2$, $\log_{10} 200 = 2.\cdots$, $\log_{10} 950 = 2.\cdots$ で, 4 桁の数の対数 $\log_{10} 1000 = 3$ となる. つまり, 対数の値が $2.\cdots$ となるのは $100 \leq x < 1000$ となる x で 3 桁の数であることがわかる. 一般に, $\log_{10} x = n + a$(n : 自然数, $0 \leq a < 1$) となる x は $n + 1$ 桁の数であることがわかる (n は $\log_{10} x$ の整数部分, a は小数部分と呼ぶ). 大きな数, たとえば, 3^{100} が何桁ぐらいの数であるかを知るにはその底を 10 とする対数の整数部分がいくつになるかを知ればよい. 電卓が発達していない時分には対数が大きな数の桁数を

知ったり，あるいは計算尺などに底を 10 とする対数が活躍した．この底を 10 とする対数を常用対数と呼ぶ．1600 年代の始め，ネイピアは天文学などで大きな数を取り扱うために対数を考案したといわれている．われわれは微分法を学習しようとしていて，このときは常用対数は余り便利でなく，1.1 節でその存在を考えたネイピアの数 e を底とする対数が便利で，これは**自然対数**（natural logarithm）と呼ばれる．e を自然対数の底と呼ぶ所以である．

指数法則に対応して，次の対数法則が成立する．

対数法則　底の条件を満たす a と，任意の正数 y_1, y_2 と任意の実数 α に対して，次の式が成り立つ．

$$\text{(i)} \quad \log_a(y_1 \cdot y_2) = \log_a y_1 + \log_a y_2$$

$$\text{(ii)} \quad \log_a\left(\frac{y_1}{y_2}\right) = \log_a y_1 - \log_a y_2$$

$$\text{(iii)} \quad \log_a(y_1^\alpha) = \alpha \log_a y_1$$

対数法則の証　$\log_a y_1 = x_1$, $\log_a y_2 = x_2$ とおくと，$y_1 = a^{x_1}$, $y_2 = a^{x_2}$．よって，指数法則により，

(i) $y_1 \cdot y_2 = a^{x_1+x_2}$　$\therefore\ \log_a(y_1 \cdot y_2) = x_1 + x_2 = \log_a y_1 + \log_a y_2$

(ii) $y_1/y_2 = a^{x_1-x_2}$　$\therefore\ \log_a(y_1/y_2) = x_1 - x_2 = \log_a y_1 - \log_a y_2$

(iii) $y_1^\alpha = a^{\alpha x_1}$　$\therefore\ \log_a(y_1^\alpha) = \alpha x_1 = \alpha \log_a y_1$　**証終**

これを使うと，例 1.6.1 (10) は $\log_3 30 = \log_3(3 \cdot 10) = \log_3 3 + \log_3 10 = 1 + \log_3 10$ となる．指数関数，対数関数の微分法に進む前に，対数に不慣れな人は上で述べたことと重複する部分もあるが，次の練習問題をやってみて欲しい．

練習 1.6.1　(1) $10^{0.3010} = 2$, $10^{0.4771} = 3$ つまり $\log_{10} 2 = 0.3010$, $\log_{10} 3 = 0.4771$ である（これは常用対数表を見るか，電卓を使って求めた近似値である）．これらを使って，$\log_{10} 4$, $\log_{10} 5$, $\log_{10} 6, \log_{10} 8$, $\log_{10} 9$ を求めよ（$\log_{10} 7$ は求まらない，$\log_{10} 10$ はもちろん 1 である）．

(2) $10^2 = 100$（3 桁），$10^3 = 1000$（4 桁），$\ldots, 10^n$（$n+1$ 桁）である．$10^{n+a}(0 \le a < 1)$ も $n+1$ 桁の数である．たとえば $2^{10} = 1024$ で 4 桁の数である．よって，$\log_{10}(2^{10}) = 3.\cdots$ となるはずである．実際，対数法則 (iii) により，$\log_{10}(2^{10}) = 10 \log_{10} 2 = 10 \times 0.3010 = 3.010$ である．では，2^{100}, 3^{100} は何桁の

数となるか．

(3) 100 万円を年利 25%（高利！）で借りると，何年で 1000 万円を超えるか．

練習 1.6.2　次の関数のグラフをそれぞれ同じ座標平面上に描け．

(1) $y = \log_4 x$，$y = \log_2 x$，$y = \log_2(1+x)$，$y = \log_2(-x)$（真数は正なので，定義域はそれぞれ $(0,\infty)$，$(0,\infty)$，$(-1,\infty)$，$(-\infty,0)$ となっている）．

(2) $y = \log_3 x$，$y = \log_3(3x)$，$y = \log_3\left(\frac{1}{x}\right)$

練習 1.6.3　次の指数方程式，対数方程式（指数，対数を含む方程式のこと）を解け．

(1) $2^{2x} - 3\cdot 2^x - 40 = 0$　(2) $9^x - 13\cdot 3^x + 36 = 0$　(3) $\log_2(4x) = 3$

(4) $\log_2(x-1) + \log_2 x = 3$　(5) $\log_2(x-1) - \log_2(x+2) = 2$

ショートノート（大きな数の数え方）

囲碁や将棋をずうーっとやっていると同じ棋譜が出てこないか心配になる．新聞などの囲碁将棋欄を見ていると，将棋で 100 手，囲碁で 150 手ぐらいで勝負がついているものが多い．次の 1 手（意味のある！）に何通りの可能性があるかわからないが，平均して A,B,C の 3 通りあって 100 手で勝負がついたとすると，3^{100} 通りの有意義な棋譜があることになる（手の意義は考えずに，すべての棋譜の総数は，将棋で 10^{226}，囲碁で 10^{360}，チェスで 10^{123}，中国象棋で 10^{150} と見積られることが，H. Matsubara, H. Iida and R. Grimbergen, Natural developments in game research, ICCA Journal, 103–112 (1996) に紹介されている）．これは練習 1.6.1(2) で見たとおり，48 桁の数である．これはどの程度の大きさの数で，どのような読み方があるだろうか？

世界の人口約 60 億人が 1 年間毎日誰かと囲碁を戦わせたとすると（そんなことはあり得ないが，多く多く見積もって．上記の論文では囲碁人口 2500 万，将棋人口 1500 万，チェス人口 1 億人と見積もっている），2 人で 1 つの棋譜なので，30 億 ×365 日=1.095×10^{12} 通り．3^{100} 通りの有意義な棋譜を何年で作ることができるだろうか．$3^{100} \div (1.095\times 10^{12}) = 4.707\times 10^{35}$ 年掛かることになる．0 が 35 個もつく．人類が生まれて 250 万年=2.5×10^6 年程度．0 は高々 6 個．トテツモナイ年数掛かることになる（同じ棋譜が出てこない訳だ！）のだが，こんな数はどう数えるのだろう．でもこんなトテツモナイ数の数え方もあるのである（あるのだけれど，数えてどうしようというのかなあ―？）．柳谷晃氏の著書「そうだったのか！「算数」」（毎日新聞社，2004 年）に紹介されているのを書けば，日本式では万から億に 4 桁上がるように，4 桁ずつ上がる単位は，

万，億，兆，京（ケイ），垓（ガイ），杼（ジョ），穣（ジョウ），溝（コウ），澗（カン），正（セイ），載（サイ），極（ゴク），恒河沙（ゴウカシャ），阿僧祇（アソウギ），那由他（ナユタ），不可思議（フカシギ），無量（ムリョウ），大数（タイスウ）．

最後の大数（最大の桁は無量と大数を一緒にした“無量大数”とする説もある）が 10^{72} で，これ以上はないようである．32 乗が溝なので，4.707×10^{35} 年は 4 セン 7 ヒャク 7 コウ年と読むことになる．読めたからってどうなるものでもないが，超天文学的数字を読んでみるのも楽しくありませんか．逆に言えば，こんな楽しみ方はできないけれども，実用的にはどんなに大きい数にも対応できる 10 の累乗 10^n，その常用対数 $n = \log_{10}(10^n)$ の表記の卓越さもわかるであろう．

ついでながら，小数のほうも同様の数え方がある．こちらは 1 桁ずつ下がって

分（ブ），厘（リン），毛（モウ），糸（シ），忽（コツ），微（ビ），繊（セン），沙（シャ），塵（ジン），埃（アイ），渺（ビョウ），莫（バク），模糊（モコ），逡巡（シュンジュン），須臾（シュユ），瞬息（シュンソク），弾指（ダンシ），刹那（セツナ），六徳（リットク），空虚（クウキョ），清浄（セイジョウ）

となっている（一松信，竹之内脩編「改訂増補 新数学事典」（大阪書籍，1991 年））．“割”がないのが気に掛かる人があるかもしれない．歩合や利率では“割”からスタートするが，“分”は 10 分の 1 を表していて（たとえば「泥棒にも三分の理」など），割より下が小数点と考えれば納得できるであろう．“分”などは江戸時代のお金の単位にも使われていて，1 両は 4 分，1 分は 4 朱で，全然 10 進法になっていない．

問 $3^{100} \doteqdot 5.154 \times 10^{47}$ はどう読むのだろう．

1.6.2 指数関数と対数関数の微分法

指数関数と対数関数の導関数は

$$(e^x)' = e^x, \quad (\log_e x)' = \frac{1}{x} \quad ; \quad (a^x)' = \frac{a^x}{\log_a e}, \quad (\log_a x)' = \frac{\log_a e}{x}$$

で与えられる．ただし，a は底の条件 $a > 0,\ a \neq 1$ を満たす．まず，$e = \lim_{n\to\infty}(1+\frac{1}{n})^n (= 2.718\cdots)$ を思い出して，次の例を示す．

例 1.6.2 (1) $\lim_{x\to\infty}(1+\frac{1}{x})^x = e$ (2) $\lim_{x\to-\infty}(1+\frac{1}{x})^x = e$

(3) $\boxed{\lim_{h\to 0}(1+h)^{\frac{1}{h}} = e}$

解 (1) まず，$\lim_{n\to\infty}(1+\frac{1}{n})^n$ と $\lim_{x\to\infty}(1+\frac{1}{x})^x$ の違いは n は自然数で，x は実数であること．したがって，前者の極限は飛び飛びに n が ∞ に近づいている．そこで，任意の x に対し，自然数 n（1.2 節で述べた Gauss の記号を使う

と $n=[x]$ と書ける）があって，

$$n \leq x < n+1 \quad \therefore \quad \frac{1}{n} \geq \frac{1}{x} > \frac{1}{n+1} \quad \therefore \quad 1+\frac{1}{n} \geq 1+\frac{1}{x} > 1+\frac{1}{n+1} (>1)$$

最後の式をそれぞれ $n+1, x, n(n+1>x>n)$ 乗すると大小関係が保存して，さらに少し変形すれば，

$$\left(1+\frac{1}{n}\right)\cdot\left(1+\frac{1}{n}\right)^{n} \geq \left(1+\frac{1}{x}\right)^{x} > \left(1+\frac{1}{n+1}\right)^{n+1} \Big/ \left(1+\frac{1}{n+1}\right)$$

$x \to \infty$ のとき，n もそれにつれて $n \to \infty$ となるので，

$$1 \cdot e \geq \lim_{x\to\infty}\left(1+\frac{1}{x}\right)^{x} \geq e/1 \quad \therefore \quad \lim_{x\to\infty}\left(1+\frac{1}{x}\right)^{x} = e$$

(2) $x=-y$ とおいて，$x \to -\infty$ のとき，$y \to \infty$ となるので，(1) の結果が使える．

$$\left(1+\frac{1}{x}\right)^{x} = \left(1-\frac{1}{y}\right)^{-y} = \left(\frac{y}{y-1}\right)^{y} = \left(1+\frac{1}{y-1}\right)^{y-1}\cdot\left(1+\frac{1}{y-1}\right)$$

ここで，2番目から3番目の式にいくとき，$(1-\frac{1}{y})^{-1} = (\frac{y-1}{y})^{-1} = \frac{y}{y-1} = \frac{y-1+1}{y-1} = 1+\frac{1}{y-1}$ を使った．よって，(1) を使って，

$$\lim_{x\to-\infty}\left(1+\frac{1}{x}\right)^{x} = \lim_{y\to\infty}\left(1+\frac{1}{y-1}\right)^{y-1}\cdot\left(1+\frac{1}{y-1}\right) = e\cdot 1 = e$$

(3) $x=\frac{1}{h}$ とおくと，$h \to 0$ のとき，$x \to \pm\infty$（$h<0$ のときは $\to -\infty$ となる）．(1), (2) の結果から $x \to +\infty$，$x \to -\infty$ のいずれにしても e に収束するので，$\lim_{h\to 0}(1+h)^{\frac{1}{h}} = e$.

以上の準備，特に例 1.6.2(3) のもと，対数法則を使って，

$$\begin{aligned}(\log_a x)' &= \lim_{\Delta x\to 0}\frac{\log_a(x+\Delta x)-\log_a x}{\Delta x} \\ &= \lim_{\Delta x\to 0}\frac{1}{\Delta x}\log_a\frac{x+\Delta x}{x} = \lim_{\Delta x\to 0}\frac{1}{x}\cdot\frac{x}{\Delta x}\log_a\left(1+\frac{\Delta x}{x}\right) \\ &= \lim_{\Delta x\to 0}\frac{1}{x}\log_a\left(1+\frac{\Delta x}{x}\right)^{1/\frac{\Delta x}{x}} = \frac{1}{x}\log_a e\end{aligned}$$

$y=a^x$ に対しては，$x=\log_a y$ と書いて，示したばかりの対数関数の微分法

から，$\frac{dx}{dy} = \frac{1}{y}\log_a e$．よって，逆関数の微分法を使って，

$$\frac{dy}{dx} = \frac{1}{\frac{dx}{dy}} = \frac{1}{\frac{1}{y}\log_a e} = \frac{a^x}{\log_a e}$$

$a = e$ のときは，$\log_e e = 1$ より $(\log_e x)' = \frac{1}{x}$，$(e^x)' = e^x$ を得る．

注意 1.6.1　今後は主として，自然対数の底 e を底とする対数関数 $\log_e x$ を考える．そこで，e を省略して，単に，$\log x$ と書くことが多い．しかし，底を 10 とする常用対数を表すこともある．その混乱を避けるためには $\ln x$（natural logarithm の頭文字）を使えばよいが，日本では習慣的に微分法を扱うとき，e を底とする対数でも $\log x$ を使う．関数電卓などでは，log は常用対数を，ln は自然対数を表しているので注意をして欲しい．

例 1.6.3　次の関数を微分せよ．

(1) $y = x^3e^x$　(2) $y = x^3\log x$　(3) $y = \frac{e^x}{x^2+1}$　(4) $y = e^{-\frac{x^2}{2}}$

(5) $y = \log(x^2+1)$　(6) $y = x^2e^{-x}$　(7) $y = \log(x+\sqrt{x^2+1})$

解　(1), (2) は積，(3) は商，(4), (5) は合成関数の微分を使う．

(1) $y' = (x^3)'e^x + x^3(e^x)' = 3x^2e^x + x^3e^x = x^2(3+x)e^x$

(2) $y' = (x^3)'\log x + x^3(\log x)' = 3x^2\log x + x^3\cdot\frac{1}{x} = x^2(3\log x + 1)$

(3) $y' = \frac{(e^x)'(x^2+1)-e^x(x^2+1)'}{(x^2+1)^2} = \frac{e^x(x^2+1)-e^x 2x}{(x^2+1)^2} = \frac{e^x(x^2+1-2x)}{(x^2+1)^2} = \frac{e^x(x-1)^2}{(x^2+1)^2}$

(4) $y = e^u$，$u = -\frac{x^2}{2}$ とおいて，$y' = \frac{dy}{du}\frac{du}{dx} = e^u\cdot(-x) = -xe^{-\frac{x^2}{2}}$

(5) $y = \log u$，$u = x^2+1$ とおいて，$y' = \frac{dy}{du}\frac{du}{dx} = \frac{1}{u}\cdot 2x = \frac{2x}{x^2+1}$

(6) これは積と合成関数の組合せで，積の微分で，$y' = (x^2)'e^{-x} + x^2(e^{-x})'$．$(e^{-x})'$ を求めるのに合成関数の微分で，$y_1 = e^u$，$u = -x$ とおいて $(e^{-x})' = \frac{dy_1}{du}\frac{du}{dx} = e^u\cdot(-1) = -e^{-x}$　$\therefore\ y' = 2xe^{-x} + x^2(-e^{-x}) = x(2-x)e^{-x}$

(7) これは合成関数が 2 重に重なった形で，まず，$y = \log u$，$u = x+\sqrt{x^2+1}$ とおいて，$y' = \frac{1}{u}\cdot(1+(\sqrt{x^2+1})')$ となって，$(\sqrt{x^2+1})'$ を求めるのにもう一度 $z = \sqrt{v} = v^{\frac{1}{2}}$，$v = x^2+1$ とおいて，$(\sqrt{x^2+1})' = \frac{dz}{dv}\frac{dv}{dx} = \frac{1}{2}v^{\frac{1}{2}-1}\cdot 2x = \frac{x}{\sqrt{x^2+1}}$　$\therefore\ y' = \frac{1}{x+\sqrt{x^2+1}}\cdot(1+\frac{x}{\sqrt{x^2+1}}) = \frac{1}{x+\sqrt{x^2+1}}\cdot\frac{x+\sqrt{x^2+1}}{\sqrt{x^2+1}} = \frac{1}{\sqrt{x^2+1}}$

対数微分法　積や商，または合成関数の微分法を使っても導関数を求めることができない関数があって，対数を利用することでうまくいく場合がある．以下に示すその方法を**対数微分法**という．また，その方法を使うことによって，

$$\boxed{(x^\alpha)' = \alpha x^{\alpha-1}\ (\alpha \in \mathbf{R})} \tag{1.23}$$

(1.3節) が成立する．α が無理数でもよい所がポイントである．なお，x^α の底 $x > 0$ が必要なので，$x > 0$ が仮定されている．

$(x^\alpha)' = \alpha x^{\alpha-1}$ の証　$y = x^\alpha$ の両辺の対数をとって，対数法則も使って，

$$\log y = \log x^\alpha = \alpha \log x$$

両辺を x で微分すると，左辺は合成関数で，$\frac{d}{dx}\log y = \frac{d\log y}{dy}\frac{dy}{dx} = \frac{1}{y}\cdot\frac{dy}{dx}$ なので，

$$\frac{1}{y}\cdot\frac{dy}{dx} = \alpha\cdot\frac{1}{x} \quad \therefore\ \frac{dy}{dx} = \alpha\cdot\frac{1}{x}\cdot y = \alpha\cdot\frac{1}{x}\cdot x^\alpha = \alpha x^{\alpha-1}$$

証終

例 1.6.4　$(x^x)' = (\log x + 1)x^x$ を示せ．

解　$y = x^x$ は $y = x^\alpha$ でも $y = a^x$ でもないので，例 1.6.3 のような方法は使えない．ところが，(1.23) の証明と同様に両辺の対数をとると，対数法則から，$\log y = \log(x^x) = x\log x$．右辺が x と $\log x$ の積になって微分できるところがポイントである．左辺は同様で，両辺を x で微分すると，

$$\frac{1}{y}\cdot\frac{dy}{dx} = 1\cdot\log x + x\cdot\frac{1}{x} = \log x + 1.$$

ゆえに，両辺に $y = x^x$ を掛けて，$\frac{dy}{dx} = (\log x + 1)y = (\log x + 1)x^x$.

例 1.6.5　次の等式を示せ．

$$\left(\frac{(3x^2+2x+4)^{10}}{(5x^3+2)^{20}}\right)' = 20\left(\frac{3x+1}{3x^2+2x+4} - \frac{15x^2}{5x^3+2}\right)\frac{(3x^2+2x+4)^{10}}{(5x^3+2)^{20}}$$

解　この例題は商と合成関数の微分法を使えばできない訳ではないが計算は大変そうである．ところが，対数微分法を使うと，微分の計算が随分と楽になる趣旨の問題である．$y = \frac{(3x^2+2x+4)^{10}}{(5x^3+2)^{20}}$ とおいて，両辺の対数をとると，$\log y = 10\log(3x^2+2x+4) - 20\log(5x^3+2)$．そこで両辺を x で微分すると左辺は上と同様で，右辺は合成関数の微分法で割合簡単に微分できて

$$\frac{1}{y}\frac{dy}{dx} = 10\cdot\frac{6x+2}{3x^2+2x+4} - 20\cdot\frac{15x^2}{5x^3+2} = 20\left(\frac{3x+1}{3x^2+2x+4} - \frac{15x^2}{5x^3+2}\right)$$

∴ 両辺に y を掛けて結論を得る．

注：正確には，真数 >0 なので，$3x^2+2x+4>0$，$5x^3+2>0$ *i.e.* $x>-\sqrt[3]{2/5}$ のときに示したことになる．$x<-\sqrt[3]{2/5}$ のときも絶対値をとることにより等式が成立する．

練習 1.6.4　次の導関数を対数微分法を使って求めよ．

(1) $y=x^{\frac{1}{x}}$　(2) $y=(1+x^2)^x$　(3) $y=\sqrt{\frac{1-x^2}{1+x^2}}$　(4) $y=(x+1)^{11}(x^3+2)^{15}$

1.6.3　三角関数

この節では三角関数を知らないか，すっかり忘れてしまっている人を対象に書いているので，すでに習熟している人は先に進んで欲しい．

直角三角形の 3 辺と角を図 1.30 のように a,b,c と θ とする．そのとき 3 辺の比は三角形の大きさに関係なく，角 θ によって決まる．それらの比を

$$\begin{aligned}\sin\theta&=\frac{b}{c} & \cos\theta&=\frac{a}{c} & \tan\theta&=\frac{b}{a}\end{aligned}\qquad\left(\begin{aligned}\operatorname{cosec}\theta&=\frac{c}{b}=\frac{1}{\sin\theta}\\ \sec\theta&=\frac{c}{a}=\frac{1}{\cos\theta}\\ \cot\theta&=\frac{a}{b}=\frac{1}{\tan\theta}\end{aligned}\right)$$

と決め，角 θ の正弦，余弦，正接（余割，正割，余接）という．これらをまとめて三角比という．

角度のとり方を六十分法，つまり 1 周が 360 度（°），直角が 90 度と決めると，$\sin 30^\circ=\frac{1}{2}$，$\cos 30^\circ=\frac{\sqrt{3}}{2}$，$\tan 30^\circ=\frac{1}{\sqrt{3}}$，$\sin 45^\circ=\frac{1}{\sqrt{2}}$，$\cos 45^\circ=\frac{1}{\sqrt{2}}$，$\tan 45^\circ=1$ 等である．微分法を考えるには，角の単位を弧度法（単位はラジアン（radian））に取り直すことと，角を一般角に拡張し，そのときの $\sin\theta,\cos\theta,\tan\theta$ を定義することが必要である．もちろん加法定理などの一連の公式も必要となる．

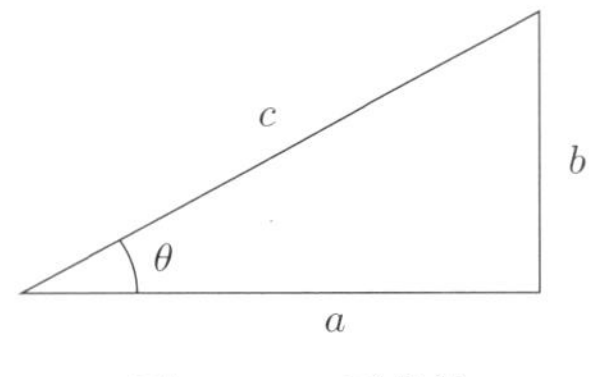

図 1.30　三角比

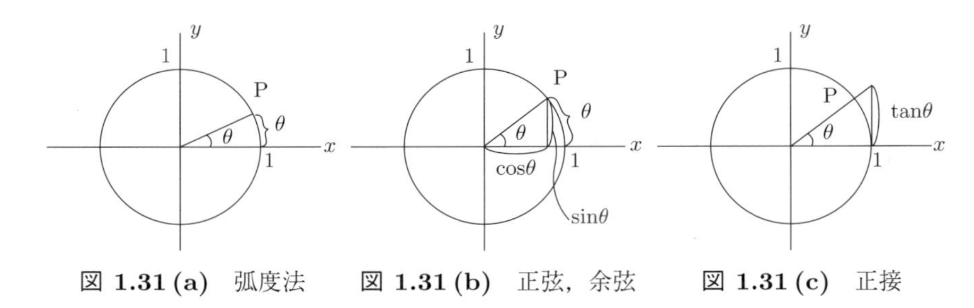

図 1.31 (a)　弧度法　**図 1.31 (b)**　正弦，余弦　**図 1.31 (c)**　正接

まず弧度法であるが，1周を360度ととる六十分法に対して，1周を半径1の円周の長さ $l = 2\pi \cdot 1 = 2\pi$，したがって，直角は $\frac{\pi}{2}$ ととるのが弧度法である．弧度法による角 θ（単位はラジアンであるが，普通は単位を省いて単に角 θ とのみ書いたり言ったりする）は，半径1の円の角 θ に対応する円弧の長さを表している（図 1.31 (a) を参照）．半径1の円弧の長さで，角を表そうとするのが弧度法である．このことによって，$\sin\theta$, $\cos\theta$, $\tan\theta$ はそれぞれ図 1.31 (b), (c) の部分の長さを表している．よって，θ と $\sin\theta$ はどちらが大きいか（$\theta > \sin\theta$ となっている）といった比較ができることが大切である．例を少し見てみると，$30^\circ = 2\pi \cdot \frac{30^\circ}{360^\circ} = \frac{\pi}{6}$，$45^\circ = 2\pi \cdot \frac{45^\circ}{360^\circ} = \frac{\pi}{4}$，$60^\circ = \frac{\pi}{3}$ 等である．よって，六十分法と弧度法の関係式は

$$\boxed{1^\circ = 2\pi \cdot \frac{1^\circ}{360^\circ} = \frac{\pi}{180}}$$

では，15度，120度，150度，180度，270度はそれぞれ何ラジアンか．［解：$\frac{\pi}{12}, \frac{2\pi}{3}, \frac{5\pi}{6}, \pi, \frac{3\pi}{2}$.］また，$\sin\frac{\pi}{3}$，$\cos\frac{\pi}{4}$，$\tan\frac{\pi}{6}$ の値はいくつか．［解：三角定規の三辺の比がそれぞれ $1, 1, \sqrt{2}$ または，$1, 2, \sqrt{3}$ であることから，$\frac{\sqrt{3}}{2}, \frac{1}{\sqrt{2}}, \frac{1}{\sqrt{3}}$ となる.］

次に一般角である．原点を中心とする半径1の円周上を動く点を P とし，その座標を (x, y) としよう．動径 OP と x 軸の正方向との角を θ（もちろん弧度法で表している）とすると，P が1象限つまり $0 < \theta < \frac{\pi}{2}$ のときは，$(x, y) = (\cos\theta, \sin\theta)$ で，$\tan\theta = \frac{y}{x} = \frac{\sin\theta}{\cos\theta}$ である．点 P が2象限まで動くと角 θ は x 軸の正方向から時計の針と反対方向（counter clockwise）に計って，$\frac{\pi}{2}$ を超えるが，このときでも $(x, y) = (\cos\theta, \sin\theta)$ かつ $\tan\theta = \frac{y}{x} = \frac{\sin\theta}{\cos\theta}$ として，$\cos\theta, \sin\theta, \tan\theta$ を決める．点 P がどの象限にあってもこのようにし

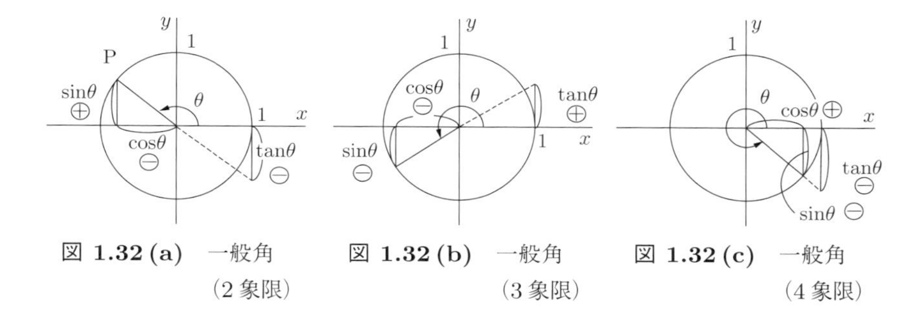

図 1.32 (a)　一般角（2 象限）　**図 1.32 (b)**　一般角（3 象限）　**図 1.32 (c)**　一般角（4 象限）

て P の座標で定義する．角は負の方向（時計回り）にも計れるし，1 象限に動径があっても P が n 周していれば，$\theta = \theta_0 + 2n\pi (0 < \theta_0 < \frac{\pi}{2})$ の形に書ける．このような角のとり方が一般角である．$0 < \theta < 2\pi$ のときの符号は図 1.32 にまとめた．動径がちょうど x 軸または y 軸上にあるときも同様で，たとえば，

$$\sin 0 = 0, \cos 0 = 1, \tan 0 = 0; \quad \sin\frac{\pi}{2} = 1, \cos\frac{\pi}{2} = 0, \tan\frac{\pi}{2} = \text{不定義}$$

$$\sin\pi = 0, \cos\pi = -1, \tan\pi = 0; \quad \sin\frac{3\pi}{2} = -1, \cos\frac{3\pi}{2} = 0, \tan\frac{3\pi}{2} = \text{不定義}$$

等となる．その他の例も見てみよう．

$$\sin\frac{2\pi}{3}, \cos\frac{3\pi}{4}, \tan\frac{5\pi}{6}; \quad \sin\frac{7\pi}{4},\ \cos\frac{11\pi}{4},\ \sin\left(-\frac{3\pi}{4}\right),\ \tan\left(-\frac{2\pi}{3}\right)$$

はそれぞれ $\frac{\sqrt{3}}{2}, -\frac{1}{\sqrt{2}}, -\frac{1}{\sqrt{3}}; \ -\frac{1}{\sqrt{2}}, -\frac{1}{\sqrt{2}}, -\frac{1}{\sqrt{2}}, \sqrt{3}$．単位円を書いて動径の位置を考えて符号に注意すればよい．

次のような関係式も符号をよく考えれば難しくないはずである (図 1.33 参照)．

$$\sin\left(\frac{\pi}{2} - \theta\right) = \cos\theta, \quad \cos\left(\frac{\pi}{2} - \theta\right) = \sin\theta$$
$$\sin\left(\frac{\pi}{2} + \theta\right) = \cos\theta, \quad \cos\left(\frac{\pi}{2} + \theta\right) = -\sin\theta$$

$$\sin(\pi - \theta) = \sin\theta, \quad \cos(\pi - \theta) = -\cos\theta$$
$$\sin(\pi + \theta) = -\sin\theta, \quad \cos(\pi + \theta) = -\cos\theta$$

$$\sin(\theta + 2n\pi) = \sin\theta,\ \cos(\theta + 2n\pi) = \cos\theta,\ \tan(\theta + n\pi) = \tan\theta\ (n : \text{整数})$$

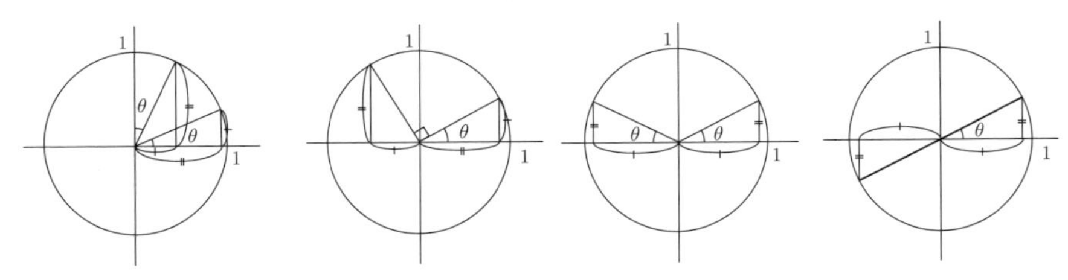

図 1.33　三角関数の関係

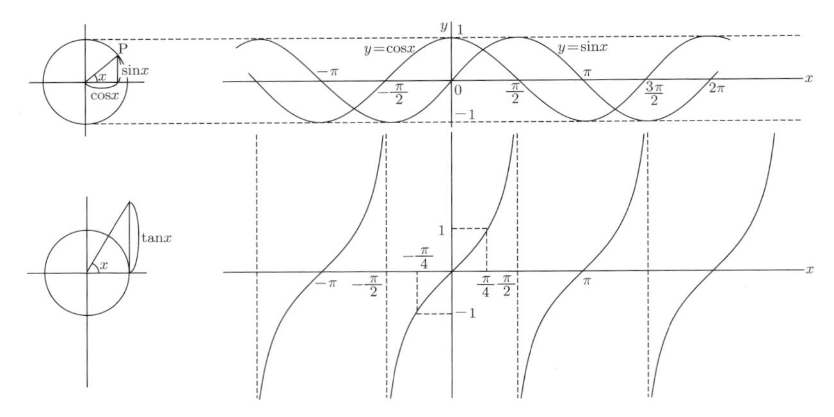

図 1.34　三角関数のグラフ

以上から，任意の一般角 x（関数の独立変数として x をとるので θ の代わりに x と書いた）に対して，単位円周上の動点 P の y 座標，x 座標およびその比 $\frac{y}{x}$ によって，$\sin x, \cos x, \tan x$ が決まる．これらが**三角関数**（trigonometrical function）である．それらのグラフは図 1.34 となる．関数の性質は次のようになる．

$y = \sin x,\ y = \cos x$　定義域 $(-\infty, \infty)$，値域 $[-1, 1]$．周期 2π の周期関数[15]であり，さらに，$y = \sin x$ は原点対称の奇関数，$y = \cos x$ は y 軸対称の偶関数である[16]．

[15] $\mathbf{R}$ で定義された関数 $f(x)$ が $f(x+T) = f(x)$ を満たすとき，f を周期（period）T の周期関数（periodic function）という．T ごとに同じ値が繰り返されることを表現している．

[16] $\mathbf{R}$ で定義された関数 $f(x)$ が $f(-x) = -f(x)$ を満たすとき，f は奇関数（odd function）といい，$f(-x) = f(x)$ を満たすとき，f は偶関数（even function）という．それぞれ原点対称，y 軸対称であることを表現している．n が自然数のとき，$y = x^{2n-1}$ は奇関数，$y = x^{2n}$ は偶関数である．指数が奇数，偶数となっている．

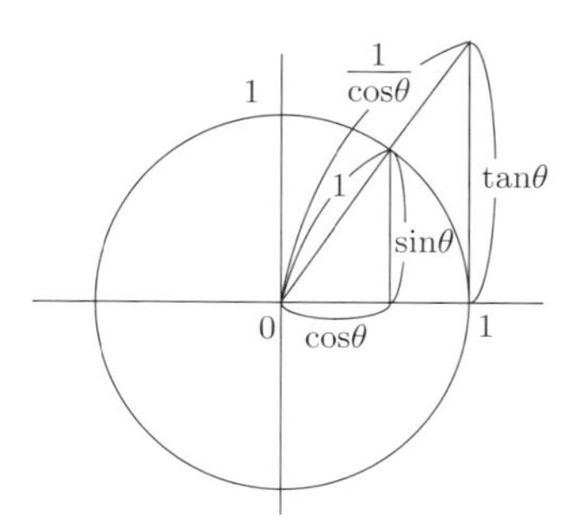

図 1.35 三角関数の基本公式

<u>$y=\tan x$</u> 定義域 $\cdots\cup(-\frac{3\pi}{2},-\frac{\pi}{2})\cup(-\frac{\pi}{2},\frac{\pi}{2})\cup(\frac{\pi}{2},\frac{3\pi}{2})\cup\cdots$, 値域 $(-\infty,\infty)$. 周期 π の周期関数であり，さらに，原点対称の奇関数である．

このように定義された三角関数はいくつもの関係式を満たす．

<u>三角関数の基本公式</u>

$$\cos^2\theta+\sin^2\theta=1,\ \tan\theta=\frac{\sin\theta}{\cos\theta},\quad 1+\tan^2\theta=\frac{1}{\cos^2\theta}=\sec^2\theta$$

これらは三平方の定理からすぐ得られる（図 1.35 参照）[17]．

<u>加法定理</u>

$$\sin(\alpha+\beta)=\sin\alpha\cos\beta+\cos\alpha\sin\beta,\quad \cos(\alpha+\beta)=\cos\alpha\cos\beta-\sin\alpha\sin\beta$$

β を $-\beta$ に置き換えて，$\cos(-\beta)=\cos\beta$, $\sin(-\beta)=-\sin\beta$ を使うと，

$$\sin(\alpha-\beta)=\sin\alpha\cos\beta-\cos\alpha\sin\beta,\quad \cos(\alpha-\beta)=\cos\alpha\cos\beta+\sin\alpha\sin\beta$$

<u>和と積の公式</u>

$$\sin A+\sin B=2\sin\frac{A+B}{2}\cos\frac{A-B}{2},\quad \sin A-\sin B=2\cos\frac{A+B}{2}\sin\frac{A-B}{2}$$

$$\cos A+\cos B=2\cos\frac{A+B}{2}\cos\frac{A-B}{2},\quad \cos A-\cos B=-2\sin\frac{A+B}{2}\sin\frac{A-B}{2}$$

---

[17] $\sin^2\theta=(\sin\theta)^2$ の意である．$\cos,\tan$ 等も同様．

和と積の公式は，2つの加法定理の和と差をとれば，

$$\sin(\alpha+\beta)+\sin(\alpha-\beta)=2\sin\alpha\cos\beta,$$
$$\sin(\alpha+\beta)-\sin(\alpha-\beta)=2\cos\alpha\sin\beta$$
$$\cos(\alpha+\beta)+\cos(\alpha-\beta)=2\cos\alpha\cos\beta,$$
$$\cos(\alpha+\beta)-\cos(\alpha-\beta)=-2\sin\alpha\sin\beta$$

なので，$\alpha+\beta=A$，$\alpha-\beta=B$，すなわち，$\alpha=\frac{A+B}{2},\beta=\frac{A-B}{2}$ とおいて，和と積の公式を得る．その他，

2倍角の公式

$$\sin 2\alpha=2\sin\alpha\cos\alpha,\quad \cos 2\alpha=\cos^2\alpha-\sin^2\alpha=1-2\sin^2\alpha=2\cos^2\alpha-1$$

半角の公式 $$\sin^2\frac{\alpha}{2}=\frac{1-\cos\alpha}{2},\quad \cos^2\frac{\alpha}{2}=\frac{1+\cos\alpha}{2}$$

も成り立つ．2倍角の公式は，加法定理で $\beta=\alpha$ とおけばすぐ得られるし，cos の2倍角の公式を変形して，α を $\frac{\alpha}{2}$ と取り替えれば半角の公式が得られる．いずれも加法定理が基礎となっている．加法定理は $0<\alpha,\beta<\frac{\pi}{2}$，$\alpha+\beta<\frac{\pi}{2}$ のときは図1.36のように四角形 ABCO（$\angle\mathrm{AOB}=\alpha$, $\angle\mathrm{BOC}=\beta$）を考え，A から OC に垂線 AH を，B から AH に垂線 BK を引くことによって得られる．実際，$\angle\mathrm{BAK}=\angle\mathrm{BOC}=\beta$ より

$$\sin(\alpha+\beta)=\mathrm{AH}=\mathrm{AK}+\mathrm{BC}=\sin\alpha\cos\beta+\cos\alpha\sin\beta,$$
$$\cos(\alpha+\beta)=\mathrm{OH}=\mathrm{OC}-\mathrm{BK}=\cos\alpha\cos\beta-\sin\alpha\sin\beta$$

一般の角に対しては，一般角に対する $\sin,\cos$ の関係式を使えばよく，難しい

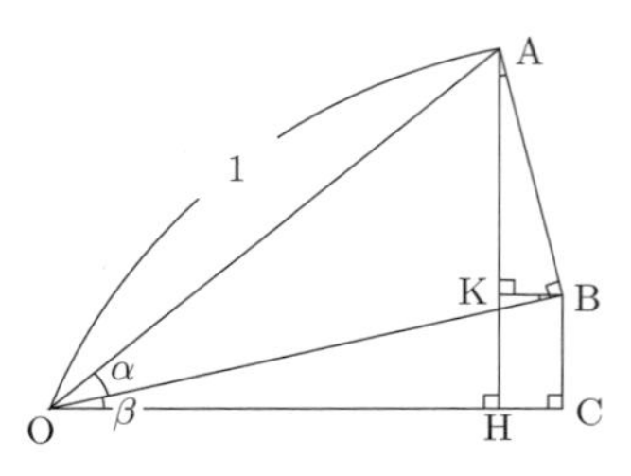

図 1.36　加法定理

訳ではないのでここでは省略する[18].

1.6.4　三角関数の微分法

三角関数の微分法のための基本的な極限が次の定理で与えられる.

定理 1.6.1

$$\lim_{\theta\to 0}\frac{\sin\theta}{\theta}=1$$

直感的には図 1.37 (a) を見れば, $\frac{\sin\theta}{\theta}=\frac{2\sin\theta}{2\theta}$ は弦と円弧の比を表し, θ が小さいとき弦の長さと円弧の長さはほぼ等しいので, 比はほぼ 1 である, よってその極限は 1 であると主張しているのである.

定理 1.6.1 の証　$\theta>0$ のとき, 図 1.37 (b) で, 面積の大小を比較して

$$\triangle\mathrm{ABO}<\text{扇形 ABO}<\triangle\mathrm{TOA}\quad\therefore\quad\frac{1}{2}\cdot 1\cdot\sin\theta<\pi\cdot 1^2\cdot\frac{\theta}{2\pi}<\frac{1}{2}\cdot 1\cdot\tan\theta$$

$\frac{2}{\sin\theta}$ を掛け, 分母分子を入れ替えると大小関係が入れ替わって

$1>\frac{\sin\theta}{\theta}>\cos\theta\quad\therefore\ \theta\to 0+$ として, $\lim_{\theta\to 0+}\frac{\sin\theta}{\theta}=1$. $\theta<0$ のときは $\theta=-\theta'$ とおいて, $\lim_{\theta\to 0-}\frac{\sin\theta}{\theta}=\lim_{\theta'\to 0+}\frac{\sin\theta'}{\theta'}=1$. まとめて結論を得る[19].　**証終**

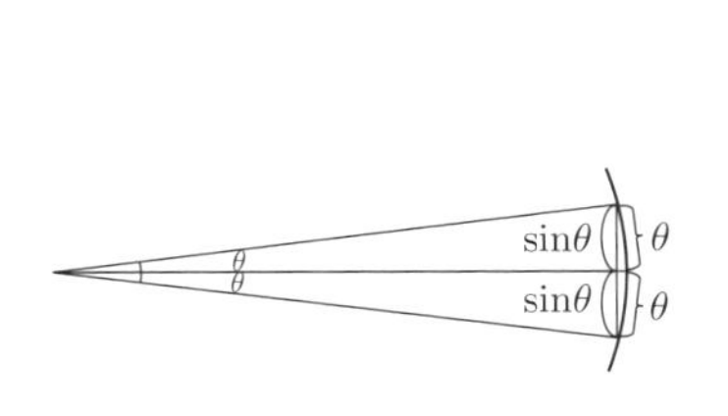

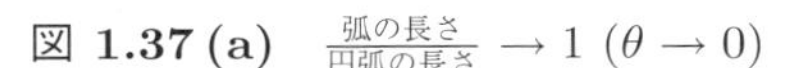

図 1.37 (a)　$\frac{\text{弧の長さ}}{\text{円弧の長さ}}\to 1\ (\theta\to 0)$

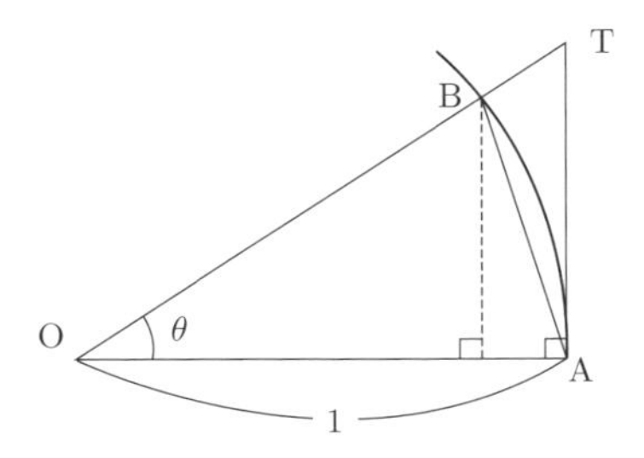

図 1.37 (b)　定理 1.6.1 の証明

---

[18] 難しい訳ではないがすべてのケースを確めるのは結構大変ではある. たとえば, $0<\alpha,\beta<\frac{\pi}{2}$ で, $\frac{\pi}{2}<\alpha+\beta<\pi$ のときは, $0<\frac{\pi}{2}-\alpha,\frac{\pi}{2}-\beta<\frac{\pi}{2}$, $(\frac{\pi}{2}-\alpha)+(\frac{\pi}{2}-\beta)<\frac{\pi}{2}$ なので, $\sin(\alpha+\beta)=\sin(\pi-(\alpha+\beta))=\sin((\frac{\pi}{2}-\alpha)+(\frac{\pi}{2}-\beta))=\sin(\frac{\pi}{2}-\alpha)\cos(\frac{\pi}{2}-\beta)+\cos\,\sin(\frac{\pi}{2}-\beta)=\cos\alpha\sin\beta+\sin\alpha\cos\beta$ となって成立することがわかる.

[19] 一般に, $x\to a+0$ は x を a に近づけるのであるが, a の右側から近づけることを意味した. 左側からのときは, $x\to a-0$ と書く. $x\to a+0$ かつ $x\to a-0$ であれば $x\to a$ である. $a=0$ のときは 0 ± 0 と書くべきところであるがどちらかの 0 を省略することも多い.

三角関数の導関数

$$(\sin x)' = \cos x, \quad (\cos x)' = -\sin x, \quad (\tan x)' = \frac{1}{\cos^2 x} = \sec^2 x$$

三角関数の導関数の証　導関数の定義に従い，差を積にする公式を使って，

$$\begin{aligned}(\sin x)' &= \lim_{\Delta x \to 0} \frac{\sin(x+\Delta x) - \sin x}{\Delta x} = \lim_{\Delta x \to 0} \frac{2\cos(x+\frac{\Delta x}{2})\sin\frac{\Delta x}{2}}{\Delta x} \\ &= \lim_{\Delta x \to 0} \cos\left(x + \frac{\Delta x}{2}\right) \cdot \frac{\sin\frac{\Delta x}{2}}{\frac{\Delta x}{2}} = \cos x\end{aligned}$$

$(\cos x)'$ も定義に従って

$$\begin{aligned}(\cos x)' &= \lim_{\Delta x \to 0} \frac{\cos(x+\Delta x) - \cos x}{\Delta x} = \lim_{\Delta x \to 0} \left\{-\frac{2\sin(x+\frac{\Delta x}{2})\sin\frac{\Delta x}{2}}{\Delta x}\right\} \\ &= -\lim_{\Delta x \to 0} \sin\left(x + \frac{\Delta x}{2}\right) \cdot \frac{\sin\frac{\Delta x}{2}}{\frac{\Delta x}{2}} = -\sin x\end{aligned}$$

（$\cos x = \sin(\frac{\pi}{2} - x)$ と合成関数の微分を使って，$(\cos x)' = (\sin(\frac{\pi}{2} - x))' = \cos(\frac{\pi}{2} - x) \cdot (-1) = -\sin x$ としてもよい）．$\tan x$ は商の微分を使って，

$$\begin{aligned}(\tan x)' &= \left(\frac{\sin x}{\cos x}\right)' = \frac{(\sin x)'\cos x - \sin x(\cos x)'}{(\cos x)^2} = \frac{\cos^2 x + \sin^2 x}{\cos^2 x} \\ &= \frac{1}{\cos^2 x} = \sec^2 x\end{aligned}$$

証終

例 1.6.6　次の関数を微分せよ．

(1) $y = \sin(3x + \frac{\pi}{4})$　(2) $y = \cos^2 x$　(3) $y = \cot x$

解　(1) は合成関数の微分で，$y = \sin u$，$u = 3x + \frac{\pi}{4}$ とおいて，$\frac{dy}{dx} = \frac{dy}{du}\frac{du}{dx} = \cos u \cdot 3 = 3\cos(3x + \frac{\pi}{4})$.

(2) も合成関数の微分で，$y = u^2$，$u = \cos x$ とおいて，$\frac{dy}{dx} = \frac{dy}{du}\frac{du}{dx} = 2u \cdot (-\sin x) = -2\cos x \sin x$（2 倍角の公式を使えば，$= -\sin 2x$）．

(3) は $y = \frac{\cos x}{\sin x}$ と思って商の微分を使って，$y' = \frac{(\cos x)'\sin x - \cos x(\sin x)'}{(\sin x)^2} = \frac{-(\sin^2 x + \cos^2 x)}{\sin^2 x} = -\frac{1}{\sin^2 x}$（$\frac{1}{\sin x} = \mathrm{cosec}\, x$ を使えば，$y' = -\mathrm{cosec}^2 x$）．

練習 1.6.5　次の関数を微分せよ．

(1) $y = \frac{1}{1+\cos x}$　(2) $y = \frac{\cos x}{1+\sin x}$　(3) $y = \sin^3(2x + \frac{\pi}{6})$

1.6.5 逆三角関数とその微分法

三角関数の逆関数の定義から始める．三角関数は $\mathbf{R}$ 全体では単調関数ではないので定義域，値域を制限して単調になっている部分を取り出して逆関数を考えなければならない．

(i) 正弦関数 $y = \sin x$ は定義域 $[-\frac{\pi}{2}, \frac{\pi}{2}]$，値域 $[-1, 1]$ に制限すれば単調増加なので，任意の $y(-1 \leq y \leq 1)$ に対して $\sin x = y$ となる $x(-\frac{\pi}{2} \leq x \leq \frac{\pi}{2})$ が唯一つ存在する．この x を $x = \sin^{-1} y$ と表し，アークサインと読む．$\frac{1}{\sin y}$ ではないことに注意すること．arcsin, Sin^{-1} の記号を使うこともある[20]．$x = \sin^{-1} y$ は弧度法で表されているので円弧（arc）の長さである．アークサインと読む所以であろう．少し横道にそれたが戻って，$x = \sin^{-1} y$ の x, y を入れ替えて独立変数を x にとると，<u>逆正弦関数</u>

$$y = \sin^{-1} x, \ \left(-1 \leq x \leq 1, \ -\frac{\pi}{2} \leq y \leq \frac{\pi}{2}\right)$$

が得られる．グラフは $y = \sin x$ と $y = x$ に関して線対称で（図 1.38 (a) 参照)，単調増加である．逆関数の微分法を使って $y' = (\sin^{-1} x)'$ は

$$\frac{dy}{dx} = \frac{1}{\frac{dx}{dy}} = \frac{1}{\cos y} = \frac{1}{\sqrt{1 - \sin^2 y}} = \frac{1}{\sqrt{1 - x^2}} \ (-1 < x < 1)$$

分母が 0 となる $x = \pm 1, y = \pm\frac{\pi}{2}$ を除いている．また，$\cos y = \pm\sqrt{1 - \sin^2 y}$ であるが，$-\frac{\pi}{2} < y < \frac{\pi}{2}$ で $\cos y > 0$ であるので，$\cos y = \sqrt{1 - \sin^2 y}$.

(ii) 余弦関数 $y = \cos x$ は定義域 $[0, \pi]$, 値域 $[-1, 1]$ をとれば単調減少となるので，$x = \cos^{-1} y$ が決まる．x, y を入れ替えて，<u>逆余弦関数</u>

$$y = \cos^{-1} x, \ (-1 \leq x \leq 1, \ 0 \leq y \leq \pi)$$

が得られる．グラフは $y = \cos x$ と $y = x$ に関して線対称で（図 1.38 (b) 参照)，単調減少である．$y' = (\cos^{-1} x)'$ は (i) と同様にして y の範囲も考えて

$$\frac{dy}{dx} = \frac{1}{\frac{dx}{dy}} = \frac{1}{-\sin y} = -\frac{1}{\sqrt{1 - \sin^2 y}} = -\frac{1}{\sqrt{1 - x^2}} \ (-1 < x < 1)$$

[20] ここでは，$-\frac{\pi}{2} \leq x \leq \frac{\pi}{2}$ と制限したが，$\frac{3}{2}\pi \leq x \leq \frac{5}{2}\pi$ ととっても，逆三角関数は定義できる．一般には，$2n\pi - \frac{\pi}{2} \leq x \leq 2n\pi + \frac{\pi}{2}$ に制限した逆正弦関数を $\sin^{-1}$, arcsin と書き，特に，$-\frac{\pi}{2} \leq x \leq \frac{\pi}{2}$ に制限した場合を Sin^{-1} と書くのが通常のようである．しかし，$-\frac{\pi}{2} \leq x \leq \frac{\pi}{2}$ の場合をやっておけば十分であろうから，はじめからそのように制限した．

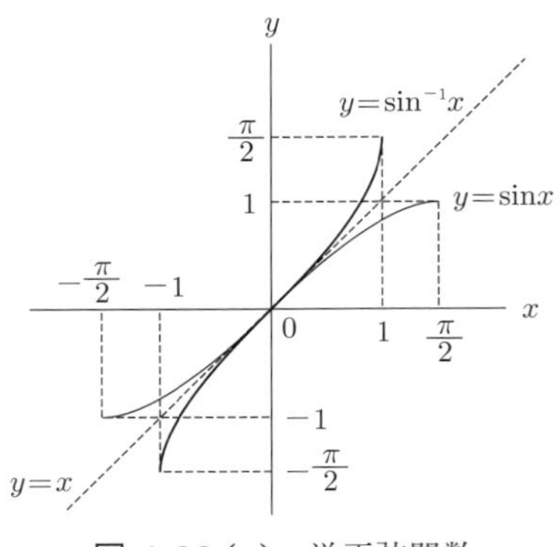

図 **1.38 (a)**　逆正弦関数

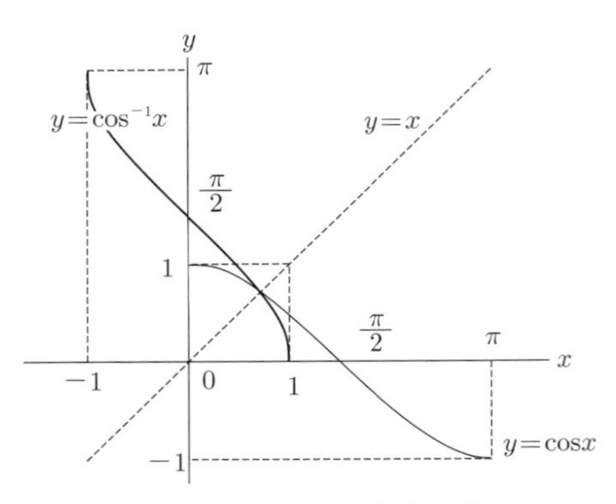

図 **1.38 (b)**　逆余弦関数

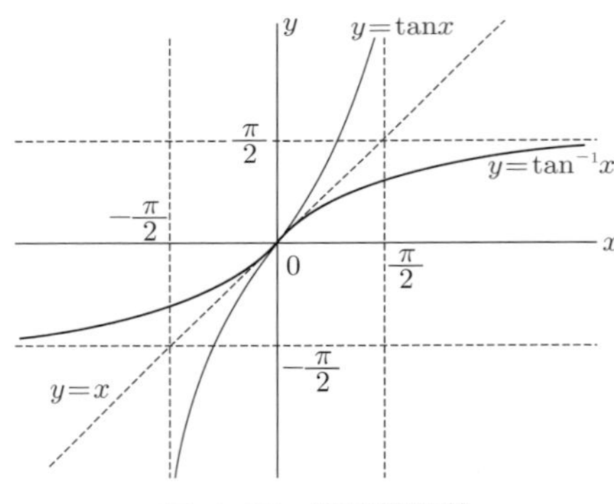

図 **1.39**　逆正接関数

(iii) 正接関数 $y = \tan x$ は定義域 $(-\frac{\pi}{2}, \frac{\pi}{2})$，値域 $(-\infty, \infty)$ をとれば単調増加となるので，$x = \tan^{-1} y$ が決まる．x, y を入れ替えて，<u>逆正接関数</u>

$$y = \tan^{-1} x, \ \left(-\infty < x < \infty, \ -\frac{\pi}{2} < y < \frac{\pi}{2}\right)$$

が得られる．グラフは図 1.39 のように，$y = \tan x$ と $y = x$ に関して線対称である．$y' = (\tan^{-1} x)'$ は (i), (ii) と同様にして

$$\frac{dy}{dx} = \frac{1}{\frac{dx}{dy}} = \frac{1}{\frac{1}{\cos^2 y}} = \frac{1}{1 + \tan^2 y} = \frac{1}{1 + x^2} \ (-\infty < x < \infty)$$

まとめて，逆三角関数の導関数は次のようになる．

$$(\sin^{-1} x)' = \frac{1}{\sqrt{1-x^2}}, \quad (\cos^{-1} x)' = -\frac{1}{\sqrt{1-x^2}} \ (-1 < x < 1),$$
$$(\tan^{-1} x)' = \frac{1}{1+x^2} \ (-\infty < x < \infty)$$

練習 1.6.6 次の関数を微分せよ.

(1) $\sin^{-1}(2x)$ (2) $\tan^{-1}(3x^2)$ (3) $x^2\cos^{-1}(2x)$ (4) $x\sin^{-1}x + \sqrt{1-x^2}$
(5) $\tan^{-1}\frac{1}{x}$

1.7 関数の表現とその導関数

1.7.1 陰関数表示とその導関数

例を見てみよう.

例 1.7.1 $x^2 + y^2 = 4$ は原点中心で半径 2 の円を表している. x を決めると y が決まるが, x の式で表されていない. y について解けば

$$y = \sqrt{4-x^2} \quad \text{または,} \ y = -\sqrt{4-x^2}$$

のように y が x の関数で表される.

x, y の関数 $F(x,y)$ に対し, $F(x,y) = 0$ のとき, x を与えれば y が決まるので y は x の関数であるが, 関数の形は x の式で表されていない. このような関数表示を陰関数表示 (implicit function) という. 通常のように, 関数 $y = f(x)$ が x の式 $f(x)$ で与えられているとき, 陽に書けているといい, $y = f(x)$ の形の表示を陽関数表示 (explicit function) という.

上の例の陰関数表示された円を表す関数は, 陽ではないが, $y = y(x)$ の形をしているはずなので,

$$x^2 + (y(x))^2 = 4$$

導関数を求めようとすると, 両辺を x で微分して, 合成関数の微分法から,

$$2x + 2y\frac{dy}{dx} = 0 \quad \therefore \quad y' = \frac{dy}{dx} = -\frac{x}{y} \ (y \neq 0 \text{ のとき})$$

が得られる. そこで, 円周上の点 (x_0, y_0) における接線の式を求めると,

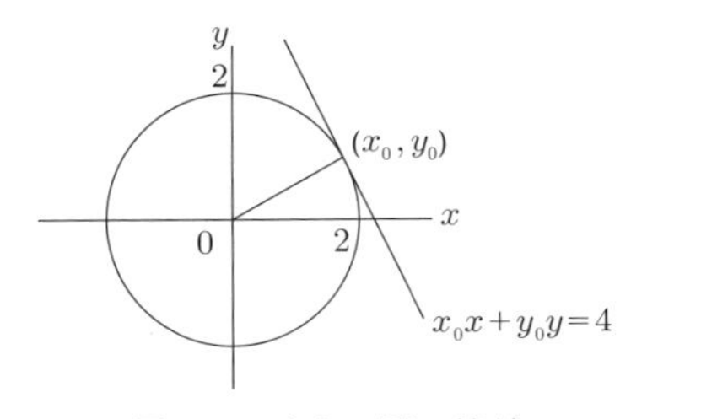

図 **1.40 (a)**　円の接線

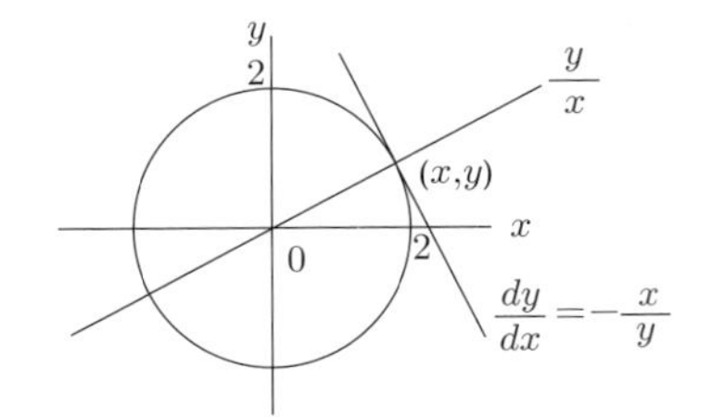

図 **1.40 (b)**　接線 ⊥ 半径

$$y - y_0 = -\frac{x_0}{y_0}(x - x_0)$$

このままでもよいのであるが，両辺に y_0 を掛けて，$x_0^2 + y_0^2 = 4$ も使って変形すると，$y_0(y - y_0) = -x_0(x - x_0)$，$x_0x + y_0y = x_0^2 + y_0^2 = 4$．よって，

$$x_0x + y_0y = 4$$

が求める接線の式である（図 1.40 (a)）．これは $y_0 = 0$ のときも接線の式となることに注意すること．ついでながら，円の半径と接線は直交するはずである．2 直線 $y-y_1 = m_1(x-x_1)$，$y-y_2 = m_2(x-x_2)$ の直交条件は，$m_1m_2 = -1$ であった．円の半径を含む直線の傾きは $\frac{y_0}{x_0}$，接線の傾きは $-\frac{y_0}{x_0}$ なので，その積は -1 となってきちんと直交していることがわかる（図 1.40 (b)）．

● 陰関数表示の関数の導関数を本格的に考えるには 2 変数の関数 $F(x, y)$ の偏微分法を学ぶ必要がある．

例 1.7.2　$\frac{x^2}{a^2} + \frac{y^2}{b^2} = 1$ は楕円を，$\frac{x^2}{a^2} - \frac{y^2}{b^2} = \pm 1$ は双曲線を表す（a, b は正定数）．それぞれ, 楕円, 双曲線上の点 (x_0, y_0) における接線の式は $\frac{x_0x}{a^2} + \frac{y_0y}{b^2} = 1$，$\frac{x_0x}{a^2} - \frac{y_0y}{b^2} = \pm 1$ となることを示せ．

解　楕円, 双曲線のグラフは図 1.41 を参照．双曲線は $\frac{x^2}{a^2} - \frac{y^2}{b^2} = 0$，すなわち $y = \pm\frac{b}{a}x$ が漸近線となっている．楕円について考えると，$y = y(x)$ と思って両辺を x で微分すると，$\frac{2x}{a^2} + \frac{2yy'}{b^2} = 0$．よって，$y' = -\frac{b^2x}{a^2y}$．点 (x_0, y_0) における接線の式は，$y - y_0 = -\frac{b^2x_0}{a^2y_0}(x - x_0)$．両辺に $\frac{y_0}{b^2}$ を掛けて移項すると，$\frac{x_0x}{a^2} + \frac{y_0y}{b^2} = \frac{x_0^2}{a^2} + \frac{y_0^2}{b^2} = 1$．よって，求める接線の式は $\frac{x_0x}{a^2} + \frac{y_0y}{b^2} = 1$ となる．双曲線も同様なので省略する．

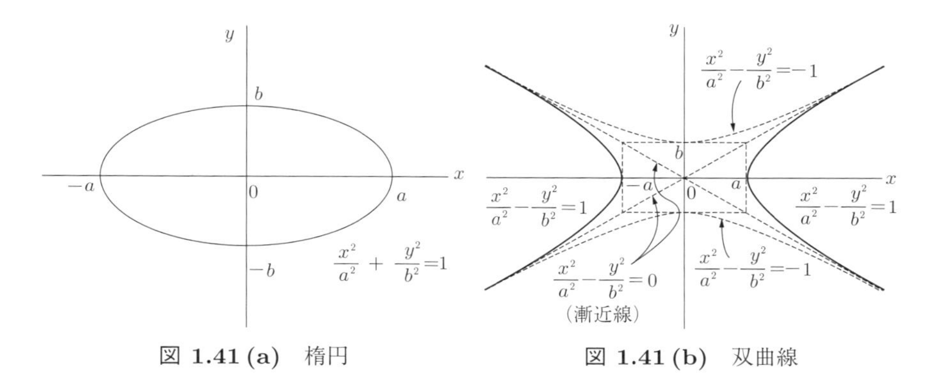

図 **1.41 (a)**　楕円　　　図 **1.41 (b)**　双曲線

1.7.2　媒介変数表示の関数とその導関数

区間 $I \subset \mathbf{R}$ で定義された関数 f, g に対して,

$$\begin{cases} x = f(t) \\ y = g(t) \end{cases} \quad (t \in I) \tag{1.25}$$

のとき, 点 $P(x, y)$ は x-y 平面上の曲線を表す. この t を媒介変数またはパラメータ (parameter) という. f が逆関数をもてば, $t = f^{-1}(x)$ と書けるので, $y = g(f^{-1}(x)) = (g \circ f^{-1})(x)$ と y は合成関数の形で x の関数であることがわかる. このとき, (1.25) を, t を媒介変数とする媒介変数表示またはパラメータ表示という. たとえば, 時々刻々, 需要 D と価格 p を観測して, $D = f(t), p = g(t)$ と書くとき, これは p が D の関数であることの媒介変数表示となっている.

定理 1.7.1　x の関数 y の媒介変数表示が (1.25) で与えられている. もし, f, g が I で微分可能で, $\frac{dx}{dt} = f'(t) \neq 0$ ならば, 関数 y は x で微分可能で,

$$\frac{dy}{dx} = \frac{dy}{dt}\Big/\frac{dx}{dt} = \frac{g'(t)}{f'(t)}$$

定理 1.7.1 の証　$\frac{dy}{dx} = \frac{d}{dx}g(f^{-1}(x)) = \frac{dy}{dt}\frac{dt}{dx}$ $(y = g(t),\ t = f^{-1}(x)) = g'(t) \cdot \frac{1}{\frac{dx}{dt}}$ $= \frac{g'(t)}{f'(t)}$　証終

例 1.7.3　$\begin{cases} x = 2\cos\theta \\ y = 2\sin\theta \end{cases}$　は θ を媒介変数とする $x^2+y^2=4$ の媒介変数表示である．このとき，$\frac{dy}{dx} = \frac{dy}{d\theta}\Big/\frac{dx}{d\theta} = \frac{\cos\theta}{-\sin\theta}$．これでよいが，$x = 2\cos\theta$, $y = 2\sin\theta$ を使ってさらに変形すると，$\frac{dy}{dx} = \frac{x/2}{-y/2} = -\frac{x}{y}$ となって，前項の例 1.7.1 と同じ結果を得た．

練習 1.7.1　$x = a\cos\theta$, $y = b\sin\theta$ は楕円 $\frac{x^2}{a^2}+\frac{y^2}{b^2}=1$ の媒介変数表示である．$\frac{dy}{dx}$ を求め，$(x_0, y_0) = (a\cos\theta_0, b\sin\theta_0)$ における接線の式は，$\frac{x_0x}{a^2}+\frac{y_0y}{b^2}=1$ となることを示せ．

1.8　高階導関数

関数 f の導関数が，さらに微分可能のとき，$(f')' = \frac{d}{dx}(\frac{df}{dx})$ が考えられる．これが f の 2 階導関数で

$$f''(x) = \frac{d^2f}{dx^2}(x)$$

と表す．これを繰り返して，n **階導関数**を

$$f^{(n)}(x) = \frac{d^nf}{dx^n}(x)$$

と表す．f の肩つきの $^{(n)}$ は n 乗と区別して必ずかっこをつける．2 階以上の導関数をまとめて**高階導関数**または**高次導関数**という．いくつか例をやってみよう．

例 1.8.1　k が自然数のとき，

$$(x^k)^{(n)} = \begin{cases} k(k-1)\cdots(k-n+1)x^{k-n} & n < k \\ k(k-1)\cdots 3\cdot 2\cdot 1 = k! & n = k \\ 0 & n > k \end{cases}$$

$\alpha \notin \mathbf{N}_0 = \mathbf{N} \cup \{0\}$ のときは

$$(x^\alpha)^{(n)} = \alpha(\alpha-1)\cdots(\alpha-n+1)x^{\alpha-n}$$

解　$(x^k)' = kx^{k-1}$, $(x^k)'' = k(k-1)x^{k-2}$．これを繰り返せば，微分の階数が低い $n < k$ のとき，$(x^k)^{(n)} = k(k-1)\cdots(k-n+1)x^{k-n}$ となる．ちょうど $n = k$

のときは $x^{k-k}=1$ が出て，$(x^k)^{(n)}=k(k-1)\cdots 2\cdot 1=k!$ となる．さらに微分すると定数の微分となって 0．α が自然数でないときは $k-n$ が 0 となることがなく，任意の階数 n の微分に対して，$(x^\alpha)^{(n)}=\alpha(\alpha-1)\cdots(\alpha-n+1)x^{\alpha-n}$ となる[21]．

例 1.8.2 $(e^x)^{(n)}=e^x$，$(e^{ax})^{(n)}=a^ne^{ax}$

解 $(e^{ax})'=ae^{ax}$ なので，$(e^{ax})^{(n)}=a^ne^{ax}$ となる．$a=1$ のときが $(e^x)^{(n)}=e^x$ である．

例 1.8.3 $(\log x)^{(n)}=(-1)(-2)\cdots(-(n-1))x^{-n}=\frac{(-1)^{n-1}(n-1)!}{x^n}$

解 $(\log x)'=\frac{1}{x}=x^{-1}$ より，例 1.8.1 の $\alpha\notin\mathbf{N}_0=\mathbf{N}\cup\{0\}$ のときの結果を応用すればよい．

例 1.8.4 $(\sin x)^{(n)}=\sin(x+\frac{n\pi}{2})$，$(\cos x)^{(n)}=\cos(x+\frac{n\pi}{2})$

解 $\sin x$ を微分していくと，$(\sin x)'=\cos x$，$(\sin x)''=-\sin x$，$(\sin x)'''=-\cos x$，$(\sin x)''''=\sin x$ となって，4 回微分することで元の $\sin x$ に戻った．よって，4 回ごとに同じ導関数が繰り返すことがわかる．このことを念頭に考え直すと，$\cos x=\sin(x+\frac{\pi}{2})$ から，$(\sin x)'=\cos x=\sin(x+\frac{\pi}{2})$ $\therefore$ $(\sin x)''=(\sin(x+\frac{\pi}{2}))'=\cos(x+\frac{\pi}{2})=\sin(x+\frac{\pi}{2}+\frac{\pi}{2})=\sin(x+\frac{2\pi}{2})$，以下同様（ここでは 2 は約分しないほうがベター!）．ちなみに，$(\tan x)^{(n)}$ は $\sin,\cos$ の例のように表すことはできない．微分ができない訳ではないが簡単には表現できないということである．$(\tan x)'=\frac{1}{\cos^2 x}=(\cos x)^{-2}$，$(\tan x)''=-2(\cos x)^{-3}(-\sin x)=\frac{2\sin x}{\cos^3 x}$ 等であるが，$(\tan x)^{(n)}$ を予想するのは至難である．

$(\tan x)^{(n)}$ の例のように，一般に $f^{(n)}$ を表現するのは至難である．しかしながら，例 1.8.1–1.8.4 のように，$f^{(n)}$，$g^{(n)}$ がわかるとき，それらの和と定数倍は

$$\text{(i) } (f\pm g)^{(n)}=f^{(n)}\pm g^{(n)}, \quad \text{(ii) } (cf)^{(n)}=cf^{(n)} \quad (c:\text{定数})$$

が簡単にわかる．積 $(f\cdot g)^{(n)}$ は以下のライプニッツ（Leibniz）の公式による．

---

[21] 厳密には数学的帰納法による証明が必要である．

商 $(\frac{f}{g})^{(n)}$ は一般にはわからない．合成関数については一般に難しいが，1次関数 $u = ax + b$ と関数 $f(u)$ の合成になっているときは

$$\frac{d^n}{dx^n} f(ax+b) = a^n f^{(n)}(ax+b)$$

となる．次のような場合は工夫が可能である．

例 1.8.5　(1) $y = (\frac{1+x}{1-x})^{(n)}$　(2) $y = (\frac{1}{x^2-1})^{(n)}$ を求めよ．

解　(1) $y = \frac{1+x}{1-x} = -1 + \frac{2}{1-x} = -1 + 2(1-x)^{-1}$ なので，$y' = 2(1-x)^{-2} = \frac{2}{(1-x)^2}$，$y'' = 2 \cdot 2!(1-x)^{-3} = \frac{2 \cdot 2!}{(1-x)^3}, \ldots, y^{(n)} = \frac{2 \cdot n!}{(1-x)^{n+1}}$．

(2) $\frac{1}{12} = \frac{1}{3 \cdot 4}$ が $\frac{1}{3} - \frac{1}{4}$ となるように，$y = \frac{1}{x^2-1} = \frac{1}{(x-1)(x+1)} = \frac{1}{2}(\frac{1}{x-1} - \frac{1}{x+1})$．このように2つ以上の分数の和，あるいは差の形に変形する（**部分分数に分解する**という）．これは $\frac{1}{(x-1)(x+1)} = \frac{A}{x-1} + \frac{B}{x+1}$ とおいて，右辺を通分すると，$\frac{(A+B)x+(A-B)}{(x-1)(x+1)}$．よって，連立方程式 $A + B = 0$, $A - B = 1$ を解いて $A = \frac{1}{2}, B = -\frac{1}{2}$ から上のように部分分数に分解される．$(\frac{1}{x+a})^{(n)} = \{(x+a)^{-1}\}^{(n)} = \frac{(-1)^n n!}{(x+a)^{n+1}}$ より，$y^{(n)} = \frac{1}{2}(\frac{(-1)^n n!}{(x-1)^{n+1}} - \frac{(-1)^n n!}{(x+1)^{n+1}}) = \frac{(-1)^n n!}{2}(\frac{1}{(x-1)^{n+1}} - \frac{1}{(x+1)^{n+1}})$．

定理 1.8.1　（**ライプニッツの公式**）　関数 f, g は区間 I で n 回微分可能とする．そのとき，積 $f \cdot g$ も n 回微分可能で，

$$(f \cdot g)^{(n)} = \sum_{k=0}^{n} \binom{n}{k} f^{(n-k)} g^{(k)}$$

ここに，$\binom{n}{k} = {}_nC_k = \frac{n!}{(n-k)!k!}$，$\binom{n}{0} = \binom{n}{n} = 1$．

（参考）　似た形の公式に二項定理（1.1節）があった．

$$(a+b)^n = \sum_{k=0}^{n} \binom{n}{k} a^{n-k} b^k$$

二項定理は $(a+b)^n$ の展開式で，ライプニッツの公式は積 $f \cdot g$ の n 階導関数の公式で，その対応する項の係数が同じになるのである．何回か実際に微分してみると次のようになる．係数だけ取り出して右に書いた．これは**パスカルの三角形**と呼ばれるものである．

$$
\begin{array}{rcl}
(fg)' = & f'g + fg' & 1\ 1 \\
(fg)'' = & f''g + 2f'g' + fg'' & 1\ 2\ 1 \\
(fg)''' = & f'''g + 3f''g' + 3f'g'' + fg''' & 1\ 3\ 3\ 1 \\
(fg)^{(4)} = & f^{(4)}g + 4f'''g' + 6f''g'' + 4f'g''' + fg^{(4)} & 1\ 4\ 6\ 4\ 1 \\
(fg)^{(5)} = & f^{(5)}g + 5f^{(4)}g' + 10f'''g'' + 10f''g''' + 5f'g^{(4)} + fg^{(5)} & 1\ 5\ 10\ 10\ 5\ 1
\end{array}
$$

証明の前に，例をやってみよう．

例 1.8.6　$\{(x^2+1)e^x\}^{(n)} = e^x(x^2+2nx+n(n-1)+1)$, $(n \geq 1)$

解　$n \geq 2$ のとき，ライプニッツの公式により，

$$
\begin{aligned}
\text{与式} &= (e^x)^{(n)}(x^2+1) + \binom{n}{1}(e^x)^{(n-1)}(x^2+1)' + \binom{n}{2}(e^x)^{(n-2)}(x^2+1)'' \\
&= e^x(x^2+1) + ne^x \cdot 2x + \frac{n(n-1)}{2}e^x \cdot 2 \\
&= e^x(x^2+1+2nx+n(n-1))
\end{aligned}
\tag{1.26}
$$

$n \geq 2$ としたのは 1 行目に $(n-2)$ 階の微分があるから．また，4 項目以下がないのは $(x^2)^{(k)} = 0\,(k \geq 3)$ だから．$n=1$ のときは別途確めなければいけない．$n=1$ のとき，

$$
\text{与式} = (e^x)'(x^2+1) + e^x(x^2+1)' = e^x(x^2+1+2x)
$$

なので，(1.26) に無理やり $n=1$ を代入すると同じ式になるので (1.26) は $n=1$ のときも有効で結論を得る．あまり意味がないが $n=0$ としても成り立つ．

例 1.8.7　$(x^2 \sin x)^{(100)}$ を求めよ．

解　ライプニッツの公式で，$n=100$ として，$(x^2)^{(k)} = 0\,(k \geq 3)$ にも注意して，

$$
\begin{aligned}
\text{与式} &= (\sin x)^{(100)}x^2 + \binom{100}{1}(\sin x)^{(99)}(x^2)' + \binom{100}{2}(\sin x)^{(98)}(x^2)'' \\
&= \sin x \cdot x^2 + 100(-\cos x) \cdot 2x + \frac{100 \cdot 99}{2}(-\sin x) \cdot 2 \\
&= x^2 \sin x - 200x\cos x - 9900 \sin x
\end{aligned}
$$

$$= (x^2 - 9900)\sin x - 200x\cos x$$

$\sin x$ の微分は4階ごとに繰り返すので，$(\sin x)^{(100)} = \sin x$．98, 99 階の導関数は，$(\sin x)^{(96)} = \sin x$ で，さらに微分すると，$(\sin x)^{(97)} = \cos x, (\sin x)^{(98)} = -\sin x, (\sin x)^{(99)} = -\cos x$ を得る．これらを使った．

例 1.8.8　$(x\log x)^{(n)} = \begin{cases} \log x + 1 & (n=1) \\ \frac{(-1)^{n-2}(n-2)!}{x^{n-1}} & (n \geq 2) \end{cases}$　ただし，$0! = 1$ である．

解　ライプニッツの公式を使うと，$n \geq 1$ のとき，$(x)^{(k)} = 0\,(k \geq 2)$ に注意して，

$$(x\log x)^{(n)} = (\log x)^{(n)}x + \binom{n}{1}(\log x)^{(n-1)}(x)'$$

$(\log x)^{(n-1)}$ は $n = 1$ のときと $n > 1$ のときとで形が違うので，それぞれ計算をする．$n = 1$ のときは，

$$(x\log x)' = \frac{1}{x}\cdot x + \log x \cdot 1 = \log x + 1$$

$n > 1$ のとき計算を進めて，

$$\begin{aligned}(x\log x)^{(n)} &= \frac{(-1)^{n-1}(n-1)!}{x^n}\cdot x + n\cdot\frac{(-1)^{n-2}(n-2)!}{x^{n-1}}\cdot 1 \\ &= \frac{(-1)^{n-2}(n-2)!}{x^{n-1}}\cdot(-(n-1)+n) = \frac{(-1)^{n-2}(n-2)!}{x^{n-1}}\end{aligned}$$

ここで，例 1.8.3 の結果を使った．

別解　この問題はライプニッツの公式を使わずとも，$(x\log x)' = \frac{1}{x}\cdot x + \log x \cdot 1 = \log x + 1$，$(x\log x)'' = \frac{1}{x} = x^{-1}$ から求めることもできる．

定理 1.8.1 の証　数学的帰納法を使う．これは，すべての自然数に対してある主張が成り立つことを証明する際に有効な方法で，(I) $n = 1$ のときの主張を証明する　(II) 番号 n のときの主張が正しいと仮定して（帰納法の仮定という），次の番号 $n+1$ のときを証明する．この2つのことを示すことによって，すべての自然数 n について主張が正しいことを示したことになる．(I) から $n = 1$ のとき正しくて，(II) から次の番号 $n = 2$ が正しくて，再び，(II) から次の番号 $n = 3$ が正しい，... となって，ちょうど靴紐をほどいていくように次々に正しいことがわかるからである．証明に進もう．まず，

(I) $n = 1$ のときは微分法の積の公式から

$$(f\cdot g)'=f'g+fg'=\binom{1}{0}f^{(1)}g+\binom{1}{1}fg^{(1)}=\sum_{k=0}^{1}\binom{1}{k}f^{(1-k)}g^{(k)}$$

となって，主張が正しいことがわかる．

(II) 帰納法の仮定をして，次の番号 $n+1$ のときの主張を証明する．

$$(f\cdot g)^{(n)}=\sum_{k=0}^{n}\binom{n}{k}f^{(n-k)}g^{(k)}\quad\Rightarrow\quad(f\cdot g)^{(n+1)}=\sum_{k=0}^{n+1}\binom{n+1}{k}f^{(n+1-k)}g^{(k)}$$

実際，

$$\begin{aligned}
&(f\cdot g)^{(n+1)}=\{(f\cdot g)^{(n)}\}'=\left(\sum_{k=0}^{n}\binom{n}{k}f^{(n-k)}g^{(k)}\right)'\\
&=\sum_{k=0}^{n}\binom{n}{k}(f^{(n-k+1)}g^{(k)}+f^{(n-k)}g^{(k+1)})\\
&=\binom{n}{0}f^{(n+1)}g+\binom{n}{1}f^{(n)}g^{(1)}+\cdots+\binom{n}{k}f^{(n-k+1)}g^{(k)}+\cdots+\binom{n}{n}f^{(1)}g^{(n)}\\
&\qquad+\binom{n}{0}f^{(n)}g^{(1)}+\cdots+\binom{n}{k-1}f^{(n-k+1)}g^{(k)}+\cdots+\binom{n}{n-1}f^{(1)}g^{(n)}+\binom{n}{n}fg^{(n+1)}
\end{aligned}$$

最後の式の上下を加えるのであるが，最初と最後は $\binom{n}{0}=\binom{n+1}{0}(=1)$，$\binom{n}{n}=\binom{n+1}{n+1}$ $(=1)$ と $n+1$ のときの主張に合せて書き換え，途中の項は

$$\begin{aligned}
\binom{n}{k}+\binom{n}{k-1}&=\frac{n!}{(n-k)!k!}+\frac{n!}{(n-k+1)!(k-1)!}\\
&=\frac{n!}{(n-k+1)!k!}\{(n-k+1)+k\}=\frac{(n+1)!}{(n+1-k)!k!}=\binom{n+1}{k}
\end{aligned}$$

となるので，まとめて $(f\cdot g)^{(n+1)}=\sum_{k=0}^{n+1}\binom{n+1}{k}f^{(n+1-k)}g^{(k)}$ を得る．

(I), (II) より，定理の主張が証明された． 証終

第1章の章末問題

いくつか重複した問題もあるが，あらためて練習をしてみよう．

1. 次の関数の1階と2階の導関数を求めよ（2階の導関数はかなり複雑になる場合もある）．

(1) $y = \frac{x-2}{2x+3}$　(2) $y = \frac{-1}{x^3}$　(3) $y = \frac{2}{\sqrt[3]{x^2}}$
(4) $y = (10 - x^3)^5$　(5) $y = \frac{-3}{(x^3+2)^4}$　(6) $y = \frac{1}{\sqrt{1-x^2}}$
(7) $y = 3x^4 \log x$　(8) $y = 3x^4 e^x$　(9) $y = e^x \sin x + 2 \log x \cos x$
(10) $y = e^{-3x}$　(11) $y = \log(3x+2)$　(12) $y = 4x^2 \sin 2x$
(13) $y = \sin^3 x$　(14) $y = (\log x^2)^3 \quad (x > 0)$　(15) $y = \log(\log x)$
(16) $y = (e^x + 1)^3$　(17) $y = x^3 e^{-x}$　(18) $y = e^{-2x} \sin 3x$
(19) $y = \log(e^x + e^{-x})$　(20) $y = \log(x + \sqrt{x^2+3})$

2. 対数微分法を用いて，次の関数の導関数を求めよ．

(1) $y = (2x+1)^x \ (x > -\frac{1}{2})$　(2) $y = (\log x)^x \ (x > 1)$　(3) $y = (x+1)^{11}(x^3+2)^{15}$

3. (　) の点における $y = f(x)$ のグラフの接線の式を求めよ．

(1) $f(x) = x^2 + 2x \ (x = 2)$　(2) $f(x) = e^{-x} \ (x = 1)$
(3) $f(x) = \sqrt{4 - x^2} \ (x = -1)$　(4) $f(x) = \sin 2x \ (x = \pi/6)$

4. 次の関数の増減を調べ，極値を求めよ．

(1) $y = x^3 - 12x + 3$　(2) $y = \frac{x^2+x-1}{x-1}$　(3) $y = x^2 e^{-x}$
(4) $y = x \log x$　(5) $y = \frac{\log x}{x}$

5. 関数 $f(x)$ が，$f(x) = \begin{cases} x^3 - x^2 & (x < 1) \\ 0 & (x = 1) \\ 2x^2 - 3x + 1 & (x > 1) \end{cases}$ で与えられているとき，次の問に答えよ．

(1) $x < 1$ のとき，$f'(x)$, $f''(x)$ を求めよ．
(2) $x > 1$ のとき，$f'(x)$, $f''(x)$ を求めよ．
(3) 定義に従って $f'(1)$, $f''(1)$ を求めよ．
(4) $y = f(x)$ の極値を求めよ．

6. $x > 0$ のとき，不等式 $\log(1+x) > \frac{x}{1+x}$ を示せ．

7. $f'(x)$ の定義を再確認し，(1) $f(x) = x^3$　(2) $f(x) = \frac{3+x}{3-x}$ のとき，$f'(x)$ を定義に従って求めよ．また，微分公式から $f'(x)$ を求めて，定義に従って求めたものと一致することを確認せよ．

8. 次の関数の n 階導関数（$n \geq 2$）を求めよ．
   (1) $y = e^{-2x}$　(2) $y = x^2 e^{-2x}$　(3) $y = x^2 \cos x$　(4) $y = \frac{3x-13}{x^2-9x+20}$

2

1変数関数の微分法（II）

第 1 章では厳密性より，微分の計算に習熟していただくことを優先した．計算に習熟したことを前提に，第 2 章では，平均値の定理から始まって，関数の凹凸，極値問題に関する論理的根拠を与えるテーラー展開まで，厳密性も重視して議論を展開する．さらに，関数の準凹準凸性と極値問題の経済学への応用として短期利潤の最適化問題を扱う．単に計算して答を出すのが数学と思って安易に取り組むと，第 1 章から第 2 章への展開にギャップを感じるかもしれない．大いに頭脳を活性化して取り組んでいただきたい．

2.1 平均値の定理と極値問題

$f' > 0$ であれば関数 $y = f(x)$ のグラフの接線の傾きが正なので，関数 f は単調に増加している．そのとおりで実用上何ら問題はないのであるが，次章で扱う 2 変数関数の場合には安直過ぎて使えない．数学的に厳密な取り扱いを含め，基礎となる主張が定理 2.1.2 の平均値の定理である．平均値の定理，またはそれに基づく主張を証明する場合には次のロル（Rolle）の定理がベースとなる．

定理 2.1.1（ロルの定理） 関数 f が閉区間 $[a, b]$ で連続で，開区間 (a, b) で微分可能とする．このとき，$f(a) = f(b)$ ならば，ある $c(a < c < b)$ が存在して，$f'(c) = 0$ となる．

この定理は図 2.1 (a) を見れば当然のように見える．点 $(a, f(a))$ と $(b, f(b))$ を繋ぐどんなグラフを描いても必ず接線の傾きがゼロとなる点がある．証明には連続関数の基本定理である最大最小の定理を用いる．

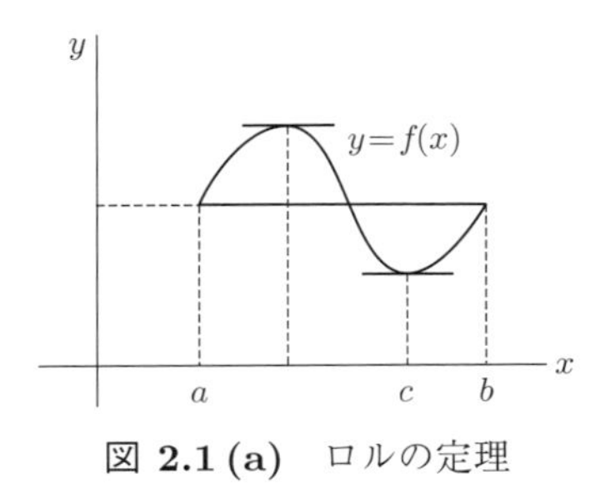

図 2.1 (a)　ロルの定理

図 2.1 (b)　c で最小

定理 2.1.1 の証　f が恒等的に定数のときは任意の $c(a < c < b)$ で $f'(c) = 0$ となるので，f は恒等的に定数ではないとする．このとき，最大最小の定理（定理 1.2.2）により，ある $c(a < c < b)$ で $f(a) = f(b)$ と異なる最大値または最小値をとる（図 2.1 (a) では最大値と最小値の両方をとり，f のグラフによっては最大値または最小値のどちらか一方をとる場合がある）．c で最小値をとるとすると，任意の $h(a \leq c + h \leq b)$ に対し，

$$f(c + h) - f(c) \geq 0$$

となる（図 2.1 (b)）．$h > 0$ ならば，両辺を h で割っても不等号の向きは変わらず，

$$\frac{f(c + h) - f(c)}{h} \geq 0 \quad \therefore \quad f'(c) \geq 0 \ (h \to +0)$$

一方，$h < 0$ ならば，両辺を h で割ると不等号の向きが逆転して，

$$\frac{f(c + h) - f(c)}{h} \leq 0 \quad \therefore \quad f'(c) \leq 0 \ (h \to -0)$$

よって，$0 \leq f'(c) \leq 0$ となって，$f'(c) = 0$ を得た．c で最大値をとるときは不等号がすべて逆転した形でやはり $f'(c) = 0$ が得られる．　**証終**

主たる定理である平均値の定理は次である．

定理 2.1.2　**（平均値の定理）**　関数 f が閉区間 $[a, b]$ で連続で，開区間 (a, b) で微分可能とする．このとき，ある $c(a < c < b)$ が存在して，

$$\frac{f(b) - f(a)}{b - a} = f'(c) \tag{2.1}$$

が成立する．

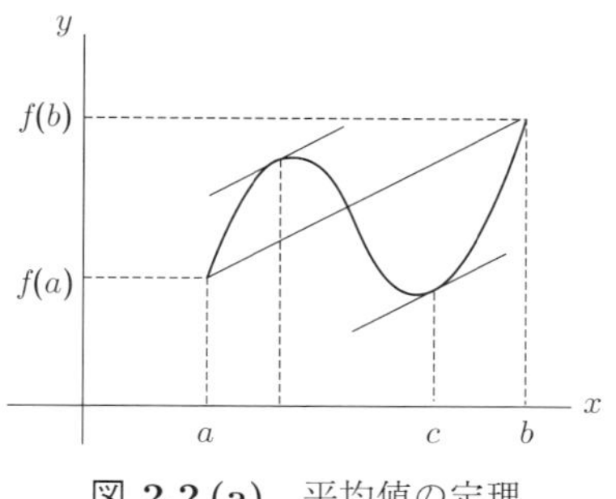

図 **2.2 (a)**　平均値の定理

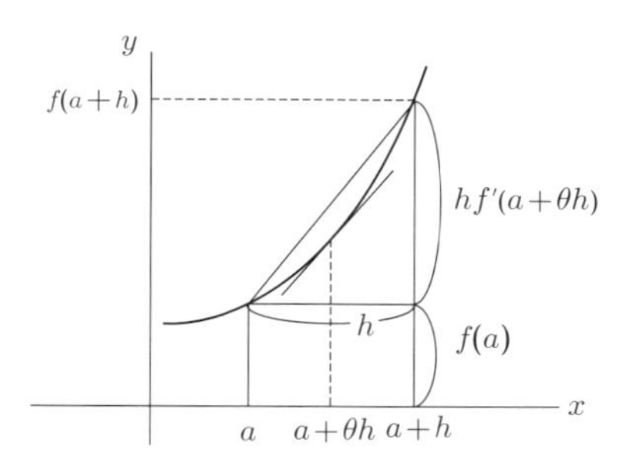

図 **2.2 (b)**　平均値の定理

注意 2.1.1　図 2.2 (a) を見れば (2.1) の表す意味がわかろう．左辺が点 $(a, f(a))$ と $(b, f(b))$ を繋ぐ直線の平均変化率（傾き）で，右辺が $(c, f(c))$ におけるグラフの接線の傾きである．また，$b = a + h$ と書くと，$h > 0$ であっても $h < 0$ であっても，$c = a + \theta h,\ 0 < \theta < 1$ と書けるので，(2.1) を変形すると，

$$f(a+h) = f(a) + hf'(a+\theta h),\ 0 < \exists\theta < 1 \tag{2.2}$$

となる[1]（図 2.2 (b) 参照）．これも平均値の定理を表現する大切な式である．

定理 2.1.2 の証　$\frac{f(b)-f(a)}{b-a} = k$ とおいて，$k = f'(c)$ と書けることを示す．そのため，

$$F(x) = f(b) - f(x) - k(b-x)$$

とおくと，$F(a) = F(b) = 0$．F も $[a, b]$ で連続で (a, b) で微分可能なので，ロルの定理（定理 2.1.1）が使えて，ある $c(a < c < b)$ があって，$F'(c) = 0$ となる．$F'(x) = -f'(x) - k(-1)$ なので，$F'(c) = -f'(c) + k = 0 \therefore k = f'(c)$ となる．**証終**

系 2.1.1　区間 I 上で，

(i) $f'(x) \equiv 0$ ならば，$f(x) \equiv$ 定数[2]，すなわち微分してゼロとなる関数は定数関数のみである

(ii) $f'(x) \geq 0$ ならば，f は単調増加である，

(iii) $f'(x) \leq 0$ ならば，f は単調減少である[3]．

[1] $\forall$ は任意の（All, Any），$\exists$ は存在する（Exist）ことを表した．

[2] “$\equiv$” は恒等的に等しいことを表す．“$f'(x) \equiv 0$” は “$f'(x)$ は恒等的にゼロ” と読み，任意の $x \in I$ に対し，$f'(x) = 0$ を意味する．

[3] $f'(x) > 0$（または $f'(x) < 0$）ならば，f は真に増加（または減少）し，このようなとき f は狭義の単調増加（または狭義の単調減少）と呼んだ（1.4 節参照）．

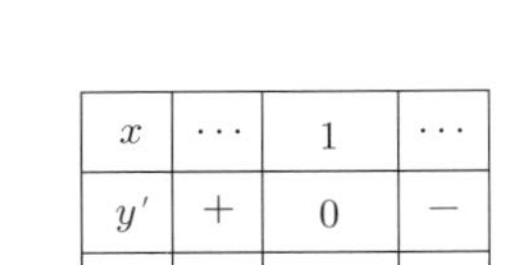

x	$\cdots$	1	$\cdots$
y'	$+$	0	$-$
y	$\nearrow$	極大 e^{-1}	$\searrow$

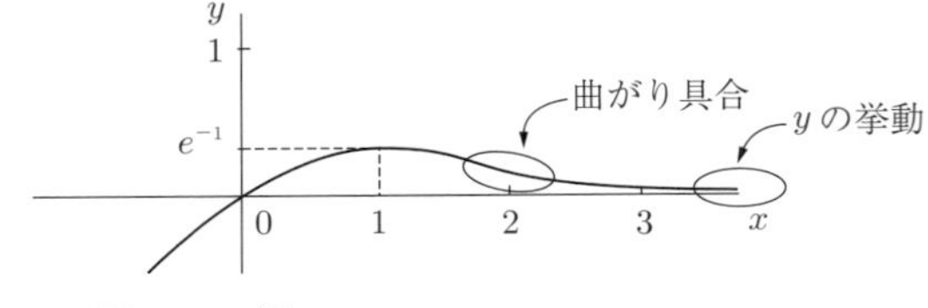

図 2.3　例 2.1.1

系 2.1.1 の証　(2.2) の形の平均値定理により，任意の $a, a+h \in I$ に対し，$c = a + \theta h \in I, (0 < \theta < 1)$ があって，$f(a+h) = f(a) + hf'(c)$. ゆえに，(i) $f'(c) = 0$ から $f(a+h) = f(a)$，すなわち $f \equiv$ 定数. (ii) $f'(c) \geq 0$ から，$f(a+h) \geq f(a)(h > 0)$，すなわち単調増加となり，(iii) も同様である.　　**証終**

理論的に，導関数の符号によって関数の増加，減少がわかったので，改めて関数のグラフを描いてみよう.

例 2.1.1　関数 $y = xe^{-x}$ のグラフを描け.

解　$y' = e^{-x} + xe^{-x} \cdot (-1) = (1-x)e^{-x}$ より，増減表とグラフは図 2.3 のようになる．しかしながら，グラフを描くには情報が少な過ぎる．たとえば，$x > 1$ では単調減少ではあるが，$y = xe^{-x}$ は負にはならない．そこで，グラフはどこかで曲り具合が変わり，$x \to \infty$ のときの y の挙動（実際，$y \to 0$ となってグラフが x 軸に漸近する，すなわち x 軸が漸近線となっている）がわからなければ正確なグラフが描けない．曲り具合を知るには2階導関数の符号を，$x \to \infty$ のときの極限を知るにはロピタルの定理が有効である．それらを次の2つの節で学び，改めて極値問題，グラフの概形を考察しよう．

2.2　不定形の極限

次のような極限を考えてみよう.

例 2.2.1　(1) $\displaystyle\lim_{x\to\infty} x^2 = \infty$,　(2) $\displaystyle\lim_{x\to\infty} \frac{1}{x} = 0$,

(3) $\displaystyle\lim_{x\to 3} \frac{x^2-9}{x-3} = \lim_{x\to 3} \frac{(x+3)(x-3)}{x-3} = 6$,

(4) $\displaystyle\lim_{x\to 0} \frac{e^x-1}{x} = ??\cdots$ 単純に $x \to 0$ とすると $\frac{0}{0}$ となって極限値は不定.

(5) $\lim_{x\to\infty}\frac{e^x}{x^2}$ $=??\cdots$ これも単純に $x\to\infty$ とすると $\frac{\infty}{\infty}$ となって極限値は不定.

(6) $\lim_{x\to\infty} xe^{-x}$ $=??\cdots$ 単純に $x\to\infty$ とすると $\infty\cdot 0$ となって極限値は不定.

(7) $\lim_{n\to\infty}(1+\frac{1}{n})^n = e\cdots$ これは「上に有界な単調増加数列は収束する」(実数の基本性質 III")ことから e という極限値が得られた. しかし, 単純に $n\to\infty$ とすると $(1+0)^\infty$ となって極限値は定まらない. そこで実数の基本性質にまで立ち戻って e という極限値を求めたのである.

(8) $\lim_{x\to\infty}(x^2-e^x)$ $=??\cdots$ これは単純に $x\to\infty$ とすると $\infty-\infty$ となって極限値は定まらない.

上の例で見られるように, 単純に極限をとったとき, $\frac{0}{0}, \frac{\infty}{\infty}, \infty\cdot 0, (1+0)^\infty, \infty-\infty$ となるような場合は極限値はこのままでは定まらない. このような極限を**不定形の極限**という. (3) も単純に極限をとれば $\frac{0}{0}$ であるが, 因数分解をして極限値 6 を求めた. (7) のようなもっと複雑な工夫を要する場合もある. (4)–(6), (8) のような極限値も求めたい. (4), (5) のような $\frac{0}{0}, \frac{\infty}{\infty}$ の形の不定形の極限を求めるのに有効な方法がロピタル (L'Hospital) の定理である. (6) は前節の例題で求めたい極限で, 少し工夫すればロピタルの定理が使える. (8) は $-\infty$ に発散するのであるが, これもロピタルの定理が応用される.

コーシー (Cauchy) の平均値の定理を使ってロピタルの定理は導かれる.

定理 2.2.1 (コーシーの平均値の定理) 関数 f, g が $[a,b]$ で連続で, (a,b) で微分可能とし, $g'\neq 0$ とする. このとき, ある $c\in(a,b)$ が存在して,

$$\frac{f(b)-f(a)}{g(b)-g(a)} = \frac{f'(c)}{g'(c)}$$

が成立する.

注意 2.2.1 $g(x)=x$ ならばコーシーの平均値の定理は通常の平均値の定理 (定理 2.1.2) に帰着する.

定理 2.2.1 の証 $\frac{f(b)-f(a)}{g(b)-g(a)} = k$ とおいて, $k=\frac{f'(c)}{g'(c)}$ を示せばよい. そこで,

$$F(x) = f(b)-f(x)-k(g(b)-g(x))$$

とおくと，$F(a)=F(b)=0$ で，仮定から F も $[a,b]$ で連続で，(a,b) で微分可能なので，ロルの定理が使えて，ある $c\in(a,b)$ があって $F'(c)=0$ が成り立つ．

$$F'(x)=-f'(x)-k(-g'(x)) \quad \therefore \quad -f'(c)+kg'(c)=0, \quad k=\frac{f'(c)}{g'(c)}$$

証終

定理 2.2.2　（ロピタルの定理）　関数 f,g は a の近傍[4]で連続かつ微分可能とし，$f(a)=g(a)=0$, $g'(a)\neq 0$ とする．このとき，もし $\lim_{x\to a}\frac{f'(x)}{g'(x)}$ が $\pm\infty$ になる場合を含めて存在するならば，

$$\lim_{x\to a}\frac{f(x)}{g(x)}=\lim_{x\to a}\frac{f'(x)}{g'(x)}$$

が成立する．

定理 2.2.2 の証　$x\to a$ なので x は a の近傍にあると思ってよい．そのとき，コーシーの平均値の定理より

$$\frac{f(x)}{g(x)}=\frac{f(x)-f(a)}{g(x)-g(a)}=\frac{f'(c)}{g'(c)}, \ c=a+\theta(x-a), \ 0<\theta<1$$

と書ける．$x\to a$ のとき $c\to a$ となるので，

$$\lim_{x\to a}\frac{f(x)}{g(x)}=\lim_{c\to a}\frac{f'(c)}{g'(c)}$$

一般に，$\lim_{x\to a}F(x)=\lim_{y\to a}F(y)$ で，変数 x や y は何でもよいので，c を x と書き換えて定理の結論を得る．　証終

注意 2.2.2　定理 2.2.2 は，$f(x),g(x)\to\pm\infty$ $(x\to a)$ または $x\to\pm\infty$ のときも成立する．

$\frac{0}{0}, \frac{\infty}{\infty}$ の形の不定形の極限はロピタルの定理が使える．

なお，証明は節末にショートノートとして述べる．

例 2.2.2　(1) $\lim_{x\to 0}\frac{e^x-1}{x}=\lim_{x\to 0}\frac{(e^x-1)'}{(x)'}=\lim_{x\to 0}\frac{e^x}{1}=1$（例 2.2.1 (4)），

(2) $\lim_{x\to 0}\frac{\sin x-x}{x^3}=\lim_{x\to 0}\frac{\cos x-1}{3x^2}=\lim_{x\to 0}\frac{-\sin x}{6x}=-\frac{1}{6}$

(2) ではロピタルの定理を繰り返して使った．また，最後の等式は三角関数の

[4] a を含む適当な開区間をいう．その幅は小さくてもよい．

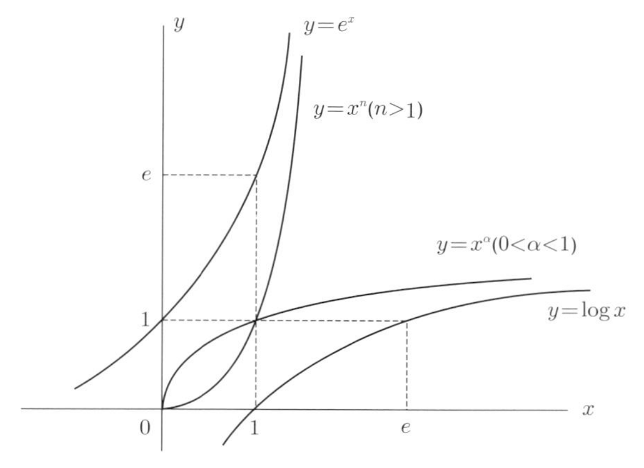

図 2.4　関数の増大度の比較

導関数を求める基本的な極限 $\lim\limits_{\theta\to 0}\frac{\sin\theta}{\theta}=1$（定理 1.6.1）を使った．最後の等式を出すのに，$\frac{0}{0}$ の形なのでもう一度ロピタルの定理を使うのは適当でない．つまり，$\lim\limits_{x\to 0}\frac{\sin x}{x}=\lim\limits_{x\to 0}\frac{\cos x}{1}=1$ としてはいけない．なぜなら，$(\sin x)'=\cos x$ を導出するのに $\lim\limits_{\theta\to 0}\frac{\sin\theta}{\theta}=1$ を使ったので循環論法に陥る．また，例 2.2.1 (3) で，$\lim\limits_{x\to 3}\frac{x^2-9}{x-3}=\lim\limits_{x\to 3}\frac{2x}{1}=6$ とするのは間違いではないが，“鶏を割くに牛刀を用いる” が如しである．

例 2.2.3　例 2.2.1 (6), (8) を求める．変形してからロピタルの定理を使う．

(6) $\lim\limits_{x\to\infty}xe^{-x}=\lim\limits_{x\to\infty}\frac{x}{e^x}=\lim\limits_{x\to\infty}\frac{1}{e^x}=0$

(8) $\lim\limits_{x\to\infty}(x^2-e^x)=\lim\limits_{x\to\infty}x^2(1-\frac{e^x}{x^2})$ で，$\lim\limits_{x\to\infty}\frac{e^x}{x^2}=\lim\limits_{x\to\infty}\frac{e^x}{2x}=\lim\limits_{x\to\infty}\frac{e^x}{2}=\infty$（例 2.2.1 (5)）より，$\lim\limits_{x\to\infty}(x^2-e^x)=\infty\cdot(1-\infty)=-\infty$

例 2.2.4　$n\in\mathbf{N}$, $\alpha\in\mathbf{R}\,(0<\alpha<1)$ とする．このとき，次の極限値を求めよ．

(1) $\lim\limits_{x\to\infty}\frac{e^x}{x^n}$　(2) $\lim\limits_{x\to\infty}\frac{x^\alpha}{\log x}$

解　(1) n 回繰り返してロピタルの定理を使って，

$$\lim_{x\to\infty}\frac{e^x}{x^n}=\lim_{x\to\infty}\frac{e^x}{nx^{n-1}}=\cdots=\lim_{x\to\infty}\frac{e^x}{n(n-1)\cdots 2\cdot 1}=\infty$$

(2) ロピタルの定理を一度使って，分母子に x を掛けて変形して，

$$\lim_{x\to\infty}\frac{x^\alpha}{\log x}=\lim_{x\to\infty}\frac{\alpha x^{\alpha-1}}{\frac{1}{x}}=\lim_{x\to\infty}\alpha x^\alpha=\infty$$

例 2.2.4 の解答は上記のとおりであるが，言わんとするところは，$x\to\infty$ のとき関数 $e^x, x^n, x^\alpha, \log x$ はいずれも ∞ に発散し，その速さが指数関数は圧倒的に速く，対数関数は非常にゆっくりであることを示している．グラフの関係は図 2.4 のようになる．

ショートノート（ロピタルの定理）

$$f(x), g(x)\to 0\ (x\to a)\text{ で，}\quad \lim_{x\to a}\frac{f'(x)}{g'(x)}=\alpha\ \Rightarrow\ \lim_{x\to a}\frac{f(x)}{g(x)}=\alpha$$

が定理 2.2.2 で述べた $\frac{0}{0}$ の形のロピタルの定理である．これを

$$f(x), g(x)\to \infty\ (x\to a)\text{ で，}\quad \lim_{x\to a}\frac{f'(x)}{g'(x)}=\alpha\ \Rightarrow\ \lim_{x\to a}\frac{f(x)}{g(x)}=\alpha$$

としたものが $\frac{\infty}{\infty}$ の形のロピタルの定理である．その証明は単純でなく ε-δ 論法を必要とし，高いレベルである．

$\alpha>0$ のときを示す．$0<\forall\varepsilon\ (<\min(\alpha,1))$ に対し，$0<\varepsilon_1, \varepsilon_2\ (<\varepsilon)$ を

$$\alpha-\varepsilon<(\alpha-\varepsilon_1)\cdot\frac{1-\varepsilon_2}{1+\varepsilon_2}(<\alpha),\ \ (\alpha<)(\alpha+\varepsilon_1)\cdot\frac{1+\varepsilon_2}{1-\varepsilon_2}<\alpha+\varepsilon$$

を満たすように選ぶ．仮定より，$\varepsilon_1>0$ に対し，ある $K=K(\varepsilon_1)>0$ があって，$x\geq K\Rightarrow \alpha-\varepsilon_1<\frac{f'(x)}{g'(x)}<\alpha+\varepsilon_1$．よって，コーシーの平均値の定理（定理 2.2.1）より，

$$x, x_0\geq K\ \Rightarrow\ \alpha-\varepsilon_1<\frac{f(x)-f(x_0)}{g(x)-g(x_0)}<\alpha+\varepsilon_1 \tag{$*$}$$

x_0 を固定して，$\lim_{x\to\infty}\frac{f(x_0)}{f(x)}=\lim_{x\to\infty}\frac{g(x_0)}{g(x)}=0$ なので，$\varepsilon_2>0$ に対して $L=L(\varepsilon_2)\ (\geq K)$ があって，$x\geq L\Rightarrow -\varepsilon_2<\frac{f(x_0)}{f(x)}<\varepsilon_2, -\varepsilon_2<\frac{g(x_0)}{g(x)}<\varepsilon_2$．このとき，$\frac{f(x)-f(x_0)}{g(x)-g(x_0)}=\frac{f(x)}{g(x)}\cdot\frac{1-\frac{f(x_0)}{f(x)}}{1-\frac{g(x_0)}{g(x)}}$ なので，$(*)$ を変形して，

$$(\alpha-\varepsilon_1)\cdot\frac{1-\frac{g(x_0)}{g(x)}}{1-\frac{f(x_0)}{f(x)}}<\frac{f(x)}{g(x)}<(\alpha+\varepsilon_1)\cdot\frac{1-\frac{g(x_0)}{g(x)}}{1-\frac{f(x_0)}{f(x)}}$$

$$\therefore\quad (\alpha-\varepsilon_1)\cdot\frac{1-\varepsilon_2}{1+\varepsilon_2}<\frac{f(x)}{g(x)}<(\alpha+\varepsilon_1)\cdot\frac{1+\varepsilon_2}{1-\varepsilon_2}$$

となる．ε のとり方から，$\alpha-\varepsilon<\frac{f(x)}{g(x)}<\alpha+\varepsilon$ がいえて，$\lim_{x\to a}\frac{f(x)}{g(x)}=\alpha$ を得た．

$\alpha\leq 0$ のときや，$a=\infty, \alpha=\infty$ のときも本来ならば示すべきところであるが割愛する．

2.3 凸関数

まずは**凸関数**の定義からスタートする.

定義 2.3.1 関数 f が区間 I で**凸** (convex) とは, 任意の $a, b \in I(a < b)$ と任意の $\theta(0 < \theta < 1)$ に対し, 不等式

$$f(\theta a + (1-\theta)b) \leq \theta f(a) + (1-\theta)f(b) \tag{2.3}$$

が成立することである.

上の不等式を理解するために, 線分 AB (座標を $a, b \in \mathbf{R}$ とする) を $m : n$ に内分する点 C の座標を復習すると,

$$c = a + \frac{m}{m+n}(b-a) = \frac{ma + na + mb - ma}{m+n} = \frac{na + mb}{m+n}$$

であった. これをもう少し変形すると,

$$c = \frac{n}{m+n}a + \frac{m}{m+n}b = \frac{n}{m+n}a + \left(1 - \frac{n}{m+n}\right)b$$

となって, $\theta = \frac{n}{m+n}$ ととると,

$$\boxed{c = \theta a + (1-\theta)b, \ 0 < \theta < 1}$$

と書ける. c は AB を $(1-\theta) : \theta$ に内分した点の座標である (図 2.5). $m : n$ は $2m : 2n$ としても同じなので, m, n は一意に決まらないが, θ は一意に決

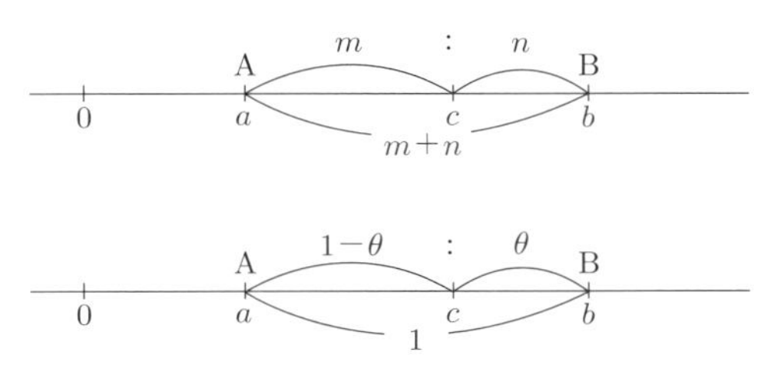

図 **2.5** 内分点

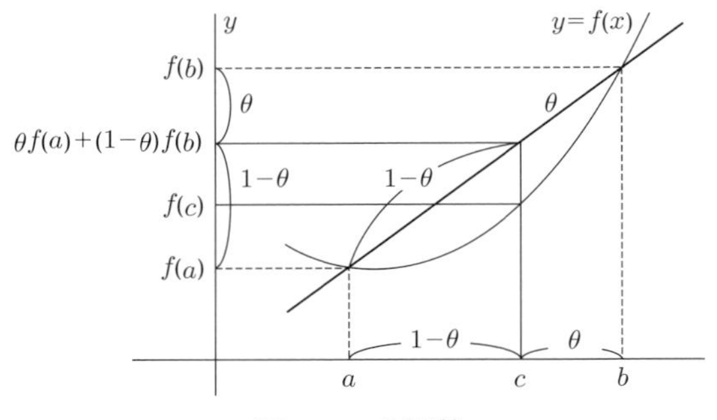

図 2.6　凸関数

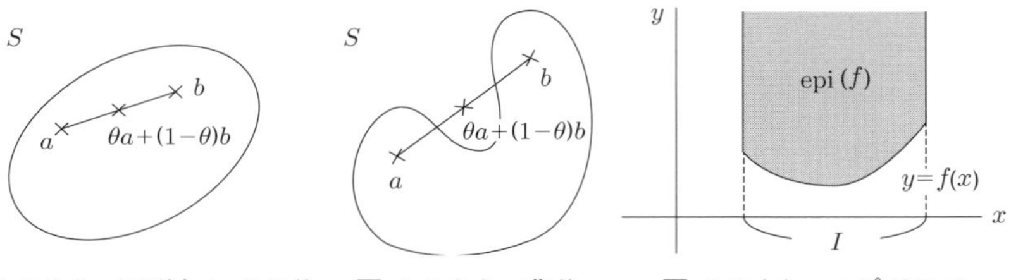

図 2.7 (a)　図形としての凸　**図 2.7 (b)**　非凸　**図 2.7 (c)**　エピグラフ

まった数となっている点に注意すること．

そこで，(2.3) の意味するところは，任意の $c = \theta a + (1-\theta)b\,(0 < \theta < 1)$ におけるグラフまでの大きさ $f(c)$ は，点 $(a, f(a))$ と $(b, f(b))$ を結ぶ直線までの大きさ $\theta f(a) + (1-\theta)f(b)$ より小さい（図 2.6），つまり，グラフを直線で切ったときグラフが必ず直線の下にあると主張している．

注意 2.3.1（図形としての凸性）　凸とは元々出っ張った，へこんでいないものを形容する言葉である．そこで，“集合 S が凸（**凸集合**）とは，

$$\text{任意の } a, b \in S \text{ と任意の} \theta(0 < \theta < 1) \text{ に対し，} \theta a + (1-\theta)b \in S$$

となることである” と定義される．S 内の線分は必ず S 内にあるといっている（図 2.7 (a)）．もし，へこんでいると，へこんだ部分を通る S 内の 2 点を結ぶ線分をとることができる（図 2.7 (b)）．区間 I 上の関数 $y = f(x)$ のグラフと I の両端点を通る y 軸に平行な正方向の直線で囲まれる無限領域を

$$\mathrm{epi}(f) = \{(x, y);\ y \geq f(x),\ x \in I\}$$

（f のエピグラフという）と定義すると，f が（関数として）凸であることと $\mathrm{epi}(f)$

が（図形として）凸であることが同値である（図 2.7 (c)）.

定理 2.3.1 次の 3 つの主張は同値である.

(i) 関数 f が区間 I で凸である,

(ii) 任意の $a, b, c \in I(a < c < b)$ に対し

$$\frac{f(c)-f(a)}{c-a} \leq \frac{f(b)-f(a)}{b-a} \leq \frac{f(b)-f(c)}{b-c} \tag{2.4}$$

(iii) 任意の $a, b, c \in I(a < c < b)$ に対し

$$\frac{f(c)-f(a)}{c-a} \leq \frac{f(b)-f(c)}{b-c} \tag{2.5}$$

定理 2.3.1 の証 (i) ⇒ (ii) $\theta = \frac{b-c}{b-a}(0 < \theta < 1)$ ととれば, $c = \theta a + (1-\theta)b$, $a < c < b$ で, (2.3) から,

$$f(c) \leq \frac{b-c}{b-a}f(a) + \left(1 - \frac{b-c}{b-a}\right)f(b) \tag{2.6}$$

移項して, $\frac{b-c}{b-a}(f(b) - f(a)) \leq f(b) - f(c)$ $\therefore$ $\frac{f(b)-f(a)}{b-a} \leq \frac{f(b)-f(c)}{b-c}$. また, $\theta = \frac{b-c}{b-a} = 1 - \frac{c-a}{b-a}$, $1 - \theta = 1 - \frac{b-c}{b-a} = \frac{c-a}{b-a}$ より, (2.6) は

$$f(c) \leq \left(1 - \frac{c-a}{b-a}\right)f(a) + \frac{c-a}{b-a}f(b)$$

となる. 移項して $f(c) - f(a) \leq \frac{c-a}{b-a}(f(b) - f(a))$ $\therefore$ $\frac{f(c)-f(a)}{c-a} \leq \frac{f(b)-f(a)}{b-a}$. まとめて (2.4) を得る.

(ii) ⇒ (iii) 明らか.

(iii) ⇒ (i) $\frac{b-c}{b-a} = \theta$ とおけば, $0 < \theta < 1$ で $c = \theta a + (1-\theta)b$. さらに, $b-c = \theta(b-a)$, $c-a = (1-\theta)(b-a)$ より, (2.5) に代入して $\frac{f(c)-f(a)}{(1-\theta)(b-a)} \leq \frac{f(b)-f(c)}{\theta(b-a)}$ $\therefore b - a (> 0)$ を掛け, さらに変形して (2.3) を得る. **証終**

不等式 (2.4), (2.5) は図 2.8 (a) のようなグラフを描けば傾きの大, 中, 小を表していてわかりやすい.

定理 2.3.2 （連続性） 関数 f が開区間 I で凸ならば, f は I で連続である.

定理 2.3.2 の証 任意の $a \in I$ に対し, $x \to a, x \in I$ ならば $f(x) \to f(a)$ を示せ

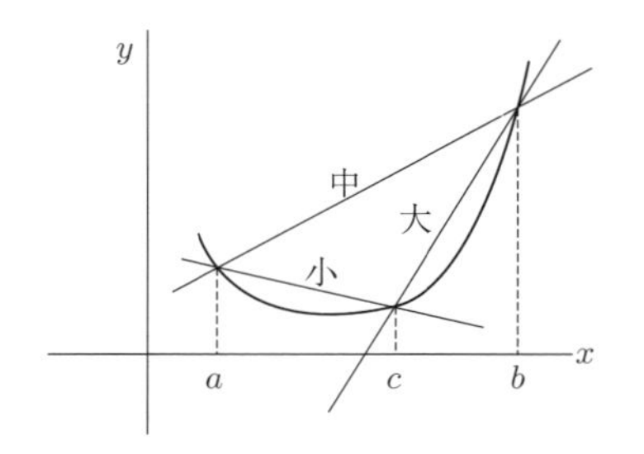

図 2.8 (a)　凸関数と傾き

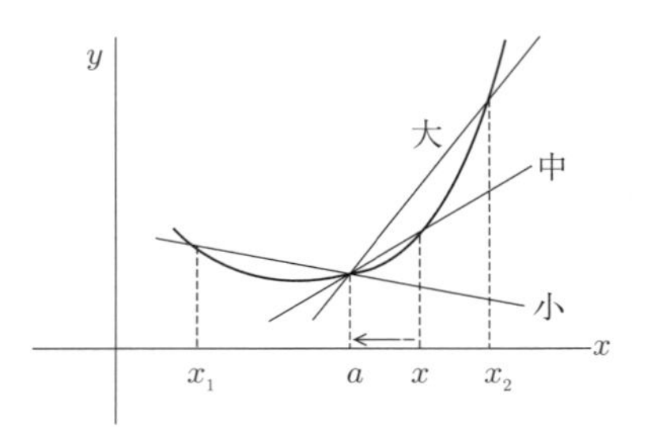

図 2.8 (b)　凸関数の連続性

ばよい．$x_1 < a < x_2$, $x_1 < x < x_2$ となる $x_1, x_2 \in I$ をとると，x_1, x, a および x, a, x_2 に定理 2.3.1 を応用して，x, a の大小にかかわらず，

$$\frac{f(a)-f(x_1)}{a-x_1} \leq \frac{f(x)-f(a)}{x-a} \leq \frac{f(x_2)-f(a)}{x_2-a} \quad \text{（図 2.8 (b) 参照）}$$

ここで，最左辺と最右辺は x に無関係なので，$x \to a$ とすると，$f(x) \to f(a)$ となる．なぜなら，もし $f(x) \to f(a)$ でなければ不等式の真中の辺が発散して不等式を満たさなくなるからである．　**証終**

次の定理がこの節の目的の定理で，2階導関数の意味するところである．

定理 2.3.3　関数 f が開区間 I で2回微分可能のとき，f が凸であるための必要十分条件は，

$$f''(x) \geq 0 \ (x \in I)$$

となることである．

定理 2.3.3 の証　（必要性）$f''(x) \geq 0$ つまり $f'(x)$ が単調増加，*i.e.* $x_1 < x_2$ ならば $f'(x_1) \leq f'(x_2)$ を示せばよい．$x_1 < x < x_2$ となる $x \in I$ をとれば (2.4) より，

$$\frac{f(x)-f(x_1)}{x-x_1} \leq \frac{f(x_2)-f(x_1)}{x_2-x_1} \leq \frac{f(x_2)-f(x)}{x_2-x}$$

それぞれ，$x \to x_1+0$, $x \to x_2-0$ とすれば

$$f'(x_1) \leq \frac{f(x_2)-f(x_1)}{x_2-x_1} \leq f'(x_2)$$

を得て，$f'(x_1) \leq f'(x_2)$ を示すことができた．

（十分性）任意の $x_1, x, x_2 \in I (x_1 < x < x_2)$ に対し，区間 $[x_1, x]$, $[x, x_2]$ にそれ

ぞれ平均値の定理を使うと，$x_3(x_1 < x_3 < x)$, $x_4(x < x_4 < x_2)$ があって，

$$\frac{f(x)-f(x_1)}{x-x_1} = f'(x_3), \quad \frac{f(x_2)-f(x)}{x_2-x} = f'(x_4)$$

$f'' \geq 0$, f' は単調増加より，$f'(x_3) \leq f'(x_4)$ $\therefore \frac{f(x)-f(x_1)}{x-x_1} \leq \frac{f(x_2)-f(x)}{x_2-x}$. すなわち，(2.5) を満たすので，$f$ が I で凸であることがわかった． **証終**

(2.3) で，不等号が逆転する不等式を満たす関数 f は**凹関数**（concave function）と呼ばれる．(2.4), (2.5) の不等号も逆転して，$f''(x) \leq 0$ が凹関数であるための条件となる．凸関数は下に凸であり，凹関数は上に凸であることに注意しておこう．また，(2.3), (2.4), (2.5) で，不等号が等号なしの真に不等式となる場合は狭義の凸（strictly convex），あるいは不等号が逆転したときは狭義の凹（strictly concave）といった言い方をすることにも注意をしておく．

したがって，2 階導関数の正負の符号を調べることによって，グラフの曲り具合がより正確にわかり，グラフの概形を正しく捉えることができる．増減表に加えて，2 階導関数の正負を表にした凹凸表も書くことによってグラフを描いてみよう．

例 2.3.1 $y = x^3 - 3x$ のグラフの概形を描け．

解 $y' = 3x^2 - 3 = 3(x+1)(x-1)$, $y'' = 6x$ より，増減表と凹凸表およびそれらに基づくグラフは図 2.9 となる．増減表と凹凸表は別々に書いてもよい（図 2.9 (a)）が，まとめて書く（図 2.9 (b)）ほうを薦める．

グラフを見れば極大，極小の判定はすぐできるのであるが，2 階導関数の正負を見ることによって，グラフを描かずとも判定できる（図 2.10）.

$f'(a) = 0$ のとき，

(i) $f''(a) > 0 \Rightarrow$ a で極小値をとる，

(ii) $f''(a) < 0 \Rightarrow$ a で極大値をとる，

(iii) $f''(a) = 0 \Rightarrow$ これだけでは判定不可（テーラー展開の議論を要する）.

実際，(i) $f''(a) > 0$ ならば a の近傍で $f''(x) > 0$ となって，$f'(x)$ が単調増加である．$f'(a) = 0$ なので，$f'(x) < 0 (x < a)$, $f'(x) > 0 (x > a)$ となり，a で極小となる．(ii) も同様である．(iii) は a の近傍での f'' の正負が不明なの

x	$\cdots$	-1	$\cdots$	1	$\cdots$
y'	$+$	0	$-$	0	$+$
y	↗	極大 2	↘	極小 -2	↗

x	$\cdots$	0	$\cdots$
y''	$-$	0	$+$
y	∩	変曲点 0	∪

図 2.9 (a)　増減表と凹凸表

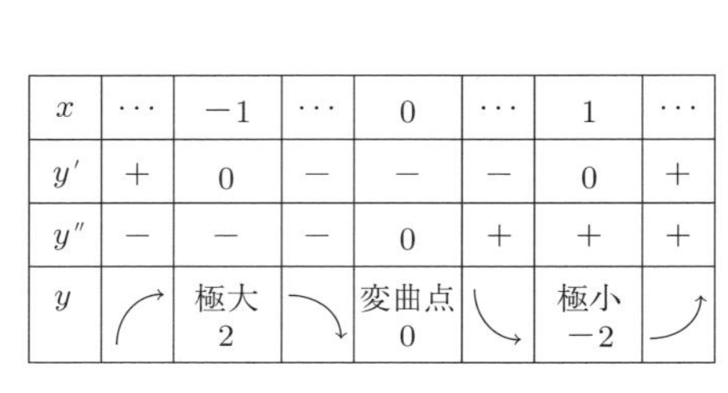

x	$\cdots$	-1	$\cdots$	0	$\cdots$	1	$\cdots$
y'	$+$	0	$-$	$-$	$-$	0	$+$
y''	$-$	$-$	$-$	0	$+$	$+$	$+$
y	↗	極大 2	↘	変曲点 0	↘	極小 -2	↗

図 2.9 (b)　増減–凹凸表

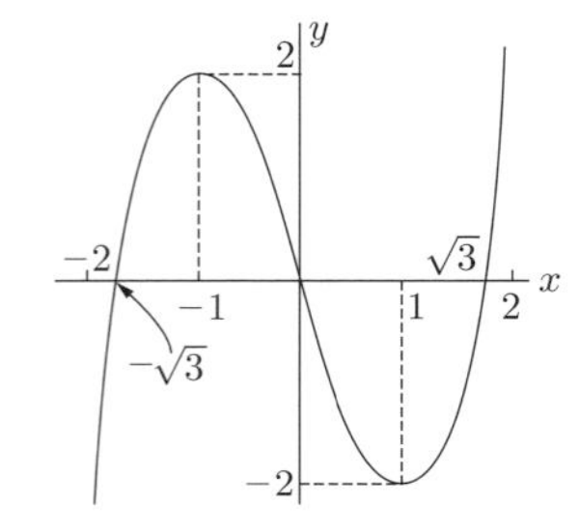

図 2.9 (c)　グラフ

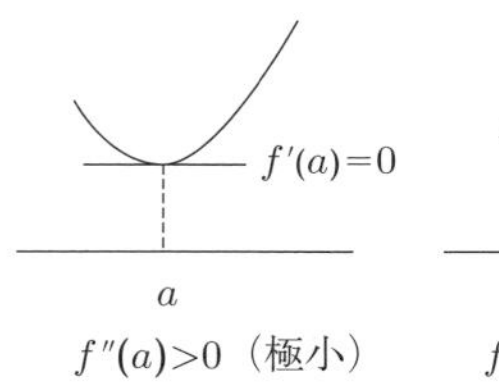

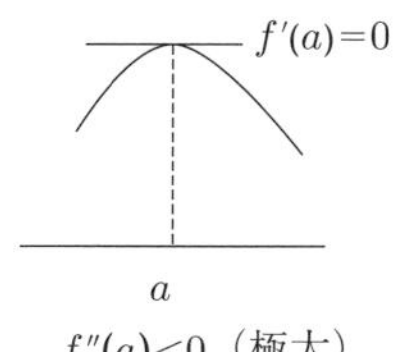

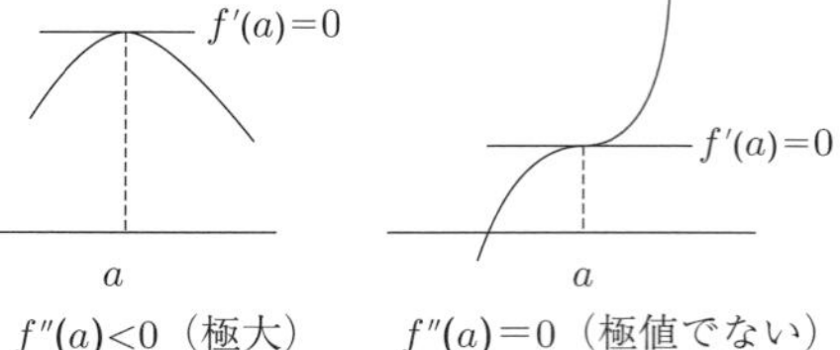

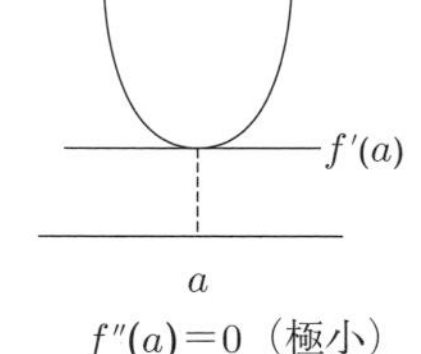

図 2.10　f'' による極値の判定

で判定はできない．1 変数関数の議論では関数の増減は大切な概念である．しかし，次章で扱う 2 変数関数では増減の概念は使えない．次節で扱うテーラー展開を使った議論が必須となる．

例 2.3.2　次の問に答えよ．

(1) $y = x^2e^{-x}$ の極値を求めよ．　(2) $y = xe^{-x}$ のグラフの概形を描け．

解　(1) 極値だけを求めればよいので，まず，微分してゼロとおけば極値をとる点の候補が得られる．$y' = 2xe^{-x} + x^2e^{-x}(-1) = (2x - x^2)e^{-x} = x(2-x)e^{-x}$ $\therefore y' = 0$ とおいて，$x = 0, 2$．これらの点で 2 階導関数の符号を調べればよい．$y'' = (2-2x)e^{-x} + (2x - x^2)e^{-x}(-1) = (2 - 4x + x^2)e^{-x}$ より，$x = 0$

x	$\cdots$	1	$\cdots$	2	$\cdots$
y'	$+$	0	$-$	$-$	$-$
y''	$-$	$-$	$-$	0	$+$
y	↗	極大 e^{-1}	↘	変曲点 $2e^{-2}$	↘

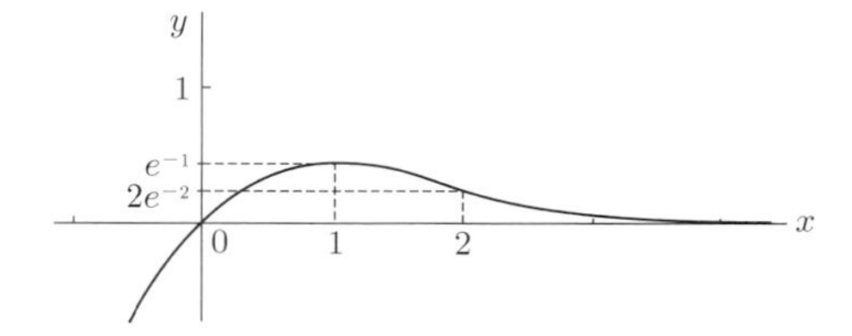

図 **2.11**　例 2.3.2 (2)

x	$\cdots$	-1	$\cdots$	0	$\cdots$	1	$\cdots$
y'	$+$	$+$	$+$	0	$-$	$-$	$-$
y''	$+$	0	$-$	$-$	$-$	0	$+$
y	↗	変曲点 $\frac{1}{\sqrt{2\pi e}}$	↗	極大 $\frac{1}{\sqrt{2\pi}}$	↘	変曲点 $\frac{1}{\sqrt{2\pi e}}$	↘

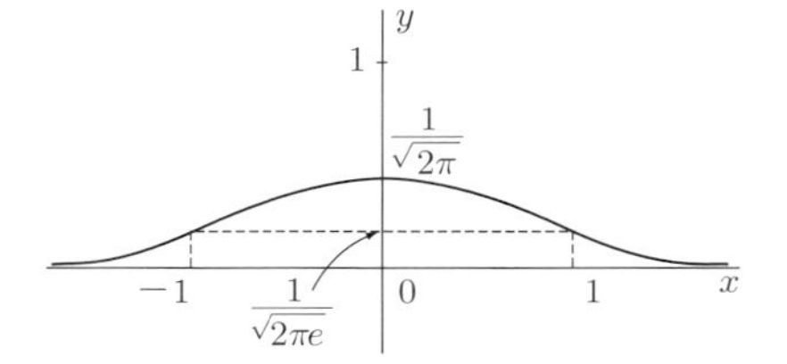

図 **2.12**　例 2.3.3

のとき $y'' = 2 > 0$ なので極小となり極小値 $y = 0$ をとる．$x = 2$ のとき $y'' = (2 - 8 + 4)e^{-2} < 0$ なので極大となり極大値 $y = 4e^{-2}$ をとる．

(2) 2.1 節で，不定形の極限と凸関数の議論の元になった問題である．まず，

$$y' = e^{-x} + xe^{-x}(-1) = (1 - x)e^{-x},$$

$$y'' = (-1)e^{-x} + (1 - x)e^{-x}(-1) = (x - 2)e^{-x}$$

y', y'' から増減–凹凸表は図 2.11 のようになる．ここで，ロピタルの定理によって，$\lim_{x\to\infty} xe^{-x} = \lim_{x\to\infty} \frac{x}{e^x} = \lim_{x\to\infty} \frac{1}{e^x} = 0$．そこで，$x \to \infty$ のとき x 軸がグラフの漸近線となっている．よって，グラフの概形[5]は図 2.11 のようになる．

例 2.3.3　$y = \frac{1}{\sqrt{2\pi}}e^{-\frac{x^2}{2}}$ のグラフの概形を描け．

解　$y' = \frac{1}{\sqrt{2\pi}}e^{-\frac{x^2}{2}}\left(-\frac{2x}{2}\right) = -\frac{x}{\sqrt{2\pi}}e^{-\frac{x^2}{2}}$,

$y'' = -\frac{1}{\sqrt{2\pi}}e^{-\frac{x^2}{2}} - \frac{x}{\sqrt{2\pi}}e^{-\frac{x^2}{2}}\left(-\frac{2x}{2}\right) = \frac{x^2-1}{\sqrt{2\pi}}e^{-\frac{x^2}{2}} = \frac{(x+1)(x-1)}{\sqrt{2\pi}}e^{-\frac{x^2}{2}}$

よって, 増減–凹凸表およびグラフの概形は図 2.12 となる．ここで, $x \to \pm\infty$ のとき $y \to 0$ に注意．ただし，この極限は不定形ではない．また，$\frac{1}{\sqrt{2\pi}}e^{-\frac{(-x)^2}{2}} =$

[5] グラフの "概形" とは，極大，極小，変曲点，漸近線などをきちんと捉えたグラフのことをいう．"おおよそ" の形の意味ではない．

$\frac{1}{\sqrt{2\pi}}e^{-\frac{x^2}{2}}$ より，y 軸対称のグラフとなっている．

ショートノート（正規分布）

$$y = \frac{1}{\sqrt{2\pi}\sigma}e^{-\frac{(x-\mu)^2}{2\sigma^2}}$$

の表すグラフを，平均 μ，標準偏差 σ（分散 σ^2）の**正規分布**（normal distribution）（正確には正規分布を表す確率密度関数）と呼び，記号 $N(\mu, \sigma^2)$ で表す．正規分布は**ガウス分布**とも呼ばれる．$\mu = 0$, $\sigma = 1$ のときが例 2.3.3 にあたる．そのグラフが $N(0, 1^2)$ を表す確率密度関数である．$-\infty$ から $+\infty$ まで積分すると 1 になるように係数 $\frac{1}{\sqrt{2\pi}}$，$\frac{1}{\sqrt{2\pi}\sigma}$ がついている．いわゆる偏差値のもとになっている確率密度関数で，$(\mu, \sigma) = (50, 10)$ と選んだものが偏差値を与える．$\mu - \sigma = 40$ と $\mu + \sigma = 60$ の間は 68.3%を占めている（$\int_{\mu-\sigma}^{\mu+\sigma} \frac{1}{\sqrt{2\pi}\sigma}e^{-\frac{(x-\mu)^2}{2\sigma^2}}\,dx = 0.683$）．よって，偏差値 60 であれば全体の中でどの辺に位置するかの目安がわかるということである．同様に，$\mu - 2\sigma = 30$ と $\mu + 2\sigma = 70$ の間は 95.5%を，$\mu - 3\sigma = 20$ と $\mu + 3\sigma = 80$ の間は 99.7%を占めている．ただし，あくまで目安であること，人間は単純には比較できない無限の方向をもっているので，ある一方向から見た物差しであることを考える必要がある．それに何でも正規分布に従うとは限らないことにも注意しなければならない．

2.4　テーラー展開

関数 $f(x)$ を多項式で近似することを考える．$f'(a) = 0$ のとき，$y = f(x)$ を，たとえば 2 次関数 $y = m(x-a)^2 + q$ で近似できたとすると，$m > 0$ ならば 2 次関数は凸（下に凸）であることを知っているので，$y = f(x)$ は a で極小値をとるであろう．もし，3 次関数 $y = m(x-a)^3 + q$ で近似できたとすると a で極値をとらないこともわかるであろう．

関数 $f(x)$ が a の近傍で多項式で近似できたとするとする．

$$f(x) = A_0 + A_1(x-a) + A_2(x-a)^2 + A_3(x-a)^3 + \cdots \tag{2.7}$$

係数 $A_0, A_1, \ldots$ をうまく決めなければならない．(2.7) で $x = a$ とおけば，第 2 項以下は 0 となって，$A_0 = f(a)$ となる．次に，(2.7) を微分すると，

$$f'(x) = A_1 + A_2 \cdot 2(x-a) + A_3 \cdot 3(x-a)^2 + \cdots$$

$x = a$ として，$A_1 = f'(a)$．さらに微分して，

$$f''(x) = A_2 \cdot 2! + A_3 \cdot 3 \cdot 2(x-a) + \cdots$$

$x = a$ として，$A_2 = \frac{f''(a)}{2!}$．以下同様に，$A_3 = \frac{f'''(a)}{3!}$ 等となる．結局，(2.7) は

$$f(x) = f(a) + f'(a)(x-a) + \frac{f''(a)}{2!}(x-a)^2 + \frac{f'''(a)}{3!}(x-a)^3 + \cdots \tag{2.8}$$

となるであろう．実際，次のテーラー（Taylor）の定理により，多くの場合，(2.8) が成立する．

定理 2.4.1 （テーラーの定理） 関数 f が a の近傍 I で m 回微分可能のとき，任意の $b \in I$（a を含む開区間）に対し，a と b の間の数 $c = a + \theta(b-a)$, $0 < \theta < 1$ があって，

$$f(b) = f(a) + f'(a)(b-a) + \frac{f''(a)}{2!}(b-a)^2 + \cdots + \frac{f^{(m-1)}(a)}{(m-1)!}(b-a)^{m-1} + R_m \tag{2.9}$$

と書ける．ここに，R_m は**剰余項**といい，

$$R_m = \frac{f^{(m)}(c)}{m!}(b-a)^m \quad \text{（ラグランジュの剰余）}$$

または，

$$R_m = \frac{f^{(m)}(c)}{(m-1)!}(1-\theta)^{m-1}(b-a)^m \quad \text{（コーシーの剰余）}$$

と書ける．

この定理で，$b = x$ と書けば，

$$f(x) = f(a) + f'(a)(x-a) + \frac{f''(a)}{2!}(x-a)^2 + \cdots + \frac{f^{(m-1)}(a)}{(m-1)!}(x-a)^{m-1} + R_m \tag{2.10}$$

となって，$f(x)$ を，a の近傍 I で $(m-1)$ 次関数近似をするとその誤差がラグランジュ（Lagrange）の剰余 $R_m = \frac{f^{(m)}(a+\theta(x-a))}{m!}(x-a)^m$ であるとみることができる．ただし，このとき，R_m がどのような形に書けても I で $(m-1)$ 次関数より小さいことが必要で（だから誤差である!），実際，$f^{(m)}$ が I で連続ならば

$$\frac{R_m}{(x-a)^{m-1}} = \frac{f^{(m)}(a+\theta(x-a))}{m!}(x-a) \to 0 \ (x \to a) \tag{2.11}$$

となっている（コーシーの剰余についても同様）ので a のすぐ近くでは R_m が $(x-a)^{m-1}$ より小さいことがわかる．R_m が (2.11) を満たすとき

$$R_m = o((x-a)^{m-1}),\ x \to a$$

と書いて，R_m は $(x-a)^{m-1}$ より高位の無限小という[6]．この記号を使い，かつ $f^{(m)}$ が I で連続であることも仮定すれば，(2.10) は単に

$$f(x) = f(a) + f'(a)(x-a) + \frac{f''(a)}{2!}(x-a)^2 + \cdots + \frac{f^{(m-1)}(a)}{(m-1)!}(x-a)^{m-1} + o((x-a)^{m-1}) \tag{2.12}$$

と書けばよく，$f(x)$ は $(m-1)$ 次多項式 $f(a) + f'(a)(x-a) + \frac{f''(a)}{2!}(x-a)^2 + \cdots + \frac{f^{(m-1)}(a)}{(m-1)!}(x-a)^{m-1}$ で近似されることを意味している．

また，$|x-a| < r$ のとき剰余項 $R_m \to 0 (m \to \infty)$ を満たすならば，(2.10) は

$$f(x) = f(a) + f'(a)(x-a) + \tfrac{f''(a)}{2!}(x-a)^2 + \cdots + \tfrac{f^{(m-1)}(a)}{(m-1)!}(x-a)^{m-1} + \cdots \quad (|x-a| < r) \tag{2.13}$$

となり，これを a の近傍の f の**テーラー展開**（Taylor expansion）という．右辺は a の近傍の f の**テーラー級数**（Taylor series），r は（テーラー）級数の**収束半径**といい，$|x-a| < r$ のとき意味のある式となっている．特に，$a = 0$ のとき

$$f(x) = f(0) + f'(0)x + \frac{f''(0)}{2!}x^2 + \frac{f'''(0)}{3!}x^3 + \cdots \quad (|x| < r) \tag{2.14}$$

は**マクローリン展開**（Maclaurin expansion）といい，右辺は**マクローリン級数**（Maclaurin series）で，r は収束半径である．

再び，(2.9), (2.10) に戻って，$f^{(m)}$ の連続性も仮定して，$m = 1$ のときは

$$f(b) = f(a) + f'(c)(b-a),\ c = a + \theta(b-a),\ 0 < \theta < 1$$

となる．これは平均値の定理に他ならない．$m = 2$ のときは

---

[6] o はランダウ（Landau）の記号ともいい，スモールオーダーと読む．O と書くと別の意味となる．$R_m = O((x-a)^{m-1})$ は $|R_m| \leq C|x-a|^{m-1}$, $x \in I$（C は定数）の意味で，$(x-a)^{m-1}$ と同位の無限小という．o も O もどの程度のオーダー（order）で 0 に近いかを表す記号である．

$$f(x) = f(a) + f'(a)(x-a) + R_2,\ R_2 = \frac{f''(a+\theta(x-a))}{2!}(x-a)^2 = o((x-a))$$

で，$y = f(a) + f'(a)(x-a)$ は $y = f(x)$ の点 $(a, f(a))$ における接線の式なので，$y = f(x)$ は a の近傍で接線で近似できることを意味している．当然のことであるが，数学的にはこうして理論的に示すことが大切で，1 章ではわかりやすさを優先してこのような理論を少しおざなりにしてきたのである．さらに，$m = 3$ のときは

$$f(x) = f(a) + f'(a)(x-a) + \frac{f''(a)}{2!}(x-a)^2 + R_3,\ R_3 = o((x-a)^2)$$

となる．したがって，$f'(a) = 0$ であれば，a の近傍で $f(x)$ が $y = f(a) + \frac{f''(a)}{2!}(x-a)^2$ で近似できるといっているので，$f''(a) > 0$ ならば f は a で極小となり，$f''(a) < 0$ ならば f は a で極大となることがわかるのである．

マクローリン展開の例を 3 つやってみよう．近似の様子を表すグラフはそれぞれ図 2.13–図 2.15 に示す．

例 2.4.1 $e^x = 1 + x + \frac{x^2}{2!} + \frac{x^3}{3!} + \cdots + \frac{x^k}{k!} + \cdots\ (-\infty < x < \infty)$

解 $f(x) = e^x$ とおいて，$f^{(k)}(x) = e^x\ \therefore f^{(k)}(0) = 1$．よって，形式的に (2.14) に代入すれば上式を得る．任意の $x \in \mathbf{R}$ に対して，$R_m \to 0 (m \to \infty)$ を示す必要がある．$R_m = \frac{f^{(m)}(\theta x)}{m!}x^m$，$0 < \theta < 1$ なので，

$$R_m = \frac{e^{\theta x}}{m!}x^m = e^{\theta x}\frac{x}{1}\frac{x}{2}\frac{x}{3}\cdots\frac{x}{N}\cdot\frac{x}{N+1}\cdots\frac{x}{m}$$

と変形して，N は $\frac{|x|}{N+1} < \frac{1}{2}$ となるように大きくとって固定すれば，その後の分数もすべて $\frac{1}{2}$ より小さくなるので，

$$|R_m| \leq e^{\theta x}\frac{|x|^N}{N!}\left(\frac{1}{2}\right)^{m-N} \leq e^{|x|}\frac{|x|^N}{N!}\left(\frac{1}{2}\right)^{m-N} \to 0\ (m \to \infty)$$

これは任意の $x \in \mathbf{R}$ に対して成り立つので，0 の近傍といっても最も大きく $\mathbf{R}$ 全体ととれる．すなわち，収束半径が ∞ である．

例 2.4.2

$$\begin{cases} \sin x = x - \dfrac{x^3}{3!} + \dfrac{x^5}{5!} - \dfrac{x^7}{7!} + \cdots + (-1)^k\dfrac{x^{2k+1}}{(2k+1)!} + \cdots\ (-\infty < x < \infty) \\ \cos x = 1 - \dfrac{x^2}{2!} + \dfrac{x^4}{4!} - \dfrac{x^6}{6!} + \cdots + (-1)^k\dfrac{x^{2k}}{(2k)!} + \cdots\ (-\infty < x < \infty) \end{cases}$$

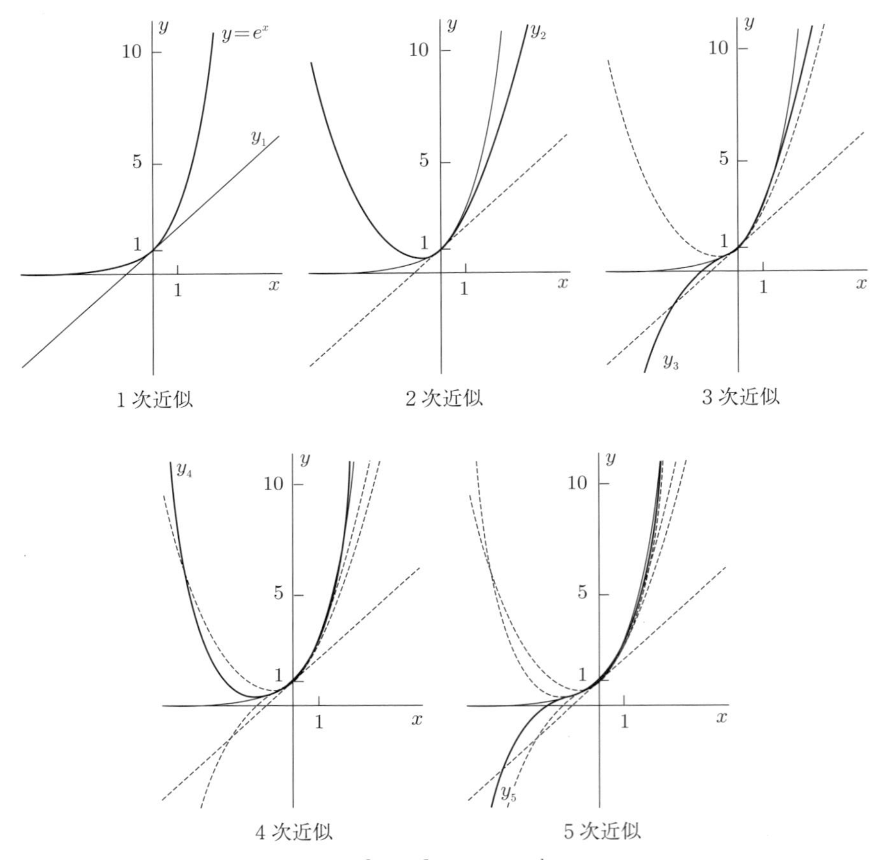

図 2.13　$e^x = 1 + x + \frac{x^2}{2!} + \frac{x^3}{3!} + \cdots + \frac{x^k}{k!} + \cdots \ (-\infty < x < \infty)$

解　$f(x) = \sin x$ とおけば，$f(x) = \sin x$，$f'(x) = \cos x$，$f''(x) = -\sin x$，$f'''(x) = -\cos x$．よって，$f(0) = 0$，$f'(0) = 1$，$f''(0) = 0$，$f'''(0) = -1$ となる．以降，4階ずつ同じ繰り返しとなるので，$f^{(2k)}(0) = 0$，$f^{(2k+1)}(0) = (-1)^k$（もちろん 1.8 節 例 1.8.4 の結果である $f^{(n)}(x) = \sin\left(x + \frac{n\pi}{2}\right)$ から直接求めるほうがスマートかもしれない）．(2.14) に代入して上式を得る．剰余項は $R_m = \frac{f^{(m)}(\theta x)}{m!}x^m = \frac{\sin\left(\theta x + \frac{m\pi}{2}\right)}{m!}x^m$ なので，任意の $x \in \mathbf{R}$ に対し N を前例と同じにとって，

$$|R_m| \leq 1 \cdot \frac{|x|}{1}\frac{|x|}{2}\cdots\frac{|x|}{N}\cdot\frac{|x|}{N+1}\cdots\frac{|x|}{m} \leq \frac{|x|^N}{N!}\left(\frac{1}{2}\right)^{m-N} \to 0 \ (m \to \infty)$$

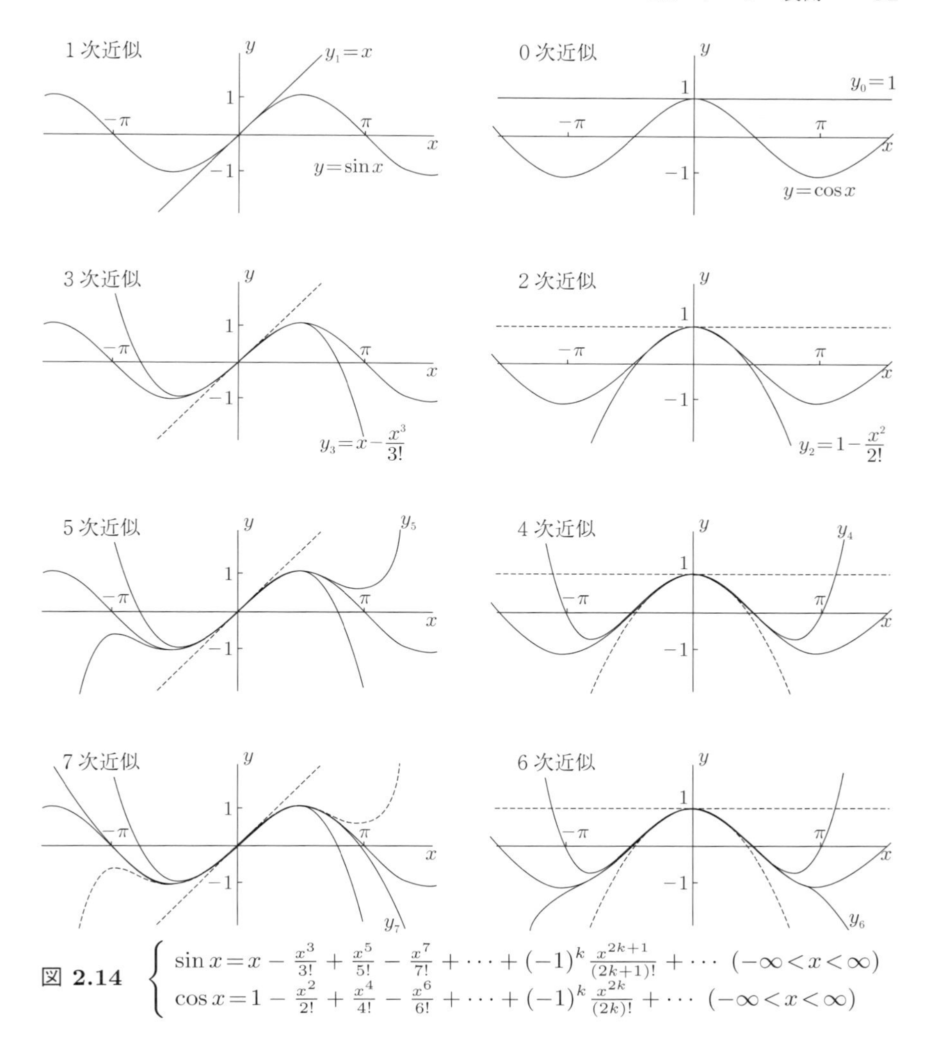

図 2.14　$\begin{cases} \sin x = x - \frac{x^3}{3!} + \frac{x^5}{5!} - \frac{x^7}{7!} + \cdots + (-1)^k \frac{x^{2k+1}}{(2k+1)!} + \cdots \ (-\infty < x < \infty) \\ \cos x = 1 - \frac{x^2}{2!} + \frac{x^4}{4!} - \frac{x^6}{6!} + \cdots + (-1)^k \frac{x^{2k}}{(2k)!} + \cdots \ (-\infty < x < \infty) \end{cases}$

$\cos x$ に対しては微分の階数が 1 階ずれるだけなので省略する.

例 2.4.3　$\frac{1}{1-x} = 1 + x + x^2 + \cdots + x^k + \cdots \ (-1 < x < 1)$

解　$f(x) = \frac{1}{1-x} = (1-x)^{-1}$ とおけば, $f'(x) = 1 \cdot (1-x)^2 = \frac{1}{(1-x)^2}$, $f''(x) = 2 \cdot 1(1-x)^{-3} = \frac{2!}{(1-x)^3}, \ldots, f^{(k)}(x) = \frac{k!}{(1-x)^{k+1}}$ より, $f^{(k)}(0) = k!$ となる. (2.14) に代入して形式的に上式を得る. この場合は $R_m \to 0$ が少々問題とな

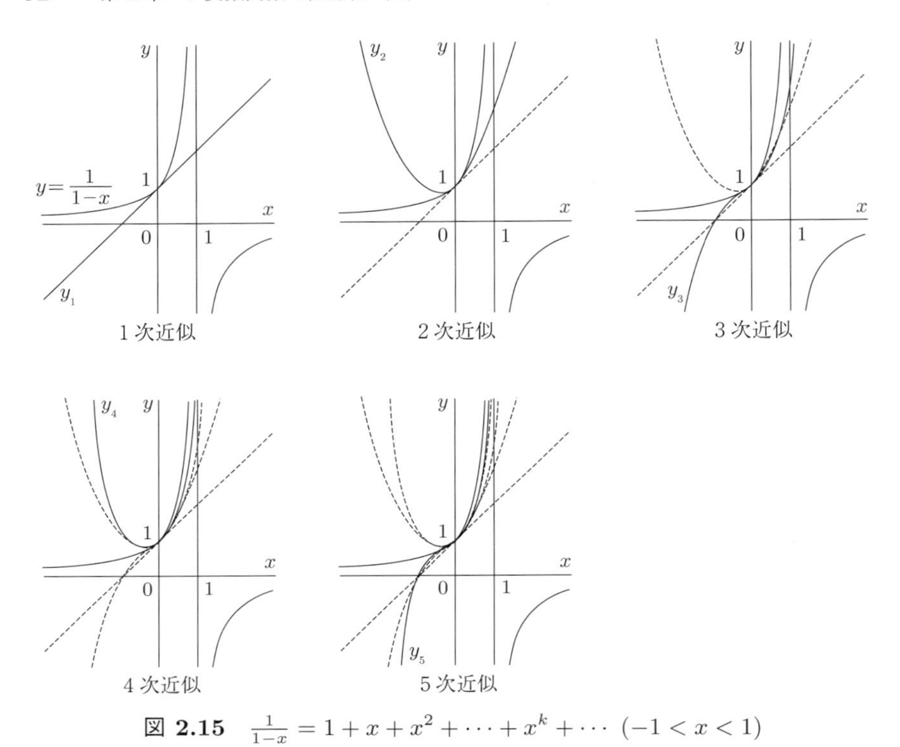

図 2.15　$\frac{1}{1-x} = 1 + x + x^2 + \cdots + x^k + \cdots \ (-1 < x < 1)$

る．ラグランジュの剰余を使うとうまく $R_m \to 0 \ (m \to \infty)$ が出ない．実際，$R_m = \frac{1}{1-\theta x}(\frac{x}{1-\theta x})^m$ となって，$R_m \to 0$ のためには $-1 < \frac{x}{1-\theta x} < 1$ が欲しいが，x が 1 に近いときには $\frac{x}{1-\theta x} > 1$ となる恐れがある．コーシーの剰余を使うとやや複雑になってしまうが，$-1 < x < 1$ ならば，$R_m = \frac{f^{(m)}(\theta x)}{(m-1)!}(1-\theta)^{m-1}x^m = \frac{m(1-\theta)^{m-1}x^m}{(1-\theta x)^{m+1}} \to 0 \ (m \to \infty)$ を示すことができる．実際，一般に，$\lim_{m\to\infty} \frac{m}{a^{m-1}} = \lim_{m\to\infty} \frac{1}{a^{m-1}\log a} = 0 \ (a > 1)$ に注意して，$|R_m| \leq \frac{|x|}{(1-\theta x)^2} \cdot m(\frac{(1-\theta)|x|}{1-\theta x})^{m-1}$ と変形して，$-1 < x < 0$ のとき $1 - \theta x > 1$ より $\frac{(1-\theta)|x|}{1-\theta x} < 1$ となって，$R_m \to 0 \ (m \to \infty)$．$1 > x \geq 0$ のときは $(1-\theta)x < 1 - \theta x$ より $\frac{(1-\theta)|x|}{1-\theta x} < 1$ となってやはり $R_m \to 0 \ (m \to \infty)$ である．これがコーシーの剰余を導入した理由で，剰余には積分を使った表現などもある（定理 5.2.5 参照）．収束半径はもちろん 1 である．

定理 2.4.1 の証　$f(b) = f(a) + \cdots + \frac{f^{(m-1)}(a)}{(m-1)!}(b-a)^{m-1} + K(b-a)^p$ とおいて，

$$\begin{cases} p=1 \quad \Rightarrow \quad K = \dfrac{f^{(m)}(a+\theta(b-a))}{(m-1)!}(1-\theta)^{m-1}(b-a)^{m-1} & \text{（コーシーの剰余）} \\ p=m \quad \Rightarrow \quad K = \dfrac{f^{(m)}(c)}{m!} & \text{（ラグランジュの剰余）} \end{cases}$$

を示せばよい．そのため，

$$F(x) = -f(b)+f(x)+\frac{f'(x)}{1!}(b-x)+\frac{f''(x)}{2!}(b-x)^2+\cdots+\frac{f^{(m-1)}(x)}{(m-1)!}(b-x)^{m-1}+K(b-x)^p$$

とおくと，$F(a) = F(b) = 0$ で F は a の近傍で微分可能なので，ロルの定理が使えて，$F'(c) = 0$，$c = a + \theta(b-a)$，$0 < \theta < 1$．ちょっと複雑であるが $F(x)$ を丁寧に微分し，第 3 項以降の積の微分は上下に並べて書くと，うまくキャンセルしあうことがわかって，

$$\begin{aligned} F'(x) &= f'(x) + \frac{f''(x)}{1!}(b-x) + \frac{f'''(x)}{2!}(b-x)^2 + \cdots + \frac{f^{(m)}(x)}{(m-1)!}(b-x)^{m-1} \\ &\qquad\qquad -f'(x) - \frac{f''(x)}{1!}(b-x) - \cdots - \frac{f^{(m-1)}(x)}{(m-2)!}(b-x)^{m-2} \\ &\quad -Kp(b-x)^{p-1} \\ &= \frac{f^{(m)}(x)}{(m-1)!}(b-x)^{m-1} - Kp(b-x)^{p-1} \end{aligned}$$

ゆえに，$0 = F'(c) = \frac{f^{(m)}(c)}{(m-1)!}(b-c)^{m-1} - Kp(b-c)^{p-1}$．よって，

$$\begin{cases} p=1 \quad \Rightarrow \quad K = \dfrac{f^{(m)}(c)}{(m-1)!}(b-c)^{m-1},\ b-c = (1-\theta)(b-a) \\ p=m \quad \Rightarrow \quad mK = \dfrac{f^{(m)}(c)}{(m-1)!} \quad \therefore\ K = \dfrac{f^{(m)}(c)}{m!} \end{cases}$$

となる．　**証終**

定理 2.4.1 を改めて極値問題に応用してみよう．増減表を使わず，単に大小関係を導くことで極値の判定ができる．よって，2 変数や多変数の関数の極値問題への応用を可能にする．

<u>極値問題再考</u>

(1) $f'(a) = 0$ のとき，$f(a+h) = f(a) + 0 + \frac{f''(a)}{2!}h^2 + R_3$，$R_3 = o(h^2)$．$a$ で極大値をとるとは a の小さな近傍で $f(a)$ が最大をとること，つまり $|h|$ が小さいとき $f(a+h) \leq f(a)$ となることである．h の正負に拘らず $h^2 > 0$

で，$|R_3|$ は h^2 よりずっと小さいので，$f''(a) < 0$ ならば，$\frac{f''(a)}{2!}h^2 + R_3 < 0$ で，$f(a+h) < f(a)$ となる．つまり a で極大となる．$f''(a) > 0$ のときは極小となる．

(2) $f'(a) = 0$ かつ $f''(a) = 0$ のとき，テーラー展開の3次近似までとって，

$$f(a+h) = f(a) + 0 + 0 + \frac{f'''(a)}{3!}h^3 + R_4,\ R_4 = o(h^3)$$

h^3 は h^2 と違って，$h > 0$ $(h < 0)$ によって，$h^3 > 0$ $(h^3 < 0)$ となるので，$f'''(a) \neq 0$ ならば，h の正負によって，$f(a+h) > f(a)$ と $f(a+h) < f(a)$ の両方が出る．つまり，a で極値にはならない．$f'''(a) \neq 0$ のときは $(a, f(a))$ は停留点で変曲点となっている．

(3) $f'(a) = f''(a) = f'''(a) = 0$ ならば，

$$f(a+h) = f(a) + 0 + 0 + 0 + \frac{f^{(4)}(a)}{4!}h^4 + R_5,\ R_5 = o(h^4)$$

h^2 の場合と同様に，h の正負に拘らず $h^4 > 0$ で，$|R_5|$ は h^4 よりずっと小さいので，$f^{(4)}(a) < 0$ $(f^{(4)}(a) > 0)$ ならば a で極大（極小）をとる．

これを繰り返して，まとめれば次のようになる．

$$f'(a) = f''(a) = \cdots = f^{(k-1)}(a) = 0,\ f^{(k)}(a) \neq 0 \text{ のとき}$$
$$\begin{cases} k : \text{偶数} \Rightarrow \begin{cases} f^{(k)}(a) > 0 \Rightarrow a \text{ で極小} \\ f^{(k)}(a) < 0 \Rightarrow a \text{ で極大} \end{cases} \\ k : \text{奇数} \Rightarrow a \text{ で極値をとらない} \end{cases}$$

練習 2.4.1　次の関数の $x = 1$ の近傍の2次近似式を求めよ．

(1) $f(x) = 6 - 7x + 2x^2$　(2) $f(x) = \sqrt{x}$　(3) $f(x) = \log x$

練習 2.4.2　次の関数のマクローリン級数を求めよ（$R_m \to 0$ $(m \to \infty)$ は示さなくてよい）．(2) については，第1章の章末問題 1.(19) の解答の注も参照せよ．

(1) $f(x) = e^{-2x}$　(2) $f(x) = \cosh x = \frac{e^x + e^{-x}}{2}$　(3) $f(x) = \log(1+x)$

ショートノート（e は無理数である）

第 1 章 1.1 節で導入され，指数関数，対数関数で重要な役割をしてきた自然対数の底 e が無理数であることを，マクローリン展開

$$e^x = 1 + x + \frac{x^2}{2!} + \frac{x^3}{3!} + \cdots + \frac{x^n}{n!} + \cdots \ (-\infty < x < \infty) \qquad (*)$$

の応用として導いてみよう．証明には背理法を使う．e が有理数とすると矛盾することを示すわけである．e が有理数ならば，$e = \frac{p}{q}$（p, q:自然数）と分数の形で書け，約分できるとすれば約分してしまって，p, q の公約数は 1 のみとする（公約数が 1 のみの 2 数 p, q は互いに素であるという）．(*) で，$x = 1$ とおき，分母の q に合せてマクローリン級数を書くと

$$\frac{p}{q} = e = 1 + 1 + \frac{1}{2!} + \frac{1}{3!} + \cdots + \frac{1}{q!} + \frac{1}{(q+1)!} + \frac{1}{(q+2)!} + \frac{1}{(q+3)!} + \cdots$$

両辺に $q!$ を掛けると

$$p \cdot (q-1)! = q!\left(1 + 1 + \frac{1}{2!} + \frac{1}{3!} + \cdots + \frac{1}{q!}\right) + \left(\frac{q!}{(q+1)!} + \frac{q!}{(q+2)!} + \frac{q!}{(q+3)!} + \cdots\right)$$

ここで，左辺と右辺の第 1 項は自然数となるので，右辺第 2 項が 1 より小さくなれば，右辺はまとめて自然数ではなくなるので矛盾することになる．そこで，等比級数 (1.10) を思い出して

$$\begin{aligned}&\frac{q!}{(q+1)!} + \frac{q!}{(q+2)!} + \cdots = \frac{1}{q+1} + \frac{1}{(q+1)(q+2)} + \frac{1}{(q+1)(q+2)(q+3)} + \cdots \\ &< \frac{1}{q+1} + \frac{1}{(q+1)^2} + \frac{1}{(q+1)^3} + \cdots = \frac{\frac{1}{q+1}}{1 - \frac{1}{q+1}} = \frac{1}{q} \leq 1\end{aligned}$$

よって，矛盾が生じた．したがって，e は無理数である．

2.5 準凸関数と準凹関数

まずは，準凸関数の定義からスタートする．

定義 2.5.1　関数 f が区間 I で**準凸** (quasi convex) とは，任意の $a, b \in I$ $(a < b)$ と任意の θ $(0 < \theta < 1)$ に対し不等式

$$f(\theta a + (1-\theta)b) \leq \max\{f(a), f(b)\} \tag{2.15}$$

が成立することである．

(2.15) で max を min と読み替え，不等号の逆転する不等式

$$f(\theta a + (1-\theta)b) \geq \min\{f(a), f(b)\} \tag{2.16}$$

を満たす関数 f は**準凹関数** (quasi concave function) と呼ばれる．また, (2.15), (2.16) で，不等号が等号なしの真に不等式となる場合は**狭義の準凸** (strictly quasi convex)，あるいは**狭義の準凹** (strictly quasi concave) といった言い方をすることに注意しておく．また，凸関数と異なり，準凸関数は連続とは限らないことにも注意する．

この定義から，f が狭義の準凸であれば準凸であり，狭義の準凹であれば準凹であることがわかる．

凸関数と準凸関数，凹関数と準凹関数に関して，次の定理が成り立つ．

定理 2.5.1

f が区間 I で凸であれば，f は区間 I で準凸である．
f が区間 I で凹であれば，f は区間 I で準凹である．
f が区間 I で狭義の凸であれば，f は区間 I で狭義の準凸である．
f が区間 I で狭義の凹であれば，f は区間 I で狭義の準凹である．

定理 2.5.1 の証　f が区間 I で凸であれば，f は区間 I で準凸であることを示す．f が区間 I で凸であれば，任意の $a, b \in I$ $(a < b)$ と任意の θ $(0 < \theta < 1)$ に対

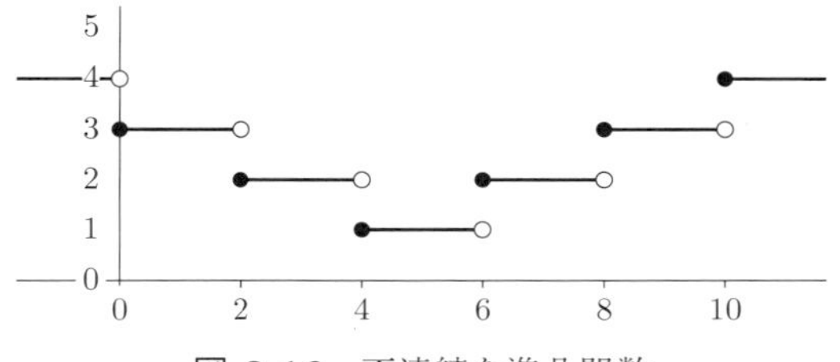

図 **2.16** 不連続な準凸関数

し $f(\theta a + (1-\theta)b) \leq \theta f(a) + (1-\theta)f(b)$ である．ここで，$f(a) < f(b)$ のとき，$f(\theta a + (1-\theta)b) \leq \theta f(a) + (1-\theta)f(b) < \theta f(b) + (1-\theta)f(b) = f(b) = \max\{f(a), f(b)\}$，$f(a) \geq f(b)$ のとき，$f(\theta a + (1-\theta)b) \leq \theta f(a) + (1-\theta)f(b) \leq \theta f(a) + (1-\theta)f(a) = f(a) = \max\{f(a), f(b)\}$，であるから，$f$ は区間 I で準凸である．

その他の性質も同様に示すことができる． 証終

なお，この定理は，以下の定理 2.5.3 と定理 2.5.4 からも得られる．

例 2.5.1

$$f(x) = \begin{cases} 4 & (x < 0 \text{ または } 10 \leq x) \\ 3 & (0 \leq x < 2 \text{ または } 8 \leq x < 10) \\ 2 & (2 \leq x < 4 \text{ または } 6 \leq x < 8) \\ 1 & (4 \leq x < 6) \end{cases}$$

のとき，f は $x = 0, 2, 4, 6, 8, 10$ で不連続である．一方，f は，準凸の条件を満たすので，準凸関数である（図 2.16）．

解 f の定義から明らかに f は $x = 0, 2, 4, 6, 8, 10$ で不連続である．

また，f は $x < 6$ で単調減少，$x \geq 4$ で単調増加（$4 \leq x < 6$ では単調減少かつ単調増加）である．したがって，任意の a, b $(a \neq b)$ と任意の θ $(0 < \theta < 1)$ に対し $f(\theta a + (1-\theta)b)$ は，a, b が f が単調減少をしている点同士または単調増加をしている点同士の場合は，明らかに準凸の性質を満たし（同時に準凹の性質を満たし），一方が単調減少の点（$(a, f(a))$ とする）で他方が単調増加の点（$(b, f(b))$ とする）で，$f(a) \neq \min f(x) = 1$ かつ $f(b) \neq \min f(x) = 1$ の場合は，その間の任意の点 $(x, f(x))$ では，$f(x) \leq f(a)$，$f(x) \leq f(b)$ だから当然 $f(x) \leq \max\{f(a), f(b)\}$ を満たすので準凸の性質を満たしている．一方，a

と b の間のある点 x（たとえば，$x=5$）で $f(x)<f(a)$ かつ $f(x)<f(b)$ すなわち，$f(x)<\min\{f(a),f(b)\}$ となるので，$f(x)\geq\min\{f(a),f(b)\}$，すなわち準凹の性質は満たさない．

例 2.5.1 からわかるように，準凸性は連続関数でなくても成り立つ場合があるが，もし，f が連続より強く微分可能であれば，次の定理が成り立つ．

定理 2.5.2　f が区間 $I=(a,b)$ で微分可能なとき，f が準凸であることと $\forall x_1,\forall x_2\in I$ $(f(x_1)\leq f(x_2))$，$f'(x_2)(x_2-x_1)\geq 0$ であることは同値である．また，f が準凹であることと $\forall x_1,\forall x_2\in I$ $(f(x_1)\leq f(x_2))$，$f'(x_1)(x_2-x_1)\geq 0$ であることは同値である．

さらに，f が狭義の準凸であることと $\forall x_1,\forall x_2\in I$ $(x_1\neq x_2,\ f(x_1)\leq f(x_2))$，$f'(x_2)(x_2-x_1)>0$ であることは同値である．また，f が狭義の準凹であることと $\forall x_1,\forall x_2\in I$ $(x_1\neq x_2,\ f(x_1)\leq f(x_2))$，$f'(x_1)(x_2-x_1)>0$ であることは同値である．

定理 2.5.2 の証　f が区間 $I=(a,b)$ で微分可能なとき，f が準凸であることと $\forall x_1,\forall x_2\in I$ $(f(x_1)\leq f(x_2))$，$f'(x_2)(x_2-x_1)\geq 0$ であることは同値であることを示す．

$\exists x_1,\exists x_2\in I$ $(f(x_1)\leq f(x_2))$，$f'(x_2)(x_2-x_1)<0$ とすると，$x_2>x_1$ のとき，$f'(x_2)<0$（この x_2を x_{21} とする），$x_2<x_1$ のとき，$f'(x_2)>0$（この x_2を x_{22} とする）である．すなわち，$x_{22}<x_1$ のとき f は狭義増加，$x_{21}>x_1$ のとき f は狭義減少である．このときは，$\exists x_0\in(x_{22},x_{21})$，$f(x_0)>\max\{f(x_{22}),f(x_{21})\}$ であるから，f は準凸ではない．

逆に，$\forall x_1,\forall x_2\in I$ $(f(x_1)\leq f(x_2))$，$f'(x_2)(x_2-x_1)\geq 0$ であれば，$x_2>x_1$ のとき $f'(x_2)\geq 0$，$x_2<x_1$ のとき $f'(x_2)\leq 0$ である．すなわち，$x_2<x_1$ のとき f は減少，$x_2>x_1$ のとき f は増加である．したがって，$x_2<x_1$ のとき $\forall x\in(x_2,x_1)$，$f(x)\leq f(x_1)=\max\{f(x_1),f(x_2)\}$，$x_2>x_1$ のとき $\forall x\in(x_1,x_2)$，$f(x)\leq f(x_2)=\max\{f(x_1),f(x_2)\}$ であるから f は準凸である．

その他の同値性も同様に示すことができる．　**証終**

例 2.5.2　f が定数値関数，例えば，$f(x)=3$ $(\forall x\in R)$ のとき，$f'(x)=0$，

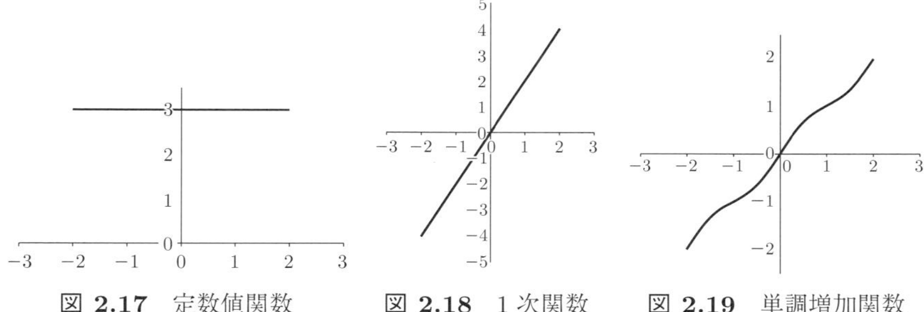

図 2.17　定数値関数　　**図 2.18**　1 次関数　　**図 2.19**　単調増加関数

$f''(x) = 0$ であり，それらは連続であるから $f \in C^2$ である．また，f は凸関数，凹関数，準凸関数，準凹関数であるが，狭義の凸関数，狭義の凹関数，狭義の準凸関数，狭義の準凹関数ではない（図 2.17）．

例 2.5.3　f が 1 次関数，例えば，$f(x) = 2x$ のとき，$f'(x) = 2$, $f''(x) = 0$ であり，それらは連続であるから $f \in C^2$ である．また，f は凸関数，凹関数，準凸関数，準凹関数，狭義の準凸関数，狭義の準凹関数であるが，狭義の凸関数，狭義の凹関数ではない（図 2.18）．

例 2.5.4　f が単調増加関数，例えば，$f(x) = x + \frac{\sin \pi x}{2\pi}$ のとき．$f'(x) = 1 + \frac{1}{2}\cos \pi x$, $f''(x) = -\frac{\pi}{2}\sin \pi x$ であり，それらは連続であるから $f \in C^2$ である．また，f は R 全体では凸でも凹でもないが，準凸，準凹，狭義の準凸，狭義の準凹である（図 2.19）．

練習 2.5.1　次の関数 f は，$f \in C^2$ であるか．また，凹凸，狭義の凹凸，準凹準凸，狭義の準凹準凸性を調べよ．

$$f(x) = \begin{cases} 2x+3 & (x \leq -1) \\ -\frac{1}{4}x^6 + x^4 - \frac{9}{4}x^2 + \frac{5}{2} & (-1 < x < 1) \\ -2x+3 & (x \geq 1) \end{cases}$$

例 2.5.5　正規分布の確率密度関数 $f(x) = \frac{1}{\sqrt{2\pi}\sigma} e^{-\frac{(x-\mu)^2}{2\sigma^2}}$ は，R 全体で $f \in C^2$ であり．また，凹凸，準凸ではないが，狭義の準凹である（2.3 末のショート

ノート，例 2.3.3，例 5.3.2 参照，$\mu = 0, \sigma = 1$ のときのグラフは図 2.12 参照）．

定理 2.5.3　f が凸関数（凹関数）の場合，次の性質が成り立つ．

f が凸関数であれば，$\{x|f(x) \leq c\}$ $(\forall c \in R)$ が凸集合である．
f が凹関数であれば，$\{x|f(x) \geq c\}$ $(\forall c \in R)$ が凸集合である．
f が狭義の凸関数であれば，$\{x|f(x) < c\}$ $(\forall c \in R)$ が凸集合である．
f が狭義の凹関数であれば，$\{x|f(x) > c\}$ $(\forall c \in R)$ が凸集合である．

定理 2.5.3 の証　f が凸関数の場合について証明する．その他の場合も同様である．

$L = \{x|f(x) \leq c\}$ $(\exists c \in R)$ が凸集合でないとすると，x_1, x_2 $(x_1 < x_2)$ で，$x_1, x_2 \in L$, $\theta x_1 + (1-\theta)x_2 \notin L$ $(0 < \exists\theta < 1)$ すなわち，$f(x_1) \leq c$, $f(x_2) \leq c$ であるから，$\theta f(x_1) + (1-\theta)f(x_2) \leq c$ であり，一方 $f(\theta x_1 + (1-\theta)x_2) > c$ である．すなわち，$f(\theta x_1 + (1-\theta)x_2) > \theta f(x_1) + (1-\theta)f(x_2)$ であるが，そのような関数は凸関数ではない．　**証終**

なお，この定理の逆は成り立たない．すなわち，$\{x|f(x) \leq c\}$ $(\forall c \in R)$ が凸集合であっても，f が凸関数とは限らない．たとえば，凹関数の場合について，例 2.5.5 で，$\{x|f(x) \geq c\}$ $(\forall c \in R)$ は凸集合であるが，f は凹関数ではない．

定理 2.5.4　f が準凸関数（準凹関数）の場合，次の性質が成り立つ．

f が準凸関数であることと，$\{x|f(x) \leq c\}$ $(\forall c \in R)$ が凸集合であることは同値である．
f が準凹関数であることと，$\{x|f(x) \geq c\}$ $(\forall c \in R)$ が凸集合であることは同値である．
f が狭義の準凸関数であることと，$\{x|f(x) < c\}$ $(\forall c \in R)$ が凸集合であることは同値である．
f が狭義の準凹関数であることと，$\{x|f(x) > c\}$ $(\forall c \in R)$ が凸集合であることは同値である．

定理 2.5.4 の証　f が準凸関数の場合について証明する．その他の場合も同様である．

$L = \{x|f(x) \leq c\}$ $(\exists c \in R)$ が凸集合でないとすると，x_1, x_2 $(x_1 < x_2)$ で，$x_1, x_2 \in L$，$\theta x_1 + (1-\theta)x_2 \notin L$ $(0 < \exists\theta < 1)$，すなわち，$f(x_1) < c$，$f(x_2) < c$ であるから，$\max\{f(x_1), f(x_2)\} < c$ であり，一方，$f(\theta x_1 + (1-\theta)x_2) > c$ $(0 < \exists\theta < 1$，すなわち $\exists x_0 = \theta x_1 + (1-\theta)x_2 \in (x_1, x_2))$，$f(x_0) > \max\{f(x_1), f(x_2)\}$ である．したがって，f は準凸ではない．逆に $L = \{x|f(x) \leq c\}$ $(\forall c \in R)$ が凸集合だとすると，x_1, x_2 $(x_1 < x_2)$ で，$x_1, x_2 \in L$ であれば $\theta x_1 + (1-\theta)x_2 \in L$ $(0 < \forall\theta < 1)$ である．すなわち，$c = \max\{f(x_1), f(x_2)\}$ とおけば，$f(x_1) \leq c$，$f(x_2) \leq c$ であるが，$\forall x_0 \in (x_1, x_2)$，$x_0 = \theta x_1 + (1-\theta)x_2$ $(0 < \exists\theta < 1)$，$f(x_0) \leq c$ である．すなわち，f は準凸である．　**証終**

定理 2.5.4 より f が区間 $I = (a, b)$ で単調増加でも単調減少でもない準凸（準凹）関数であれば f は I で極小値（極大値）をもつ．また，f が区間 $I = (a, b)$ で単調増加でも単調減少でもない狭義の準凸（狭義の準凹）関数であれば f は I の 1 点でのみ極小値（極大値）をもつことがわかる．

2.6　経済学への応用 —短期利潤の最適化問題（極値問題の応用）—

1 変数関数の極値問題の経済学への応用として，短期利潤の最適化問題について述べる．これは，「1 変数関数の等式制約条件付最適化問題」とも呼ばれる．

まず，経済学への応用に際し，よく使われる用語，記号と仮定を述べる．基本的な仮定は「生産者も消費者も合理的に行動する」ということである．いま，1 つの消費財を生産する生産者（企業など）について考える場合に，生産財の産出量を y，労働投入量を ℓ (≥ 0)，労働 1 単位当たりのコスト（賃金）を w $(\geq 0$, 定数$)$，資本投入量を k (≥ 0)，資本 1 単位当たりのコスト（レンタル料）を r $(\geq 0$, 定数$)$ とし，生産した財はすべて価格 p (> 0) で売れると仮定する．利潤は，(総収入) − (総費用) で求める．

<u>短期利潤の最適化問題</u>

短期利潤の最適化を考える場合は，資本投入量 k を定数と考えて $\overline{k} = k$ とし，最適解を求める．また，生産関数 $y = f(\ell)$ は ℓ に関し単調増加（すなわ

ち，労働投入量が増加すれば生産財の産出量が増加すること）を仮定する．利潤関数 $\Pi(\ell)$ は

$$\Pi(\ell) = p \cdot y - w\ell - r\overline{k} = pf(\ell) - w\ell - r\overline{k} \ (r\overline{k}\text{は定数}) \tag{2.17}$$

となる．

このとき，$\Pi'(\ell) = pf'(\ell) - w$, $\Pi''(\ell) = pf''(\ell)$ であるから，$\ell = \ell^*$ のとき $\Pi'(\ell^*) = 0$, $\Pi''(\ell^*) < 0$ であれば，$\Pi(\ell^*)$ が極大値である．

注：$y^* = f(\ell^*)$ とおくと，$\Pi(\ell^*) = pf(\ell^*) - w\ell^* - r\overline{k} = py^* - w\ell^* - r\overline{k}$ である．このとき，ℓ^* は定数なので，y^* は p だけの関数として表すことができるが，

$$y^* = \frac{\Pi(\ell^*) + w\ell^* + r\overline{k}}{p} = S(p) \tag{2.18}$$

と表すときの $S(p)$ を供給関数という．

例 2.6.1 $f(\ell) = \ell^{\frac{2}{3}}$, $p = 4$, $w = 2$, $C = r\overline{k} = 10$ のとき，利潤関数 $\Pi(\ell)$ を求めよ．また，最適労働投入量 ℓ^* とそのときの生産量 y^*（y の最大値）を求めよ．

解 利潤関数は $\Pi(\ell) = p \cdot f(\ell) - w\ell - C = 4\ell^{\frac{2}{3}} - 2\ell - 10$ である．よって，$\Pi'(\ell) = 4 \cdot \frac{2}{3}\ell^{-\frac{1}{3}} - 2 = \frac{8}{3}\ell^{-\frac{1}{3}} - 2$, $\Pi''(\ell) = -\frac{8}{9}\ell^{-\frac{4}{3}} < 0$．したがって，$\Pi$ は R 全体で凹関数（上に凸）であるから，$\Pi'(\ell) = 0 \Leftrightarrow \frac{8}{3\sqrt[3]{\ell}} = 2$，よって，$\ell^* = (\frac{4}{3})^3 = \frac{64}{27}$ で Π は極大値をもつ．このとき，$y^* = f((\frac{4}{3})^3) = (\frac{4}{3})^2 = \frac{16}{9}$ である．

注：$f'(\ell) = \frac{2}{3}\ell^{-\frac{1}{3}} > 0$, $f''(\ell) = -\frac{2}{9}\ell^{-\frac{4}{3}} < 0$ であるから，f は単調増加な凹関数である．

練習 2.6.1 $f(\ell) = \ell^{\frac{3}{5}}$, $p = 1$, $w = 1$, $C = r\overline{k} = 10$ のとき，利潤関数 $\Pi(\ell)$ を求めよ．また，最適労働投入量 ℓ^* とそのときの生産量 y^*（y の最大値）を求めよ．

例 2.6.2 $f(\ell) = \ell^{\frac{2}{3}}$, $w = 1$, $C = r\overline{k} = 10$ のとき，供給関数 $y^*(p)$ を求めよ（y^* を p の関数として表せ）．

解 利潤関数は $\Pi(\ell) = p \cdot f(\ell) - w\ell - C = p \cdot \ell^{\frac{2}{3}} - \ell - 10$ である．よって，$\Pi'(\ell) = \frac{2}{3}p\ell^{-\frac{1}{3}} - 1$, $\Pi''(\ell) = -\frac{2}{9}p\ell^{-\frac{4}{3}} < 0$．したがって，$\Pi$ は R 全体で凹関数（上に凸）であるから，$\Pi'(\ell) = 0 \Leftrightarrow \frac{2p}{3\sqrt[3]{\ell}} = 1$ ゆえに $\ell = (\frac{2}{3}p)^3$．よって，

$\ell^* = (\frac{2}{3}p)^3$ で Π は極大値をもつ．

また，Π が極大値をとるときの最適生産量 y^* は，$y^*(p) = f((\frac{2}{3}p)^3) = \{(\frac{2}{3}p)^3\}^{\frac{2}{3}} = (\frac{2}{3}p)^2$ である．

練習 2.6.2 $f(\ell) = \ell^{\frac{1}{3}}$, $w = 3$, $C = r\overline{k} = 10$ のとき，利潤関数 $\Pi(\ell)$ を求めよ．

また，Π が極大値をとるときの最適生産量 y^* を p の関数として表す供給関数 $y^*(p)$ を求めよ．

本章のまとめとして，凸関数，準凸関数などのイメージ図の表を示す．

端点	イメージ	特徴	狭義の凸	凸	狭義の凹	凹	狭義の準凸	準凸	狭義の準凹	準凹
$f(a) = f(b)$	—	定数値	×	○	×	○	×	○	×	○
	⌣	極小値あり	○	○	×	×	○	○	×	×
	⌢	極大値あり	×	×	○	○	×	×	○	○
$f(a) < f(b)$	/	1 次関数 単調増加	×	○	×	○	○	○	○	○
		単調増加	○	○	×	×	○	○	○	○
		単調増加	×	×	○	○	○	○	○	○
$f(a) > f(b)$	\	1 次関数 単調減少	×	○	×	○	○	○	○	○
		単調減少	○	○	×	×	○	○	○	○
		単調減少	×	×	○	○	○	○	○	○

この表では，$a < b$ を仮定する．また，○ はその性質を否定できないもの（その範囲では肯定），× はその性質を否定できるもの（その範囲だけでも否定）を表す．

第2章の章末問題

いくつか重複した問題もあるが，改めて練習をしてみよう．

1. 復習として，(1)–(9) の 1 階導関数を求め，(10)–(11) は 100 階導関数を求めよ．
   (1) $e^{3x}\sin 2x$　(2) $\frac{x^2+x+1}{x-1}$　(3) $\frac{e^x}{x^2+1}$　(4) $(x^2+1)^{10}$　(5) $\frac{1}{\sqrt{1-x^2}}$
   (6) $\log(1+x^2e^x)$　(7) $e^{3x}\log(1+x^2)$　(8) $x=\cos 2t,\ y=2\sin t$ のとき $\frac{dy}{dx}$
   (9) $x=\frac{e^t+e^{-t}}{2},\ y=\frac{e^t-e^{-t}}{2}$ のとき $\frac{dy}{dx}$　(10) $(x\sin x)^{(100)}$　(11) $(x^2e^{3x})^{(100)}$

2. 次の極限値を求めよ．(1)–(5) はロピタルの定理による．(6)–(7) は工夫を要する．
   (1) $\lim_{x\to 0}\frac{e^x-e^{-x}}{2x}$　(2) $\lim_{x\to 0}\frac{e^x-x-1}{x^2}$　(3) $\lim_{x\to 0}\frac{x-\log(1+x)}{x^2}$　(4) $\lim_{x\to\infty}\frac{\log x}{\sqrt{x}}$
   (5) $\lim_{x\to 0}\frac{\cos x-1}{x^2}$　(6) $\lim_{x\to 0}(1+\sin x)^{\frac{1}{x}}$　(7) $\lim_{x\to 0}(\cos x)^{\frac{1}{x^2}}$

3. 次の関数の $x=0$ における 2 次近似式（マクローリン級数の 2 次の項まで）を求めよ．
   (1) e^{-x^2}　(2) $\sqrt{1+x^2}$　(3) $\log(1+2x)$　(4) $\cos(3x^2)$

4. 関数 (1) $y=x^2e^{-x}$　(2) $y=\frac{x}{x^2+1}$ の増減，凹凸，$x\to\pm\infty$ のときの挙動を調べ，グラフの概形を描け．また極値も求めよ．

5. 次の問に答えよ．
   (1) f'' の符号を調べることによって，次の関数の極値を求めよ．
      (i) $f(x)=x+\frac{1}{x}$　(ii) $f(x)=\frac{\log x}{x}$
   (2) $f(x)$ が $x=2$ の近傍で 2 回微分可能かつ $f''(x)$ が連続で，$\lim_{x\to 2}\frac{f'(x)}{x-2}=3$ を満たす．このとき，$f(x)$ の $x=2$ における極値を判定せよ．

6. 平均値の定理を用いて，$\lim_{x\to\infty}f'(x)=a$ ならば，$\lim_{x\to\infty}\{f(x+1)-f(x)\}=a$ であることを示せ．$\lim_{x\to\infty}\{f(x+2)-f(x)\}$ はどうか．

7. （経済学へのロピタルの定理のやや難解な応用）　正定数 A, K, L と δ $(0<\delta<1)$ に対して，ρ $(\rho\neq 0)$ の関数 $Q_\rho(K,L)$ を，
$$Q_\rho(K,L)=A[\delta K^{-\rho}+(1-\delta)L^{-\rho}]^{-\frac{1}{\rho}}$$
   とおく．このとき，$\lim_{\rho\to 0}Q_\rho(K,L)=AK^\delta L^{1-\delta}$ となることを示せ（$\rho\to 0$ のとき，$Q_\rho(K,L)$ は $1^{\pm\infty}$ の形の不定形となることに注意し，ロピタルの定理を応用せよ．経済学では，$\rho>-1$ のとき $Q_\rho(K,L)$ は CES 生産関数，$Q_0(K,L)=AK^\delta L^{1-\delta}$ はコブ–ダグラスの生産関数と呼ばれる）．

8. 次の関数 f は，(1) $f \in C^2$ であるか．また，(2) 凹凸，狭義の凹凸，準凹準凸，狭義の準凹準凸性を調べよ．

$$f(x) = \begin{cases} -x^6 + \frac{3}{10}x^5 + 3x^4 - x^3 - 3x^2 + \frac{3}{2}x + \frac{9}{5} & (x < -1) \\ 0 & (-1 \leq x \leq 1) \\ -x^6 + \frac{3}{10}x^5 + 3x^4 - x^3 - 3x^2 + \frac{3}{2}x + \frac{1}{5} & (x > 1) \end{cases}$$

9. $f(x) = x^3 - 3x$ について，次の問に答えよ（例 2.3.1 参照）．
   (1) 増減–凹凸表を作成し，極値，変曲点を求めよ．
   (2) f が狭義増加，狭義減少する区間を求めよ．
   (3) f が狭義の凹，狭義の凸である区間を求めよ．
   (4) f が狭義の準凹，狭義の準凸である区間を求めよ．

10. $y = f(\ell) = \ell^{\frac{1}{2}}$, $p = 3$, $w = 2$, $C = r\overline{k} = 10$ のとき，利潤関数 $\Pi(\ell)$ を求めよ．また，最適労働投入量 ℓ^* とそのときの生産量 y^*（y の最大値）を求めよ．

11. $y = f(\ell) = \ell^{\frac{3}{5}}$, $w = 1$, $C = r\overline{k} = 10$ のとき，利潤関数 $\Pi(\ell)$ を求めよ．また，Π が極大値をとるときの最適生産量 y^* を p の関数として表した供給関数 $y^*(p)$ を求めよ．

3 偏微分法（I）—2変数関数—

第3章では独立変数が x, y と2つある場合の関数 $z = f(x, y)$ を考える．関数のグラフは3次元の (x, y, z)-空間 $\mathbf{R}^3$ 内の曲面を与える．目標は，(x, y) がある領域 D を動くとき，$z = f(x, y)$ の極値を求めることである．そのために，偏微分，全微分，合成関数の微分法など2変数関数の基本的な微分法を学ぶ．それらに基づき，2変数のテーラー展開を応用して，極値問題を考察する．さらに，制約条件付極値問題と関数の凸性，凹性，準凸性，準凹性についてふれ，最後に2変数関数の極値問題，条件付極値問題の経済学への応用として，長期利潤の最適化問題．条件付効用極大化問題を，統計学への応用として回帰直線を扱う．

3.1　2変数関数とその連続性

x-y 平面上の点は (x, y) と表される．x も y も $\mathbf{R}$ の要素なので，平面全体は $\mathbf{R}^2$ と表す．つまり，平面全体は

$$\mathbf{R}^2 = \{(x, y);\, x \in \mathbf{R},\ y \in \mathbf{R}\}$$

同様に，(x, y, z) の全体は3次元空間 $\mathbf{R}^3$ と表し，一般に，n 個の実数の組 $(x_1, x_2, \ldots, x_n)$ の全体は n 次元空間 $\mathbf{R}^n$ と表す．

$$\mathbf{R}^n = \{(x_1, x_2, \ldots, x_n);\, x_i \in \mathbf{R}(i = 1, \ldots, n)\}$$

$\mathbf{R}^2$ の集合 D の点 (x, y) に，実数 $z = f(x, y)$ を対応させる関数が2変数関数

$$f: D \to \mathbf{R} \quad (D \subset \mathbf{R}^2)$$

である．1変数関数の場合と同じように，D が f の**定義域**（domain）であり，

$$f(D) = \{z \in \mathbf{R};\, z = f(x, y), (x, y) \in D\},\ G(f) = \{(x, y, f(x, y)) \in \mathbf{R}^3;\, (x, y) \in D\}$$

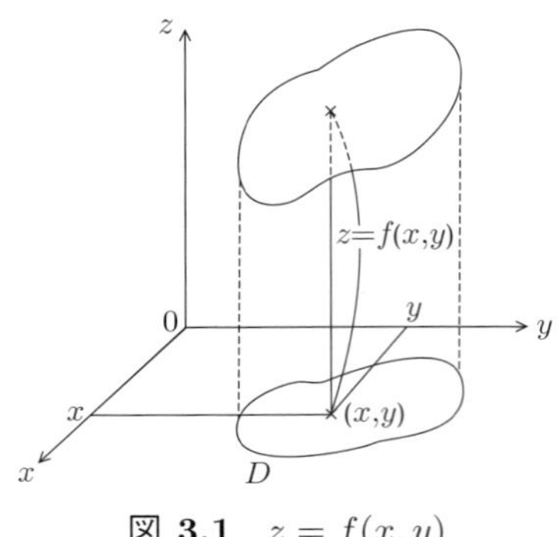

図 **3.1**　$z = f(x, y)$

は，それぞれ，f の**値域**（range），**グラフ**（graph）である．2変数関数のグラフは3次元空間 $\mathbf{R}^3$ 内の曲面を表す（図3.1）．また，x, y を独立変数，z を従属変数という言い方も1変数関数の場合と同様である．一般に，n 変数関数を考えることもできるし，その考察も必要となる．しかし，この章では2変数の関数のみを取り扱う．大きな違いは，2変数関数のグラフはわれわれの住む3次元空間 $\mathbf{R}^3$ 内の曲面として目に見える形で表せるが，3変数の関数となるとそのグラフは最早4次元空間内の曲面（超曲面！）となって，目に見えるグラフに頼らない理論的な考察が必須となることである．

まずはいくつかの2変数関数のグラフを $\mathbf{R}^3$ 内に描いてみよう．

例 3.1.1　次の関数のグラフを描け．原点の近傍の曲面の形に注意せよ．

(1) $z = 1 - \sqrt{1 - x^2 - y^2}$　(2) $z = x^2 + y^2$　(3) $z = \sqrt{x^2 + y^2}$

(4) $z = x^2 - y^2$

解　(1) 根号内 ≥ 0 より，$x^2 + y^2 \leq 1$，すなわち定義域 $D = \{(x, y);\ x^2 + y^2 \leq 1\} \subset \mathbf{R}^2$ である．$z - 1 = -\sqrt{1 - x^2 - y^2} \leq 0$ なので値域は $\{z;\ 0 \leq z \leq 1\}$．また，両辺を2乗して整理すれば，$x^2 + y^2 + (z-1)^2 = 1$ となるので，グラフは図3.2(1)のように，$(0, 0, 1)$ 中心，半径1の球の<u>下半球面</u>となる．南半球面といってもよく，原点は南極点である．

(2) x, y に制限はないので，定義域は $\mathbf{R}^2$ 全体，値域は $\{z \in \mathbf{R};\ z \geq 0\}$ となる．グラフは，$x = a$ とすれば $z = a^2 + y^2$（放物線），$y = b$ とすれば $z = x^2 + b^2$（放物線），さらに，$z = c^2$ とすれば，$x^2 + y^2 = c^2$（半径 c の

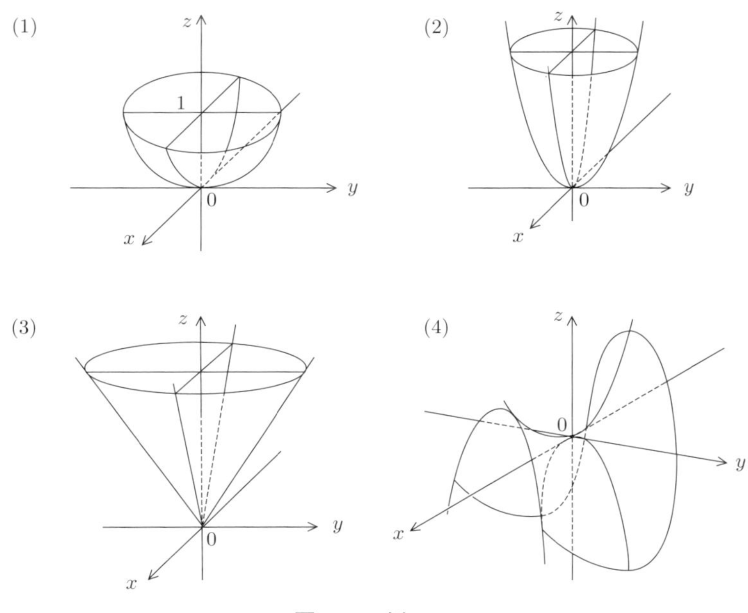

図 **3.2**　例 3.1.1

円）となるので，図 3.2 (2) のようになり，<u>放物面</u>と呼ばれる．一般に，$z = h$ とおいて得られる曲線は高さ h の<u>等高線</u>と呼ばれる．

(3) 定義域は $\mathbf{R}^2$ 全体，値域も $\{z \in \mathbf{R}; z \geq 0\}$ となる．$x = a$ とすれば $z = \sqrt{a^2 + y^2}$，特に，$a = 0$ ならば $z = \sqrt{y^2} = |y|$ となる．$y = b$ とすれば $z = \sqrt{x^2 + b^2}$，特に，$b = 0$ ならば $z = \sqrt{x^2} = |x|$．よって，原点で尖った形になる．$z = c$ とすれば，$x^2 + y^2 = c^2$（半径 c の円）となるので，図 3.2 (3) のようになり<u>円錐面</u>である．(1)–(3) の原点の近傍の曲面を比較して欲しい．

(4) 定義域は $\mathbf{R}^2$ 全体，値域も $\mathbf{R}$ 全体になる．$x = a$ とすれば $z = a^2 - y^2$ で上に凸の放物線となる．$y = b$ とすれば $z = x^2 - b^2$ で下に凸の放物線となる．$z = \pm c^2$ ととれば $x^2 - y^2 = \pm c^2$（双曲線）で，特に，$c = 0$ のときは $y = \pm x$ となる．これをグラフに描けば図 3.2 (4) のようになって，<u>放物双曲面</u>と呼ばれる．馬の鞍のような曲面となっている．原点は**鞍点**（saddle point）または峠点と呼ばれる点で，接平面は平らであるが，極大でも極小でもない点となっている．ちなみに，(1)–(3) では，いずれも $(0, 0)$ で極小値 0 をとって

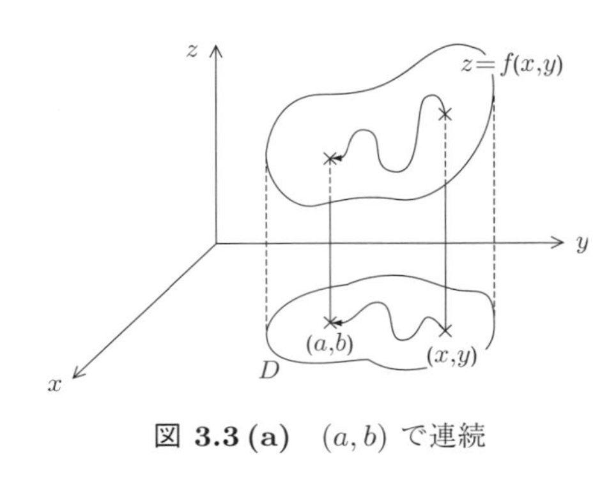

図 **3.3 (a)**　(a,b) で連続

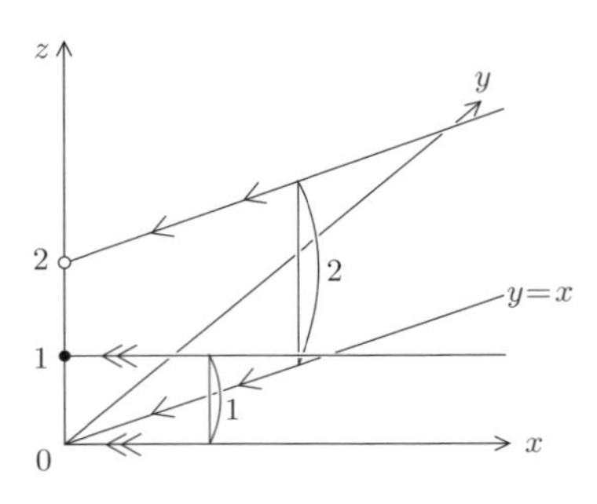

図 **3.3 (b)**　$(0,0)$ で不連続

いる（最小値にもなっている）.

さて，2 変数の関数の連続性を定義しよう．

定義 3.1.1　関数 $f : D \to \mathbf{R}$ が点 $(a,b) \in D$ で**連続**（continuous）とは，$(x,y) \to (a,b)$, $(x,y) \in D$ ならば，$f(x,y) \to f(a,b)$（図 3.3 (a)）となること，すなわち，$\displaystyle\lim_{(x,y)\to(a,b),(x,y)\in D} f(x,y) = f(a,b)$ となることである．D のすべての点で f が連続ならば，f は D で**連続**という．ここに，$(x,y) \to (a,b)$ とは，2 点間の距離が 0 となることをいう，つまり，$\sqrt{(x-a)^2+(y-b)^2} \to 0$ となることである[1].

(x,y) をどのように (a,b) に近づけても $f(x,y) \to f(a,b)$ となるときが連続なのである．不連続な関数として次の例を見てみよう．

例 3.1.2（不連続な例）　次の関数は $(0,0)$ で不連続であることを示せ．

---

[1] ε-δ 論法（第 1 章 1.2 節ショートノート参照）を使った表現も与えておこう．ベクトルの記号を使って，$\boldsymbol{x} = (x,y), \boldsymbol{a} = (a,b)$ と書いて，その 2 点の距離 $d(\boldsymbol{x},\boldsymbol{a})$ は

$$d(\boldsymbol{x},\boldsymbol{a}) = \|\boldsymbol{x}-\boldsymbol{a}\| = \sqrt{(x-a)^2+(y-b)^2}$$

と定義される．このとき，$f : D \to \mathbf{R}$ が $\boldsymbol{a}$ で**連続**とは，任意の $\varepsilon > 0$ に対して，ある $\delta = \delta(\varepsilon) > 0$ が存在して，

$$d(\boldsymbol{x},\boldsymbol{a}) < \delta, \boldsymbol{x} \in D \;\Rightarrow\; |f(\boldsymbol{x}) - f(\boldsymbol{a})| < \varepsilon$$

となることである．

$$f(x,y) = \begin{cases} 1 + \frac{2xy}{x^2+y^2} & (x,y) \neq (0,0) \\ 1 & (x,y) = (0,0) \end{cases}$$

解 $y = x$ ならば，$z = 1 + \frac{2xx}{x^2+x^2} = 2$, $y = 0$ ならば，$z = 1$ となる．したがって，(x,y) を $y = x$ に沿って $(0,0)$ に近づければ $z \to 2$ となり，x 軸に沿って近づければ $z \to 1$ となって，近づけ方によって極限値が違う（図 3.3 (b) 参照）．よって，$(0,0)$ では連続ではない．原点以外の点では連続である．

有界閉区間で連続な 1 変数関数が最大値と最小値をもつように，有界閉集合 D 上の連続な 2 変数関数に対しても次の最大最小の定理が成立する[2]．

> **定理 3.1.1** （**最大最小の定理**） 有界閉集合 D で定義された関数 f が D で連続ならば，f は D で最大値と最小値をとる．

3.2 偏微分

開集合 D で定義された 2 変数の関数 $z = f(x,y)$ に対し，極限

$$\lim_{h \to 0} \frac{f(a+h,b) - f(a,b)}{h} \quad ((a,b) \in D)$$

が存在するとき，f は (a,b) で x に関して**偏微分可能**（partial differentiable）という．その極限値を (a,b) における x に関する**偏微分係数**（coefficient of partial differential）といい，$f_x(a,b)$, $\frac{\partial f}{\partial x}(a,b)$ と書く，つまり，

$$f_x(a,b) = \frac{\partial f}{\partial x}(a,b) = \lim_{h \to 0} \frac{f(a+h,b) - f(a,b)}{h}$$

同様に，

---

[2] ここでは有界閉集合とは単純に境界を含む集合が閉集合で，有界集合は無限には広がっていない，ある範囲内の集合としておく．閉区間と開区間の違い（1.2 節脚注）と同様に，D が閉集合と開集合の違いはそこからとった点列 $\{x_n\} \subset D$ の極限 x_∞ が必ず $x_\infty \in D$ となるか $x_\infty \notin D$ となる場合が出現するかどうかである．また，定理 1.1.2 では区間を半分ずつに分けたところを 4 等分することにより，有界な点列は収束する部分列をもつことがわかる．これらにより，定理 3.1.1 の証明は定理 1.2.2 と同様である．閉集合と開集合について，詳しくは第 4 章 4.1 節およびその脚注を参照．

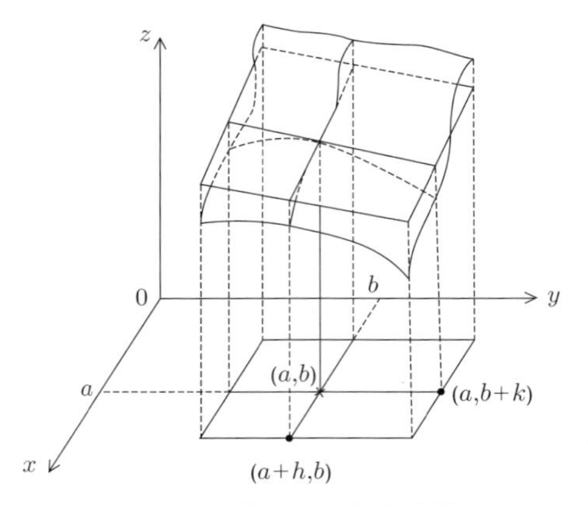

図 3.4　曲面と偏微分係数

$$f_y(a,b) = \frac{\partial f}{\partial y}(a,b) = \lim_{k\to 0}\frac{f(a,b+k)-f(a,b)}{k}$$

$f_x(a,b)$, $f_y(a,b)$ は直感的には曲面 $z=f(x,y)$ を $y=b, x=a$ で切った切り口の接線の傾きを表している（図 3.4 参照).

D の各点で，x に関して偏微分可能ならば，$f_x(x,y)$ も D 上の関数となる．これは f の x に関する**偏導関数**（partial derivative）という．$f_y(x,y)$ は y に関する偏導関数で，定義式を書き直せば

$$z_x = f_x(x,y) = \frac{\partial f}{\partial x}(x,y) = \lim_{\Delta x\to 0}\frac{f(x+\Delta x,y)-f(x,y)}{\Delta x}$$

$$z_y = f_y(x,y) = \frac{\partial f}{\partial y}(x,y) = \lim_{\Delta y\to 0}\frac{f(x,y+\Delta y)-f(x,y)}{\Delta y}$$

偏微分係数や偏導関数を求めることを**偏微分する**という．具体的に，x に関する偏導関数を求めるには，上の式からもわかるように，y を定数と考えて x の 1 変数の関数と思い，微分すればよい．y に関する偏導関数を求めるには x を定数と考えることは言うまでもない．

例 3.2.1　次の 2 変数の関数を偏微分せよ．

(1) $z = x^3 - xy + 3y^2$　(2) $z = \frac{xy}{1+y^2}$　(3) $z = xe^{x-y}$

解　(1) y を定数と考えて，$z_x = 3x^2 - y$．x を定数と考えて，$z_y = -x + 6y$

(2) y を定数と考えると，z は x の 1 次関数で，$z_x = \frac{y}{1+y^2}$．y については

商の微分 $(\frac{f}{g})' = \frac{f'g - fg'}{g^2}$ を使って，$z_y = \frac{x\{(1+y^2) - y \cdot 2y\}}{(1+y^2)^2} = \frac{x(1-y^2)}{(1+y^2)^2}$

(3) y を定数と考えて，積の微分 $(fg)' = f'g + fg'$ を使って，$z_x = e^{x-y} + xe^{x-y} = (1+x)e^{x-y}$. x を定数と考えると，$z_y = -xe^{x-y}$ となる．

練習 3.2.1 次の関数を偏微分せよ．

(1) $z = xy(1+y^2)^5$ (2) $z = xe^{2x+3y}$ (3) $z = \sin(x+y^2)$ (4) $z = y\log(x^2+y^2)$

3.3 （全）微分と接平面

ある点 a または (a,b) で微分可能とは，直感的には，

1 変数関数 $y = f(x) \Longrightarrow$ 点 a で接線が引ける
2 変数関数 $z = f(x,y) \Longrightarrow$ 点 (a,b) で接平面が引ける

ことをいう．このことを式で表現すると，1 変数関数のとき次の定義に到達する（図 3.5 参照）．

定義 3.3.1 **（1 変数関数）** 開区間 I 上の関数 $y = f(x)$ が $x = a$ で**微分可能**とは，ある定数 α があって，

$$f(a+h) = f(a) + \alpha h + \varepsilon(h), \ \frac{\varepsilon(h)}{h} \to 0 \ (h \to 0) \tag{3.1}$$

となることである（このとき，f は a で**線形近似可能**という）．

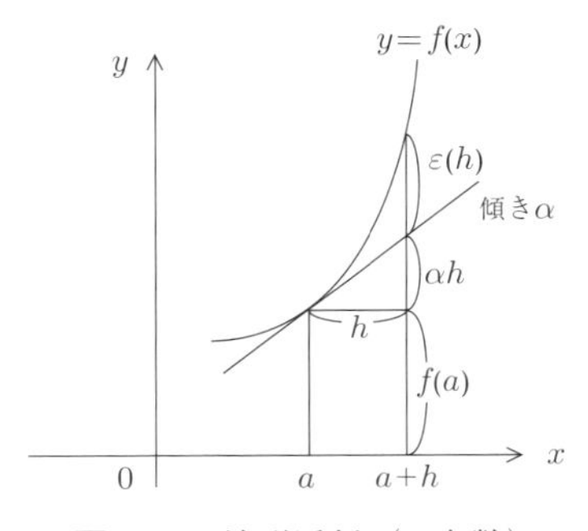

図 **3.5** 線形近似（1 変数）

第2章2.4節で使った無限小の記号 o を使うと，(3.1) は単に

$$f(a+h) = f(a) + \alpha h + o(h)$$

と書ける．点 $(a, f(a))$ で適当な傾き α の直線を引くと，$x = a + h$ で，直線と $y = f(x)$ のグラフの差 $\varepsilon(h)$ が $o(h)$ で "非常に" 小さいと主張している（図3.5）．つまり，a の近傍で適当な直線で近似されること，線形近似可能であるときが微分可能で，その近似した直線が接線なのである．実際，(3.1) を移項して h で割って極限をとると

$$\lim_{h \to 0} \frac{f(a+h) - f(a)}{h} = \lim_{h \to 0} \left(\alpha + \frac{\varepsilon(h)}{h} \right) = \alpha$$

となって，$\alpha = f'(a)$ となることがわかる．すなわち，

$$\boxed{y - f(a) = f'(a)(x - a)} \cdots \text{ 点 } (a, f(a)) \text{ における接線の式}$$

この事実を2変数の関数の場合にも拡げて考えたい．まず，平面の式を復習しよう．$\mathbf{n} = (l, m, n)$ と点 $\mathrm{P}_0(a, b, c)$ を通る平面が垂直であるとは，平面上の任意の点 $\mathrm{P}(x, y, z)$ とするとき，$\mathbf{n} \perp \overrightarrow{\mathrm{P}_0\mathrm{P}}$ すなわち $\mathbf{n}$ と $\overrightarrow{\mathrm{P}_0\mathrm{P}}$ の内積が0となることである．つまり

$$\mathbf{n} \cdot \overrightarrow{\mathrm{P}_0\mathrm{P}} = 0, \quad \overrightarrow{\mathrm{P}_0\mathrm{P}} = (x - a, y - b, z - c)$$

（この $\mathbf{n}$ を**法線ベクトル**（normal vector）という）なので，

$$l(x - a) + m(y - b) + n(z - c) = 0$$

である．ここで，$n \neq 0$（平面が (x, y) 平面に垂直でないことを意味する）ならば，$\alpha = -\frac{l}{n}$, $\beta = -\frac{m}{n}$ とおいて，平面の式が次の形で表される．

$$\boxed{z - c = \alpha(x - a) + \beta(y - b)} \cdots \text{ 点 } (a, b, c) \text{ を通る平面の式}$$

$$\pm(\alpha, \beta, -1) \text{：法線ベクトル，} \pm \frac{(\alpha, \beta, -1)}{\sqrt{\alpha^2 + \beta^2 + 1}} \text{：単位法線ベクトル}$$

法線ベクトルは x, y と移項した z の係数をみて，$\pm(\alpha, \beta, -1)$ のスカラー倍となる．大きさを1にした単位法線ベクトルはその大きさで割って得られる．

よって，2変数関数の全微分可能性の定義は次のようになる．

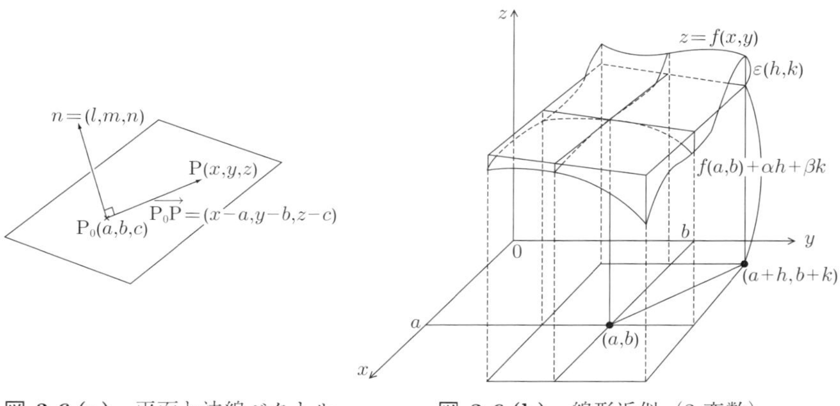

図 3.6 (a) 平面と法線ベクトル　　**図 3.6 (b)** 線形近似（2 変数）

定義 3.3.2 **（2 変数関数）** 開集合 D で定義された 2 変数関数 $z = f(x, y)$ が $(a, b) \in D$ で**微分可能**または**全微分可能**とは，ある定数の組 (α, β) があって，

$$\begin{aligned} &f(a+h, b+k) = f(a, b) + \alpha h + \beta k + \varepsilon(h, k), \\ &\frac{\varepsilon(h, k)}{\sqrt{h^2 + k^2}} \to 0, \quad (h, k) \to (0, 0) \end{aligned} \tag{3.2}$$

となることである（このときも f は (a, b) で**線形近似可能**という）．D の各点で f が（全）微分可能のとき，f は D で**（全）微分可能**という．

無限小の記号を使って，(3.2) は単に

$$f(a+h, b+k) = f(a, b) + \alpha h + \beta k + o(\sqrt{h^2 + k^2})$$

と書けることも 1 変数の場合と同様である．(a, b) の近傍で曲面を適当な平面（それが接平面である！）$z = f(a, b) + \alpha(x - a) + \beta(y - b)$ で近似できることを主張している（図 3.6 (b)）．f が偏微分可能であっても（全）微分可能とは限らないが，（全）微分可能ならば偏微分可能である．

定理 3.3.1　開集合 D で定義された関数 $z = f(x, y)$ が $(a, b) \in D$ で（全）微分可能ならば，f は (a, b) で偏微分可能で，(3.2) における定数 α, β は

$$\alpha = f_x(a, b), \quad \beta = f_y(a, b)$$

定理 3.3.1 の証　(3.2) で $k = 0$ ととれば，$f(a+h, b) - f(a, b) = \alpha h + \varepsilon(h, 0)$ となる．h で割って，$h \to 0$ とすれば，

$$\frac{f(a+h, b) - f(a, b)}{h} = \alpha + \frac{\varepsilon(h, 0)}{h} \to \alpha \ (h \to 0)$$

すなわち，$f_x(a, b)$ が存在して，$f_x(a, b) = \alpha$ となる．同様に，$h = 0$ ととって，$f_y(a, b) = \beta$ を得る．　**証終**

定理 3.3.1 から，全微分可能のとき (a, b) における接平面の式は

$$\boxed{z - f(a, b) = f_x(a, b)(x - a) + f_y(a, b)(y - b)}$$

$\pm(f_x(a, b), f_y(a, b), -1)$：法線ベクトル

$\pm\dfrac{(f_x(a, b), f_y(a, b), -1)}{\sqrt{f_x(a, b)^2 + f_y(a, b)^2 + 1}}$：単位法線ベクトル

(3.2) に戻って $(a+h, b+k) = (x, y)$ と書けば，曲面の式が

$$f(x, y) = f(a, b) + f_x(a, b)(x - a) + f_y(a, b)(y - b) + \varepsilon(x - a, y - b)$$

と書け，曲面が (a, b) の近傍では接平面で近似できることを示している．f が D で全微分可能のとき，

$$\boxed{dz = f_x(x, y)\,dx + f_y(x, y)\,dy}$$

を，$z = f(x, y)$ の**全微分**という．(x, y) から，微小範囲 (dx, dy) だけずらしたとき，z が曲面の接平面に沿って dz だけ増加することを示している．

（全）微分可能性の判定は (3.2) をチェックすることになるが，これはなかなか面倒である．幸い，十分条件として，次の簡明な判定ができる．

> **定理 3.3.2** 開集合 D で定義された関数 $z=f(x,y)$ が D で C^1 級ならば，f は D で（全）微分可能である．ここに，f が D で C^1 級であるとは，f が D で偏微分可能で，f とその x,y に関する偏導関数がともに D で連続となることである．

定理 3.3.2 の証 1 変数関数の平均値の定理を使う．微分可能な関数 g に対し，$\frac{g(b)-g(a)}{b-a}=g'(c)$ となる c が a と b の間にある，すなわち，$g(a+h)-g(a)=hg'(a+\theta h)$, $0<\theta<1$ が成り立つというのが平均値の定理であった．そこで，任意の $(a,b)\in D$ に対して

$$\begin{aligned}
&f(a+h,b+k)-f(a,b)\\
&=\{f(a+h,b+k)-f(a,b+k)\}+\{f(a,b+k)-f(a,b)\}\\
&=hf_x(a+\theta_1 h,b+k)+kf_y(a,b+\theta_2 k),\quad 0<\theta_1,\,\theta_2<1\\
&=h\underbrace{f_x(a,b)}_{\alpha}+k\underbrace{f_y(a,b)}_{\beta}+\underbrace{h(f_x(a+\theta_1 h,b+k)-f_x(a,b))+k(f_y(a,b+\theta_2 k)-f_y(a,b))}_{\varepsilon(h,k)}
\end{aligned}$$

$\frac{\varepsilon(h,k)}{\sqrt{h^2+k^2}}\to 0\ (h,k\to 0)$ を示せばよい．f_x,f_y が連続であることを使えば，

$$\begin{aligned}
\left|\frac{\varepsilon(h,k)}{\sqrt{h^2+k^2}}\right| &\le \frac{|h||f_x(a+\theta_1 h,b+k)-f_x(a,b)|}{\sqrt{h^2+k^2}}+\frac{|k||f_y(a,b+\theta_2 k)-f_y(a,b)|}{\sqrt{h^2+k^2}}\\
&\le |f_x(a+\theta_1 h,b+k)-f_x(a,b)|+|f_y(a,b+\theta_2 k)-f_y(a,b)|\\
&\to 0\quad (h,k\to 0)
\end{aligned}$$

を得て証明ができた． **証終**

例 3.3.1 関数 $z=f(x,y)$ の全微分 dz，点 $(2,1)$ における接平面の式，単位法線ベクトルを求めよ．

(1) $z=x^2-xy+2y^2$ (2) $z=xe^y$ (3) $z=\frac{5xy}{1+x^2}$

解 いずれの関数も C^1 級（実は何回でも偏微分できる C^∞ 級である）であるので，全微分可能であることにまず注意する．

(1) $f_x=2x-y$, $f_y=-x+4y$．よって，$dz=(2x-y)dx+(-x+4y)dy$．また，$f(2,1)=4-2+2=4$, $f_x(2,1)=4-1=3$, $f_y(2,1)=-2+4=2$ より，接平面の式は $z-4=3(x-2)+2(y-1)$．$\pm(3,2,-1)$ が法線ベクトルで，単位法線ベクトルは $\pm\frac{(3,2,-1)}{\sqrt{9+4+1}}=\pm\frac{1}{\sqrt{14}}(3,2,-1)$．

(2) $f_x = e^y$, $f_y = xe^y$. よって，$dz = e^y dx + xe^y dy = e^y(dx + xdy)$. また，$f(2,1) = 2e$, $f_x(2,1) = e$, $f_y(2,1) = 2e$ より，接平面の式は $z - 2e = e(x-2) + 2e(y-1)$. $\pm(e, 2e, -1)$ が法線ベクトルで，単位法線ベクトルは $\pm\frac{(e,2e,-1)}{\sqrt{5e^2+1}}$.

(3) $f_x = \frac{5y(1\cdot(1+x^2)-x\cdot 2x)}{(1+x^2)^2} = \frac{5y(1-x^2)}{(1+x^2)^2}$, $f_y = \frac{5x}{1+x^2}$. よって，$dz = \frac{5y(1-x^2)}{(1+x^2)^2}dx + \frac{5x}{1+x^2}dy = \frac{5}{(1+x^2)^2}(y(1-x^2)dx + x(1+x^2)dy)$. また，$f(2,1) = \frac{5\cdot 2\cdot 1}{1+4} = 2$, $f_x(2,1) = \frac{5\cdot 1\cdot(1-4)}{(1+4)^2} = -\frac{3}{5}$, $f_y(2,1) = \frac{5\cdot 2}{1+4} = 2$ より，接平面の式は $z - 2 = -\frac{3}{5}(x-2) + 2(y-1)$. $\pm(-\frac{3}{5}, 2, -1)(= \pm\frac{1}{5}(-3, 10, -5))$ が法線ベクトルで，単位法線ベクトルは $\pm\frac{(-3,10,-5)}{\sqrt{9+100+25}} = \pm\frac{5}{\sqrt{134}}(-\frac{3}{5}, 2, -1)$.

3.4　高階偏導関数

開集合 D で定義された関数 $z = f(x,y)$ の偏導関数 $z_x = \frac{\partial f}{\partial x}, z_y = \frac{\partial f}{\partial y}$ がさらに偏微分可能のとき，それぞれの x, y に関する2階偏導関数が得られ，記号は次のようになる.

$$z_{xx} = \frac{\partial^2 f}{\partial x^2}(x,y),\ z_{xy} = \frac{\partial^2 f}{\partial y \partial x}(x,y)\ ;\ z_{yx} = \frac{\partial^2 f}{\partial x \partial y}(x,y),\ z_{yy} = \frac{\partial^2 f}{\partial y^2}(x,y)$$

さらに偏微分ができれば，3階，4階，... の偏導関数が得られる．2階以上の偏導関数をまとめて**高階偏導関数**という.

次の定理は偏微分の順序は気にしなくてもよいことを示している.

> **定理 3.4.1**　f が開集合 D で C^2 級ならば，$\frac{\partial^2 f}{\partial y \partial x}(x,y) = \frac{\partial^2 f}{\partial x \partial y}(x,y)$. ここに，$f$ が D で C^k 級であるとは，f と f の k 階までの偏導関数がすべて D で連続となることである.

定理 3.4.1 の証　定理 3.3.2 でも使った平均値の定理を用いる．まず，

$$F = f(x+\Delta x, y+\Delta y) - f(x, y+\Delta y) - f(x+\Delta x, y) + f(x,y)$$

とおく．この F を，

$$\text{(i)}\ F = (f(x+\Delta x, y+\Delta y) - f(x, y+\Delta y)) - (f(x+\Delta x, y) - f(x,y))$$
$$= \psi(y+\Delta y) - \psi(y)$$

$$\text{(ii)}\ F = (f(x+\Delta x, y+\Delta y) - f(x+\Delta x, y)) - (f(x, y+\Delta y) - f(x,y))$$
$$= \phi(x+\Delta x) - \phi(x)$$

とみなすと，平均値の定理から，適当な $\theta_1, \theta_2, \theta_3, \theta_4 (0 < \theta_1, \theta_2, \theta_3, \theta_4 < 1)$ に対し，

$$\text{(i)} \quad \begin{aligned} F = & \ \psi'(y+\theta_1\Delta y)\,\Delta y = (f_y(x+\Delta x, y+\theta_1\Delta y) - f_y(x, y+\theta_1\Delta y))\Delta y \\ = & \ f_{yx}(x+\theta_2\Delta x, y+\theta_1\Delta y)\,\Delta x\,\Delta y, \end{aligned}$$

$$\text{(ii)} \quad \begin{aligned} F = & \ \phi'(x+\theta_3\Delta x)\,\Delta x = (f_x(x+\theta_3\Delta x, y+\Delta y) - f_x(x+\theta_3\Delta x, y))\Delta x \\ = & \ f_{xy}(x+\theta_3\Delta x, y+\theta_4\Delta y)\,\Delta y\,\Delta x \end{aligned}$$

よって，(i)，(ii) から，$\Delta x\,\Delta y$ で割って，

$$\left(\frac{F}{\Delta x\,\Delta y} =\right) f_{yx}(x+\theta_2\Delta x, y+\theta_1\Delta y) = f_{xy}(x+\theta_3\Delta x, y+\theta_4\Delta y)$$

f_{yx}, f_{xy} は連続なので，両辺で，$\Delta x, \Delta y \to 0$ とすれば $f_{yx}(x, y) = f_{xy}(x, y)$ を得る．

証終

例 3.4.1 次の関数の f_{yx}, f_{xy} を計算し，$f_{yx}(x, y) = f_{xy}(x, y)$ を確かめよ．

(1) $f = x^2 - 3xy^2 - 4y^4$ (2) $f = x^2 e^{2x-3y}$ (3) $f = \log(1 + 2x^2 + 3y^4)$

解 (1) $f_x = 2x - 3y^2$, $f_y = -6xy - 16y^3$

$\therefore f_{xy} = -6y$, $f_{yx} = -6y$ $\therefore f_{yx} = f_{xy}$

(2) $f_x = 2xe^{2x-3y} + x^2 e^{2x-3y} \cdot 2 = 2x(x+1)e^{2x-3y}$,

$f_y = x^2 e^{2x-3y} \cdot (-3) = -3x^2 e^{2x-3y}$

$\therefore f_{xy} = 2x(x+1)e^{2x-3y} \cdot (-3) = -6x(x+1)e^{2x-3y}$,

$f_{yx} = -6xe^{2x-3y} - 3x^2 e^{2x-3y} \cdot 2 = -6x(x+1)e^{2x-3y}$ $\therefore f_{yx} = f_{xy}$

(3) $f_x = \frac{4x}{1+2x^2+3y^4}$, $f_y = \frac{12y^3}{1+2x^2+3y^4}$

$\therefore f_{xy} = \frac{-4x \cdot 12y^3}{(1+2x^2+3y^4)^2} = -\frac{48xy^3}{(1+2x^2+3y^4)^2}$,

$f_{yx} = \frac{-12y^3 \cdot 4x}{(1+2x^2+3y^4)^2} = -\frac{48xy^3}{(1+2x^2+3y^4)^2}$ $\therefore f_{yx} = f_{xy}$

3.5 合成関数の微分

集合 D で定義された関数 $z = f(x, y)$ と，区間 I で定義された関数 $x = x(t), y = y(t)$ があって，$(x(t), y(t)) \in D (t \in I)$ ならば，$z = f(x(t), y(t))$ は t の関数となる．これが合成関数である．x, y が $U \subset \mathbf{R}^2$ で定義された 2 変数関数 $x = x(u, v), y = y(u, v)$ ならば，$z = f(x(u, v), y(u, v))$ は (u, v) の関数で，これも合成関数である．もちろん $(x(u, v), y(u, v)) \in D$ が必要である．これらの微分法は次の定理によって与えられる．

定理 3.5.1（合成関数の微分）　開区間 I で定義された関数 $x = x(t), y = y(t)$ が微分可能で，開集合 D で定義された関数 $z = f(x, y)$ が全微分可能とする．もし，$(x(t), y(t)) \in D\ (t \in I)$ ならば，合成関数 $z = f(x(t), y(t))$ も I で微分可能で

$$\frac{dz}{dt}(t) = \frac{\partial f}{\partial x}(x(t), y(t))\frac{dx}{dt}(t) + \frac{\partial f}{\partial y}(x(t), y(t))\frac{dy}{dt}(t)$$

系 3.5.1　開集合 U で定義された関数 $x = x(u, v), y = y(u, v)$ が全微分可能で，開集合 D で定義された関数 $z = f(x, y)$ も全微分可能とする．もし，$(x(u, v), y(u, v)) \in D\ ((u, v) \in U)$ ならば，合成関数 $z = f(x(u, v), y(u, v))$ も U で全微分可能で，

$$\frac{\partial z}{\partial u} = \frac{\partial f}{\partial x}(x(u, v), y(u, v))\frac{\partial x}{\partial u}(u, v) + \frac{\partial f}{\partial y}(x(u, v), y(u, v))\frac{\partial y}{\partial u}(u, v),$$

$$\frac{\partial z}{\partial v} = \frac{\partial f}{\partial x}(x(u, v), y(u, v))\frac{\partial x}{\partial v}(u, v) + \frac{\partial f}{\partial y}(x(u, v), y(u, v))\frac{\partial y}{\partial v}(u, v)$$

証明は，$x = x(t), y = y(t),\ x(t + \Delta t) = x + \Delta x, y(t + \Delta t) = y + \Delta y$ と書いて，単純に計算すると，

$$\begin{aligned}
\frac{dz}{dt}(t) &= \lim_{\Delta t \to 0} \frac{f(x(t + \Delta t), y(t + \Delta t)) - f(x(t), y(t))}{\Delta t} \\
&= \lim_{\Delta t \to 0} \left\{ \frac{f(x + \Delta x, y + \Delta y) - f(x, y + \Delta y)}{\Delta x} \frac{\Delta x}{\Delta t} \right. \\
&\qquad \left. + \frac{f(x, y + \Delta y) - f(x, y)}{\Delta y} \frac{\Delta y}{\Delta t} \right\} \\
&= \frac{\partial f}{\partial x}(x, y)\frac{dx}{dt}(t) + \frac{\partial f}{\partial y}(x, y)\frac{dy}{dt}(t)
\end{aligned}$$

となる．しかしながら，$\frac{f(x+\Delta x, y+\Delta y) - f(x, y+\Delta y)}{\Delta x}$ の収束や $\Delta x, \Delta y$ が 0 にならないかなど，吟味の必要な部分があって正確な証明とはいえない．正確には，定義 3.3.1–3.3.2 が必要である．

定理 3.5.1 の証　任意の $t_0 \in I, (x_0, y_0) \in D$ に対し，

$$x(t_0 + h) = x(t_0) + hx'(t_0) + \varepsilon_1(h),\ \frac{\varepsilon_1(h)}{h} \to 0\,(h \to 0),$$

$$y(t_0+h) = y(t_0) + hy'(t_0) + \varepsilon_2(h),\ \frac{\varepsilon_2(h)}{h} \to 0\,(h \to 0),$$
$$f(x_0+\Delta x, y_0+\Delta y) = f(x_0,y_0) + \Delta x \cdot f_x(x_0,y_0) + \Delta y \cdot f_y(x_0,y_0) + \varepsilon_3(\Delta x, \Delta y),$$
$$\frac{\varepsilon_3(\Delta x,\Delta y)}{\sqrt{(\Delta x)^2+(\Delta y)^2}} \to 0\,(\Delta x, \Delta y \to 0)$$

を仮定する．$x(t_0)=x_0, y(t_0)=y_0$ とおいて，

$$\begin{aligned} & f(x(t_0+h), y(t_0+h)) \\ = \ & f(x_0,y_0) + h(f_x(x_0,y_0)\cdot x'(t_0) + f_y(x_0,y_0)\cdot y'(t_0)) + \varepsilon(h),\ \frac{\varepsilon(h)}{h} \to 0\,(h\to 0) \end{aligned}$$

を証明することが必要である．実際，

$$\begin{aligned} & f(x(t_0+h), y(t_0+h)) \\ = \ & f(x(t_0) + \underbrace{hx'(t_0)+\varepsilon_1(h)}_{\Delta x}, y(t_0) + \underbrace{hy'(t_0)+\varepsilon_2(h)}_{\Delta y}) \\ = \ & f(x_0,y_0) + \Delta x \cdot f_x(x_0,y_0) + \Delta y \cdot f_y(x_0,y_0) + \varepsilon_3(\Delta x, \Delta y) \\ = \ & f(x_0,y_0) + h(f_x(x_0,y_0)\cdot x'(t_0) + f_y(x_0,y_0)\cdot y'(t_0)) \\ & + \underbrace{f_x(x_0,y_0)\varepsilon_1(h) + f_y(x_0,y_0)\varepsilon_2(h) + \varepsilon_3(\Delta x,\Delta y)}_{\varepsilon(h)} \end{aligned}$$

$h \to 0$ のとき，$\Delta x, \Delta y \to 0$，かつ $\frac{\Delta x}{h} = x'(t_0) + \frac{\varepsilon_1(h)}{h} \to x'(t_0)$，$\frac{\Delta y}{h} = y'(t_0) + \frac{\varepsilon_2(h)}{h} \to y'(t_0)$ に注意して，

$$\begin{aligned} & \left|\frac{\varepsilon(h)}{h}\right| \\ \leq \ & |f_x(x_0,y_0)|\left|\frac{\varepsilon_1(h)}{h}\right| + |f_y(x_0,y_0)|\left|\frac{\varepsilon_2(h)}{h}\right| + \frac{|\varepsilon_3(\Delta x,\Delta y)|}{\sqrt{(\Delta x)^2+(\Delta y)^2}}\cdot\sqrt{\left(\frac{\Delta x}{h}\right)^2+\left(\frac{\Delta y}{h}\right)^2} \to 0 \end{aligned}$$

を得る．よって，微分可能性と，合成関数の微分公式が示された．　証終

合成関数の微分法の例として，経済学などにもよく使われる同次関数に対するオイラーの定理を示しておこう．まず，同次関数について述べよう．たとえば，

$$f(x,y) = x^3 + 2x^2y + 3y^3,\quad g(x,y) = \sqrt{x^2+xy+2y^2}$$

は，(x,y) に関して 3 次と 1 次の関数になっている．このとき，(x,y) の代わりに，(tx,ty) を代入すると

$$f(tx,ty) = t^3(x^3+2x^2y+3y^3) = t^3 f(x,y),$$

$$g(tx,ty) = t\sqrt{x^2+xy+2y^2} = t^1 g(x,y)\ (t \geq 0)$$

が成立する．一般に，2 変数関数 $f(x,y)$ が

$$f(tx,ty) = t^k f(x,y),\ t \geq 0 \tag{3.3}$$

を満たすとき，f を k 次の**同次関数**と呼ぶ（正確には，f の定義域 D は，$x \in D$ ならば $tx \in D (t > 0)$ となることが必要である）．

定理 3.5.2 **（オイラーの定理）** 開集合 D で定義された C^1 級の 2 変数関数 $f(x,y)$ が k 次の同次関数ならば，

$$x\frac{\partial f}{\partial x}(x,y) + y\frac{\partial f}{\partial y}(x,y) = kf(x,y) \tag{3.4}$$

が成立する．

経済学では，生産関数

$$f(K,L) = AK^\alpha L^\beta\ (K:\text{資本},\ L:\text{労働},\ A,\alpha,\beta:\text{正定数})$$

が現れる．これはすぐわかるように，$\alpha+\beta$ 次の同次関数である．$\alpha+\beta=1$ のときが有名なコブ-ダグラス型の生産関数で，このとき，$k=1$ にあたるので，オイラーの定理から，

$$f(K,L) = K\frac{\partial f}{\partial K}(K,L) + L\frac{\partial f}{\partial L}(K,L)$$

が成り立つことになる．

定理 3.5.2 の証 (3.3) を変数 t で微分する（x,y は定数と思って）と，定理 3.5.1 から，

$$\frac{\partial f}{\partial x}(tx,ty)\frac{d(tx)}{dt} + \frac{\partial f}{\partial y}(tx,ty)\frac{d(ty)}{dt} = \frac{\partial f}{\partial x}(tx,ty)\cdot x + \frac{\partial f}{\partial y}(tx,ty)\cdot y = kt^{k-1}f(x,y)$$

よって，$t=1$ とおけば，(3.4) を得る． 証終

次の例題は次節の大切な準備である．

例 3.5.1 $F(t) = f(a+th, b+tk)$ に対して，$F'(t), F''(t), \ldots$ と，$F'(0), F''(0), \ldots$ を求めよ．

解 記号などの説明を加えながら解説しよう．$x(t) = a+th, y(t) = b+tk$ と考えて定理 3.5.1 を使うと，

$$
\begin{aligned}
F'(t) &= \frac{d}{dt}f(a+th, b+tk) = \frac{\partial f}{\partial x}(a+th, b+tk)\cdot h + \frac{\partial f}{\partial y}(a+th, b+tk)\cdot k \\
&= \left(h\frac{\partial}{\partial x} + k\frac{\partial}{\partial y}\right)f(a+th, b+tk) \\
&= \left(h\frac{\partial}{\partial x} + k\frac{\partial}{\partial y}\right)f(x,y)\Bigg|_{(x,y)=(a+th,b+tk)}
\end{aligned}
$$

2 行目の式 $(h\frac{\partial}{\partial x} + k\frac{\partial}{\partial y})f$ は，数式のかっこを展開するように，たとえば $h\frac{\partial}{\partial x}f$ は，h に f の x に関する偏導関数 $\frac{\partial f}{\partial x}$ を掛けたものと考える．$h\frac{\partial}{\partial x} + k\frac{\partial}{\partial y}$ は**偏微分作用素**と呼び，ここでは D と書く．$(Df)(x,y) = (h\frac{\partial}{\partial x} + k\frac{\partial}{\partial y})f(x,y)$ である．偏微分であるから，正確に言うと，$\frac{\partial}{\partial x}f(a+th, b+tk)$ は 0 になるのではないかと思うかもしれないが，いまの場合 $f(x,y)$ を x について偏微分した後，(x,y) に $(a+th, b+tk)$ を代入したものである．それを正確に表す場合は，最後の式のように，$\cdots|_{(x,y)=(a+th,b+tk)}$ と書く．$\cdots|_{(x,y)=(a+th,b+tk)}$ は $\cdots$ を計算した後，$(x,y) = (a+th, b+tk)$ を代入することを意味する記号である．したがって，これらの記号を使えば，

$$
\begin{aligned}
F'(t) &= \frac{d}{dt}f(a+th, b+tk) \\
&= (Df)(a+th, b+tk) = \left(h\frac{\partial}{\partial x} + k\frac{\partial}{\partial y}\right)f(x,y)\Bigg|_{(x,y)=(a+th,b+tk)} \\
&= hf_x(a+th, b+tk) + kf_y(a+th, b+tk)
\end{aligned}
$$

となる．Df にかっこをつけたのは Df を計算した後に $(a+th, b+tk)$ を代入したことを示している．

さらに高階の偏導関数を求めよう．形式的に偏微分作用素の記号を使えば，

$$
\begin{aligned}
F''(t) &= \frac{d}{dt}(Df)(a+th, b+tk) = (D^2 f)(a+th, b+tk) \\
&= \left(h\frac{\partial}{\partial x} + k\frac{\partial}{\partial y}\right)^2 f(x,y)\Bigg|_{(x,y)=(a+th,b+tk)}
\end{aligned}
$$

実際には，

$$F''(t) = h\frac{d}{dt}\frac{\partial f}{\partial x}(a+th, b+tk) + k\frac{d}{dt}\frac{\partial f}{\partial y}(a+th, b+tk)$$
$$= h\left(h\frac{\partial^2}{\partial x^2} + k\frac{\partial^2}{\partial y\partial x}\right)f\Big|_{(x,y)=(a+th,b+tk)} + k\left(h\frac{\partial^2}{\partial x\partial y} + k\frac{\partial^2}{\partial y^2}\right)f\Big|_{(x,y)=(a+th,b+tk)}$$
$$= \left(h^2\frac{\partial^2}{\partial x^2} + 2hk\frac{\partial^2}{\partial y\partial x} + k^2\frac{\partial^2}{\partial y^2}\right)f(x,y)\Big|_{(x,y)=(a+th,b+tk)}$$

最後の式で，$h^2\frac{\partial^2}{\partial x^2} = (h\frac{\partial}{\partial x})^2$ 等と考えれば，

$$\left(h\frac{\partial}{\partial x} + k\frac{\partial}{\partial y}\right)^2 = h^2\frac{\partial^2}{\partial x^2} + 2hk\frac{\partial^2}{\partial y\partial x} + k^2\frac{\partial^2}{\partial y^2}$$

となっているので，

$$\begin{aligned} F''(t) &= \frac{d^2}{dt^2}f(a+th, b+tk) \\ &= (D^2f)(a+th, b+tk) = \left(h\frac{\partial}{\partial x} + k\frac{\partial}{\partial y}\right)^2 f(x,y)\Big|_{(x,y)=(a+th,b+tk)} \\ &= h^2 f_{xx}(a+th, b+tk) + 2hkf_{xy}(a+th, b+tk) + k^2 f_{yy}(a+th, b+tk) \end{aligned}$$

となる．以下同様にすれば，

$$\begin{aligned} F^{(m)}(t) &= \frac{d^m}{dt^m}f(a+th, b+tk) \\ &= (D^m f)(a+th, b+tk) = \left(h\frac{\partial}{\partial x} + k\frac{\partial}{\partial y}\right)^m f(x,y)\Big|_{(x,y)=(a+th,b+tk)} \end{aligned}$$

となる．$t=0$ とおけば，

$$F(0) = f(a,b), \qquad F'(0) = (Df)(a,b) = hf_x(a,b) + kf_y(a,b)$$
$$F''(0) = (D^2f)(a,b) = h^2 f_{xx}(a,b) + 2hkf_{xy}(a,b) + k^2 f_{yy}(a,b)$$
$$\vdots$$
$$F^{(m)}(0) = (D^m f)(a,b) = \sum_{l=0}^{m}\binom{m}{l}h^{m-l}k^l\frac{\partial^m f}{\partial x^{m-l}\partial y^l}(a,b), \qquad \binom{m}{l} = \frac{m!}{(m-l)!\,l!}$$

この結果は次節の 2 変数のテーラー展開に使われる．

練習 3.5.1　$f(x,y)$ は C^2 級，$x(t), y(t)$ は 2 回微分可能で，$F(t) = f(x(t), y(t))$ が定義できるとき，$F''(t)$ を計算せよ．

3.6　テーラー展開と極値問題

1 変数関数のテーラーの定理（定理 2.4.1）を使えば，次の 2 変数関数のテーラー展開を得る．

定理 3.6.1　（**2 変数関数のテーラーの定理**）　開集合 D で定義された関数 $z = f(x, y)$ が C^m 級とする．このとき，$(a, b), (a+th, b+tk) \in D (0 \leq t \leq 1)$ に対して，

$$
\begin{aligned}
f(a+h, b+k) &= f(a,b) + (Df)(a,b) + \frac{(D^2 f)(a,b)}{2!} + \cdots + \frac{(D^{m-1} f)(a,b)}{(m-1)!} \\
&\quad + R_m \\
&= f(a,b) + \sum_{l=1}^{m-1} \frac{1}{l!} \left(h\frac{\partial}{\partial x} + k\frac{\partial}{\partial y} \right)^l f(x,y) \Bigg|_{(x,y)=(a,b)} + R_m
\end{aligned}
$$

が成り立つ．ここに，$0 < \theta < 1$ となる適当な θ があって，

$$
R_m = \frac{(D^m f)(a+\theta h, b+\theta k)}{m!} = \frac{1}{m!} \left(h\frac{\partial}{\partial x} + k\frac{\partial}{\partial y} \right)^m f(x,y) \Bigg|_{(x,y)=(a+\theta h, b+\theta k)}
$$

このテーラーの定理で，$m = 2$ のときは，

$$
f(a+h, b+k) = f(a,b) + hf_x(a,b) + kf_y(a,b) + R_2, \quad R_2 = o(\sqrt{h^2 + k^2})
$$

なので，$(x, y) = (a+h, b+k)$ とおけば，

$$
f(x,y) = f(a,b) + f_x(a,b)(x-a) + f_y(a,b)(y-b) + R_2
$$

これは曲面 $z = f(x, y)$ が接平面 $z = f(a,b) + f_x(a,b)(x-a) + f_y(a,b)(y-b)$ で近似されていることを示している．

極値問題への応用では，$m = 3$ のときが大切で，

$$
\begin{aligned}
f(a+h, b+k) &= f(a,b) + (hf_x(a,b) + kf_y(a,b)) \\
&\quad + \frac{1}{2}(h^2 f_{xx}(a,b) + 2hk f_{xy}(a,b) + k^2 f_{yy}(a,b)) + R_3
\end{aligned}
\tag{3.5}
$$

と書ける．$R_3 = o(h^2 + k^2)$ である．

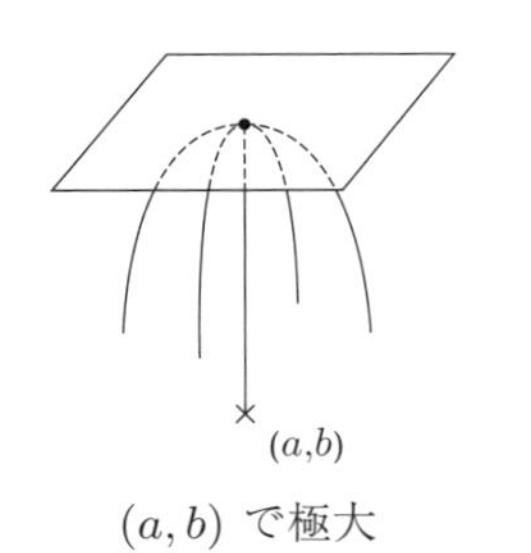

(a,b) で極大

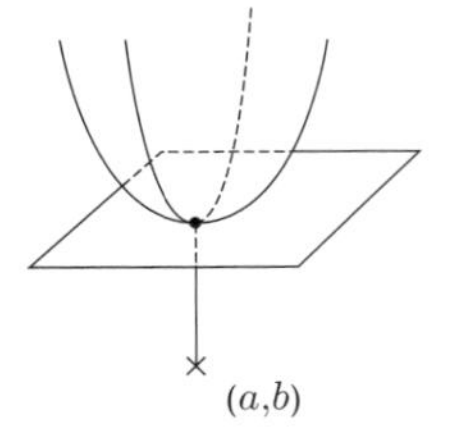

(a,b) で極小

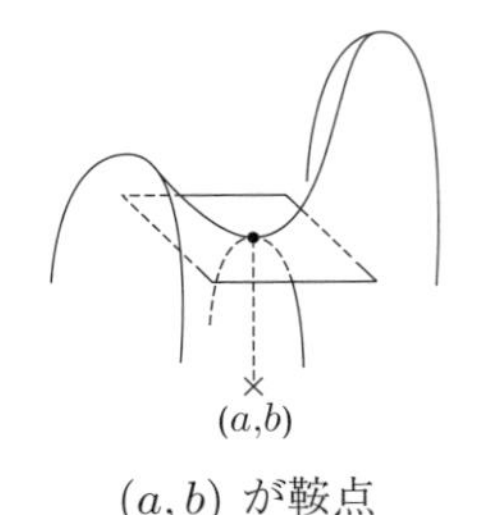

(a,b) が鞍点

図 3.7　2変数関数の極値

定理 3.6.1 の証　$F(t) = f(a+th, b+tk)$ とおけば，$F(0) = f(a,b), F(1) = f(a+h, b+k)$ に注意して，定理 2.4.1 を使えば，

$$F(1) = F(0) + \sum_{l=1}^{m-1} \frac{1}{l!} F^{(l)}(0) + \frac{1}{m!} F^{(m)}(\theta), \quad 0 < \theta < 1$$

前節の例 3.5.1 の結果を使えば，これが定理の求める式を表している．　**証終**

<u>極値問題</u>　定理 3.6.1 の，特に，$m = 3$ のときの等式 (3.5) をもとに極値問題を考えよう．$z = f(x,y)$ が点 (a,b) で極値をとる，すなわち (a,b) の小さな近傍で $f(a,b)$ が最小または最大となるとき，この点で接平面がフラット（x-y 平面に平行），すなわち $f_x(a,b) = f_y(a,b) = 0$ でなければならない．これが極値をとるための必要条件である．ところが，図 3.7 でもわかるように，十分条件ではないし（(c) のように (a,b) が鞍点となる場合には極値をとらない!），極大か極小かも判定しなければならない．そのため，$f_x(a,b) = f_y(a,b) = 0$ のときを考えると，(3.5) の 1 次の項が消えて

$$f(a+h, b+k) = f(a,b) + \frac{1}{2} \underbrace{(h^2 f_{xx}(a,b) + 2hk f_{xy}(a,b) + k^2 f_{yy}(a,b))}_{Q(h,k)} + R_3 \quad (3.6)$$

となる．絶対値の小さな任意の h, k に対して，つねに

$$\begin{aligned} f(a+h, b+k) > f(a,b) &\quad \Rightarrow \quad (a,b) \text{ で極小} \\ f(a+h, b+k) < f(a,b) &\quad \Rightarrow \quad (a,b) \text{ で極大} \\ f(a+h, b+k) \gtrless f(a,b) &\quad \Rightarrow \quad (a,b) \text{ で極値でない} \end{aligned}$$

ここで，3番目の不等号の記号に関して，ある h, k に対し $f(a+h, b+k) > f(a,b)$

で，別の h, k に対し $f(a+h, b+k) < f(a, b)$ となるときは極値でないわけであるが，その条件を単に $f(a+h, b+k) \gtrless f(a, b)$ と記した．そこで，(3.6) を見ると，$Q(h, k)$ は h, k の 2 次で，R_3 は 3 次なので，$Q \neq 0$ ならば，h, k の絶対値が小さいとき，$R_3 = o(h^2 + k^2)$ は Q に比べて圧倒的に小さいので無視できて，

$$\begin{aligned} Q(h,k) > 0 &\Rightarrow \tfrac{1}{2}Q(h,k) + R_3 > 0 \\ &\Rightarrow f(a+h, b+k) > f(a,b) \ \Rightarrow \ (a,b) \text{ で極小} \\ Q(h,k) < 0 &\Rightarrow \tfrac{1}{2}Q(h,k) + R_3 < 0 \\ &\Rightarrow f(a+h, b+k) < f(a,b) \ \Rightarrow \ (a,b) \text{ で極大} \\ Q(h,k) \gtrless 0 &\Rightarrow \tfrac{1}{2}Q(h,k) + R_3 \gtrless 0 \\ &\Rightarrow f(a+h, b+k) \gtrless f(a,b) \ \Rightarrow \ (a,b) \text{ で極値でない} \end{aligned}$$

と分類される．$Q(h, k) \leq 0$ や $Q(h, k) \geq 0$ のように $Q(h, k) = 0$ を含む場合は R_3 を無視することができず，極大極小の判定ができないことに注意する．$Q(h, k)$ が (h, k) の 2 次関数であるから（2 変数の 2 次関数に馴染みのない場合は

$$Q(h,k) = k^2 \left(f_{xx}(a,b)t^2 + 2f_{xy}(a,b)t + f_{yy}(a,b) \right), \quad t = h/k$$

と変形して，t の 2 次関数と思えばよい），その判別式

$$D/4 = \{f_{xy}(a,b)\}^2 - f_{xx}(a,b) \cdot f_{yy}(a,b) = -\underbrace{\begin{vmatrix} f_{xx}(a,b) & f_{xy}(a,b) \\ f_{yx}(a,b) & f_{yy}(a,b) \end{vmatrix}}_{|H(a,b)|}$$

の正負によって，$Q(h, k)$ の正負を判定する．最後の $|H(a, b)|$ は**ヘッセ行列式**，**ヘシアン**（Hessian）と呼ばれるもので，判別式と逆の符号となっている．ここで，$|H(a, b)|$ は 2 次の**行列式**で（絶対値ではない），一般に，

$$\begin{vmatrix} a & b \\ c & d \end{vmatrix} = ad - bc \quad \text{または，} \quad \det \begin{pmatrix} a & b \\ c & d \end{pmatrix} = ad - bc$$

である．まとめると，

(i) $D/4 < 0$, $i.e.$ $|H(a,b)| > 0$ のとき
　(1) $f_{xx}(a,b) > 0 \;\Rightarrow\; Q(h,k) > 0 \;\Rightarrow\; (a,b)$ で極小
　(2) $f_{xx}(a,b) < 0 \;\Rightarrow\; Q(h,k) < 0 \;\Rightarrow\; (a,b)$ で極大
(ii) $D/4 > 0$, $i.e.$ $|H(a,b)| < 0$ のとき，
　$Q(h,k) \gtrless 0 \;\Rightarrow\; (a,b)$ で極値でない
(iii) $D/4 = 0$, $i.e.$ $|H(a,b)| = 0$ のとき，
　$Q(h,k) = 0$ となるときを含み，判定不可

となる．

例 3.6.1　本章3.1節でグラフを描いた例3.1.1に現れる関数の極値を上記の判定法によって判定せよ．

(1) $f(x,y) = 1 - \sqrt{1-x^2-y^2}$　(2) $f(x,y) = x^2 + y^2$

(3) $f(x,y) = \sqrt{x^2+y^2}$　(4) $f(x,y) = x^2 - y^2$

解　(1) $f = 1 - \sqrt{1-x^2-y^2}$, $f_x = \frac{x}{\sqrt{1-x^2-y^2}}$, $f_y = \frac{y}{\sqrt{1-x^2-y^2}}$ $\therefore f_x = f_y = 0$ より，$(x,y) = (0,0)$．点 $(0,0)$ が極値をとる点の候補である．少し丁寧に偏微分をして，

$$f_{xx} = \frac{1-y^2}{(1-x^2-y^2)\sqrt{1-x^2-y^2}}, \quad f_{xy} = \frac{xy}{(1-x^2-y^2)\sqrt{1-x^2-y^2}},$$

$$f_{yy} = \frac{1-x^2}{(1-x^2-y^2)\sqrt{1-x^2-y^2}}$$

より，$|H(0,0)| = \begin{vmatrix} 1 & 0 \\ 0 & 1 \end{vmatrix} = 1 > 0$, かつ，$f_{xx}(0,0) = 1 > 0$．よって，$(0,0)$ で極小となり，極小値 $f(0,0) = 0$．

(2) $f = x^2 + y^2$, $f_x = 2x$, $f_y = 2y$ $\therefore f_x = f_y = 0$ より，$(x,y) = (0,0)$．点 $(0,0)$ が極値をとる点の候補である．

$f_{xx} = 2$, $f_{xy} = 0$, $f_{yy} = 2$ より，$|H(0,0)| = \begin{vmatrix} 2 & 0 \\ 0 & 2 \end{vmatrix} = 4 > 0$, かつ，$f_{xx}(0,0) = 2 > 0$．よって，$(0,0)$ で極小となり，極小値 $f(0,0) = 0$．

(3) $f = \sqrt{x^2+y^2}$ は $(0,0)$ で偏微分不可能なので，この枠組みでは求めることができない．$(0,0)$ 以外では偏微分可能で，$f_x = \frac{x}{\sqrt{x^2+y^2}}$, $f_y = \frac{y}{\sqrt{x^2+y^2}}$

よって，$f_x = f_y = 0$ を満たす $(x, y) \neq (0,0)$ はない[3].

(4) $f = x^2 - y^2$, $f_x = 2x$, $f_y = -2y \therefore f_x = f_y = 0$ より，$(x, y) = (0,0)$. 点 $(0,0)$ が極値をとる点の候補である.

$f_{xx} = 2$, $f_{xy} = 0$, $f_{yy} = -2$ より，$|H(0,0)| = \begin{vmatrix} 2 & 0 \\ 0 & -2 \end{vmatrix} = -4 < 0$. よって，$(0,0)$ では極値とならない．実際，鞍点（saddle point）となっている.

例 3.6.2 次の関数の極値を求めよ.

(1) $f(x, y) = 4x^2 - 8xy + 5y^2 + 4x + 6y + 21$

(2) $f(x, y) = x^3 + y^3 - 3x - 12y + 20$

解 方法は上の例 3.6.1 と同じである.

(1) $f_x = 8x - 8y + 4$, $f_y = -8x + 10y + 6$

$f_x = f_y = 0$ とおけば，x, y の連立 1 次方程式となって，それを解けば，$(x, y) = (-\frac{11}{2}, -5)$. これが極値をとる点の候補である.

十分条件を確かめるために，2 階の偏導関数を求める．$f_{xx} = 8$, $f_{xy} = -8$, $f_{yy} = 10$ なので，$|H(-\frac{11}{2}, -5)| = \begin{vmatrix} 8 & -8 \\ -8 & 10 \end{vmatrix} = 80 - 64 > 0$, かつ，$f_{xx}(-\frac{11}{2}, -5) = 8 > 0$. よって，点 $(-\frac{11}{2}, -5)$ で極小となり，極小値 $f(-\frac{11}{2}, -5) = -5$ である.

(2) $f_x = 3x^2 - 3$, $f_y = 3y^2 - 12$

$f_x = f_y = 0$ とおけば，$f_x = 0$ から，$x = \pm 1$. $f_y = 0$ から，$y = \pm 2$. よって，極値をとる点の候補は 4 点 $(x, y) = (1, 2), (1, -2)\,(-1, 2), (-1, -2)$ である.

十分条件を調べるため，$f_{xx} = 6x$, $f_{xy} = 0$, $f_{yy} = 6y$ より，

(i) 点 $(1, 2)$ で，$|H(1,2)| = \begin{vmatrix} 6 & 0 \\ 0 & 12 \end{vmatrix} = 6 \times 12 > 0$, かつ，$f_{xx}(1,2) = 6 > 0$. よって，点 $(1, 2)$ で極小となり，極小値 $f(1, 2) = 2$ を得る.

(ii) 点 $(1, -2)$ で，$|H(1,-2)| = \begin{vmatrix} 6 & 0 \\ 0 & -12 \end{vmatrix} = -6 \times 12 < 0$ なので，極値をとらない.

(iii) 点 $(-1, 2)$ で，(ii) と同様に，極値をとらない.

(iv) 点 $(-1, -2)$ で，$|H(-1,-2)| = \begin{vmatrix} -6 & 0 \\ 0 & -12 \end{vmatrix} = 6 \times 12 > 0$, かつ，$f_{xx}(-1, -2) = -6 < 0$. よって，点 $(-1, -2)$ で極大となり，極大値 $f(-1, -2) = 38$ である.

---

[3] グラフから，$(0,0)$ で極小である．それを理論的に調べるには，任意の小さな (h, k) に対し，$f(h, k) > f(0,0)$ を示せばよい．$f(h,k) = \sqrt{h^2 + k^2} > 0 = f(0,0)$ なので極小である.

もう1つ例をやってみよう．$f_x = f_y = 0$ を解くとき少し丁寧さを要する．

例 3.6.3　$f(x,y) = x^3 - 3axy + y^3$（$a$ は正定数）の極値を求めよ．

解　$f_x = 3x^2 - 3ay$, $f_y = -3ax + 3y^2$. $f_x = f_y = 0$ から, $x^2 = ay$, $ax = y^2$. 連立2次の方程式なので,代入法で解く．$y = \frac{x^2}{a}$ を $f_y = 0$ に代入して, $ax = \frac{x^4}{a^2}$. 整理して，$x(x^3 - a^3) = x(x-a)(x^2 + ax + a^2) = 0 \therefore x = 0, a$．このとき，$y = 0, a$．よって，極値をとる点の候補は $(0,0), (a,a)$ の2点である．

十分条件を調べる．$f_{xx} = 6x$, $f_{xy} = -3a$, $f_{yy} = 6y$ より，

(i) 点 $(0,0)$ で，$|H(0,0)| = \begin{vmatrix} 0 & -3a \\ -3a & 0 \end{vmatrix} = -9a^2 < 0$ なので，極値をとらない．

(ii) 点 (a,a) で, $|H(a,a)| = \begin{vmatrix} 6a & -3a \\ -3a & 6a \end{vmatrix} = 36a^2 - 9a^2 > 0$, かつ, $f_{xx}(a,a) = 6a > 0$．よって，点 (a,a) で極小となり，極小値 $f(a,a) = -a^3$ を得る．

3.7　条件付極値問題

条件付極値問題　制約条件 $g(x,y) = 0$ のもとで，$z = f(x,y)$ の極値を求めよ．

この問題をこの節で考えてみよう．直感的には，図3.8のような状況で極値を求めるもので，この図では $(a,b)\,(g(a,b) = 0)$ で極大値 $f(a,b)$ をとることになる．正確には陰関数定理と呼ばれる定理が必要であり，十分条件の考察もいるが，それらは第4章で扱い，この節では必要条件としてのラグランジュ (Lagrange) の未定乗数法を解説しよう．

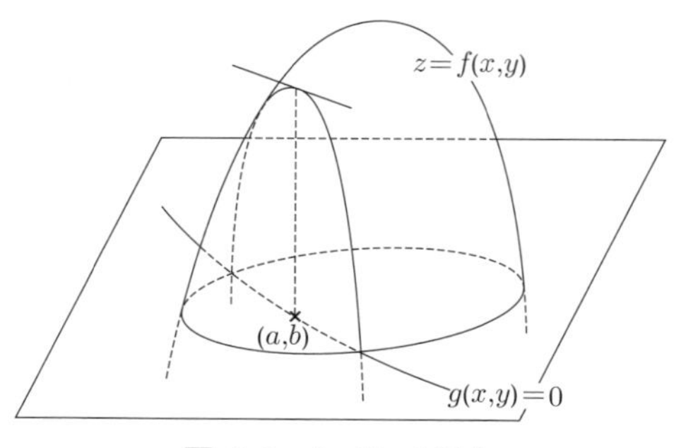

図 **3.8**　(a,b) で極大

$g(x,y)=0$ から，y について解いて（$g_y \neq 0$ が成り立てば y について解けるというのが陰関数定理である），

$$y=\phi(x), \quad g(x,\phi(x))=0$$

を得る．$f(x,y)$ に代入して，

$$z=f(x,\phi(x))$$

の極値を求めることになる．これは見かけ上，1 変数 x の極値問題となっているので，微分して 0 とおく．

$$z'(x)=\frac{d}{dx}f(x,\phi(x))=f_x(x,\phi(x))+f_y(x,\phi(x))\cdot\phi'(x) \tag{3.7}$$

ここで，$\phi'(x)$ を求めるため，$g(x,\phi(x))=0$ の両辺を x で微分して，

$$g_x(x,\phi(x))+g_y(x,\phi(x))\cdot\phi'(x)=0 \quad \therefore \quad g_y \neq 0 \Rightarrow \phi'(x)=-\frac{g_x(x,\phi(x))}{g_y(x,\phi(x))} \tag{3.8}$$

よって，(3.7) から

$$z'(x)=\frac{d}{dx}f(x,\phi(x))=f_x(x,\phi(x))-f_y(x,\phi(x))\cdot\frac{g_x(x,\phi(x))}{g_y(x,\phi(x))} \tag{3.9}$$

$z'(x)=0$ とおいて，$x=a$ と $y=b=\phi(a)$，すなわち，$(x,y)=(x,\phi(x))=(a,b)$ が求まったとすれば，(3.9) から，

$$\frac{f_x(a,b)}{g_x(a,b)}=\frac{f_y(a,b)}{g_y(a,b)} \ (=\lambda_0 \text{ とおく})$$

分数式が得られたので，その値を λ とおいた．辺々それぞれ計算して，

$$\begin{aligned} f_x(a,b)-\lambda_0 g_x(a,b)&=0,\\ f_y(a,b)-\lambda_0 g_y(a,b)&=0,\\ \text{かつ} \qquad\qquad -g(a,b)&=0 \end{aligned} \tag{3.10}$$

(3.10) の最後の式は，(a,b) は制約条件 $g(x,y)=0$ を満たすのでわざわざマイナスの符号をつけ，書き加えた．その結果，(a,b,λ_0) が 3 つの方程式の解として得られることがわかった．導く途中では必要であった $g_y(x,y)\neq 0$ が，この段階ではもはや見かけ上必要なくなっていることに注意しよう．

さらに，(3.10) は

$$L(x, y, \lambda) = f(x, y) - \lambda g(x, y) \tag{3.11}$$

とおけば，(a, b, λ_0) で，

$$\frac{\partial L}{\partial x} = \frac{\partial L}{\partial y} = \frac{\partial L}{\partial \lambda} = 0 \tag{3.12}$$

となっている．(3.10) の第3式にマイナスをつけた所以である．(3.11), (3.12) から極値をとる点の候補（必要条件!）が求まるわけであるが，このような方法を**ラグランジュの未定乗数法**といい，λ を**ラグランジュの未定乗数**という．まとめると，以下のようになる．

<u>ラグランジュの未定乗数法</u>　$(a, b)\,(g(a, b) = 0)$ において，$z = f(x, y)$ が制約条件 $g(x, y) = 0$ のもとで極値をとるならば，(3.11) で定義される $L(x, y, \lambda)$ は，(a, b) および λ_0 で，$\frac{\partial L}{\partial x} = \frac{\partial L}{\partial y} = \frac{\partial L}{\partial \lambda} = 0$ を満たす．すなわち，

$$\begin{cases} \dfrac{\partial L}{\partial x}(a, b, \lambda_0) = & f_x(a, b) - \lambda_0 g_x(a, b) = 0, \\ \dfrac{\partial L}{\partial y}(a, b, \lambda_0) = & f_y(a, b) - \lambda_0 g_y(a, b) = 0, \\ \dfrac{\partial L}{\partial \lambda}(a, b, \lambda_0) = & -g(a, b) = 0 \end{cases}$$

これは必要条件である．十分条件は**縁付ヘッセ行列式**（Bordered Hessian）を

$$|B(a, b, \lambda_0)| = \begin{vmatrix} 0 & g_x(a, b, \lambda_0) & g_y(a, b, \lambda_0) \\ g_x(a, b, \lambda_0) & L_{xx}(a, b, \lambda_0) & L_{xy}(a, b, \lambda_0) \\ g_y(a, b, \lambda_0) & L_{yx}(a, b, \lambda_0) & L_{yy}(a, b, \lambda_0) \end{vmatrix}$$

と定義し，その正負によって，次のように判別される．

<u>条件付極値問題の十分条件</u>

(i)　$|B(a, b, \lambda_0)| < 0 \;\Rightarrow\;$ f は (a, b) で極小,

(ii)　$|B(a, b, \lambda_0)| > 0 \;\Rightarrow\;$ f は (a, b) で極大

詳しくは第4章 4.10–4.11 節を参照し，3次の行列式の計算は第4章 4.12 節を参照せよ．

例 3.7.1 $3x + y = 4$ のもとで，$z = 3x^2 + y^2 - 6$ の極値を求めよ．

解 1 この問題では，ラグランジュの未定乗数法を用いずに，初等的な方法で解ける．制約条件から，$y = 4 - 3x$. z に代入して

$$z = 3x^2 + (4-3x)^2 - 6 = 12x^2 - 24x + 10 = 12(x-1)^2 - 2$$

よって，$x = 1$（したがって $y = 1$）のとき，極小値（最小値）-2 をとる．

解 2 ラグランジュの未定乗数法を使えば，$g = 3x + y - 4 = 0$ なので，

$$L(x, y, \lambda) = 3x^2 + y^2 - 6 - \lambda(3x + y - 4)$$

とおくと，

$$\begin{aligned} L_x &= 6x - 3\lambda = 0 & \cdots ① \\ L_y &= 2y - \lambda = 0 & \cdots ② \\ L_\lambda &= -(3x + y - 4) = 0 & \cdots ③ \end{aligned}$$

を満たす (x, y, λ) が極値をとる点の候補になる．①，②より，$x = \frac{\lambda}{2}$, $y = \frac{\lambda}{2}$. ③に代入して，$\frac{3\lambda}{2} + \frac{\lambda}{2} - 4 = 0 \therefore \lambda = 2$. このとき，$x = 1, y = 1$ $\therefore (x, y, \lambda) = (1, 1, 2)$. ここで，$z = 3x^2 + y^2 - 6 \geq -6$ で，$x, y \to \pm\infty$ のとき $z \to +\infty$ なので，z は必ず最小値（極小値）をもつ．その候補の点が唯一つ得られたので，この点で最小値 $3 + 1 - 6 = -2$ をとる．

縁付行列式による十分条件を使うとすれば，

$$\begin{matrix} g_x = 3, & g_y = 1 \\ L_{xx} = 6, & L_{xy} = 0, \\ & L_{yy} = 2 \end{matrix} \quad \therefore \quad |B(1,1,2)| = \begin{vmatrix} 0 & 3 & 1 \\ 3 & 6 & 0 \\ 1 & 0 & 2 \end{vmatrix} = -6 - 18 < 0$$

ゆえに，点 $(1, 1)$ で極小となる（図 3.9 参照）．$\lambda = 2$ の役割は節末に述べる．

例 3.7.2 $x^2 + y^2 = 1$ のもとで，$z = x^2 + 3xy + y^2$ の極値を求めよ．

解 ラグランジュの未定乗数法を使う．計算はやや難しくなる．

$$L(x, y, \lambda) = x^2 + 3xy + y^2 - \lambda(x^2 + y^2 - 1)$$

とおいて，

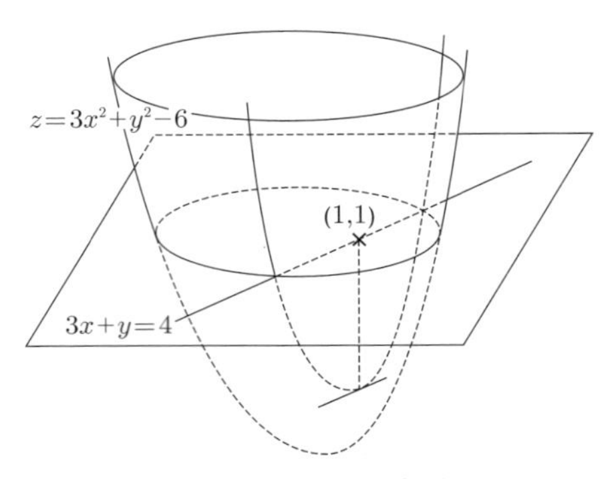

図 **3.9**　$(1,1)$ で極小

$$\begin{cases} L_x = 2x+3y-2\lambda x = 0 & \cdots ① \\ L_y = 3x+2y-2\lambda y = 0 & \cdots ② \\ L_\lambda = -(x^2+y^2-1) = 0 & \cdots ③ \end{cases}$$

を満たす (x,y,λ) を求める．連立 2 次方程式なので，基本的には代入法で解く．係数の特殊性を見て，①と②を加えると，

$$5(x+y)-2\lambda(x+y)=0,\quad (x+y)(5-2\lambda)=0$$

$\therefore x+y=0$ または $\lambda=\frac{5}{2}$.

(i) $y=-x$ のとき，③に代入して，$2x^2=1$, $x=\pm\frac{1}{\sqrt{2}}$, $y=\mp\frac{1}{\sqrt{2}}$. さらに，①に代入して $\lambda=-\frac{1}{2}$ $\therefore (x,y,\lambda)=(\pm\frac{1}{\sqrt{2}},\mp\frac{1}{\sqrt{2}},-\frac{1}{2})$.

(ii) $\lambda=\frac{5}{2}$ のとき，①に代入して，$3y-3x=0$, $y=x$. ③に代入して，$2x^2=1$, $x=\pm\frac{1}{\sqrt{2}}$, $y=\pm\frac{1}{\sqrt{2}}$ $\therefore (x,y,\lambda)=(\pm\frac{1}{\sqrt{2}},\pm\frac{1}{\sqrt{2}},\frac{5}{2})$.

（注：係数の特殊性を考えて解いたが，直接，①から，$\lambda=\frac{2x+3y}{2x}$（$x=0$ のときは①に代入して，$2\cdot 0+3y=2\lambda\cdot 0$, $y=0$ となって，③に代入すると矛盾するので，$x\neq 0$）．②に代入して，$3x+2y=\frac{(2x+3y)y}{x}$, $3x^2+2xy=2xy+3y^2$ $\therefore x^2=y^2$, $x=\pm y$ として求め，後は①や③に代入すればよい．）

(i)，(ii) より，4 点が極値をとる点の候補である．$\{(x,y);\, x^2+y^2=1\}$ は $\mathbf{R}^2$ の有界閉集合で（境界だけの集合になっていて閉集合なのである），$z=x^2+3xy+y^2$ は連続関数なので，最大最小の定理（定理 3.1.1）から必ず最大値と最小値をもつ．

$$(x,y)=\left(\pm\frac{1}{\sqrt{2}},\mp\frac{1}{\sqrt{2}}\right)\left(\lambda=-\frac{1}{2}\right)\text{のとき，}z=\frac{1}{2}-3\cdot\frac{1}{2}+\frac{1}{2}=-\frac{1}{2}$$
$$(x,y)=\left(\pm\frac{1}{\sqrt{2}},\pm\frac{1}{\sqrt{2}}\right)\left(\lambda=\frac{5}{2}\right)\text{のとき，}z=\frac{1}{2}+3\cdot\frac{1}{2}+\frac{1}{2}=\frac{5}{2}$$

よって，最大値 $\frac{5}{2}$，最小値 $-\frac{1}{2}$ を得た．

縁付行列式を使うとすれば，

$$\begin{array}{ll} g_x=2x, & g_y=2y \\ L_{xx}=2-2\lambda, & L_{xy}=3 \\ & L_{yy}=2-2\lambda \end{array} \quad \therefore \quad \left|B\left(\frac{1}{\sqrt{2}},\frac{1}{\sqrt{2}},\frac{5}{2}\right)\right|=\begin{vmatrix} 0 & \frac{2}{\sqrt{2}} & \frac{2}{\sqrt{2}} \\ \frac{2}{\sqrt{2}} & -3 & 3 \\ \frac{2}{\sqrt{2}} & 3 & -3 \end{vmatrix}=24>0$$

より，点 $(\frac{1}{\sqrt{2}},\frac{1}{\sqrt{2}})$ で極大となる．その他も同様である．

（**注**　この問題も，たとえば，$(x,y)=(\cos\theta,\sin\theta)$，$0\leq\theta<2\pi$ とおく初等的な方法もあるが，$g(x,y)=0$ の形に大きく依存するので，一般的な解法とはならない．）

ラグランジュの未定乗数 λ について　制約条件 $g(x,y)=c$ のもとで，$z=f(x,y)$ の極値を求めたとしよう．その解は c に依存し，

$$\text{点}\ (x,y,\lambda)=(x(c),y(c),\lambda(c))\ \text{で，極値}\ \ z(c)=f(x(c),y(c))\ \ \text{をとる}$$
$$\Rightarrow\quad \frac{dz(c)}{dc}=\frac{d}{dc}f(x(c),y(c))=\lambda(c) \tag{♭}$$

(♭) の証　$L(x,y,\lambda)=f(x,y)-\lambda(g(x,y)-c)$ とおくとき，仮定から，$(x,y,\lambda)=(x(c),y(c),\lambda(c))$ は $L_x=L_y=L_\lambda=0$ を満たすので，

$$\begin{cases} f_x(x(c),y(c))-\lambda(c)g_x(x(c),y(c))=0 & \cdots ① \\ f_y(x(c),y(c))-\lambda(c)g_y(x(c),y(c))=0 & \cdots ② \\ \qquad\qquad -(g(x(c),y(c))-c)=0 & \cdots ③ \end{cases}$$

合成関数の微分法（定理 3.5.1）を用いて，③の両辺を c で微分して整理すると，

$$g_x(x(c),y(c))\frac{dx(c)}{dc}+g_y(x(c),y(c))\frac{dy(c)}{dc}=1 \quad \cdots ④$$

そこで，①，②および④を使うと，

$$\begin{aligned} \frac{dz(c)}{dc} &= \frac{d}{dc}f(x(c),y(c)) \\ &= f_x(x(c),y(c))\frac{dx(c)}{dc}+f_y(x(c),y(c))\frac{dy(c)}{dc} \end{aligned}$$

$$
\begin{aligned}
&= \lambda(c)g_x(x(c),y(c))\frac{dx(c)}{dc} + \lambda(c)g_y(x(c),y(c))\frac{dy(c)}{dc} \\
&= \lambda(c)\left[g_x(x(c),y(c))\frac{dx(c)}{dc} + g_y(x(c),y(c))\frac{dy(c)}{dc}\right] \\
&= \lambda(c)
\end{aligned}
$$

を得る．　証終

制約条件 $g(x,y)=0$ のもとで，$z=f(x,y)$ が (a,b) で極大値 $f(a,b)$ をとるとする（図 3.8 参照）．$g(x,y)=0$ を，$g(x,y)=c$ $(c>0)$ に少し変化させると，極大値をとる点 (a,b) も $(a(c),b(c))$ に少し移動して，極大値 $z(c)=f(a(c),b(c))$ をとる．等式 $\frac{dz(c)}{dc}=\lambda(c)$ は，$\lambda=\lambda(0)>0$ であれば極大値が増加し，$\lambda=\lambda(0)<0$ であれば減少することを示している．

3.8 2変数関数の凸性，凹性，準凸性，準凹性

まず，2 変数関数が凸関数であることの定義からスタートする．

定義 3.8.1 $\mathbf{R}^2$ の凸集合 D で定義された実数値関数 $f: D \mapsto \mathbf{R}$ が**凸関数**（convex function）であるとは $\forall a=(a_1,a_2)$，$\forall b=(b_1,b_2)\in D$，$0<\forall\theta<1$,

$$
\begin{aligned}
f(\theta a+(1-\theta)b) &= f(\theta a_1+(1-\theta)b_1,\ \theta a_2+(1-\theta)b_2) \\
&\leq \theta f(a)+(1-\theta)f(b) \\
&= \theta f(a_1,a_2)+(1-\theta)f(b_1,b_2) \qquad (3.13)
\end{aligned}
$$

であることをいう．

(3.13) で不等号 $\leq$ を $\geq$ としたものを**凹関数**（concave function），$<$ としたものを**狭義の凸関数**（strictly convex function），$>$ としたものを**狭義の凹関数**（strictly concave function）ということは 1 変数の場合と同様である（2.3 参照）．

1 変数関数の場合と同様にエピグラフを $\mathrm{epi}(f)=\{(x,y,z)\in\mathbf{R}^3 | z \geq f(x,y)\}$ で定めると，f が凸関数であることと $\mathrm{epi}(f)$ が $\mathbf{R}^3$ の凸集合であるこ

とは同値である（注意 2.3.1 参照）.

定義 3.8.2　$\mathbf{R}^2$ の凸集合 D で定義された実数値関数 $f : D \to \mathbf{R}$ が**準凸関数**（quasi convex function）であるとは $\forall a = (a_1, a_2)$, $\forall b = (b_1, b_2) \in D$, $0 < \forall\theta < 1$,

$$\begin{aligned} f(\theta a + (1-\theta)b) &= f(\theta a_1 + (1-\theta)b_1, \theta a_2 + (1-\theta)b_2) \\ &\leq \max\{f(a) = f(a_1, a_2), f(b) = f(b_1, b_2)\} \end{aligned} \tag{3.14}$$

であることをいう.

(3.14) で max を min と読み替え，不等号の逆転する不等式

$$f(\theta a + (1-\theta)b) \geq \min\{f(a), f(b)\} \tag{3.15}$$

を満たす関数 f は**準凹関数**（quasi concave function）と呼ばれる．また, (3.14), (3.15) で，不等号が等号なしの真に不等式となる場合は**狭義の準凸**（strictly quasi convex），あるいは**狭義の準凹**（strictly quasi concave）という.

この定義から，f が狭義の準凸であれば準凸であり，狭義の準凹であれば準凹であることがわかる.

また，1 変数の場合と同様，凸関数と準凸関数，凹関数と準凹関数に関して，次の定理が成り立つ.

定理 3.8.1　D を $\mathbf{R}^2$ の凸集合とするとき
f が D で凸であれば，f は D で準凸である.
f が D で凹であれば，f は D で準凹である.
f が D で狭義の凸であれば，f は D で狭義の準凸である.
f が D で狭義の凹であれば，f は D で狭義の準凹である.

1 変数の場合と同様，f が準凸関数（準凹関数）の場合，次の性質が成り立つ.

定理 3.8.2

f が準凸関数であることと，$\{(x,y)|f(x,y) \leq c\}$ $(\forall c \in R)$ が凸集合であることは同値である．
f が準凹関数であることと，$\{(x,y)|f(x,y) \geq c\}$ $(\forall c \in R)$ が凸集合であることは同値である．
f が狭義の準凸関数であることと，$\{(x,y)|f(x,y) < c\}$ $(\forall c \in R)$ が凸集合であることは同値である．
f が狭義の準凹関数であることと，$\{(x,y)|f(x,y) > c\}$ $(\forall c \in R)$ が凸集合であることは同値である．

証明は，1 変数と同様である．

練習 3.8.1　**定理 3.8.2** を証明せよ．

例 3.8.1　次の関数は，$\mathbf{R}^2$ 全体で凹ではないが狭義の準凹である．

$$f(x,y) = e^{-\frac{x^2+y^2}{2}}$$

解　まず，$(0,0)$ と $(\frac{1}{2},\frac{1}{2})$ をつなぐ線上で f は狭義の凹を示し，つぎに，$(2,2)$ と $(3,3)$ をつなぐ線上で狭義の凸を示す．そうすれば，f は $\mathbf{R}^2$ 全体では凸でも凹でもないことがわかる．実際，

$f(0,0)=1$，$f(\frac{1}{2},\frac{1}{2}) = e^{-\frac{1}{4}}$，$f(\theta 0 + (1-\theta)\frac{1}{2}, \theta 0 + (1-\theta)\frac{1}{2}) = e^{-\frac{1}{4}(1-\theta)^2}$ で，$0 < \theta < 1$ のとき，

$$\theta f(0,0) + (1-\theta) f(\frac{1}{2},\frac{1}{2}) < f(\theta 0 + (1-\theta)\frac{1}{2}, \theta 0 + (1-\theta)\frac{1}{2})$$

を示す．$g(\theta) = e^{-\frac{1}{4}(1-\theta)^2} - \theta \cdot 1 - (1-\theta)e^{-\frac{1}{4}}$ とおくと，$g'(\theta) = \frac{1}{2}(1-\theta)e^{-\frac{1}{4}(1-\theta)^2} - 1 + e^{-\frac{1}{4}}$，$g''(\theta) = \{-\frac{1}{2} + \frac{1}{4}(1-\theta)^2\}e^{-\frac{1}{4}(1-\theta)^2}$．よって，$g(0) = g(1) = 0$ かつ $g''(\theta) < 0\,(0 < \theta < 1)$ より，$g(\theta) > 0\,(0 < \theta < 1)$ である．

同様に，$f(2,2) = e^{-4}$，$f(3,3) = e^{-9}$，$f(\theta 2 + (1-\theta)3, \theta 2 + (1-\theta)3) = e^{-(3-\theta)^2}$ で，$0 < \theta < 1$ のとき，

$$\theta f(2,2) + (1-\theta) f(3,3) > f(\theta 2 + (1-\theta)3, \theta 2 + (1-\theta)3)$$

を示す．$h(\theta) = \theta e^{-4} + (1-\theta)e^{-9} - e^{-(3-\theta)^2}$ とおくと，$h'(\theta) = e^{-4} - e^{-9} -$

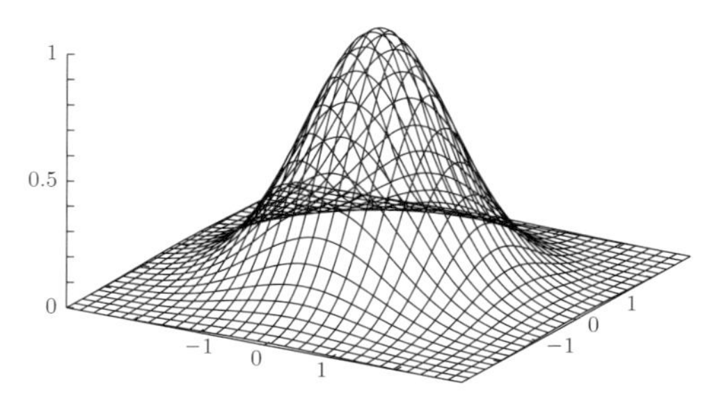

図 3.10　凹ではないが狭義の準凹である関数

$2(3-\theta)e^{-(3-\theta)^2}$, $h''(\theta) = \{2-4(3-\theta)^2\}e^{-(3-\theta)^2}$．よって，$h(0) = h(1) = 0$ かつ $h''(\theta) < 0\,(0 < \theta < 1)$ より，$h(\theta) > 0\,(0 < \theta < 1)$ である．よって，f は $\mathbf{R}^2$ 全体では凸でも凹でもない．

一方，$f_x(0,0) = f_y(0,0) = 0$, $f_{xx}(0,0) = -1 < 0$, $\begin{vmatrix} f_{xx}(0,0) & f_{xy}(0,0) \\ f_{yx}(0,0) & f_{yy}(0,0) \end{vmatrix}$ $= \begin{vmatrix} -1 & 0 \\ 0 & -1 \end{vmatrix} = 1 > 0$ であるから，$f(0,0) = 1$ は極大値である．

ここで，$D = \{(x,y)|f(x,y) > c\}(\forall c \in R)$ について考察する．$f(x,y) = e^{-\frac{x^2+y^2}{2}}$ であり，$v = f(u) = e^u \quad (u = f^{-1}(v) = \log v)$ は単調増加であるから，$D = \{(x,y)|f(x,y) > c\} = \{(x,y)|\log f(x,y) > \log c\}$，すなわち，$D = \{(x,y)| -\frac{x^2+y^2}{2} > \log c\} = \{(x,y)|x^2+y^2 < -2\log c\}$ c は $0 < c \leq 1$ の範囲で考察すればよい（このとき，$\log c < 0$，すなわち，$-2\log c > 0$ ）．なぜなら，f の極大値は 1 で，f の形から，これは最大値なので，$f(x,y) \leq 1$ すなわち $\log f(x,y) \leq 0$ であるからである ($c \geq 0$ のときは，$D = \emptyset$ である)．したがって，$\forall c \in R$ で D は空集合の場合を含め円となる．すなわち，D は凸集合である．よって，f は狭義の準凹関数である（図 3.10）．

練習 3.8.2　次の関数 $f : \mathbf{R}^2 \to \mathbf{R}$ の凸性，凹性，準凸性，準凹性を調べよ．

$$f(x,y) = x^2 - y^2$$

3.9 経済学への応用—長期利潤の最適化問題（2変数の極値問題の応用）—

2.6 節で短期利潤の最適化問題について述べた．これは,「1 変数関数の極値問題」の応用であった．短期で考える場合は労働投入量のみを変数として扱った．

ここでは,「2 変数関数の極値問題」の応用としての「長期利潤の最適化問題」について述べる．長期で考える場合は労働投入量に加えて，資本投入量も変数として扱う．基本的な考え方は，短期の場合と同じく「生産者も消費者も合理的に行動する」ということである．いま，1 つの消費財を生産する生産者（企業など）について考える場合に，生産財の産出量を y とし，労働投入量を $\ell\ (\geq 0)$，労働 1 単位当たりのコスト（賃金）を $w\ (\geq 0$, 定数$)$，資本投入量を $k\ (\geq 0)$，資本 1 単位当たりのコスト（レンタル料）を $r\ (\geq 0$, 定数$)$ とし，生産した財はすべて価格 $p\ (> 0)$ で売れると仮定する．利潤は，(総収入) – (総費用) で求める．

長期利潤の最適化問題

$y = f(\ell, k)$：生産関数は ℓ に関して単調増加，k に関して単調増加（すなわち，労働投入量が増加すれば生産財の産出量が増加し，資本投入量が増加すれば生産財の産出量が増加すること）を仮定する（注：k も動く）．

利潤関数は

$$\Pi(\ell, k) = p \cdot y - w\ell - rk = pf(\ell, k) - w\ell - rk \tag{3.16}$$

である．$\Pi_\ell(\ell, k) = pf_\ell(\ell, k) - w$, $\Pi_k(\ell, k) = pf_k(\ell, k) - r$, $\Pi_{\ell\ell}(\ell, k) = pf_{\ell\ell}(\ell, k)$, $\Pi_{\ell k}(\ell, k) = pf_{\ell k}(\ell, k)$, $\Pi_{k\ell}(\ell, k) = pf_{k\ell}(\ell, k)$, $\Pi_{kk}(\ell, k) = pf_{kk}(\ell, k)$, $\Delta_2(\ell, k) = \begin{vmatrix} \Pi_{\ell\ell}(\ell, k) & \Pi_{\ell k}(\ell, k) \\ \Pi_{k\ell}(\ell, k) & \Pi_{kk}(\ell, k) \end{vmatrix}$ であるから，$\ell = \ell^*$, $k = k^*$ のとき $\Pi_\ell(\ell^*, k^*) = \Pi_k(\ell^*, k^*) = 0$, $\Delta_2(\ell^*, k^*) > 0$, $\Delta_1(\ell^*, k^*) = \Pi_{\ell\ell}(\ell^*, k^*) < 0$ であれば，$\Pi(\ell^*, k^*)$ が極大値である．

注 1：ここでは，2 階の条件は Π：凹関数を意味しているが，実は，Π は，準凹関数の条件を満たせばよい．

注 2：$y^* = f(\ell^*, k^*)$ とおくと，$\Pi(\ell^*, k^*) = pf(\ell^*, k^*) - w\ell^* - rk^* =$

$py^* - w\ell^* - rk^*$ である．このとき，ℓ^*, k^* は定数なので，y^* は p だけの関数として表すことができるが，

$$y^* = \frac{\Pi(\ell^*, k^*) + w\ell^* + rk^*}{p} = S(p) \tag{3.17}$$

と表すときの $S(p)$ を供給関数という．

例 3.9.1 労働投入量 ℓ (> 0) と資本投入量 k (> 0) の関数 $y = f(\ell, k)$ を生産関数とする．y は財の産出量である．いま，労働 1 単位あたりの賃金を w (> 0)，資本 1 単位当たりのレンタル料を r (> 0) とする．また，財は販売価格 p (> 0) ですべて売れるものとする．このとき，次の問に答えよ．

$f(\ell, k) = \ell^{\frac{1}{3}} k^{\frac{1}{4}}$, $p = 1$, $w = 3$, $r = 2$ のとき，利潤関数 $\Pi(\ell, k)$ を求めよ．また，最適労働・資本投入量 (ℓ^*, k^*) とそのときの生産量 y^*（y の最大値）を求めよ．

解 利潤関数は $\Pi(\ell, k) = p \cdot f(\ell, k) - w\ell - rk = 1 \cdot \ell^{\frac{1}{3}} k^{\frac{1}{4}} - 3\ell - 2k$ である．$\Pi_\ell(\ell, k) = \frac{1}{3}\ell^{-\frac{2}{3}} k^{\frac{1}{4}} - 3$, $\Pi_k(\ell, k) = \frac{1}{4}\ell^{\frac{1}{3}} k^{-\frac{3}{4}} - 2$, $\Pi_{\ell\ell}(\ell, k) = -\frac{2}{9}\ell^{-\frac{5}{3}} k^{\frac{1}{4}}$, $\Pi_{\ell k}(\ell, k) = \frac{1}{12}\ell^{-\frac{2}{3}} k^{-\frac{3}{4}}$, $\Pi_{k\ell}(\ell, k) = \frac{1}{12}\ell^{-\frac{2}{3}} k^{-\frac{3}{4}}$, $\Pi_{kk}(\ell, k) = -\frac{3}{16}\ell^{\frac{1}{3}} k^{-\frac{7}{4}}$.

極値の候補（必要条件を満たす点）を求める．$\Pi_\ell(\ell, k) = 0$, $\Pi_k(\ell, k) = 0$ とおくと，(1) $\ell^{-\frac{2}{3}} k^{\frac{1}{4}} = 9 = 3^2$, (2) $\ell^{\frac{1}{3}} k^{-\frac{3}{4}} = 8 = 2^3$ゆえに (3) $\ell^{\frac{2}{3}} k^{-\frac{3}{2}} = (2^3)^2 = 2^6$．(1) $\times$ (3) として，$k^{-\frac{5}{4}} = 2^6 \cdot 3^2$, $k^{-5} = (2^6 \cdot 3^2)^4 = 2^{24} \cdot 3^8$, $k^5 = 2^{-24} \cdot 3^{-8}$ゆえに $k = 2^{-\frac{24}{5}} \cdot 3^{-\frac{8}{5}}$.

一方，$(2)^3$として $\ell \cdot k^{-\frac{9}{4}} = 8^3 = (2^3)^3 = 2^9$ より $\ell = k^{\frac{9}{4}} \cdot 2^9 = (2^{-\frac{24}{5}} \cdot 3^{-\frac{8}{5}})^{\frac{9}{4}} \cdot 2^9 = 2^{(-\frac{24}{5}\cdot\frac{9}{4}+9)} \cdot 3^{(-\frac{8}{5}\cdot\frac{9}{4})} = 2^{-\frac{9}{5}} \cdot 3^{-\frac{18}{5}}$.

よって，$(\ell^*, k^*) = (2^{-\frac{9}{5}} \cdot 3^{-\frac{18}{5}},\ 2^{-\frac{24}{5}} \cdot 3^{-\frac{8}{5}})$.

極値の判別をする．

$$\Delta_2(\ell^*, k^*) = \begin{vmatrix} \Pi_{\ell\ell}(\ell^*, k^*) & \Pi_{\ell k}(\ell^*, k^*) \\ \Pi_{k\ell}(\ell^*, k^*) & \Pi_{kk}(\ell^*, k^*) \end{vmatrix} = \begin{vmatrix} -\frac{2}{9}\ell^{*-\frac{5}{3}} k^{*\frac{1}{4}} & \frac{1}{12}\ell^{*-\frac{2}{3}} k^{*-\frac{3}{4}} \\ \frac{1}{12}\ell^{*-\frac{2}{3}} k^{*-\frac{3}{4}} & -\frac{3}{16}\ell^{*\frac{1}{3}} k^{*-\frac{7}{4}} \end{vmatrix}$$

$= (-\frac{2}{9}) \cdot (-\frac{3}{16})\ell^{*-\frac{4}{3}} k^{*-\frac{6}{4}} - (\frac{1}{12})^2 \ell^{*-\frac{4}{3}} k^{*-\frac{6}{4}} = (\frac{1}{24} - \frac{1}{144})\ell^{*-\frac{4}{3}} k^{*-\frac{6}{4}} > 0$, $\Delta_1(\ell^*, k^*) = \Pi_{\ell\ell}(\ell^*, k^*) = -\frac{2}{9}\ell^{*-\frac{5}{3}} k^{*\frac{1}{4}} < 0$ より $\Pi(\ell, k)$ は凹（上に凸）だから，$\Pi(2^{-\frac{9}{5}} \cdot 3^{-\frac{18}{5}}, 2^{-\frac{24}{5}} \cdot 3^{-\frac{8}{5}})$ は極大値．そのときの生産量は，

$$\begin{aligned} y^* &= f(\ell^*, k^*) = (\ell^*)^{\frac{1}{3}} (k^*)^{\frac{1}{4}} = (2^{-\frac{9}{5}} \cdot 3^{-\frac{18}{5}})^{\frac{1}{3}} \cdot (2^{-\frac{24}{5}} \cdot 3^{-\frac{8}{5}})^{\frac{1}{4}} \\ &= 2^{(-\frac{9}{5})\cdot\frac{1}{3} + (-\frac{24}{5})\cdot\frac{1}{4}} \cdot 3^{(-\frac{18}{5})\cdot\frac{1}{3} + (-\frac{8}{5})\cdot\frac{1}{4}} = 2^{-\frac{3}{5}-\frac{6}{5}} \cdot 3^{-\frac{6}{5}-\frac{2}{5}} = 2^{-\frac{9}{5}} 3^{-\frac{8}{5}}. \end{aligned}$$

練習 3.9.1　労働投入量 ℓ (>0) と資本投入量 k (>0) の関数 $y=f(\ell,k)$ を生産関数とする．y は財の産出量である．いま，労働 1 単位あたりの賃金を w (>0)，資本 1 単位当たりのレンタル料を r (>0) とする．また，財は販売価格 p (>0) ですべて売れるものとする．このとき，次の問に答えよ．

(1)　$f(\ell,k)=\ell^{\frac{1}{3}}k^{\frac{1}{2}}$, $p=2$, $w=3$, $r=1$ のとき，利潤関数 $\Pi(\ell,k)$ を求めよ．また，最適労働・資本投入量 (ℓ^*,k^*) とそのときの生産量 y^*（y の最大値）を求めよ．

(2)　$f(\ell,k)=\ell^{\frac{1}{2}}k^{\frac{3}{4}}$, $p=4$, $w=2$, $r=3$ のとき，利潤関数 $\Pi(\ell,k)$ を求めよ．また，最適労働・資本投入量 (ℓ^*,k^*) とそのときの生産量 y^*（y の最大値）を求めよ．

例 3.9.2　$f(\ell,k)=\ell^{\frac{1}{2}}k^{\frac{1}{3}}$, $w=1$, $r=2$ のとき，供給関数 $y^*(p)$ を求めよ（y^* を p の関数として表せ）．

解　利潤関数は $\Pi(\ell,k)=p\cdot f(\ell,k)-w\ell-rk=p\cdot\ell^{\frac{1}{2}}k^{\frac{1}{3}}-\ell-2k$ である．$\Pi_\ell(\ell,k)=\frac{1}{2}p\ell^{-\frac{1}{2}}k^{\frac{1}{3}}-1$, $\Pi_k(\ell,k)=\frac{1}{3}p\ell^{\frac{1}{2}}k^{-\frac{2}{3}}-2$, $\Pi_{\ell\ell}(\ell,k)=-\frac{1}{4}p\ell^{-\frac{3}{2}}k^{\frac{1}{3}}$, $\Pi_{\ell k}(\ell,k)=\frac{1}{6}p\ell^{-\frac{1}{2}}k^{-\frac{2}{3}}$, $\Pi_{k\ell}(\ell,k)=\frac{1}{6}p\ell^{-\frac{1}{2}}k^{-\frac{2}{3}}$, $\Pi_{kk}(\ell,k)=-\frac{2}{9}p\ell^{\frac{1}{2}}k^{-\frac{5}{3}}$.

極値の候補 (必要条件を満たす点) を求める．$\Pi_\ell(\ell,k)=0,\ \Pi_k(\ell,k)=0\Longrightarrow$ (1) $\ell^{-\frac{1}{2}}k^{\frac{1}{3}}p=2$, (2) $\ell^{\frac{1}{2}}k^{-\frac{2}{3}}p=6$. (1) $\times$ (2)：$k^{-\frac{1}{3}}p^2=12$ ゆえに $k^{\frac{1}{3}}=\frac{p^2}{2^2\cdot 3}$, $k=\frac{p^6}{2^6\cdot 3^3}$.

一方 (1) より $\ell^{-\frac{1}{2}}k^{\frac{1}{3}}p=2$ だから $\ell^{\frac{1}{2}}=\frac{p}{2}\cdot k^{\frac{1}{3}}=\frac{p\cdot p^2}{2\cdot 2^2\cdot 3}$ よって $\ell=\frac{p^6}{2^6\cdot 3^2}$. $(\ell^*,k^*)=\left(\frac{p^6}{2^6\cdot 3^2},\frac{p^6}{2^6\cdot 3^3}\right)$.

極値の判別をする．

$$\Delta_2(\ell^*,k^*)=\begin{vmatrix}\Pi_{\ell\ell}(\ell^*,k^*) & \Pi_{\ell k}(\ell^*,k^*)\\ \Pi_{k\ell}(\ell^*,k^*) & \Pi_{kk}(\ell^*,k^*)\end{vmatrix}=\begin{vmatrix}-\frac{1}{4}p\ell^{*-\frac{3}{2}}k^{*\frac{1}{3}} & \frac{1}{6}p\ell^{*-\frac{1}{2}}k^{*-\frac{2}{3}}\\ \frac{1}{6}p\ell^{*-\frac{1}{2}}k^{*-\frac{2}{3}} & -\frac{2}{9}p\ell^{*\frac{1}{2}}k^{*-\frac{5}{3}}\end{vmatrix}$$

$=(\frac{8}{9})\ell^{*-1}k^{*-\frac{4}{3}}p^2-(\frac{1}{36})\ell^{*-1}k^{*-\frac{4}{3}}p^2>0$,

$\Delta_1(\ell^*,k^*)=\Pi_{\ell\ell}(\ell^*,k^*)=-\frac{1}{4}p\ell^{*-\frac{3}{2}}k^{*\frac{1}{3}}<0$ より $\Pi(\ell,k)$ は凹（上に凸）だから，$\Pi\left(\frac{p^6}{2^6\cdot 3^2},\frac{p^6}{2^6\cdot 3^3}\right)$ は極大値．このとき供給関数は，$y^*(p)=f(\ell^*,k^*)=(\ell^*)^{\frac{1}{2}}(k^*)^{\frac{1}{3}}=\left(\frac{p^6}{2^6\cdot 3^2}\right)^{\frac{1}{2}}\cdot\left(\frac{p^6}{2^6\cdot 3^3}\right)^{\frac{1}{3}}=\frac{p^3}{2^3\cdot 3}\cdot\frac{p^2}{2^2\cdot 3}=\frac{p^5}{2^5\cdot 3^2}$.

練習 3.9.2　$f(\ell,k)=\ell^{\frac{2}{5}}k^{\frac{1}{2}}$, $w=2$, $r=3$ のとき，供給関数 $y^*(p)$ を求めよ（y^* を p の関数として表せ）．

3.10 経済学への応用—条件付効用極大化問題（2 変数の条件付極値問題の応用）—

予算制約の下で 2 種の財を消費し効用を極大化する問題は，「2 変数関数の条件付極値問題」の応用であり「条件付効用極大化問題」と呼ばれる．基本的な考え方は，与えられた制約条件の下で「効用を得ようとする個人は合理的に行動する」ということである．効用は，効用関数により決定される．

条件付効用極大化問題

財 X の消費量 x と財 Y の消費量 y に対し，x, y に関する制約条件 $g(x,y)=0$ のもとで効用関数 $f(x,y)$ を極大化するという問題を考える．個人は予算制約の下で効用を極大にするように財 X と財 Y の消費量を決定すると仮定すると，これは，2 変数の条件付極値問題の応用であり，ラグランジュの未定乗数法を用いて次のように解かれる．

ラグランジュ関数

$$\mathcal{L}(x,y,\lambda) = f(x,y) - \lambda g(x,y) \tag{3.18}$$

とおく．

$$\begin{aligned}
\mathcal{L}_x(x,y,\lambda) &= f_x(x,y) - \lambda g_x(x,y) \\
\mathcal{L}_y(x,y,\lambda) &= f_y(x,y) - \lambda g_y(x,y) \\
\mathcal{L}_\lambda(x,y,\lambda) &= -g(x,y) \\
|B(x,y,\lambda)| &= \begin{vmatrix} 0 & g_x(x,y) & g_y(x,y) \\ g_x(x,y) & \mathcal{L}_{xx}(x,y,\lambda) & \mathcal{L}_{xy}(x,y,\lambda) \\ g_y(x,y) & \mathcal{L}_{yx}(x,y,\lambda) & \mathcal{L}_{yy}(x,y,\lambda) \end{vmatrix}
\end{aligned}$$

ここで，$x=x^*$，$y=y^*$，$\lambda=\lambda^*$ のとき，$\mathcal{L}_x(x^*,y^*,\lambda^*) = \mathcal{L}_y(x^*,y^*,\lambda^*) = \mathcal{L}_\lambda(x^*,y^*,\lambda^*) = 0$, $|B(x^*,y^*,\lambda^*)| > 0$ であれば，$f(x^*,y^*)$ が極大値である．

例 3.10.1 財 X の消費量 x と財 Y の消費量 y に対して，効用関数 $f(x,y)$ は $f(x,y) = x^4 y$ である．ただし，$x>0$, $y>0$ とする．また，財 X の価格が

$P_x = 20$，財 Y の価格が $P_y = 10$ であり，所得は $I = 400$ とする．個人は予算制約の下で効用を極大にするように財 X と財 Y の消費量を決定する．このとき，次の問に答えよ．

(1) 予算制約式を求めよ．

(2) 効用極大化のためのラグランジュ関数 $\mathcal{L}$ を作成せよ．

(3) 効用極大化の必要条件（1 階の条件）を示せ．

(4) (3) を満たす (x, y) を求めよ．

(5) (4) の解が効用極大化の十分条件（2 階の条件）を満たしていることを示せ．

解　(1) $20x + 10y = 400$，すなわち，$g(x, y) = 400 - 20x - 10y = 0$

注：$g(x, y) = 20x + 10y - 400 = 0$ としても正しい結果が得られる．

(2) $\mathcal{L} = f(x, y) - \lambda g(x, y) = x^4 y - \lambda(400 - 20x - 10y)$

注：(1) の注にあるように，$\mathcal{L} = f(x, y) - \lambda(20x + 10y - 400) = f(x, y) + \lambda(400 - 20x - 10y)$ としても，正しい結果が得られるが，ラグランジュ乗数 λ の値の符号は逆になる．

(3) $\mathcal{L}_x = 4x^3 y + 20\lambda = 0$　　(A)

$\mathcal{L}_y = x^4 + 10\lambda = 0$　　(B)

$\mathcal{L}_\lambda = -(400 - 20x - 10y) = 0$　　(C)

(4) (B) より $\lambda = -\frac{x^4}{10}$

(A) に代入して，$4x^3 y - 2x^4 = 0$, $2x^3(2y - x) = 0$ ゆえに $x = 0$ または $y = \frac{1}{2}x$．仮定から $x > 0$ であるので，$y = \frac{1}{2}x$．(C) に代入して，$400 - 20x - 5x = 0$, $25x = 400$ ゆえに $x = 16$, $y = 8$, $\lambda = -\frac{65536}{10}$

この点は，(A)，(B)，(C) を満たす．$(x, y) = (16, 8)$．

(5) ラグランジュ関数の縁付ヘッセ行列式（Bordered Hessian）は

$$|B(x, y, \lambda)| = \begin{vmatrix} 0 & g_x(x, y) & g_y(x, y) \\ g_x(x, y) & \mathcal{L}_{xx}(x, y, \lambda) & \mathcal{L}_{xy}(x, y, \lambda) \\ g_y(x, y) & \mathcal{L}_{yx}(x, y, \lambda) & \mathcal{L}_{yy}(x, y, \lambda) \end{vmatrix}$$

$$= \begin{vmatrix} 0 & -20 & -10 \\ -20 & 12x^2 y & 4x^3 \\ -10 & 4x^3 & 0 \end{vmatrix}$$

$$= 800x^3 + 800x^3 - 1200x^2 y = 1600x^3 - 1200x^2 y$$

$$= 400x^2(4x-3y) = 400 \cdot 16^2 \cdot (64-24) > 0$$

よって，与えられた予算制約の下で f は，$(x,y)=(16,8)$ で極大値をとる（効用関数を極大化する）．

練習 3.10.1 財 X の消費量 x と財 Y の消費量 y に対して，効用関数 $f(x,y)$ は $f(x,y)=x^{\frac{1}{2}}y$ である．ただし，$x>0,\, y>0$ とする．また，財 X の価格が $P_x=5$，財 Y の価格が $P_y=3$ であり，所得は $I=60$ とする．個人は予算制約の下で効用を極大にするように財 X と財 Y の消費量を決定する．このとき，次の問に答えよ．

(1) 予算制約式を求めよ．
(2) 効用極大化のためのラグランジュ関数 $\mathcal{L}$ を作成せよ．
(3) 効用極大化の必要条件（1 階の条件）を示せ．
(4) (3) を満たす (x,y) を求めよ．
(5) (4) の解が効用極大化の十分条件（2 階の条件）を満たしていることを示せ．

3.11 回帰直線

第 3 章の統計学への応用および発展として，**回帰直線**について述べておこう．

家族の人数と水道料金には，一方が大きいときに他方も大きいという傾向があろう．また，気温とホット飲料の販売量には，一方が大きいときに他方が小さいという傾向があろう．一般に，n 組のデータの (x_i,y_i) $(i=1,2,\ldots,n)$ において，x_i と y_i の間に直線的な関係が見られるとき，x_i と y_i には**相関関係がある**という．データ (x_i,y_i) $(i=1,2,\ldots,n)$ を x-y 平面にプロットした図 3.11（これを散布図という）を考えるとき，相関が強ければ特定の直線に近い領域にデータが集中するであろう．その集中の度合いを**相関係数**と呼ぶ．いま，x_i と y_i の**平均**

$$\bar{x} = \frac{x_1+x_2+\cdots+x_n}{n} = \frac{1}{n}\sum_{i=1}^{n} x_i, \quad \bar{y} = \frac{y_1+y_2+\cdots+y_n}{n} = \frac{1}{n}\sum_{i=1}^{n} y_i \quad (3.19)$$

を座標にもつ点 $(\bar{x},\bar{y})$ を通り，傾きが a の直線 $y-\bar{y}=a(x-\bar{x})$ の近くにデータが集まっているかどうかで相関の強さや正負（図 3.11 (a), (b)）を測れることを示そう．平均からのずれの平方の平均

$$V_{xx} = \frac{1}{n}\sum_{i=1}^{n}(x_i-\bar{x})^2, \quad V_{yy} = \frac{1}{n}\sum_{i=1}^{n}(y_i-\bar{y})^2 \quad (3.20)$$

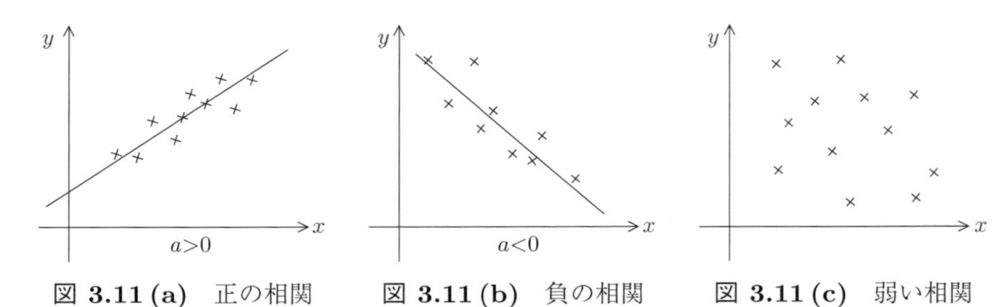

図 3.11 (a)　正の相関　　**図 3.11 (b)**　負の相関　　**図 3.11 (c)**　弱い相関

を**分散**（その平方根 $S_x = \sqrt{V_{xx}}$, $S_y = \sqrt{V_{yy}}$ を**標準偏差**）といい，それぞれのずれの積の平均

$$V_{xy} = \frac{1}{n}\sum_{i=1}^{n}(x_i - \bar{x})(y_i - \bar{y}) \tag{3.21}$$

を**共分散**という．分散 V_{xx}, V_{yy} は x_i も y_i も一定でなければつねに正である．以下では，$V_{xx} > 0, V_{yy} > 0$ を仮定する．共分散 V_{xy} は相関が強い場合には正（図 3.11 (a)（$a > 0$））または負（図 3.11 (b)（$a < 0$））で，相関が弱い場合（図 3.11 (c)）には，$(x_i - \bar{x})(y_i - \bar{y})$ は正負の両方が打ち消しあって 0 に近い数となることに注意しよう．いま，**相関係数** $r = r_{xy}$ を

$$r = r_{xy} = \frac{V_{xy}}{\sqrt{V_{xx}}\sqrt{V_{yy}}} = \frac{V_{xy}}{S_xS_y} = \frac{\displaystyle\sum_{i=1}^{n}(x_i - \bar{x})(y_i - \bar{y})}{\sqrt{\displaystyle\sum_{i=1}^{n}(x_i - \bar{x})^2}\sqrt{\displaystyle\sum_{i=1}^{n}(y_i - \bar{y})^2}} \tag{3.22}$$

で定義する（最後の式では n が約分されている）．データ (x_i, y_i) $(i = 1, 2, \ldots, n)$ がすべて $y_i - \bar{y} = a(x_i - \bar{x})$ という関係を満たせば，

$$r = \frac{a\displaystyle\sum_{i=1}^{n}(x_i - \bar{x})^2}{\sqrt{\displaystyle\sum_{i=1}^{n}(x_i - \bar{x})^2}\sqrt{a^2\displaystyle\sum_{i=1}^{n}(x_i - \bar{x})^2}} = \frac{a}{|a|} = \begin{cases} 1 & a > 0 \\ -1 & a < 0 \end{cases}$$

となり，相関が最も強い場合である．$a > 0$ のときは**正の相関関係がある**（図 3.11 (a)）といい，$a < 0$ のときは**負の相関関係がある**（図 3.11 (b)）という．図 3.11 (c) のような場合は V_{xy} が 0 に近い数となるので，r も 0 に近い数となる．

数学的には，シュワルツの不等式

$$|x_1y_1 + \cdots + x_ny_n| \leq \sqrt{x_1^2 + \cdots + x_n^2}\sqrt{y_1^2 + \cdots + y_n^2}$$

（この証明は 4.1 節を参照）により，$-1 \leq r \leq 1$ が得られる．通常，

$$\begin{cases} -1 \leq r \leq -0.7 & \Rightarrow \quad \text{負の相関が強い} \\ -0.2 \leq r \leq 0.2 & \Rightarrow \quad \text{ほとんど相関がない} \\ 0.7 \leq r \leq 1 & \Rightarrow \quad \text{正の相関が強い} \end{cases} \tag{3.23}$$

と分類される．

さて，相関が強いとき，データ $\{(x_i, y_i); i = 1, \ldots, n\}$ を 1 つの直線

$$y = ax + b$$

で最良の近似をすることを考えよう．以下で述べるその方法を**最小二乗法**といい，極値問題の 1 つの応用となっている．最小二乗法を使って得られる直線を**回帰直線**という．データ $\{(x_i, y_i); i = 1, \ldots, n\}$ を $y = ax + b$ で近似したとき，それぞれ誤差

$$(ax_i + b) - y_i$$

が出るが，その平方の和

$$Q = \sum_{i=1}^{n}(ax_i + b - y_i)^2 \tag{3.24}$$

が最小となるように a, b を選べばよいであろう．Q を 2 変数 (a, b) の関数と考え，その偏導関数

$$\frac{\partial Q}{\partial a} = \sum_{i=1}^{n} 2(ax_i + b - y_i) \cdot x_i = 2(a\sum_{i=1}^{n} x_i^2 + b\sum_{i=1}^{n} x_i - \sum_{i=1}^{n} x_iy_i) \tag{3.25}$$

$$\frac{\partial Q}{\partial b} = \sum_{i=1}^{n} 2(ax_i + b - y_i) \cdot 1 = 2(a\sum_{i=1}^{n} x_i + nb - \sum_{i=1}^{n} y_i) \tag{3.26}$$

を計算し，$\frac{\partial Q}{\partial a} = \frac{\partial Q}{\partial b} = 0$ を解いた $(a, b) = (\frac{V_{xy}}{V_{xx}}, \bar{y} - \frac{V_{xy}}{V_{xx}}\bar{x})$ が極値をとる点の候補である．実際，(3.26) から，(3.25) も使って

$$b = \frac{1}{n}\sum_{i=1}^{n} y_i - a \cdot \frac{1}{n}\sum_{i=1}^{n} x_i = \bar{y} - a\bar{x} \tag{3.27}$$

これを (3.25) に代入して，さらに n で割ると，

$$a \cdot \frac{1}{n}\sum_{i=1}^{n} x_i^2 + (\bar{y} - a\bar{x})\frac{1}{n}\sum_{i=1}^{n} x_i - \frac{1}{n}\sum_{i=1}^{n} x_i y_i = 0$$

ゆえに，

$$a\left(\frac{1}{n}\sum_{i=1}^{n} x_i^2 - \bar{x}^2\right) = \frac{1}{n}\sum_{i=1}^{n} x_i y_i - \bar{x}\bar{y} \tag{3.28}$$

ここで，(3.20), (3.21) から

$$V_{xx} = \frac{1}{n}\sum_{i=1}^{n}(x_i^2 - 2x_i\bar{x} + \bar{x}^2) = \frac{1}{n}\sum_{i=1}^{n} x_i^2 - 2\bar{x}\cdot\frac{1}{n}\sum_{i=1}^{n} x_i + \bar{x}^2 = \frac{1}{n}\sum_{i=1}^{n} x_i^2 - \bar{x}^2 \tag{3.29}$$

$$\begin{aligned} V_{xy} &= \frac{1}{n}\sum_{i=1}^{n}(x_i y_i - x_i\bar{y} - \bar{x}y_i + \bar{x}\bar{y}) \\ &= \frac{1}{n}\sum_{i=1}^{n} x_i y_i - \bar{y}\cdot\frac{1}{n}\sum_{i=1}^{n} x_i - \bar{x}\cdot\frac{1}{n}\sum_{i=1}^{n} y_i + \bar{x}\bar{y} = \frac{1}{n}\sum_{i=1}^{n} x_i y_i - \bar{x}\bar{y} \end{aligned} \tag{3.30}$$

より，(3.28) は $aV_{xx} = V_{xy}$ を表す．ゆえに，$a = V_{xy}/V_{xx}$．これを (3.27) に代入して，$b = \bar{y} - (V_{xy}/V_{xx})\bar{x}$ を得る．

さらに，極値をとるための十分条件を調べてみよう．(3.25)，(3.26) を偏微分して，

$$\frac{\partial^2 Q}{\partial a^2} = 2\sum_{i=1}^{n} x_i^2, \quad \frac{\partial^2 Q}{\partial b \partial a} = 2\sum_{i=1}^{n} x_i, \quad \frac{\partial^2 Q}{\partial b^2} = 2n$$

ヘシアンを計算すると，

$$\begin{aligned} |H| &= \begin{vmatrix} 2\sum_{i=1}^{n} x_i^2 & 2\sum_{i=1}^{n} x_i \\ 2\sum_{i=1}^{n} x_i & 2n \end{vmatrix} \\ &= 4\left(n\sum_{i=1}^{n} x_i^2 - (\sum_{i=1}^{n} x_i)^2\right) = 4n^2\left(\frac{1}{n}\sum_{i=1}^{n} x_i^2 - \bar{x}^2\right) = 4n^2 V_{xx} > 0 \end{aligned}$$

((3.29) より)．よって，$\frac{\partial^2 Q}{\partial a^2} = 2\sum_{i=1}^{n} x_i^2 > 0$ より，Q は $(a, b) = (\frac{V_{xy}}{V_{xx}}, \bar{y} - \frac{V_{xy}}{V_{xx}}\bar{x})$ で極小値をとり，同時にそれは最小値にもなっている．以上により，得られる直線（回帰直線）はそれぞれの平均の点 $(\bar{x}, \bar{y})$ を通る直線で，その傾きは共分散と分散の比となっている（図 3.12）．

$$y = \frac{V_{xy}}{V_{xx}}x + \bar{y} - \frac{V_{xy}}{V_{xx}}\bar{x} \quad \therefore \quad \boxed{y - \bar{y} = \frac{V_{xy}}{V_{xx}}(x - \bar{x})}$$

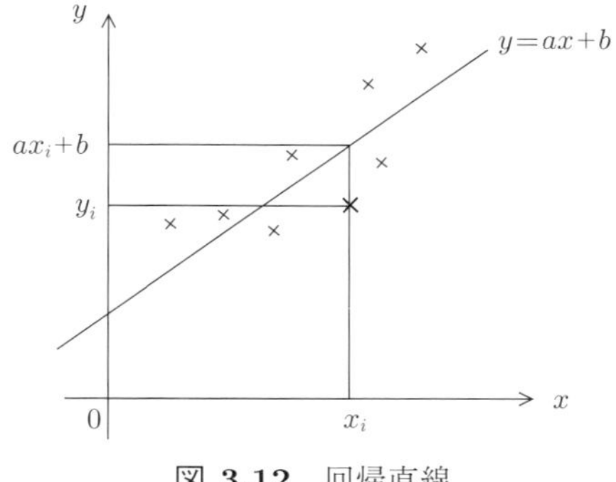

図 **3.12** 回帰直線

回帰直線の x の係数 V_{xy}/V_{xx} を，**回帰係数**という．(3.22) の相関係数を使うと，$V_{xy} = r_{xy}S_xS_y$, $V_{xx} = S_x^2$ より，回帰直線を

$$\boxed{y - \bar{y} = r_{xy}\frac{S_y}{S_x}(x - \bar{x})} \quad \text{または} \quad \boxed{\frac{y - \bar{y}}{S_y} = r_{xy} \cdot \frac{x - \bar{x}}{S_x}}$$

と表すこともできる．実際のデータは正規分布等の確率分布に従う誤差も含むので，データ分析をするためには**回帰分析**という手法が必要になる．

なお，ここでは x と y の間に直線的な関係がある場合を考えたが，直線以外の関係をもつデータもある．しかし，その場合でも適当なデータ変換により，変換後のデータが直線的な関係をもつことも多い．たとえば，$y = Ax^\alpha$ という関係があるとき，両辺の対数をとると，$\log y = \alpha \log x + \log A$ となり，$X = \log x$ と $Y = \log y$ が直線関係をもつ．よって，この場合は，n 組のデータ $\{(X_i, Y_i) = (\log x_i, \log y_i)\}$ に対し，回帰直線を求めることができる．

この後の発展は統計学や関連の分野を学んでいただきたい（参考文献：村上雅人著「なるほど回帰分析」海鳴社（2004）等）．

第 3 章の章末問題

練習問題をやってみよう．やや難しい問 5 なども含まれている．

1. 2 変数の関数 $z=\sqrt{(y-x)(1-x^2-y^2)}$ の定義域を x-y 平面上に図示せよ．

2. 次の関数を偏微分せよ．2 階偏導関数も計算せよ．
 (1) $\frac{y}{x+y}$　(2) $\sqrt{3x+y^2}$　(3) xe^{-2xy}　(4) $xy\sin(x-y)$
 (5) $(2x-3y)\log(x^2+y^2+1)$

3. $z=f(x,y)=\begin{cases}\frac{xy+y^2}{x^2+y^2} & (x,y)\neq(0,0)\\ 0 & (x,y)=(0,0)\end{cases}$ は，$(0,0)$ で x については偏微分可能であるが，y については偏微分可能ではないことを示せ．

4. (1) $f(x,y)$ が (a,b) で（全）微分可能であることの定義を正確に述べよ．
 (2) 次の曲面の [ ] 内の点における接平面の式と，単位法線ベクトルを求めよ．
  (i) $f(x,y)=xy$ [$(2,3)$]　(ii) $f(x,y)=xy(x^2+y^2-4)$ [$(1,2)$]
  (iii) $f(x,y)=x^2e^{2x+y-1}$ [$(-1,3)$]

5. (1) $z=\frac{1}{x}f(\frac{y}{x})$ のとき，$x\frac{\partial z}{\partial x}+y\frac{\partial z}{\partial y}+z$ を計算せよ．ただし，f は微分可能な 1 変数の関数である．
 (2) $z=\log\sqrt{x^2+y^2}$ のとき，$\frac{\partial^2 z}{\partial x^2}+\frac{\partial^2 z}{\partial y^2}$ の値を求めよ．
 (3) f が 2 回微分可能な 1 変数の関数のとき，$z=f(x-at)$ は $z_{tt}-a^2z_{xx}=0$ を満たすことを示せ．
 (4) $u(t,x)=\frac{1}{\sqrt{4\pi t}}e^{-\frac{x^2}{4t}}$ は $u_t=u_{xx}$ を満たすことを確かめよ．

6. 1 変数関数 $f(x)$ が区間 I 上で $f'(x)=0$ ならば $f(x)=C$（任意定数）と書ける．2 変数関数 $f(x,y)$ が領域 D 上で $\frac{\partial f}{\partial x}(x,y)=0$ ならば，$f(x,y)$ はどう書けるか．$\frac{\partial^2 f}{\partial x\partial y}(x,y)=0$ ならばどうか．

7. $f(x,y)=\frac{1}{1+x+y^2}$ は $(0,0)$ の近傍で，$1-x+x^2-y^2$ で近似されることを示せ（マクローリン展開の 2 次の項まで求めればよい）．

8. 次の関数の極値を求めよ．十分条件も考慮せよ．
 (1) $f(x,y)=x^2+y^2-xy-x$　(2) $f(x,y)=x^3+y^3-3xy$
 (3) $f(x,y)=x^3-y^2$　(4) $f(x,y)=x^3y+xy^3-xy$

9. 制約条件 $x^2+2y^2=24$ のもとで，$z=x+y$ の最大値と最小値を求めよ．

10. 次の関数 $f : R^2 \to R$ の凸性，凹性，準凸性，準凹性を調べよ．

$$f(x,y) = xy$$

11. 労働投入量 ℓ (>0) と資本投入量 k (>0) の関数 $y = f(\ell,k)$ を生産関数とする．y は財の産出量である．いま，労働 1 単位あたりの賃金を w (>0)，資本 1 単位当たりのレンタル料を r (>0) とする．また，財は販売価格 p (>0) ですべて売れるものとする．このとき，次の問に答えよ．

　$f(\ell,k) = \ell^{\frac{1}{2}}k^{\frac{2}{5}}$，$p = 6$，$w = 5$，$r = 4$ のとき，利潤関数 $\Pi(\ell,k)$ を求めよ．また，最適労働・資本投入量 (ℓ^*, k^*) とそのときの生産量 y^*（y の最大値）を求めよ．

12. $f(\ell,k) = \ell^{\frac{1}{3}}k^{\frac{1}{4}}$，$w = 3$，$r = 2$ のとき，供給関数 $y^*(p)$ を求めよ（y^* を p の関数として表せ）．

13. 財 X の消費量 x と財 Y の消費量 y に対して，効用関数 $f(x,y)$ は $f(x,y) = x^2y^2$ である．ただし，$x > 0$，$y > 0$ とする．また，財 X の価格が $P_x = 5$，財 Y の価格が $P_y = 3$ であり，所得は $I = 60$ とする．個人は予算制約の下で効用を極大にするように財 X と財 Y の消費量を決定する．このとき，次の問に答えよ．

(1) 予算制約式を求めよ．

(2) 効用極大化のためのラグランジュ関数 $\mathcal{L}$ を作成せよ．

(3) 効用極大化の必要条件（1 階の条件）を示せ．

(4) (3) を満たす (x,y) を求めよ．

(5) (4) の解が効用極大化の十分条件（2 階の条件）を満たしていることを示せ．

4 偏微分法（II）

この章では，多変数関数でも変数の数 n が 3 以上の場合を主に考察する．それは前章でも少しふれたように，$n=2$ の場合の関数 $z=f(x,y)$ のグラフはわれわれの住む $\mathbf{R}^3$ 内の曲面で表すことができ，極値問題を考察した際も 2 次関数の知識を応用すればよかった．しかしながら，n が 3 以上の場合はグラフは 4 次元以上の空間 $\mathbf{R}^{n+1}$ 内の超曲面となって，目に見える形には描けない．4.1 節では極限や開集合，閉集合について考察するが，それらは位相数学（トポロジー）と呼ばれる分野の基礎事項でもある．また極値問題（4.9 節），条件付極値問題（4.11 節）の考察においては，テーラー展開の 2 次の項の解析を要し，2 次形式と呼ばれる線形代数のかなり詳しい議論（基本的な事項は 4.13 節の付録を参照）も必要とする．そのため，かなりの基礎知識が必要で，本章の内容はかなり高度なレベルとなっている．線形代数を学んでいない場合にはスキップして，学習後に改めて本章に取り組むほうがよい．

4.1　多変数関数とその連続性

n 次元ユークリッド空間 $\mathbf{R}^n$ の集合 D の点 $\boldsymbol{x}=(x_1,x_2,\ldots,x_n)$ に対して，実数 $z=f(\boldsymbol{x})=f(x_1,x_2,\ldots,x_n)$ が唯一つ決まるとき，f を集合 D で定義された実数値関数と呼び，

$$f: D \to \mathbf{R}$$

と書く．2 変数関数の場合と同様に $D(\subset \mathbf{R}^n)$ は**定義域**，$f(\boldsymbol{x})$ は $\boldsymbol{x}\in D$ における f の**値**，その全体

$$f(D)=\{z\in\mathbf{R};\, z=f(\boldsymbol{x}),\ \boldsymbol{x}=(x_1,x_2,\ldots,x_n)\in D\}\ (\subset\mathbf{R})$$

は**値域**と呼ばれる．f の**グラフ**は集合

$$G(f) = \{(x_1, x_2, \ldots, x_n, z);\ z = f(\boldsymbol{x}),\ \boldsymbol{x} = (x_1, x_2, \ldots, x_n) \in D\}\ (\subset \mathbf{R}^{n+1})$$

で，$\mathbf{R}^{n+1}$ 内の超曲面を表す．n 個の $x_1, x_2, \ldots, x_n$ が独立変数で，z が従属変数である．

さて，n 変数関数の偏微分，（全）微分にいく前に，まず連続関数について述べなければならない．そのためには，$\boldsymbol{x}$ が $\boldsymbol{a}$ に近づくとはどういうことか等，n 次元ユークリッド空間 $\mathbf{R}^n$ について述べる必要がある．

n 次元ユークリッド空間 $\mathbf{R}^n$ について

ベクトル空間　まず $\mathbf{R}^n$ は，

$$\mathbf{R}^n = \{(x_1, x_2, \ldots, x_n);\ x_i \in \mathbf{R}(i = 1, 2, \ldots, n)\}$$

で定義される．その要素は行ベクトルまたは列ベクトルの記号を使って

$$\boldsymbol{x} = (x_1, x_2, \ldots, x_n) \quad \text{または} \quad \boldsymbol{x} = \begin{pmatrix} x_1 \\ x_2 \\ \vdots \\ x_n \end{pmatrix}$$

と表す．当面は行ベクトルで表すことにする．$\mathbf{R}^n$ に和とスカラー倍（スカラーを $c \in \mathbf{R}$ とする）を

$$(x_1, x_2, \ldots, x_n) + (y_1, y_2, \ldots, y_n) = (x_1 + y_1, x_2 + y_2, \ldots, x_n + y_n),$$
$$c(x_1, x_2, \ldots, x_n) = (cx_1, cx_2, \ldots, cx_n)$$

と定義することによって，$\mathbf{R}^n$ は**ベクトル空間**（または**線形空間**）となる．零元 $\mathbf{0} = (0, 0, \ldots, 0)$ と差 $\boldsymbol{x} - \boldsymbol{y} = \boldsymbol{x} + (-1)\boldsymbol{y}$ を導入すれば，“通常の計算”ができる[1]．

1次独立，次元　k 個のベクトル $\boldsymbol{a}_1, \ldots, \boldsymbol{a}_k (\in \mathbf{R}^n)$ が

$$c_1\boldsymbol{a}_1 + \cdots + c_k\boldsymbol{a}_k = \mathbf{0} \quad (c_i \in \mathbf{R},\ i = 1, \ldots, k) \tag{4.1}$$

[1]もう少し正確に述べれば，零元 $\mathbf{0} = (0, 0, \ldots, 0)$ と $\boldsymbol{x}$ の逆元 $-\boldsymbol{x}$ があって，次の演算法則が成立する．

(1) $\boldsymbol{x} + \boldsymbol{y} = \boldsymbol{y} + \boldsymbol{x}$（交換法則）
(2) $(\boldsymbol{x} + \boldsymbol{y}) + \boldsymbol{z} = \boldsymbol{x} + (\boldsymbol{y} + \boldsymbol{z})$（結合法則）
(3) $\boldsymbol{x} + \mathbf{0} = \mathbf{0} + \boldsymbol{x} = \boldsymbol{x}$（零元）
(4) $\boldsymbol{x} + (-\boldsymbol{x}) = (-\boldsymbol{x}) + \boldsymbol{x} = \mathbf{0}$（逆元）
(5) $c(\boldsymbol{x} + \boldsymbol{y}) = c\boldsymbol{x} + c\boldsymbol{y}$ $(c \in \mathbf{R})$（分配法則）
(6) $(c_1 + c_2)\boldsymbol{x} = c_1\boldsymbol{x} + c_2\boldsymbol{x}$ $(c_1, c_2 \in \mathbf{R})$（分配法則）
(7) $c_1(c_2\boldsymbol{x}) = (c_1c_2)\boldsymbol{x}$（結合法則）
(8) $1\boldsymbol{x} = \boldsymbol{x}$（スカラーの単位元）

を満たすのは，$(c_1, \ldots, c_k) = (0, \ldots, 0)$ のときのみであるとき，ベクトルの組 $\{\boldsymbol{a}_1, \ldots, \boldsymbol{a}_k\}$ は **1 次独立**であるという．ある $(c_1, \ldots, c_k) \neq (0, \ldots, 0)$ があって (4.1) を満たすときには **1 次従属**であるという．k 個のベクトルの組 $\{\boldsymbol{a}_1, \ldots, \boldsymbol{a}_k\} \subset \mathbf{R}^n$ の 1 次結合 $c_1\boldsymbol{a}_1 + \cdots + c_k\boldsymbol{a}_k$ の全体

$$V_k = \mho[\boldsymbol{a}_1, \ldots, \boldsymbol{a}_k] = \{c_1\boldsymbol{a}_1 + \cdots + c_k\boldsymbol{a}_k;\, c_i \in \mathbf{R},\, i = 1, \ldots, k\}$$

は，$\{\boldsymbol{a}_1, \ldots, \boldsymbol{a}_k\}$ で張られる $\mathbf{R}^n$ の**部分空間**と呼ばれ，$\{\boldsymbol{a}_1, \ldots, \boldsymbol{a}_k\}$ が 1 次独立ならば，$\{\boldsymbol{a}_1, \ldots, \boldsymbol{a}_k\}$ を V_k の**基底**と呼ぶ．基底は一通りではないが，その個数 k は不変である．そこで，V_k は k **次元**であるという．

$$\boldsymbol{e}_1 = (1, 0, \ldots, 0),\ \boldsymbol{e}_2 = (0, 1, 0, \ldots, 0), \ldots, \boldsymbol{e}_n = (0, \ldots, 0, 1) \in \mathbf{R}^n$$

とおくと，すべての $\boldsymbol{x} \in \mathbf{R}^n$ は，

$$\boldsymbol{x} = x_1\boldsymbol{e}_1 + \cdots + x_n\boldsymbol{e}_n$$

と書け，$\{\boldsymbol{e}_1, \ldots, \boldsymbol{e}_n\}$ は 1 次独立なので，$\mathbf{R}^n$ は $\{\boldsymbol{e}_1, \ldots, \boldsymbol{e}_n\}$ を基底とする n **次元ベクトル空間**である．

内積　$\mathbf{R}^n$ には**ユークリッド内積**と呼ばれる内積 $\boldsymbol{x} \cdot \boldsymbol{y}$ または $(\boldsymbol{x}, \boldsymbol{y})$ が

$$\boldsymbol{x} \cdot \boldsymbol{y} = x_1y_1 + x_2y_2 + \cdots + x_ny_n \tag{4.2}$$

と定義される．内積を使って，**ユークリッドノルム**

$$\|\boldsymbol{x}\| = \sqrt{\boldsymbol{x} \cdot \boldsymbol{x}} = \sqrt{x_1^2 + x_2^2 + \cdots + x_n^2} \tag{4.3}$$

を定義する．また，$\boldsymbol{x} \cdot \boldsymbol{y} = 0$ のとき，$\boldsymbol{x}$ と $\boldsymbol{y}$ は互いに**直交する**という．$\mathbf{R}^n$ の基底 $\{\boldsymbol{a}_1, \ldots, \boldsymbol{a}_n\}$ がそれぞれ互いに直交し，ノルムが 1 となる，すなわち，

$$\boldsymbol{a}_i \cdot \boldsymbol{a}_j = \delta_{ij} = \begin{cases} 1 & i = j \\ 0 & i \neq j \end{cases} \quad (\delta_{ij}\text{はクロネッカーのデルタという})$$

を満たすとき，**正規直交基底**という．特に，$\{\boldsymbol{e}_1, \ldots, \boldsymbol{e}_n\}$ は**標準基底**あるいは各 $\boldsymbol{e}_i$ を**基本ベクトル**と呼ぶ．ユークリッド内積 (4.2) が定義された空間はユークリッド空間と呼ばれ，$\mathbf{R}^n$ は n 次元であったので n **次元ユークリッド空間**である．

以上は線形代数において学習する内容を必要に応じ述べたものである．以下の距離，開集合，近傍といった概念は，位相数学（トポロジー）と呼ばれる分野に関する基礎事項である．

距離　まず，一般にベクトルの大きさを表すノルムの基本性質は

$$\text{(i) } \|\boldsymbol{x}\| \geq 0, \text{ かつ } \|\boldsymbol{x}\| = 0 \Leftrightarrow \boldsymbol{x} = \boldsymbol{0}$$
$$\text{(ii) } \|c\boldsymbol{x}\| = |c|\|\boldsymbol{x}\| \quad (c \in \mathbf{R})$$
$$\text{(iii) } \|\boldsymbol{x}+\boldsymbol{y}\| \leq \|\boldsymbol{x}\| + \|\boldsymbol{y}\| \text{（三角不等式）}$$

で与えられる．ユークリッド内積によって定義されたユークリッドノルムも明らかに (i), (ii) を満たす．(iii) は三角形の 2 辺の和が他の 1 辺より長いことを表していることから三角不等式と呼ばれ，その証明には内積とノルムの大きさに関する**シュワルツの不等式**

$$|\boldsymbol{x}\cdot\boldsymbol{y}| \leq \|\boldsymbol{x}\|\|\boldsymbol{y}\| \tag{4.4a}$$

を使って，次のようにして示される．

$$\begin{aligned} \|\boldsymbol{x}+\boldsymbol{y}\|^2 &= (\boldsymbol{x}+\boldsymbol{y})\cdot(\boldsymbol{x}+\boldsymbol{y}) = \boldsymbol{x}\cdot\boldsymbol{x} + 2\boldsymbol{x}\cdot\boldsymbol{y} + \boldsymbol{y}\cdot\boldsymbol{y} \\ &\leq \|\boldsymbol{x}\|^2 + 2\|\boldsymbol{x}\|\|\boldsymbol{y}\| + \|\boldsymbol{y}\|^2 = (\|\boldsymbol{x}\| + \|\boldsymbol{y}\|)^2 \end{aligned}$$

(4.4a) は成分を用いて表現すると

$$|x_1y_1 + x_2y_2 + \cdots + x_ny_n| \leq \sqrt{x_1^2 + \cdots + x_n^2}\sqrt{y_1^2 + \cdots + y_n^2} \tag{4.4b}$$

と表される．

2 点 $\boldsymbol{x}$ と $\boldsymbol{y} \in \mathbf{R}^n$ の間の**距離**（distance）を $d(\boldsymbol{x},\boldsymbol{y})$ と書いて，ユークリッドノルム (4.3) を使って，

$$d(\boldsymbol{x},\boldsymbol{y}) = \|\boldsymbol{x}-\boldsymbol{y}\| = \sqrt{(x_1-y_1)^2 + (x_2-y_2)^2 + \cdots + (x_n-y_n)^2} \tag{4.5}$$

と定義する．このとき，$d(\boldsymbol{x},\boldsymbol{y})$ は次の距離の性質

(1)　$d(\boldsymbol{x},\boldsymbol{y}) \geq 0$,　$d(\boldsymbol{x},\boldsymbol{y}) = 0$ となるのは $\boldsymbol{x} = \boldsymbol{y}$ となるときのみ
(2)　$d(\boldsymbol{x},\boldsymbol{y}) = d(\boldsymbol{y},\boldsymbol{x})$
(3)　$d(\boldsymbol{x},\boldsymbol{y}) + d(\boldsymbol{y},\boldsymbol{u}) \geq d(\boldsymbol{x},\boldsymbol{u})$（**三角不等式**）

を満たす．(1), (2) は明らかであろうし，(3) はノルムに関する三角不等式 (iii)

を $d(\boldsymbol{x},\boldsymbol{u}) = \|(\boldsymbol{x}-\boldsymbol{y})+(\boldsymbol{y}-\boldsymbol{u})\|$ に応用して得られる．

シュワルツの不等式の証　$\boldsymbol{x}=\boldsymbol{0}$ のときは明らかに (4.4a) が成立する．そこで，$\boldsymbol{x} \neq \boldsymbol{0}$ とすると，任意の $t \in \mathbf{R}$ に関し，$\|t\boldsymbol{x}+\boldsymbol{y}\|^2 = (t\boldsymbol{x}+\boldsymbol{y})\cdot(t\boldsymbol{x}+\boldsymbol{y}) \geq 0$ で，これは t の 2 次関数がつねに非負

$$\|\boldsymbol{x}\|^2t^2 + 2(\boldsymbol{x}\cdot\boldsymbol{y})t + \|\boldsymbol{y}\|^2 \geq 0$$

であることを示している．よって，判別式 $D/4$ が

$$(\boldsymbol{x}\cdot\boldsymbol{y})^2 - \|\boldsymbol{x}\|^2\|\boldsymbol{y}\|^2 \leq 0$$

となる．すなわち，(4.4a) を表している．　**証終**

さて，距離を使って $\boldsymbol{x} \to \boldsymbol{a}$ とは $d(\boldsymbol{x},\boldsymbol{a}) \to 0$ と定義する．さらに，

$$d(\boldsymbol{x},\boldsymbol{a}) = \sqrt{(x_1-a_1)^2+\cdots+(x_n-a_n)^2} \to 0 \Leftrightarrow x_i \to a_i \ (i=1,2,\ldots,n) \quad (4.6)$$

となっている．以上のもとで，

定義 4.1.1　（連続性）$f : D \to \mathbf{R}$ が $\boldsymbol{a} \in D$ で連続であるとは，$\boldsymbol{x} \to \boldsymbol{a}$, $\boldsymbol{x} \in D$ のとき，$f(\boldsymbol{x}) \to f(\boldsymbol{a})$ となること[2]．D のすべての点で連続のとき，f は D で連続であるという．

開集合，閉集合　$\mathbf{R}^1$ における開区間，閉区間のように，$\mathbf{R}^n$ にも開集合，閉集合を導入する．$\boldsymbol{x}_0 \in \mathbf{R}^n$ に対し，$\boldsymbol{x}_0$ の r-近傍 $U_r(\boldsymbol{x}_0)$ を

$$U_r(\boldsymbol{x}_0) = \{\boldsymbol{x} \in \mathbf{R}^n;\ \|\boldsymbol{x}-\boldsymbol{x}_0\| < r\} \quad (4.7)$$

で定義する．$\boldsymbol{x}_0$ を中心とする半径 r の "球" の内部である．集合 D が閉集合か開集合かは一言で言えばその境界が D に含まれるかどうかによる．そこで境界の点と内部にある点の違いを r-近傍を用いて考える．D に対し，その境界

[2] ε-δ 論法による正確な定義は，$f : D \to \mathbf{R}$ が $\boldsymbol{a} \in D$ で連続であるとは，任意の $\varepsilon > 0$ に対し，正数 $\delta = \delta(\varepsilon,\boldsymbol{a})$ が存在して，

$$\|\boldsymbol{x}-\boldsymbol{a}\| < \delta,\ \boldsymbol{x} \in D \text{ ならば，} |f(\boldsymbol{x})-f(\boldsymbol{a})| < \varepsilon$$

となること．

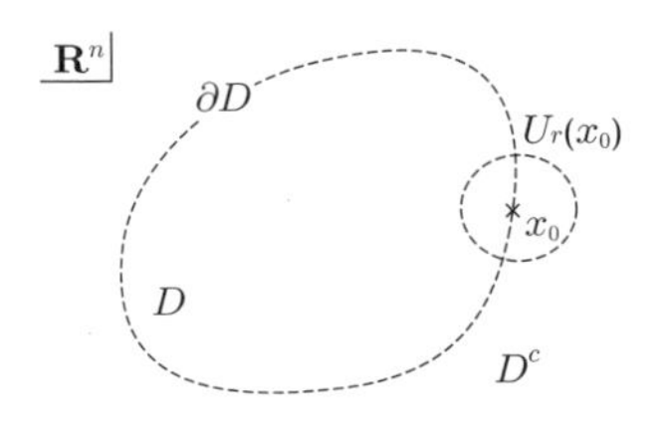

図 4.1 (a)　境界点の近傍

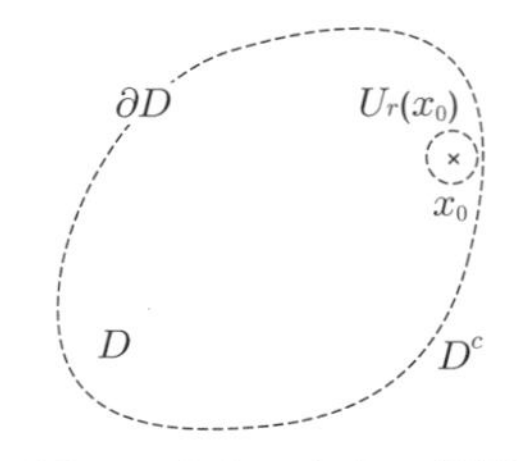

図 4.1 (b)　内点の近傍

の集合を ∂D と書こう．∂D は D の補集合 $D^c = \mathbf{R}^n \backslash D = \{\boldsymbol{x} \in \mathbf{R}; \boldsymbol{x} \notin D\}$ の境界 $\partial(D^c)$ でもある．$\boldsymbol{x}_0 \in \partial D$ であることは，$\boldsymbol{x}_0$ の r-近傍 $U_r(\boldsymbol{x}_0)$ をとると，どんなに小さな $r > 0$ に対しても

$$U_r(\boldsymbol{x}_0) \cap D \neq \emptyset \text{ かつ } U_r(\boldsymbol{x}_0) \cap (D^c) \neq \emptyset \quad (\emptyset : \text{空集合})$$

となる（図 4.1 (a) 参照）．それに対し，$\boldsymbol{x}_0$ が D の内部の点であれば，どんなに境界に近い点であってもその境界までの距離より小さな r をとって

$$U_r(\boldsymbol{x}_0) \subset D \text{（もちろん，} U_r(\boldsymbol{x}_0) \cap (D^c) = \emptyset \text{ である）}$$

とできる．したがって正確に述べると，

定義 4.1.2　(i)　集合 D が**開集合** (open set) であるとは，任意の $\boldsymbol{x} \in D$ に対し，(十分小さな) r-近傍 $U_r(\boldsymbol{x})$ がとれて，$U_r(\boldsymbol{x}) \subset D$ となるときをいう．このとき，$\boldsymbol{x}$ は D の**内点**という．したがって，内点のみからなる集合が開集合であるといってもよい．

(ii)　集合 D が**閉集合** (closed set) とは，その補集合 D^c $(= \mathbf{R}^n \setminus D)$ が開集合となることである．

(iii)　$\boldsymbol{x}$ が集合 D の**境界点**であるとは，どんなに小さな r-近傍 $U_r(\boldsymbol{x})$ をとっても，$U_r(\boldsymbol{x}) \cap D \neq \emptyset$ かつ $U_r(\boldsymbol{x}) \cap (D^c) \neq \emptyset$ となるときをいい，その全体が境界集合 ∂D である．

集合 D に対し，D^c の内点は**外点**という．D の点は，内点，境界点に分類される．境界点は D の点の場合もあるし D^c の点の場合もある．境界点を除いた D の内点のみからなる集合は開集合であり，D に境界集合を加えた $\bar{D} = D \cup \partial D$

を D の**閉包** (closure) といい，これは閉集合である．D とその閉包 $\bar{D}$ が等しいとき D を閉集合と呼ぶと定義してもよい．このあたりの定義の方法は書物により違うので注意して欲しい．しかしもちろん，その定義は互いに同値になっている．

例 4.1.1 数直線 $\mathbf{R}$ 上の開区間 (a,b) は開集合で，閉区間 $[a,b]$ は閉集合である．半開区間 $[a,b)$ は開集合でも閉集合でもない．いずれの場合も境界集合は $\{a\} \cup \{b\}$ である．平面 $\mathbf{R}^2$ 上で円の内部 $\{(x,y);\, x^2+y^2<r^2\}$ は開集合で，円周 $\{(x,y);\, x^2+y^2=r^2\}$ は境界集合，境界を含めた $\{(x,y);\, x^2+y^2 \leq r^2\}$ は閉集合である．

r-近傍が定義されていれば，定義 4.1.1 の $f: D \to \mathbf{R}$ の $\boldsymbol{a} \in D$ における連続性の定義も，任意の $\varepsilon > 0$ に対し，ある $\delta = \delta(\varepsilon, \boldsymbol{x}) > 0$ があって，

$$\boldsymbol{x} \in U_\delta(\boldsymbol{x}) \cap D \quad \Rightarrow \quad |f(\boldsymbol{x}) - f(\boldsymbol{a})| < \varepsilon \tag{4.8}$$

と書くことができる．δ が $\boldsymbol{x} \in D$ によらずに $\delta = \delta(\varepsilon)$ と決まるとき f は D で**一様連続** (uniformuly continuous) という．有界閉集合 D で連続な関数は一様連続な関数となる．これらの事実は定積分の存在を示すときに重要となる (5.2 節参照)．

以上の準備の下で，連続関数の最大最小の定理が次のように述べられる．

定理 4.1.1 D を $\mathbf{R}^n$ の有界閉集合とし，関数 $f: D \to \mathbf{R}$ が D で連続とする．このとき，f は D 上で最大値と最小値をとる[3]．

4.2 偏微分

以下，本節から 4.6 節 (テーラー展開) までは，形式的には変数が 2 から n に増えただけである．証明等は変数が多い分面倒となるが，本質的にはまったく同じである．

---

[3] 3.1 節脚注では，領域を 4 等分したが，ここでは 2^n 等分に変えるだけで，同様に定理 4.1.1 を証明することができる．

開集合 $D \subset \mathbf{R}^n$ で定義された関数 $z = f(\boldsymbol{x}) = f(x_1, x_2, \ldots, x_n)$ に対して，

$$\lim_{h_i \to 0} \frac{f(a_1, \ldots, a_{i-1}, a_i + h_i, a_{i+1}, \ldots, a_n) - f(a_1, \ldots, a_{i-1}, a_i, a_{i+1}, \ldots, a_n)}{h_i}$$

が存在するとき，f は $\boldsymbol{a} = (a_1, \ldots, a_n) \in D$ で x_i について**偏微分可能**（partial differentiable），その極限を $\boldsymbol{a}$ における i-**偏微分係数**（coefficient of partial differential）といい，$f_{x_i}(\boldsymbol{a}) = \frac{\partial f}{\partial x_i}(\boldsymbol{a})$ と書く．つまり，

$$\begin{aligned} f_{x_i}(\boldsymbol{a}) &= \frac{\partial f}{\partial x_i}(\boldsymbol{a}) \\ &= \lim_{h_i \to 0} \frac{f(a_1, \ldots, a_{i-1}, a_i + h_i, a_{i+1}, \ldots, a_n) - f(a_1, \ldots, a_{i-1}, a_i, a_{i+1}, \ldots, a_n)}{h_i} \end{aligned}$$

D の各点 $\boldsymbol{x}$ で偏微分可能のとき，

$$\begin{aligned} f_{x_i}(\boldsymbol{x}) &= \frac{\partial f}{\partial x_i}(\boldsymbol{x}) \\ &= \lim_{h_i \to 0} \frac{f(x_1, \ldots, x_{i-1}, x_i + h_i, x_{i+1}, \ldots, x_n) - f(x_1, \ldots, x_{i-1}, x_i, x_{i+1}, \ldots, x_n)}{h_i} \end{aligned}$$

を i-**偏導関数**（partial derivative）という．偏微分係数や偏導関数を求めることを**偏微分する**（partial differentiate）という．

具体的な関数を偏微分するときは他の変数を定数と思って微分すればよい．

例 4.2.1　次の関数の偏導関数を求めよ．

(1) $z = 2x^2 - 3xy + 4y^3$　(2) $z = \frac{x_3}{1+x_1^2+3x_2^4}$

解　(1) $z_x = 4x - 3y,\ z_y = -3x + 12y^2$

(2) $z = x_3(1 + x_1^2 + 3x_2^4)^{-1}$ より，

$$\begin{cases} z_{x_1} = -x_3(1 + x_1^2 + 3x_2^4)^{-2} \cdot 2x_1 = -\dfrac{2x_1x_3}{(1 + x_1^2 + 3x_2^4)^2} \\ z_{x_2} = -x_3(1 + x_1^2 + 3x_2^4)^{-2} \cdot 12x_2^3 = -\dfrac{12x_2^3x_3}{(1 + x_1^2 + 3x_2^4)^2} \\ z_{x_3} = \dfrac{1}{1 + x_1^2 + 3x_2^4} \end{cases}$$

練習 4.2.1　次の関数の1階偏導関数を求めよ．

(1) $z = xe^{2x-3y}$　(2) $z = x_1e^{x_2} - x_2e^{-x_3}$　(3) $z = x_2 \log(2x_1^2 + 3x_2^2 + 4x_3^4)$

4.3 （全）微分と接平面

2 変数の関数の（全）微分可能性の定義が次のように与えられた.

定義 4.3.1 **（2 変数関数）** 開集合 D で定義された 2 変数関数 $z = f(x, y)$ が $(a, b) \in D$ で（全）**微分可能**とは，ある定数の組 (α, β) があって

$$f(a+h, b+k) = f(a, b) + \alpha h + \beta k + \varepsilon(h, k), \quad \frac{\varepsilon(h, k)}{\sqrt{h^2 + k^2}} \to 0 \quad (h, k) \to (0, 0)$$

となること（このとき，f は (a, b) で**線形近似可能**という）．D の各点で f が（全）微分可能のとき，f は D で（全）**微分可能**という.

n 変数関数に対しても同様に定義される.

定義 4.3.2 **（$\boldsymbol{n}$ 変数関数）** 開集合 D で定義された関数 $z = f(\boldsymbol{x}) = f(x_1, x_2, \ldots, x_n)$ が $\boldsymbol{a} \in D$ で**微分可能**または**全微分可能**（totally differentiable）とは，定ベクトル $\boldsymbol{\alpha} = (\alpha_1, \alpha_2, \ldots, \alpha_n)$ があって，

$$f(\boldsymbol{a}+\boldsymbol{h}) = f(\boldsymbol{a}) + \alpha_1 h_1 + \cdots + \alpha_n h_n + \varepsilon(\boldsymbol{h}) = f(\boldsymbol{a}) + \boldsymbol{\alpha} \cdot \boldsymbol{h} + \varepsilon(\boldsymbol{h}),$$
$$\frac{\varepsilon(\boldsymbol{h})}{\|\boldsymbol{h}\|} = \frac{\varepsilon(\boldsymbol{h})}{\sqrt{h_1^2 + \cdots + h_n^2}} \to 0 \ (\ \boldsymbol{h} \to \boldsymbol{0} \ ) \tag{4.9}$$

となることである.

定理 4.3.1 f が開集合 D で定義された関数とする．f が $\boldsymbol{a} \in D$ で（全）微分可能ならば，f は $\boldsymbol{a} \in D$ で偏微分可能で，$\alpha_i = f_{x_i}(\boldsymbol{a})$ $(i = 1, 2, \ldots, n)$ である.

定理 4.3.1 の証　(4.9) において，h_i 以外を 0 として変形すれば，

$$\lim_{h_i \to 0} \frac{f(a_1, \ldots, a_i + h_i, \ldots, a_n) - f(a_i, \ldots, a_i, \ldots, a_n)}{h_i}$$
$$= \lim_{h_i \to 0} (\alpha_i + \frac{\varepsilon(0, \ldots, h_i, \ldots, 0)}{h_i}) = \alpha_i$$

よって，f は $\boldsymbol{a}$ で偏微分可能で，$\alpha_i = f_{x_i}(\boldsymbol{a})$ である.　証終

これより，f が D で全微分可能のとき，$\boldsymbol{a}$ における（超）接平面の式は

$$z - f(\boldsymbol{a}) = \alpha_1(x_1 - a_1) + \cdots + \alpha_n(x_n - a_n),\ \alpha_i = f_{x_i}(\boldsymbol{a})$$

となる．$\pm(\alpha_1, \ldots, \alpha_n, -1) = \pm(f_{x_1}(\boldsymbol{a}), \ldots, f_{x_n}(\boldsymbol{a}), -1)$ のスカラー倍が法線ベクトルで，単位法線ベクトルは $\pm\frac{(f_{x_1}(\boldsymbol{a}),\ldots,f_{x_n}(\boldsymbol{a}),-1)}{\sqrt{(f_{x_1}(\boldsymbol{a}))^2+\cdots+(f_{x_n}(\boldsymbol{a}))^2+1}}$ である．$f_{x_i}(\boldsymbol{a})\,(i = 1, 2, \ldots, n)$ は接平面のある種の傾きを表すので，ベクトル $(f_{x_1}(\boldsymbol{a}), \ldots, f_{x_n}(\boldsymbol{a}))$ を**勾配ベクトル**（gradient vector）といい，$\mathrm{grad}\, f(\boldsymbol{a})$，または，$\nabla f(\boldsymbol{a})$ と書く．つまり，

$$\mathrm{grad}\, f(\boldsymbol{a}) = \nabla f(\boldsymbol{a}) = (f_{x_1}(\boldsymbol{a}), \ldots, f_{x_n}(\boldsymbol{a}))$$

また，

$$dz = f_{x_1} dx_1 + f_{x_2} dx_2 + \cdots + f_{x_n} dx_n$$

を，$z = f(\boldsymbol{x})$ の**全微分**（total differential）という．

定理 4.3.2　開集合 D で定義された $f : D \to \mathbf{R}$ が D で C^1 級ならば，f は D で全微分可能である．ここに，f が C^1 級とは，f とその 1 階偏導関数がすべて D で連続となることである（f は 1 回**連続的微分可能**（continuously differentiable）であるともいう）．

定理 4.3.2 の証　2 変数のときと同様に，平均値の定理を使って，適当な $0 < \theta_1, \ldots, \theta_n < 1$ に対して，

$$\begin{aligned}
& f(\boldsymbol{a}+\boldsymbol{h}) - f(\boldsymbol{a}) \\
= \ & f(a_1 + h_1, a_2 + h_2, \ldots, a_n + h_n) - f(a_1, a_2 + h_2, \ldots, a_n + h_n) \\
& + f(a_1, a_2 + h_2, \ldots, a_n + h_n) - f(a_1, a_2, a_3 + h_3, \ldots, a_n + h_n) \\
& + \cdots \\
& + f(a_1, \ldots, a_{n-1}, a_n + h_n) - f(a_1, \ldots, a_{n-1}, a_n) \\
= \ & h_1 f_{x_1}(a_1 + \theta_1 h_1, a_2 + h_2, \ldots, a_n + h_n) \\
& + h_2 f_{x_2}(a_1, a_2 + \theta_2 h_2, \ldots, a_n + h_n) \\
& + \cdots \\
& + h_n f_{x_n}(a_1, \ldots, a_{n-1}, a_n + \theta_n h_n) \\
= \ & h_1 f_{x_1}(\boldsymbol{a}) + \cdots + h_n f_{x_n}(\boldsymbol{a}) \\
& \left.\begin{aligned}
& + h_1[f_{x_1}(a_1 + \theta_1 h_1, a_2 + h_2, \ldots, a_n + h_n) - f_{x_1}(a_1, a_2, \ldots, a_n)] \\
& + \cdots \\
& + h_n[f_{x_n}(a_1, \ldots, a_{n-1}, a_n + \theta_n h_n) - f_{x_n}(a_1, \ldots, a_{n-1}, a_n)]
\end{aligned}\right\} \varepsilon(\boldsymbol{h})
\end{aligned}$$

このとき，f が C^1 級であるから f_{x_i} が連続である．よって，

$$\frac{|h_1|}{\|\boldsymbol{h}\|}|f_{x_1}(a_1+\theta_1 h_1, a_2+h_2, \ldots, a_n+h_n) - f_{x_1}(a_1, a_2, \ldots, a_n)| \to 0 \ (\boldsymbol{h} \to \boldsymbol{0})$$

等を得る．したがって，$\frac{\varepsilon(\boldsymbol{h})}{\|\boldsymbol{h}\|} \to 0 \ (\boldsymbol{h} \to \boldsymbol{0})$ すなわち $\varepsilon(\boldsymbol{h}) = o(\|\boldsymbol{h}\|)$ となり証明が終わる． 証終

例 4.3.1 点 $(1,1)$ または $(1,1,1)$ における（超）接平面の式とその単位法線ベクトルを求めよ．

(1) $z = x^2 - 2xy + 2y^3$ (2) $z = \dfrac{x_3}{1+x_1^2+x_2^2}$ (3) $z = x_1 e^{x_1+2x_2-3x_3}$

解 (1) $z_x = 2x - 2y$, $z_y = -2x + 6y^2$．点 $(1,1)$ で，$z = 1$, $z_x = 0$, $z_y = 4$ $\therefore$ 接平面の式は，$z - 1 = 0(x-1) + 4(y-1)$ $\therefore z - 1 = 4(y-1)$．よって，$\pm(0,4,-1)$ が法線ベクトルで，単位法線ベクトルは $\pm\frac{1}{\sqrt{17}}(0,4,-1)$ である．

(2) $z = x_3(1+x_1^2+x_2^2)^{-1}$ より，$z_{x_1} = -x_3(1+x_1^2+x_2^2)^{-2} \cdot 2x_1 = -\frac{2x_1x_3}{(1+x_1^2+x_2^2)^2}$, $z_{x_2} = -\frac{2x_2x_3}{(1+x_1^2+x_2^2)^2}$, $z_{x_3} = \frac{1}{1+x_1^2+x_2^2}$ $\therefore$ 点 $(1,1,1)$ で，$z = \frac{1}{3}$, $z_{x_1} = -\frac{2}{9}$, $z_{x_2} = -\frac{2}{9}$, $z_{x_3} = \frac{1}{3}$．よって，接平面の式は $z - \frac{1}{3} = -\frac{2}{9}(x_1-1) - \frac{2}{9}(x_2-1) + \frac{1}{3}(x_3-1)$, $\pm(-\frac{2}{9}, -\frac{2}{9}, \frac{1}{3}, -1) = \pm\frac{1}{9}(-2,-2,3,-9)$ が法線ベクトルで，単位法線ベクトルは $\pm\frac{1}{7\sqrt{2}}(-2,-2,3,-9)$ である．

(3) $z_{x_1} = 1e^{x_1+2x_2-3x_3} + x_1e^{x_1+2x_2-3x_3} = (1+x_1)e^{x_1+2x_2-3x_3}$, $z_{x_2} = 2x_1e^{x_1+2x_2-3x_3}$, $z_{x_3} = -3x_1e^{x_1+2x_2-3x_3}$ $\therefore$ 点 $(1,1,1)$ で，$z = 1$, $z_{x_1} = 2$, $z_{x_2} = 2$, $z_{x_3} = -3$ $\therefore$ 接平面の式は $z-1 = 2(x_1-1)+2(x_2-1)-3(x_3-1)$, $\pm(2,2,-3,-1)$ が法線ベクトルで，単位法線ベクトルは $\pm\frac{1}{3\sqrt{2}}(2,2,-3,-1)$ である．

4.4 高階偏導関数

開集合 D で定義された関数 $z = f(\boldsymbol{x}) = f(x_1, \ldots, x_n)$ に対し，2 階偏導関数の表記は

$$\frac{\partial}{\partial x_j}\left(\frac{\partial f}{\partial x_i}\right) = \frac{\partial^2 f}{\partial x_j \partial x_i}, \quad (f_{x_i})_{x_j} = f_{x_ix_j}, \quad i,j = 1,2,\ldots,n$$

さらに高階の偏導関数も同様に表記する．2 階以上の偏導関数を**高階偏導関数**という．偏導関数は偏微分の順序にはよらないことが次の定理によってわかる．

定理 4.4.1　$\mathbf{R}^n$ の開集合 D で定義された関数 $f : D \to \mathbf{R}$ が C^2 級ならば,

$$\frac{\partial^2 f}{\partial x_j \partial x_i} = \frac{\partial^2 f}{\partial x_i \partial x_j} \quad (i, j = 1, 2, \ldots, n)$$

である．ここに，f が D で C^k 級とは f と k 階までの f の偏導関数がすべて D で連続となることである.

定理 4.4.1 の証　この証明も 2 変数の場合と同様である．$\cdots$ の部分の成分は a_1, a_2 等が入るものとして,

$$\begin{aligned}\Delta_{ij} &= [f(\ldots, a_i + h_i, \ldots, a_j + h_j, \ldots) - f(\ldots, a_i + h_i, \ldots, a_j, \ldots)] \\ &\quad -\underbrace{[f(\ldots, a_i, \ldots, a_j + h_j, \ldots) - f(\ldots, a_i, \ldots, a_j, \ldots)]}_{\phi(a_i)}\end{aligned}$$

または

$$\begin{aligned}\Delta_{ij} &= [f(\ldots, a_i + h_i, \ldots, a_j + h_j, \ldots) - f(\ldots, a_i, \ldots, a_j + h_j, \ldots)] \\ &\quad -\underbrace{[f(\ldots, a_i + h_i, \ldots, a_j, \ldots) - f(\ldots, a_i, \ldots, a_j, \ldots)]}_{\psi(a_j)}\end{aligned}$$

とおけば，$\Delta_{ij} = \phi(a_i + h_i) - \phi(a_i)$，または，$\Delta_{ij} = \psi(a_j + h_j) - \psi(a_j)$．よって，平均値の定理から，適当な $0 < \theta_1, \theta_2, \theta_3, \theta_4 < 1$ に対して,

$$\begin{aligned}\text{(i)}\quad \Delta_{ij} &= h_i \phi'(a_i + \theta_1 h_i) \\ &= h_i [f_{x_i}(\ldots, a_i + \theta_1 h_i, \ldots, a_j + h_j, \ldots) - f_{x_i}(\ldots, a_i + \theta_1 h_i, \ldots, a_j, \ldots)] \\ &= h_i [h_j f_{x_i x_j}(\ldots, a_i + \theta_1 h_i, \ldots, a_j + \theta_2 h_j, \ldots)] \\ \text{(ii)}\quad \Delta_{ij} &= h_j \psi'(a_j + \theta_3 h_j) \\ &= h_j [f_{x_j}(\ldots, a_i + h_i, \ldots, a_j + \theta_3 h_j, \ldots) - f_{x_j}(\ldots, a_i, \ldots, a_j + \theta_3 h_j, \ldots)] \\ &= h_j [h_i f_{x_j x_i}(\ldots, a_i + \theta_4 h_i, \ldots, a_j + \theta_3 h_j, \ldots)].\end{aligned}$$

よって，(i), (ii) より，$\displaystyle\lim_{h_i, h_j \to 0} \frac{\Delta_{ij}}{h_i h_j} = f_{x_i x_j}(\boldsymbol{a}) = f_{x_j x_i}(\boldsymbol{a}),\ \ \boldsymbol{a} \in D.$　　証終

系 4.4.1　f が D で C^m 級ならば,

$$\frac{\partial^m f}{\partial x_1^{\alpha_1} \cdots \partial x_n^{\alpha_n}}, \quad \alpha_1 + \cdots + \alpha_n = m,\ \ \alpha_i \geq 0\, (i = 1, \ldots, n)$$

はその偏微分の順序にはよらない．

注意　α_i は非負の整数として，$\alpha = (\alpha_1, \ldots, \alpha_n)$ と書き，さらに，

$$|\alpha| = \alpha_1 + \cdots + \alpha_n, \quad \partial \boldsymbol{x}^\alpha = \partial x_1^{\alpha_1} \partial x_2^{\alpha_2} \cdots \partial x_n^{\alpha_n}$$

と定義すれば，

$$\frac{\partial^m f}{\partial x_1^{\alpha_1} \cdots \partial x_n^{\alpha_n}} = \frac{\partial^{|\alpha|} f}{\partial \boldsymbol{x}^\alpha}$$

と書ける．このような $\alpha = (\alpha_1, \ldots, \alpha_n)$ は**多重指数**（multi-index）と呼ばれる．

4.5　合成関数の微分法

1 変数の関数

$$z = f(x_1(t), x_2(t), \ldots, x_n(t))$$

の導関数を求めよう．その微分公式は次の定理で与えられる．

定理 4.5.1　（合成関数の微分）　開区間 $I(\subset \mathbf{R})$ で定義された $x_1(t)$, $x_2(t), \ldots, x_n(t)$ が微分可能で，開集合 $D(\subset \mathbf{R}^n)$ で定義された関数 $z = f(\boldsymbol{x}) = f(x_1, \ldots, x_n)$ が全微分可能とする．$\{\boldsymbol{x}(t) = (x_1(t), \ldots, x_n(t));\ t \in I\} \subset D$ ならば，$z = f(\boldsymbol{x}(t))$ も I で微分可能で，

$$\frac{dz}{dt}(t) = \frac{\partial f}{\partial x_1}(\boldsymbol{x}(t))\frac{dx_1}{dt}(t) + \cdots + \frac{\partial f}{\partial x_n}(\boldsymbol{x}(t))\frac{dx_n}{dt}(t) \tag{4.10}$$

各関数 x_i が m 変数関数 $x_i = x_i(u_1, \ldots, u_m)$ で定義されるときには次のようになる．

系 4.5.1　開集合 $U(\subset \mathbf{R}^m)$ で定義された $x_i(\boldsymbol{u}) = x_i(u_1, \ldots, u_m)$ $(i = 1, 2, \ldots, n)$ が全微分可能で，開集合 $D(\subset \mathbf{R}^n)$ で定義された関数 $z = f(\boldsymbol{x}) = f(x_1, \ldots, x_n)$ が全微分可能とする．$\{\boldsymbol{x}(\boldsymbol{u}) = (x_1(\boldsymbol{u}), \ldots, x_n(\boldsymbol{u}));\ \boldsymbol{u} \in U\} \subset D$ ならば，$z = f(\boldsymbol{x}(\boldsymbol{u}))$ も U で全微分可能で，次の等式が成立する．

$$\begin{cases} \dfrac{\partial z}{\partial u_1} = \dfrac{\partial f}{\partial x_1}(\boldsymbol{x})\dfrac{\partial x_1}{\partial u_1}(\boldsymbol{u}) + \cdots + \dfrac{\partial f}{\partial x_n}(\boldsymbol{x})\dfrac{\partial x_n}{\partial u_1}(\boldsymbol{u}) \\ \quad \cdots \\ \dfrac{\partial z}{\partial u_m} = \dfrac{\partial f}{\partial x_1}(\boldsymbol{x})\dfrac{\partial x_1}{\partial u_m}(\boldsymbol{u}) + \cdots + \dfrac{\partial f}{\partial x_n}(\boldsymbol{x})\dfrac{\partial x_n}{\partial u_m}(\boldsymbol{u}) \end{cases}$$

行列表現を使うと,

$$\begin{pmatrix} \frac{\partial z}{\partial u_1} \\ \vdots \\ \frac{\partial z}{\partial u_m} \end{pmatrix} = \begin{pmatrix} \frac{\partial x_1}{\partial u_1}(\boldsymbol{u}) & \cdots & \frac{\partial x_n}{\partial u_1}(\boldsymbol{u}) \\ \vdots & \ddots & \vdots \\ \frac{\partial x_1}{\partial u_m}(\boldsymbol{u}) & \cdots & \frac{\partial x_n}{\partial u_m}(\boldsymbol{u}) \end{pmatrix} \begin{pmatrix} \frac{\partial f}{\partial x_1} \\ \vdots \\ \frac{\partial f}{\partial x_n} \end{pmatrix} (\boldsymbol{x})$$

定理 4.5.1 の証　任意の $t_0 \in I$ と $\boldsymbol{x}_0 = \boldsymbol{x}(t_0)$ において, 仮定から $\boldsymbol{h} = (h_1, \ldots, h_n)$ として,

$$f(\boldsymbol{x}_0 + \boldsymbol{h}) = f(\boldsymbol{x}_0) + \sum_{i=1}^{n} \frac{\partial f}{\partial x_i}(\boldsymbol{x}_0) h_i + \varepsilon_f(\boldsymbol{h}), \quad \frac{\varepsilon_f(\boldsymbol{h})}{\|\boldsymbol{h}\|} \to 0 \ (\boldsymbol{h} \to \boldsymbol{0}),$$

$$x_i(t_0 + \Delta t) = x_i(t_0) + \underbrace{\frac{dx_i}{dt}(t_0)\Delta t + \varepsilon_i(\Delta t)}_{h_i}, \quad \frac{\varepsilon_i(\Delta t)}{\Delta t} \to 0 \ (\Delta t \to 0)$$

$(i = 1, 2, \ldots, n)$ が成立する．そこで,

$$\begin{aligned} f(\boldsymbol{x}(t_0 + \Delta t)) &= f(\boldsymbol{x}(t_0) + \boldsymbol{x}(t_0 + \Delta t) - \boldsymbol{x}(t_0)) = f(\boldsymbol{x}_0 + \boldsymbol{h}) \\ &= f(\boldsymbol{x}_0) + \sum_{i=1}^{n} \frac{\partial f}{\partial x_i}(\boldsymbol{x}_0) \cdot \left(\frac{dx_i}{dt}(t_0)\Delta t + \varepsilon_i(\Delta t) \right) + \varepsilon_f(\boldsymbol{h}) \\ &= f(\boldsymbol{x}_0) + \left(\sum_{i=1}^{n} \frac{\partial f}{\partial x_i}(\boldsymbol{x}_0) \cdot \frac{dx_i}{dt}(t_0) \right) \cdot \Delta t + \underbrace{\sum_{i=1}^{n} \frac{\partial f}{\partial x_i}(\boldsymbol{x}_0) \varepsilon_i(\Delta t) + \varepsilon_f(\boldsymbol{h})}_{\varepsilon(\Delta t)} \end{aligned}$$

かつ

$$\left| \frac{\varepsilon(\Delta t)}{\Delta t} \right| \leq \sum_{i=1}^{n} \left| \frac{\partial f}{\partial x_i}(\boldsymbol{x}_0) \right| \cdot \left| \frac{\varepsilon_i(\Delta t)}{\Delta t} \right| + \frac{|\varepsilon_f(\boldsymbol{h})|}{\|\boldsymbol{h}\|} \sqrt{\sum_{i=1}^{n} \left(\frac{dx_i}{dt}(t_0) + \frac{\varepsilon_i(\Delta t)}{\Delta t} \right)^2} \to 0 \ \ (\Delta t \to 0)$$

よって, $t = t_0$ で (4.10) が得られ, t_0 は任意なので (4.10) が I で得られた.　**証終**

オイラーの定理も 2 変数の場合と同様に成立する.

定理 4.5.2　(**オイラーの定理**)　f が開集合 D で定義された C^1 級の関数で, かつ k 次の同次関数, すなわち $\boldsymbol{x} = (x_1, \ldots, x_n)$ に対し,

$$f(tx_1, tx_2, \ldots, tx_n) = t^k f(x_1, x_2, \ldots, x_n), \quad t\boldsymbol{x} \in D \tag{4.11}$$

を満たすとき, 次の等式が成立する.

$$x_1 \frac{\partial f}{\partial x_1}(\boldsymbol{x}) + \cdots + x_n \frac{\partial f}{\partial x_n}(\boldsymbol{x}) = kf(\boldsymbol{x}) \tag{4.12}$$

定理 4.5.2 の証　(4.11) を t で微分して，$\frac{\partial f}{\partial x_1}(t\boldsymbol{x})\cdot x_1+\cdots+\frac{\partial f}{\partial x_n}(t\boldsymbol{x})\cdot x_n = kt^{k-1}f(\boldsymbol{x})$. $t=1$ ととれば (4.12) が得られる．　**証終**

テーラー展開のための準備となる例題を解いてみよう．

例 4.5.1　f は開集合 D で定義された m 階偏微分可能な関数で，$\boldsymbol{a}, \boldsymbol{a}+t\boldsymbol{h}\in D$ とする．このとき，$F(t)=f(\boldsymbol{a}+t\boldsymbol{h})=f(a_1+th_1,\ldots,a_n+th_n)$ に対して，$F'(t),\ldots,F^{(m)}(t)$ と $F'(0),\ldots,F^{(m)}(0)$ を求めよ．

解　$x_i(t)=a_i+th_i$（a_i, h_i は定数）と考えて，$\frac{dx_i}{dt}(t)=h_i$ より，

$$F'(t)=\frac{\partial f}{\partial x_1}(\boldsymbol{x}(t))\cdot h_1+\cdots+\frac{\partial f}{\partial x_n}(\boldsymbol{x}(t))\cdot h_n$$

2 変数のときと同様，これを

$$F'(t)=\left(h_1\frac{\partial}{\partial x_1}+\cdots+h_n\frac{\partial}{\partial x_n}\right)f(\boldsymbol{x})\bigg|_{\boldsymbol{x}=\boldsymbol{a}+t\boldsymbol{h}}=(Df)(\boldsymbol{a}+t\boldsymbol{h})$$

と書こう．したがって，

$$F''(t)=\left(h_1\frac{\partial}{\partial x_1}+\cdots+h_n\frac{\partial}{\partial x_n}\right)^2 f(\boldsymbol{x})\bigg|_{\boldsymbol{x}=\boldsymbol{a}+t\boldsymbol{h}}=(D^2f)(\boldsymbol{a}+t\boldsymbol{h})$$

$$\vdots$$

$$F^{(m)}(t)=\left(h_1\frac{\partial}{\partial x_1}+\cdots+h_n\frac{\partial}{\partial x_n}\right)^m f(\boldsymbol{x})\bigg|_{\boldsymbol{x}=\boldsymbol{a}+t\boldsymbol{h}}=(D^mf)(\boldsymbol{a}+t\boldsymbol{h})$$

と書ける．多項定理

$$(a_1+a_2+\cdots+a_n)^l=\sum_{l_1+\cdots+l_n=l,\,l_i\ge 0}\frac{l!}{l_1!l_2!\cdots l_n!}a_1^{l_1}a_2^{l_2}\cdots a_n^{l_n}$$

を使えば，

$$F^{(l)}(t)=\sum_{l_1+\cdots+l_n=l,\,l_i\ge 0}\frac{l!}{l_1!l_2!\cdots l_n!}h_1^{l_1}h_2^{l_2}\cdots h_n^{l_n}\frac{\partial^l f}{\partial x_1^{l_1}\cdots\partial x_n^{l_n}}(\boldsymbol{a}+t\boldsymbol{h})$$

ここで，$t=0$ ととれば，$l=1,2,\ldots,m$ に対し，

$$F^{(l)}(0)=\left(h_1\frac{\partial}{\partial x_1}+\cdots+h_n\frac{\partial}{\partial x_n}\right)^l f(\boldsymbol{x})\bigg|_{\boldsymbol{x}=\boldsymbol{a}}=(D^lf)(\boldsymbol{a})$$

である．極値問題を考える際には，$F''(0)$ が大切である．

$$(a_1 + a_2 + \cdots + a_n)^2 = \sum_{i,j=1}^{n} a_i a_j$$

なので，

$$F''(0) = (D^2 f)(\boldsymbol{a}) = \left(h_1 \frac{\partial}{\partial x_1} + \cdots + h_n \frac{\partial}{\partial x_n} \right)^2 f(\boldsymbol{x}) \Bigg|_{\boldsymbol{x}=\boldsymbol{a}} = \sum_{i,j=1}^{n} f_{x_i x_j}(\boldsymbol{a}) h_i h_j$$

と書ける．

4.6　テーラー展開

前節最後の例 4.5.1 から n 変数関数のテーラー展開を得る．

定理 4.6.1　(**n 変数関数のテーラーの定理**)　開集合 D で定義された関数 $z = f(\boldsymbol{x})$ が C^m 級とする．このとき，$\boldsymbol{a}, \boldsymbol{a} + t\boldsymbol{h} \in D\,(0 \leq t \leq 1)$ に対して，

$$\begin{aligned} f(\boldsymbol{a}+\boldsymbol{h}) &= f(\boldsymbol{a}) + (Df)(\boldsymbol{a}) + \frac{(D^2 f)(\boldsymbol{a})}{2!} + \cdots + \frac{(D^{m-1} f)(\boldsymbol{a})}{(m-1)!} + R_m \\ &= f(\boldsymbol{a}) + \sum_{l=1}^{m-1} \frac{1}{l!} \left(h_1 \frac{\partial}{\partial x_1} + \cdots + h_n \frac{\partial}{\partial x_n} \right)^l f(\boldsymbol{x}) \Bigg|_{\boldsymbol{x}=\boldsymbol{a}} + R_m \end{aligned}$$

が成り立つ．ここに，剰余 R_m は，$0 < \theta < 1$ となる適当な θ があって

$$R_m = \frac{(D^m f)(\boldsymbol{a}+\theta\boldsymbol{h})}{m!} = \frac{1}{m!} \left(h_1 \frac{\partial}{\partial x_1} + \cdots + h_n \frac{\partial}{\partial x_n} \right)^m f(\boldsymbol{x}) \Bigg|_{\boldsymbol{x}=\boldsymbol{a}+\theta\boldsymbol{h}}$$

と書ける．

$m = 2$ のときは，

$$f(\boldsymbol{a}+\boldsymbol{h}) = f(\boldsymbol{a}) + \big(h_1 f_{x_1}(\boldsymbol{a}) + \cdots + h_n f_{x_n}(\boldsymbol{a}) \big) + R_2, \quad R_2 = o(\|\boldsymbol{h}\|)$$

これは，$\boldsymbol{x} = \boldsymbol{a} + \boldsymbol{h}$ とおけば，

$$f(\boldsymbol{x}) = f(\boldsymbol{a}) + f_{x_1}(\boldsymbol{a})(x_1 - a_1) + \cdots + f_{x_n}(\boldsymbol{a})(x_n - a_n) + o(\|\boldsymbol{x} - \boldsymbol{a}\|)$$

となって，（超）曲面 $z = f(\boldsymbol{x})$ が $\boldsymbol{a}$ の近傍で（超）接平面

$$z = f(\boldsymbol{a}) + f_{x_1}(\boldsymbol{a})(x_1 - a_1) + \cdots + f_{x_n}(\boldsymbol{a})(x_n - a_n)$$

で近似されることを示している．

極値問題への応用で大切なのは $m = 3$ のときである．このとき，

$$\begin{aligned} f(\boldsymbol{a}+\boldsymbol{h}) &= f(\boldsymbol{a}) + \bigl(h_1 f_{x_1}(\boldsymbol{a}) + \cdots + h_n f_{x_n}(\boldsymbol{a})\bigr) \\ &\quad + \underbrace{\frac{1}{2}\left(h_1 \frac{\partial}{\partial x_1} + \cdots + h_n \frac{\partial}{\partial x_n}\right)^2 f(\boldsymbol{x})\Bigg|_{\boldsymbol{x}=\boldsymbol{a}}}_{\sum_{i,j=1}^{n} f_{x_i x_j}(\boldsymbol{a}) h_i h_j} + R_3, \quad R_3 = o(\|\boldsymbol{h}\|^2) \end{aligned}$$

となっている．$h_1, \ldots, h_n$ の 2 次の項が大切である．

定理 4.6.1 の証　$F(t) = f(\boldsymbol{a} + t\boldsymbol{h})$ とおけば，$F(0) = f(\boldsymbol{a})$, $F(1) = f(\boldsymbol{a} + \boldsymbol{h})$. よって，1 変数の関数 F に対する 0 の近傍におけるテーラーの定理（マクローリンの定理）

$$F(1) = F(0) + \sum_{l=1}^{m-1} \frac{1}{l!} F^{(l)}(0) + R_m, \quad R_m = \frac{1}{m!} F^{(m)}(\theta), \quad (0 < \theta < 1)$$

に前節の例 4.5.1 の結果を使えばよい．　**証終**

4.7　極値問題—必要条件—

2 変数関数 $z = f(x, y)$ に対し，点 (a, b) で極値をとるためには，$f_x(a, b) = f_y(a, b) = 0$ が必要であった．別の言い方をすれば，$f_x(x, y) = f_y(x, y) = 0$ を満たす $(x, y) = (a, b)$ が極値をとる点の候補となる．n 変数の関数 $z = f(\boldsymbol{x}) = f(x_1, x_2, \ldots, x_n)$ に対しても

$$f_{x_1}(\boldsymbol{x}) = f_{x_2}(\boldsymbol{x}) = \cdots = f_{x_n}(\boldsymbol{x}) = 0$$

を満たす $\boldsymbol{x} = \boldsymbol{a}$ が極値をとる点の候補である．ここに，$f(\boldsymbol{a})$ が極小（または極大）とは $\boldsymbol{a}$ の小さな近傍で $f(\boldsymbol{a})$ が最小（または最大）となることである．

定理 4.7.1　（必要条件）　n 変数関数 $z = f(\boldsymbol{x})$ が全微分可能とする．f が点 $\boldsymbol{a}$ で極値をとるとすると，

$$\frac{\partial f}{\partial x_i}(\boldsymbol{a}) = 0 \ (i = 1, 2, \ldots, n) \tag{4.13}$$

定理 4.7.1 の証　$\boldsymbol{a}$ で極小をとるとすると，$|h_i|$ が十分小さな $h_i (i = 1, 2, \ldots, n)$ に対し，

$$f(a_1, \ldots, a_{i-1}, a_i + h_i, a_{i+1}, \ldots, a_n) - f(a_1, \ldots, a_{i-1}, a_i, a_{i+1}, \ldots, a_n) \geq 0 \tag{4.14}$$

が成り立つ．

(i) $h_i > 0$ のとき，(4.14) を h_i で割って，$h_i \to 0+$ とすると，$f_{x_i}(\boldsymbol{a}) \geq 0$

(ii) $h_i < 0$ のとき，(4.14) を h_i で割ると，不等号が逆転する．そこで，$h_i \to 0-$ とすると，$f_{x_i}(\boldsymbol{a}) \leq 0$.

よって，(i), (ii) より，$f_{x_i}(\boldsymbol{a}) = 0$ を得る．極大のときも同様である．　**証終**

次に十分条件を考えなければならない．再び2変数のときを思い起こすと，$f_x(a, b) = f_y(a, b) = 0$ ならば，テーラー展開を用いて

$$f(a+h, b+k) = f(a, b) + 0 + \frac{1}{2}\left(h\frac{\partial}{\partial x} + k\frac{\partial}{\partial y}\right)^2 f(x, y)\bigg|_{(x,y)=(a,b)} + R_3$$

$$= f(a, b) + \frac{1}{2}\underbrace{\left(f_{xx}(a, b)h^2 + 2f_{xy}(a, b)hk + f_{yy}(a, b)k^2\right)}_{Q(h,k)} + R_3, \quad R_3 = o(h^2 + k^2)$$

$Q > 0$ または $Q < 0$ のとき，小さな h, k に対しては R_3 は非常に小さく無視できて，h, k の2次関数 Q の正負の符号を調べれば十分条件が判明した．判別式は

$$D/4 = \{f_{xy}(a, b)\}^2 - f_{xx}(a, b)f_{yy}(a, b)$$

であるから，判定条件を整理すれば次のようになった．

(i)　$D/4 < 0$ のとき，$(h, k) \neq (0, 0)$ に対し，
　$f_{xx}(a, b) > 0$ ならば，$Q > 0 \Rightarrow f$ は (a, b) で極小となる，
　$f_{xx}(a, b) < 0$ ならば，$Q < 0 \Rightarrow f$ は (a, b) で極大となる，

(ii)　$D/4 > 0$ のとき，$Q \gtrless 0 \ \Rightarrow f$ は (a, b) で極値をとらない，

(iii) $D/4 = 0$ ならば，ある (h, k) で $Q = 0$．よって，

R_3を無視できない $\Rightarrow$ 判定不可.

判別式 $D/4$ はヘッセ行列式 $|H(a,b)|$ と逆の符号になっていたことに注意する.

$$D/4 = -\begin{vmatrix} f_{xx}(a,b) & f_{xy}(a,b) \\ f_{yx}(a,b) & f_{yy}(a,b) \end{vmatrix} = -|H(a,b)|$$

n 変数関数 $z = f(x_1, x_2, \ldots, x_n)$ に対しても, 必要条件 $f_{x_i}(\boldsymbol{a}) = 0$ $(i = 1, 2, \ldots, n)$ を満たすとき,

$$\begin{aligned} f(\boldsymbol{a}+\boldsymbol{h}) &= f(\boldsymbol{a}) + 0 + \frac{1}{2}\left(h_1\frac{\partial}{\partial x_1} + \cdots + h_n\frac{\partial}{\partial x_n}\right)^2 f(\boldsymbol{x})\bigg|_{\boldsymbol{x}=\boldsymbol{a}} + R_3 \\ &= f(\boldsymbol{a}) + \underbrace{\frac{1}{2}\sum_{i,j=1}^{n} f_{x_i x_j}(\boldsymbol{a})h_i h_j}_{Q(h_1,\ldots,h_n)} + R_3, \quad R_3 = o(\|\boldsymbol{h}\|^2) \end{aligned} \tag{4.15}$$

このとき, $Q > 0, Q < 0$ または $Q \gtreqless 0$ を調べたいのであるが,

$$Q(h_1, \ldots, h_n) = \sum_{i,j=1}^{n} f_{x_i x_j}(\boldsymbol{a})h_i h_j$$

に対しては 2 次関数の判別式は使えない. この Q は $h_1, \ldots, h_n$ の <u>2 次形式</u>と呼ばれる. 詳細は次節で述べるが, 2 次形式はベクトルと対称行列を使って次の形に書ける.

$$Q = {}^t\boldsymbol{h}H(\boldsymbol{a})\boldsymbol{h}, \quad \boldsymbol{h} = \begin{pmatrix} h_1 \\ \vdots \\ h_n \end{pmatrix}, \quad H(\boldsymbol{a}) = \begin{pmatrix} f_{x_1x_1}(\boldsymbol{a}) & \cdots & f_{x_1x_n}(\boldsymbol{a}) \\ \vdots & \ddots & \vdots \\ f_{x_nx_1}(\boldsymbol{a}) & \cdots & f_{x_nx_n}(\boldsymbol{a}) \end{pmatrix} \tag{4.16}$$

ここに, 左肩つき ^{t} は<u>転置</u>を表し, ${}^t\boldsymbol{h} = (h_1, \ldots, h_n)$ である. $H(\boldsymbol{a})$ は f の 2 階偏微分が順序よく並んだ対称行列で, $\boldsymbol{a}$ における<u>ヘッセ行列</u>と呼ばれている. その行列式が<u>ヘッセ行列式</u>または<u>ヘシアン</u>で, $n = 2$ のときは判別式と逆の符号になったものである. 2 次形式の解析は次節で行い, それを応用して, 次々節 (4.9 節) で改めて極値問題の十分条件を考察する. その際, 線形代数の基礎知識が必須である. 本章最終節 (4.12 節) に付録としてその要約が示してあるので参照されたい.

4.8　2次形式

変数を $x_1, \ldots, x_n$ と書くとき（前節最後の $h_1, \ldots, h_n$ の代わりに），

$$Q = Q(x_1, \ldots, x_n) = \sum_{i,j=1}^{n} a_{ij} x_i x_j, \ a_{ij} = a_{ji} \qquad (※)$$

を，$x_1, \ldots, x_n$ の **2次形式**（quadratic form）という．2次形式 Q は，列ベクトル $\boldsymbol{x}$ と対称行列 A を用いて

$$Q = {}^t\boldsymbol{x} A \boldsymbol{x}$$

と書ける．ここに，

$$\boldsymbol{x} = \begin{pmatrix} x_1 \\ \vdots \\ x_n \end{pmatrix}, \quad {}^t\boldsymbol{x} = \begin{pmatrix} x_1 \cdots x_n \end{pmatrix}, \quad A = \begin{pmatrix} a_{11} & \cdots & a_{1n} \\ \vdots & \ddots & \vdots \\ a_{n1} & \cdots & a_{nn} \end{pmatrix}$$

$a_{ij} = a_{ji}$ より，${}^tA = A$ で，A は**実対称行列**である[4]．実際，

$$\begin{aligned} Q = & \ x_1(a_{11}x_1 + a_{12}x_2 + \cdots + a_{1n}x_n) \\ & + x_2(a_{21}x_1 + a_{22}x_2 + \cdots + a_{2n}x_n) \\ & \ \cdots \\ & + x_n(a_{n1}x_1 + a_{n2}x_2 + \cdots + a_{nn}x_n) \\ = & \begin{pmatrix} x_1 & x_2 & \cdots & x_n \end{pmatrix} \begin{pmatrix} a_{11}x_1 + a_{12}x_2 + \cdots + a_{1n}x_n \\ a_{21}x_1 + a_{22}x_2 + \cdots + a_{2n}x_n \\ \cdots \\ a_{n1}x_1 + a_{n2}x_2 + \cdots + a_{nn}x_n \end{pmatrix} \\ = & \begin{pmatrix} x_1 & x_2 & \cdots & x_n \end{pmatrix} \begin{pmatrix} a_{11} & a_{12} & \cdots & a_{1n} \\ a_{21} & a_{22} & \cdots & a_{2n} \\ \vdots & & \ddots & \vdots \\ a_{n1} & a_{n2} & \cdots & a_{nn} \end{pmatrix} \begin{pmatrix} x_1 \\ x_2 \\ \vdots \\ x_n \end{pmatrix} \end{aligned}$$

から，$Q = {}^t\boldsymbol{x} A \boldsymbol{x}$ と書ける．

---

[4] $a_{ij} = a_{ji}$ はつねに仮定してよい．もし，$a_{ij} \neq a_{ji}$ であっても $a_{ij}x_ix_j$ と $a_{ji}x_jx_i$ は同類項なので，$a_{ij}x_ix_j + a_{ji}x_jx_i = \frac{a_{ij}+a_{ji}}{2}x_ix_j + \frac{a_{ij}+a_{ji}}{2}x_jx_i$ と書き直して，$\frac{a_{ij}+a_{ji}}{2}$ を新たに $a_{ij} = a_{ji}$ と思えばよい．

任意の $\boldsymbol{x}(\neq \mathbf{0})$ に対し，つねに $Q>0$, $Q<0$ または $Q \gtrless 0$ となるとき，それぞれ，2 次形式 Q を**正定値**（**正値**），**負定値**（**負値**），**不定値**（**不定符号**）という．ここに，ある $\boldsymbol{x}$ に対して $Q>0$ となり，別のある $\boldsymbol{x}$ に対して $Q<0$ となるとき，単に $Q \gtrless 0$ と書いた．

適当な n 次正則行列 P によって変数変換

$$\boldsymbol{x} = P\boldsymbol{y}, \quad \begin{pmatrix} x_1 \\ \vdots \\ x_n \end{pmatrix} = \begin{pmatrix} p_{11} & \cdots & p_{1n} \\ \vdots & \ddots & \vdots \\ p_{n1} & \cdots & p_{nn} \end{pmatrix} \begin{pmatrix} y_1 \\ \vdots \\ y_n \end{pmatrix}$$

を行うと，一般に ${}^t(AB) = {}^tB\,{}^tA$ より，

$$Q = {}^t\boldsymbol{x}A\boldsymbol{x} = {}^t(P\boldsymbol{y})A(P\boldsymbol{y}) = {}^t\boldsymbol{y}({}^tPAP)\boldsymbol{y}$$

ここで，もし ${}^tPAP = \begin{pmatrix} \lambda_1 & & O \\ & \ddots & \\ O & & \lambda_n \end{pmatrix}$ ならば，

$$Q = \lambda_1 y_1^2 + \cdots + \lambda_n y_n^2 \tag{4.17}$$

よって，

$$\begin{aligned} &\lambda_1 > 0, \ldots, \lambda_n > 0 \;\Rightarrow\; Q > 0: \text{ 正値} \\ &\lambda_1 < 0, \ldots, \lambda_n < 0 \;\Rightarrow\; Q < 0: \text{ 負値} \\ &\exists\lambda_i > 0,\ \exists\lambda_j < 0 \;\Rightarrow\; Q \gtrless 0: \text{ 不定符号} \end{aligned}$$

となることがわかる．

定義 4.8.1　n 次正方行列 A に対して，適当な正則行列 P をとって，$P^{-1}AP = \begin{pmatrix} \lambda_1 & & O \\ & \ddots & \\ O & & \lambda_n \end{pmatrix}$（$= D$ とおく）とすることを**対角化**（diagonalization）するという．D は**対角行列**（diagonal matrix）という．

この節で扱う実対称行列に対しては $P^{-1} = {}^tP$ となるようにとれることが以下の定理 4.8.3 でわかる．$P^{-1} = {}^tP$ を満たす P を直交行列と呼ぶことにも注意しておこう．対角化問題を扱うために，次の固有値問題を考える．それに必要な行列式の事項と連立 1 次方程式等に関する結果は 4.12 節を参照せよ．

定義 4.8.2 $n \times n$ 行列 A に対して,

$$A\boldsymbol{p} = \lambda \boldsymbol{p} \tag{4.18}$$

となるスカラー λ とベクトル $\boldsymbol{p} \neq \boldsymbol{0}$ が存在するとき, λ を A の**固有値** (eigenvalue), $\boldsymbol{p}$ を A の λ に対する**固有ベクトル** (eigenvector) という. λ に対するすべての固有ベクトル $\boldsymbol{p}$ の集合 M_λ

$$M_\lambda = \{\boldsymbol{p};\ A\boldsymbol{p} = \lambda \boldsymbol{p}\}$$

を λ に対する**固有空間**という. 固有値, 固有ベクトルを求める問題を**固有値問題** (eigenvalue problem) という.

注: $\boldsymbol{p}$ が A の λ に対する固有ベクトルならば, $a\boldsymbol{p}$ (a:スカラー) も固有ベクトルとなる. なぜなら, $A\boldsymbol{p} = \lambda \boldsymbol{p}$ ならば, 両辺にスカラー a に掛けて, $A(a\boldsymbol{p}) = \lambda(a\boldsymbol{p})$ だからである. 同様に, $\boldsymbol{p}_1, \boldsymbol{p}_2$ が λ に対する固有ベクトルならば, $a_1\boldsymbol{p}_1 + a_2\boldsymbol{p}_2$ も λ に対する固有ベクトルとなる. したがって, 固有空間はベクトル空間となっている.

固有値, 固有ベクトルの求め方 (4.18) を移項すれば

$$(\lambda E - A)\boldsymbol{p} = \boldsymbol{0}, \quad \boldsymbol{p} \neq \boldsymbol{0} \quad (E:\ \text{単位行列}) \tag{4.19}$$

なので, 同次連立 1 次方程式が非自明解 $\boldsymbol{p} \neq \boldsymbol{0}$ をもつための条件から,

$$|\lambda E - A| = \begin{vmatrix} \lambda - a_{11} & -a_{12} & \cdots & -a_{1n} \\ -a_{21} & \lambda - a_{22} & & -a_{2n} \\ \vdots & & \ddots & \vdots \\ -a_{n1} & -a_{n2} & \cdots & \lambda - a_{nn} \end{vmatrix} = 0 \tag{4.20}$$

これは λ の n 次方程式で, **固有方程式** (左辺だけの $|\lambda E - A|$ は**固有多項式**) という. よって, ガウスの代数学の基本定理によって, 重解は重ねて数えて, n 個の解

$$\lambda = \lambda_1, \ldots, \lambda_n \in \mathbf{C}\ (\text{複素数の全体})$$

を得て n 個の固有値を得る. $\lambda = \lambda_j$ のとき, (4.19) を解いて, 固有ベクトル $\boldsymbol{p} = \boldsymbol{p}_{\lambda=\lambda_j}$ が求まる. ノルムを 1 となるようにとると $\boldsymbol{p}_{(\lambda_j)} = \pm \frac{\boldsymbol{p}_{\lambda=\lambda_j}}{\|\boldsymbol{p}_{\lambda=\lambda_j}\|}$ と

なる[5].

例 4.8.1 次の行列の固有値とノルム 1 の固有ベクトルを求めよ．また，求めた固有ベクトルは互いに直交することを確かめよ．

$$A = \begin{pmatrix} 1 & 2 \\ 2 & 1 \end{pmatrix}, \quad B = \begin{pmatrix} 1 & 1 & 0 \\ 1 & 0 & 1 \\ 0 & 1 & 1 \end{pmatrix}$$

解 (A) $|\lambda E - A| = \begin{vmatrix} \lambda - 1 & -2 \\ -2 & \lambda - 1 \end{vmatrix} = 0.$ となる．よって，$(\lambda-1)^2 - 4 = 0$, $(\lambda+1)(\lambda-3) = 0 \ \therefore \lambda = -1, 3$ となる．

(i) $\lambda = -1$ のとき，(4.19) に代入して，$\begin{pmatrix} -2 & -2 \\ -2 & -2 \end{pmatrix} \begin{pmatrix} p_1 \\ p_2 \end{pmatrix} = \begin{pmatrix} 0 \\ 0 \end{pmatrix}$．よって，$-2p_1 - 2p_2 = 0 \ \therefore \boldsymbol{p}_{\lambda=-1} = a \begin{pmatrix} 1 \\ -1 \end{pmatrix}$（$a$ は任意の実数．以下でもそのようにとる）．ノルムを 1 にすると，$\boldsymbol{p}_{(-1)} = \pm \frac{1}{\sqrt{2}} \begin{pmatrix} 1 \\ -1 \end{pmatrix}$.

(ii) $\lambda = 3$ のとき，(4.19) に代入して，$\begin{pmatrix} 2 & -2 \\ -2 & 2 \end{pmatrix} \begin{pmatrix} p_1 \\ p_2 \end{pmatrix} = \begin{pmatrix} 0 \\ 0 \end{pmatrix}$．よって，$2p_1 - 2p_2 = 0 \ \therefore \boldsymbol{p}_{\lambda=3} = a \begin{pmatrix} 1 \\ 1 \end{pmatrix}$, $\boldsymbol{p}_{(3)} = \pm \frac{1}{\sqrt{2}} \begin{pmatrix} 1 \\ 1 \end{pmatrix}$ となる．

(i), (ii) より，内積 $\boldsymbol{p}_{(-1)} \cdot \boldsymbol{p}_{(3)} = 0$．ゆえに，$\boldsymbol{p}_{(-1)}$ と $\boldsymbol{p}_{(3)}$ は直交する．

(B) $|\lambda E - B| = \begin{vmatrix} \lambda - 1 & -1 & 0 \\ -1 & \lambda & -1 \\ 0 & -1 & \lambda - 1 \end{vmatrix} = 0.$ よって，$\lambda(\lambda-1)^2 - (\lambda-1) - (\lambda-1) = 0$, $(\lambda+1)(\lambda-1)(\lambda-2) = 0 \ \therefore \lambda = -1, 1, 2$ である．

---

[5] 本書では λ_j に対する固有ベクトルを $\boldsymbol{p}_{\lambda=\lambda_j}$ と書き，そのノルムを 1 としたものを $\boldsymbol{p}_{(\lambda_j)}$ と書いた．記号は書物によって違うので注意すること．

(i) $\lambda = -1$ のとき，$\begin{pmatrix} -2 & -1 & 0 \\ -1 & -1 & -1 \\ 0 & -1 & -2 \end{pmatrix} \begin{pmatrix} p_1 \\ p_2 \\ p_3 \end{pmatrix} = \begin{pmatrix} 0 \\ 0 \\ 0 \end{pmatrix}$．よって，

$\begin{cases} -2p_1 - p_2 = 0 \\ -p_1 - p_2 - p_3 = 0 \\ -p_2 - 2p_3 = 0 \end{cases}$ (見かけ上は 3 式あるが，たとえば，第 3 式は不要である．別の言葉で言えばランクが 2 である)

$\therefore \boldsymbol{p}_{\lambda=-1} = a \begin{pmatrix} 1 \\ -2 \\ 1 \end{pmatrix}$．ノルムを 1 にすると，$\boldsymbol{p}_{(-1)} = \pm\frac{1}{\sqrt{6}} \begin{pmatrix} 1 \\ -2 \\ 1 \end{pmatrix}$．

(ii) $\lambda = 1$ のときも同様に，$\boldsymbol{p}_{\lambda=1} = a \begin{pmatrix} 1 \\ 0 \\ -1 \end{pmatrix}$，$\boldsymbol{p}_{(1)} = \pm\frac{1}{\sqrt{2}} \begin{pmatrix} 1 \\ 0 \\ -1 \end{pmatrix}$．

(iii) $\lambda = 2$ のときも同様に，$\boldsymbol{p}_{\lambda=2} = a \begin{pmatrix} 1 \\ 1 \\ 1 \end{pmatrix}$，$\boldsymbol{p}_{(2)} = \pm\frac{1}{\sqrt{3}} \begin{pmatrix} 1 \\ 1 \\ 1 \end{pmatrix}$．

(i)–(iii) より，内積 $\boldsymbol{p}_{(-1)} \cdot \boldsymbol{p}_{(1)} = 0, \boldsymbol{p}_{(1)} \cdot \boldsymbol{p}_{(2)} = 0, \boldsymbol{p}_{(2)} \cdot \boldsymbol{p}_{(-1)} = 0$ となる．

例 4.8.2　$C = \begin{pmatrix} 1 & -2 \\ 2 & 1 \end{pmatrix}$ の固有値を求めよ．

解　$|\lambda E - C| = \begin{vmatrix} \lambda - 1 & 2 \\ -2 & \lambda - 1 \end{vmatrix} = 0$. よって，$(\lambda-1)^2 + 4 = 0$　$\therefore \lambda = 1 \pm 2i$.

例 4.8.2 では，固有値が複素数となったので，固有ベクトルを求めれば複素数を成分とする複素ベクトルとなる！ しかしながら，今対象とする実対称行列に対しては実数の範囲内での議論が可能となる．

定理 4.8.1　行列 A が実対称行列ならばその固有値はすべて実数である．

定理 4.8.2　行列 A が実対称行列で，固有値 λ_1, λ_2 が相異なるならば，対応する固有ベクトル $\boldsymbol{p}_1, \boldsymbol{p}_2$ は互いに直交する．すなわち，内積 $\boldsymbol{p}_1 \cdot \boldsymbol{p}_2 = 0$ である．

定理 4.8.3　（対称行列の対角化）　$P = (\boldsymbol{p}_1\ \boldsymbol{p}_2\ \cdots \boldsymbol{p}_n)$　（$\boldsymbol{p}_1, \boldsymbol{p}_2, \ldots, \boldsymbol{p}_n$ は A の固有値 $\lambda_1, \lambda_2, \ldots, \lambda_n$ に対するノルム 1 の固有ベクトル）とすると[6]，P は ${}^tP\,P = P\,{}^tP = E$，つまり ${}^tP = P^{-1}$ を満たし（このとき，P は直交行列と呼ばれる），さらに，A は直交行列 P によって対角化される．

$$
{}^tPAP = \begin{pmatrix} \lambda_1 & & O \\ & \ddots & \\ O & & \lambda_n \end{pmatrix} \quad (\lambda_1, \cdots, \lambda_n \text{は } A \text{ の固有値}).
$$

このとき，2 次形式 Q は (4.17) の形になるので，すでに述べたが改めて次の系が成立する．

系 4.8.1　2 次形式 $Q = {}^t\boldsymbol{x}A\boldsymbol{x}$ に対して，A の固有値を $\lambda_1, \ldots, \lambda_n$ とすると，

(i)	すべての固有値 $\lambda_1 > 0, \ldots, \lambda_n > 0$	$\Leftrightarrow$	$Q > 0$：正定値
(ii)	すべての固有値 $\lambda_1 < 0, \ldots, \lambda_n < 0$	$\Leftrightarrow$	$Q < 0$：負定値
(iii)	$\exists\lambda_i > 0,\ \exists\lambda_j < 0$	$\Leftrightarrow$	$Q \gtrless 0$：不定符号

固有値の計算は案外困難な場合がある．次の定理はすべての固有値が正または負となるための必要十分条件を与える．

[6]固有値が重解として得られる場合がもちろんある．たとえば，λ_1 が 3 重解として得られたとすると，実対称行列の場合，λ_1 に対する固有ベクトルとして，3 つの 1 次独立なベクトル $\boldsymbol{p}_1^{(1)}$，$\boldsymbol{p}_1^{(2)}$，$\boldsymbol{p}_1^{(3)}$ が得られる．それらはグラム-シュミットの直交化法を使えば互いに直交しノルムは 1 と思ってよい．別の言い方をすると，λ_1（3 重解）に対する固有空間

$$
M_{\lambda_1} = \{a_1\boldsymbol{p}_1^{(1)} + a_2\boldsymbol{p}_1^{(2)} + a_3\boldsymbol{p}_1^{(3)};\ a_1, a_2, a_3 \in \mathbf{R}\}\ (\subset \mathbf{R}^n)
$$

は 3 次元部分空間である（節末のショートノート 1 参照）．したがって，重解の場合も含めて，n 個の固有値に対し，対応する n 個の互いに直交するノルム 1 の固有ベクトルをとることができる．

定理 4.8.4　2 次形式 $Q = {}^t\boldsymbol{x}A\boldsymbol{x}$ ($A = (a_{ij})$: n 次実対称行列) に対し,

(i) $Q = {}^t\boldsymbol{x}A\boldsymbol{x}$ が正定値であるための必要十分条件は

$$|A_k| > 0 \ (k = 1, \ldots, n) \tag{4.21}$$

(ii) $Q = {}^t\boldsymbol{x}A\boldsymbol{x}$ が負定値であるための必要十分条件は

$$(-1)^k |A_k| > 0 \ (k = 1, \ldots, n) \tag{4.22}$$

ここに, $|A_k|$ は $|A|$ の**主小行列式**または**首座小行列式**といい,

$$|A_k| = \begin{vmatrix} a_{11} & \cdots & a_{1k} \\ \vdots & \ddots & \vdots \\ a_{k1} & \cdots & a_{kk} \end{vmatrix} \quad (k = 1, \ldots, n)$$

以下では, 定理 4.8.1–4.8.4 の証明および説明を与える.

定理 4.8.1 の証明のためには, 一旦固有値を複素数 (complex number) の全体 $\mathbf{C}$ の中で考えなければならない. 複素数について少し復習しておこう.

x, y を実数とするとき, $z = x + yi \, (i^2 = -1)$ を**複素数**といい, その全体を $\mathbf{C}$ と表す. 実数部分 x を横軸 (実軸という) に, 虚数部分 yi を縦軸 (虚軸という) にとった複素数平面上に表す (図 4.2).

$$\mathbf{C} = \{z; \, z = x + yi, \ x, y \in \mathbf{R}\}$$

$z = x + yi$ に対し, $x - yi$ を z の**共役複素数**といい, $\overline{z}$ と表す. すなわち, $\overline{z} = x - yi$. $|z| = \sqrt{x^2 + y^2}$ を z の**絶対値**という. このとき, 次が成立する.

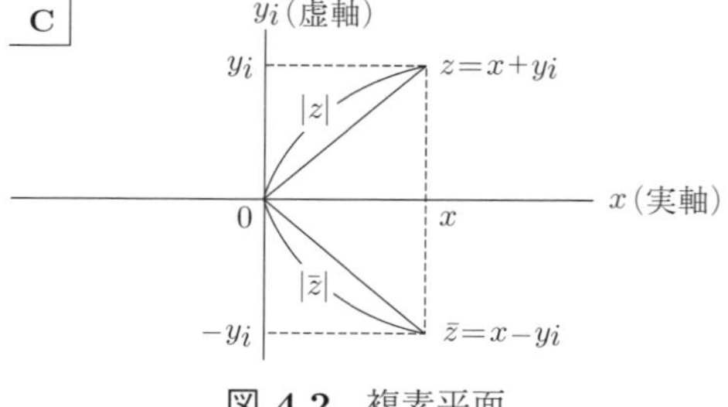

図 **4.2**　複素平面

(i)　$z \in \mathbf{C}$ が実数 $\Leftrightarrow$ $\bar{z} = z$

(ii)　$\overline{z_1 + z_2} = \overline{z_1} + \overline{z_2}$,　$\overline{z_1 \cdot z_2} = \overline{z_1} \cdot \overline{z_2}$ $(z_k = x_k + y_k i,\ k = 1, 2)$　(4.23)

(iii)　$z \cdot \bar{z} = \bar{z} \cdot z = |z|^2$

実際，(i) $z = x + yi$ が実数 $\Leftrightarrow y = 0 \Leftrightarrow \bar{z} = z$ (ii) 和については，$\overline{z_1 + z_2} = \overline{(x_1 + x_2) + (y_1 + y_2)i} = (x_1 + x_2) - (y_1 + y_2)i = (x_1 - y_1 i) + (x_2 - y_2 i) = \overline{z_1} + \overline{z_2}$ 積も，$\overline{z_1 \cdot z_2} = \overline{(x_1 + y_1 i)(x_2 + y_2 i)} = \overline{(x_1 x_2 - y_1 y_2) + (x_1 y_2 + x_2 y_1)i} = (x_1 x_2 - y_1 y_2) - (x_1 y_2 + x_2 y_1)i = (x_1 - y_1 i)(x_2 - y_2 i) = \overline{z_1} \cdot \overline{z_2}$ 絶対値については，(iii) $z \cdot \bar{z} = (x + yi)(x - yi) = x^2 + y^2 = |z|^2$

定理 4.8.1 の証　$\overline{\lambda} = \lambda$ を示せばよい．

$$A\boldsymbol{x} = \lambda \boldsymbol{x} \quad \left(\lambda \in \mathbf{C},\ \boldsymbol{x} = {}^t\!\begin{pmatrix} z_1 & \cdots & z_n \end{pmatrix},\ z_j \in \mathbf{C}\right)$$

の共役をとると，$A\overline{\boldsymbol{x}} = \overline{\lambda}\overline{\boldsymbol{x}}$. ここに，$\overline{\boldsymbol{x}} = {}^t\!\begin{pmatrix} \overline{z_1} & \cdots & \overline{z_n} \end{pmatrix}$ で，A は実数行列なので $\overline{A} = A$ を使った．転置 ${}^t(A\overline{\boldsymbol{x}}) = {}^t\overline{\boldsymbol{x}}\,{}^tA = {}^t\overline{\boldsymbol{x}}A$ をして，$\boldsymbol{x}$ を（行列として）右から掛けて

$${}^t\overline{\boldsymbol{x}}A\boldsymbol{x} = \overline{\lambda}\,{}^t\overline{\boldsymbol{x}}\boldsymbol{x}$$

$A\boldsymbol{x} = \lambda\boldsymbol{x}$ より，$\lambda\,{}^t\overline{\boldsymbol{x}}\boldsymbol{x} = \overline{\lambda}\,{}^t\overline{\boldsymbol{x}}\boldsymbol{x}$, $(\lambda - \overline{\lambda})\|\boldsymbol{x}\|^2 = 0$. ゆえに，$\overline{\lambda} = \lambda$ となる．なぜなら，$\|\boldsymbol{x}\| = \sqrt{|z_1|^2 + \cdots + |z_n|^2} \neq 0$ だから．　証終

以下，定理 4.8.1 より，複素数は忘れてすべて実数の範囲内で考えればよい．

定理 4.8.2 の証　$A\boldsymbol{p}_1 = \lambda_1\boldsymbol{p}_1$，$A\boldsymbol{p}_2 = \lambda_2\boldsymbol{p}_2$，$\lambda_1 \neq \lambda_2$ のとき，${}^tA = A$, $(A\boldsymbol{x}) \cdot \boldsymbol{y} = \boldsymbol{x} \cdot ({}^tA\boldsymbol{y})$ に注意して，

$$\begin{aligned}\lambda_1\boldsymbol{p}_1 \cdot \boldsymbol{p}_2 &= (\lambda_1\boldsymbol{p}_1) \cdot \boldsymbol{p}_2 = (A\boldsymbol{p}_1) \cdot \boldsymbol{p}_2 = \boldsymbol{p}_1 \cdot ({}^tA\boldsymbol{p}_2) = \boldsymbol{p}_1 \cdot (A\boldsymbol{p}_2) \\ &= \boldsymbol{p}_1 \cdot (\lambda_2\boldsymbol{p}_2) = \lambda_2\boldsymbol{p}_1 \cdot \boldsymbol{p}_2\end{aligned}$$

ゆえに，$(\lambda_1 - \lambda_2)\boldsymbol{p}_1 \cdot \boldsymbol{p}_2 = 0$ となる．$\lambda_1 \neq \lambda_2$ より，$\boldsymbol{p}_1 \cdot \boldsymbol{p}_2 = 0$.　証終

定理 4.8.3 の証　$\lambda_1, \ldots, \lambda_n$ がすべて相異なる場合，${}^t\boldsymbol{p}_i\boldsymbol{p}_j = \begin{cases} 1 & i = j \\ 0 & i \neq j \end{cases}$ だから，

$${}^tPP = \begin{pmatrix} {}^t\boldsymbol{p}_1 \\ \vdots \\ {}^t\boldsymbol{p}_n \end{pmatrix} \begin{pmatrix} \boldsymbol{p}_1 & \cdots & \boldsymbol{p}_n \end{pmatrix}$$

$$= \begin{pmatrix} {}^t\boldsymbol{p}_1\boldsymbol{p}_1 & \cdots & {}^t\boldsymbol{p}_1\boldsymbol{p}_n \\ \vdots & \ddots & \vdots \\ {}^t\boldsymbol{p}_n\boldsymbol{p}_1 & \cdots & {}^t\boldsymbol{p}_n\boldsymbol{p}_n \end{pmatrix} = \begin{pmatrix} 1 & & O \\ & \ddots & \\ O & & 1 \end{pmatrix} = E$$

$\therefore {}^tP = P^{-1}$ で，$P{}^tP = PP^{-1} = E$ も満たす．さらに，

$$\begin{aligned} {}^tPAP &= {}^tP\big(A\boldsymbol{p}_1 \ \cdots \ A\boldsymbol{p}_n\big) \\ &= \begin{pmatrix} {}^t\boldsymbol{p}_1 \\ \vdots \\ {}^t\boldsymbol{p}_n \end{pmatrix} \big(\lambda_1\boldsymbol{p}_1 \ \cdots \ \lambda_n\boldsymbol{p}_n\big) = \begin{pmatrix} \lambda_1 & & O \\ & \ddots & \\ O & & \lambda_n \end{pmatrix} \end{aligned}$$

固有値が重解を含む場合の証明は難しい（節末のショートノート 1 を参照）．　**証終**

定理 4.8.4 (i) の直感的説明　まず，A の固有値 $\lambda_1, \ldots, \lambda_n$ に対し，等式

$$|A| = \lambda_1\lambda_2 \cdots \lambda_n \tag{4.24}$$

が成り立つ．実際，A の固有多項式 $|\lambda E - A|$ は n 次多項式で，$\lambda_1, \ldots, \lambda_n$ が固有値なので，固有多項式は因数分解されて

$$|\lambda E - A| = (\lambda - \lambda_1)(\lambda - \lambda_2) \cdots (\lambda - \lambda_n)$$

$\lambda = 0$ ととって，$|-A| = (-1)^n\lambda_1 \cdots \lambda_n$ となる．n 次行列 A に対して，一般に，$|aA| = a^n|A|$（a: スカラー）に注意すれば (4.24) を得る．

そこで，Q が正定値 $\Leftrightarrow$ すべての固有値 $\lambda_1 > 0, \ldots, \lambda_n > 0$，すなわち，$\lambda_1 > 0$, $\lambda_1\lambda_2 > 0$, ..., $\lambda_1\lambda_2 \cdots \lambda_k > 0$, ..., $\lambda_1\lambda_2 \cdots \lambda_n > 0$ がすべて成り立つ．よって，

$$|A_k| = \lambda_1^{(k)} \cdots \lambda_k^{(k)} > 0 \ (k = 1, 2, \ldots, n)$$

ならば，すべての $\lambda_1 > 0, \ldots, \lambda_n > 0$ となろう！ ここで，$\lambda_1^{(k)}, \ldots, \lambda_k^{(k)}$ は主小行列式 $|A_k|$ の固有値を表しているが，これらは A の固有値 $\lambda_1, \ldots, \lambda_k$ と一致するわけではないので，実は証明にも何にもなっていない．しかし，$|A| > 0$ だけでなく，すべての $|A_1| > 0, |A_2| > 0, \ldots, |A_n| = |A| > 0$ が必要そうであることの見当はつく（詳しい証明は節末のショートノート 2 を参照）．

定理 4.8.4 (ii) の証　(i) の証明がなされれば，(ii) は $-Q = {}^t\boldsymbol{x}(-A)\boldsymbol{x}$ が正定値ならばよいので，$|-A_k| > 0 \ (k = 1, \ldots, n)$，すなわち，$(-1)^k|A_k| > 0 \ (k = 1, \ldots, n)$ ならばよいことになる．　**証終**

ショートノート1（固有値が重解として得られるとき）

次の命題が，固有値が m 重解ならば対応する1次独立な固有ベクトルがちょうど m 個とれることを示している．

命題 4.8.1 実対称行列 A（$n \times n$ 行列）の固有値 λ_1 が m 重解である必要十分条件は λ_1 の固有空間 $M = M_{\lambda_1}$ が m 次元となることである．

証明 $\dim(M) = m$（M の次元）としたとき，λ_1 がちょうど m 重解であることを示せばよい．固有空間 M の直交補空間を $M^{\perp} = \{\boldsymbol{x};\, \boldsymbol{x} \cdot \boldsymbol{y} = 0, \boldsymbol{y} \in M\}$ とし，それぞれの正規直交基底を

$$\underbrace{\boldsymbol{p}_1^M, \ldots, \boldsymbol{p}_m^M}_{M},\ \underbrace{\boldsymbol{p}_{(m+1)}^{M^{\perp}}, \ldots, \boldsymbol{p}_n^{M^{\perp}}}_{M^{\perp}}$$

と書けば，$n \times n$ の直交行列 $P = \left(\underbrace{\boldsymbol{p}_1^M \cdots \boldsymbol{p}_m^M}_{P_M :\, n \times m} \underbrace{\boldsymbol{p}_{(m+1)}^{M^{\perp}} \cdots \boldsymbol{p}_n^{M^{\perp}}}_{P_{M^{\perp}} :\, n \times (n-m)} \right)$ を得る．ここでまず，

$$\boldsymbol{x}_M \in M \Rightarrow A\boldsymbol{x}_M \in M \quad \text{かつ} \quad \boldsymbol{x}_{M^{\perp}} \in M^{\perp} \Rightarrow A\boldsymbol{x}_{M^{\perp}} \in M^{\perp} \tag{$*$}$$

に注意する．なぜなら，$(\lambda_1 E - A)\boldsymbol{x}_M = \boldsymbol{0}$ の両辺に A を左から作用して，$A(\lambda_1 E - A)\boldsymbol{x}_M = (\lambda_1 E - A)A\boldsymbol{x}_M = \boldsymbol{0}$ $\therefore$ $A\boldsymbol{x}_M \in M$ である．また，任意の $\boldsymbol{y} \in M$ に対し $(\boldsymbol{y},\ \boldsymbol{x}_{M^{\perp}}) = 0$ で，今示したように $A\boldsymbol{y} \in M$ だから，$(A\boldsymbol{y},\ \boldsymbol{x}_{M^{\perp}}) = 0$．よって，$(\boldsymbol{y}, A\boldsymbol{x}_{M^{\perp}}) = (\boldsymbol{y}, {}^tA\boldsymbol{x}_{M^{\perp}}) = (A\boldsymbol{y},\ \boldsymbol{x}_{M^{\perp}}) = 0$ より，$A\boldsymbol{x}_{M^{\perp}} \in M^{\perp}$ である．

さて，$(*)$ に注意して

$${}^tPAP = \begin{pmatrix} {}^tP_M \\ {}^tP_{M^{\perp}} \end{pmatrix} A\,(P_M\ P_{M^{\perp}}) = \begin{pmatrix} {}^tP_M A P_M & O \\ O & {}^tP_{M^{\perp}} A P_{M^{\perp}} \end{pmatrix} = \begin{pmatrix} A_1 & O \\ O & A_2 \end{pmatrix}$$

ここで，$A_1 = {}^tP_M A P_M$ は $m \times m$ 行列で，$A_2 = {}^tP_{M^{\perp}} A P_{M^{\perp}}$ は $(n-m) \times (n-m)$ 行列である．このとき，A の固有多項式は A_1 と A_2 の固有多項式の積となる．実際，

$$\begin{aligned} |\lambda E - A| = |{}^tP(\lambda E - A)P| = |\lambda E - {}^tPAP| &= \begin{vmatrix} \lambda E_M - A_1 & O \\ O & \lambda E_{M^{\perp}} - A_2 \end{vmatrix} \\ &= |\lambda E_M - A_1| \cdot |\lambda E_{M^{\perp}} - A_2| \end{aligned} \tag{$**$}$$

ここに，$E_M, E_{M^{\perp}}$ は $M, M^{\perp}$ における単位行列である．このことから，$m \times m$ 行列 A_1 の固有値はすべて λ_1 で，λ_1 は決して A_2 の固有値でないことがわかる．実際，A_1 の固有値がすべて λ_1 であることは，任意の $\boldsymbol{x}_M = x_1\boldsymbol{p}_1^M + \cdots + x_m\boldsymbol{p}_m^M \in M$ が A の固有ベクトルであるから，

$$A_1\begin{pmatrix}x_1\\ \vdots\\ x_m\end{pmatrix} = {}^tP_MAP_M\begin{pmatrix}x_1\\ \vdots\\ x_m\end{pmatrix} = {}^tP_MA\boldsymbol{x}_M = \lambda_1{}^tP_M\boldsymbol{x}_M = \lambda_1\begin{pmatrix}x_1\\ \vdots\\ x_m\end{pmatrix}$$

よりわかる．λ_1 が決して A_2 の固有値とならないことは，もし固有値になったとしたら

$$\lambda_1\begin{pmatrix}x_{m+1}\\ \vdots\\ x_n\end{pmatrix} = A_2\begin{pmatrix}x_{m+1}\\ \vdots\\ x_n\end{pmatrix} = {}^tP_{M^\perp}AP_{M^\perp}\begin{pmatrix}x_{m+1}\\ \vdots\\ x_n\end{pmatrix}$$

$P_{M^\perp}$ を左から掛けて，$\lambda_1\boldsymbol{x}_{M^\perp} = A\boldsymbol{x}_{M^\perp}$，ここに，$\boldsymbol{x}_{M^\perp} = P_{M^\perp}{}^t\begin{pmatrix}x_{m+1} & \cdots & x_n\end{pmatrix} = x_{m+1}\boldsymbol{p}_{(m+1)}^{M^\perp} + \cdots + x_n\boldsymbol{p}_n^{M^\perp}$ で，これは，$\boldsymbol{x}_{M^\perp} \in M^\perp$ が A の λ_1 に対する固有ベクトルとなることを示していて矛盾する．　証終

ショートノート2（定理 4.8.4 (i) の証明）

($\Rightarrow$) $Q = {}^t\boldsymbol{x}A\boldsymbol{x}$ が正定値であることはすべての固有値が正であることと同値である．任意の $\boldsymbol{x} \in \mathbf{R}^n(\boldsymbol{x} \neq \mathbf{0})$ に対して，${}^t\boldsymbol{x}A\boldsymbol{x} > 0$ なので，$\boldsymbol{x}$ として，特に，$\boldsymbol{x}_k = {}^t\begin{pmatrix}y_1 & \cdots & y_k & 0 & \cdots & 0\end{pmatrix} \in \mathbf{R}^n$，$\boldsymbol{y} = {}^t\begin{pmatrix}y_1 & \cdots & y_k\end{pmatrix} \in \mathbf{R}^k$，$\boldsymbol{y} \neq \mathbf{0}$ ととれば，${}^t\boldsymbol{x}_kA\boldsymbol{x}_k = {}^t\boldsymbol{y}A_k\boldsymbol{y} > 0$ なので，(4.24) より，$|A_k| = \lambda_1^{(k)}\cdots\lambda_k^{(k)} > 0\ (k = 1, \ldots, n)$ もいえる．

($\Leftarrow$) $|A_k| > 0(k = 1, \ldots, n)$ を仮定して，Q の正値性を帰納法を用いて証明する．

(I) $n = 1$ のとき，$\boldsymbol{x} = (x_1)$, $A = (a_{11})$ で，ともにスカラーとなって，特に仮定から，$|A| = |A_1| = a_{11} > 0$（注意：$|A|$ は絶対値ではなく行列式なので $|A| = a_{11}$ であって，$|A| = |a_{11}|$ ではない！ $|a_{11}|$ は絶対値の記号）．よって，$Q = {}^t\boldsymbol{x}A\boldsymbol{x} = a_{11}x_1^2 > 0(x_1 \neq 0)$ より正定値となる．

(II) n のとき，2次形式 ${}^t\boldsymbol{y}B\boldsymbol{y}(B:\ n$ 次行列, $\boldsymbol{y} \in \mathbf{R}^n)$ に対して，$|B_k| > 0\ (k = 1, \ldots, n)$ が成り立っていれば，${}^t\boldsymbol{y}B\boldsymbol{y}$ は正値であるとする（帰納法の仮定）．$n+1(n \geq 1)$ のとき，$Q = {}^t\boldsymbol{x}A\boldsymbol{x}$ に対して，

$$|A_1| > 0, \ldots, |A_n| > 0, |A_{n+1}| = |A| > 0$$

ならば，$Q = {}^t\boldsymbol{x}A\boldsymbol{x} > 0(\boldsymbol{x} \neq \mathbf{0})$ を示せばよい．まず，$\boldsymbol{x}$ の $(n+1)$ 成分 $[\boldsymbol{x}]_{n+1}$ が 0 となるように，$\boldsymbol{x} = {}^t\begin{pmatrix}\boldsymbol{y} & 0\end{pmatrix}$，$\boldsymbol{y} \in \mathbf{R}^n$ ととれば，$Q = {}^t\boldsymbol{y}A_n\boldsymbol{y}$ となって，帰納法の仮定で $B = A_n$ と考えれば，$|B_k| = |A_k| > 0\ (k = 1, \ldots, n)$ なので，

$$ {}^t\boldsymbol{y}A_n\boldsymbol{y} > 0,\ \ \boldsymbol{y} \in \mathbf{R}^n,\ \boldsymbol{y} \neq \mathbf{0} \tag{\#}$$

さて，$Q = {}^t\boldsymbol{x}A\boldsymbol{x} > 0(\boldsymbol{x} \neq \boldsymbol{0})$ を示すのであるが，背理法を用いて，もし結論の $Q = {}^t\boldsymbol{x}A\boldsymbol{x} > 0(\boldsymbol{x} \neq \boldsymbol{0})$ が成り立たない（背理法の仮定）とすると，$|A_{n+1}| = \lambda_1\lambda_2\cdots\lambda_{n+1} > 0$ より，少なくとも 2 つの負となる固有値 $\lambda_i < 0, \lambda_j < 0(i \neq j)$ がある．対応する固有ベクトルを

$$A\boldsymbol{p}_i = \lambda_i\boldsymbol{p}_i,\ \ A\boldsymbol{p}_j = \lambda_j\boldsymbol{p}_j,\ \ \boldsymbol{p}_i\cdot\boldsymbol{p}_j = \delta_{ij}\quad(\text{クロネッカーのデルタ})$$

となるようにとる．このとき，$\boldsymbol{x} = c_i\boldsymbol{p}_i + c_j\boldsymbol{p}_j(\neq \boldsymbol{0})$ ととれば，

$${}^t\boldsymbol{x}A\boldsymbol{x} = (c_i\boldsymbol{p}_i + c_j\boldsymbol{p}_j)\cdot(c_iA\boldsymbol{p}_i + c_jA\boldsymbol{p}_j) = \lambda_ic_i^2\boldsymbol{p}_i\cdot\boldsymbol{p}_i + \lambda_jc_j^2\boldsymbol{p}_j\cdot\boldsymbol{p}_j = \lambda_ic_i^2 + \lambda_jc_j^2 < 0$$

ここで，$[\boldsymbol{x}]_{n+1}$ が 0 となるように $(c_i, c_j) \neq (0,0)$ を決める．$[\boldsymbol{p}_i]_{n+1} = 0, [\boldsymbol{p}_j]_{n+1} = 0$ ならば c_i, c_j は任意にとれ，$[\boldsymbol{p}_i]_{n+1} \neq 0$ ならば，$c_i = -c_j[\boldsymbol{p}_j]_{n+1}/[\boldsymbol{p}_i]_{n+1}$ ととればよい．$[\boldsymbol{p}_j]_{n+1} \neq 0$ のときも同様である．こうして決めた $\boldsymbol{x}$ は $\boldsymbol{x} = {}^t\begin{pmatrix}\boldsymbol{y} & 0\end{pmatrix}$，$\boldsymbol{y} \in \mathbf{R}^n$，$\boldsymbol{y} \neq \boldsymbol{0}$ となり，かつ ${}^t\boldsymbol{y}A_n\boldsymbol{y} < 0$ となって (#) に矛盾する．

(I), (II) より，Q の正値性がいえた．

よって，定理 4.8.4(i) が示された． 証終

4.9 極値問題再考—十分条件—

2 次形式の議論を受けて，極値をとるための十分条件を与えよう．4.7 節に戻って，$f_{x_i}(\boldsymbol{a}) = 0\,(i = 1, 2, \ldots, n)$ のとき，

$$\begin{aligned} f(\boldsymbol{a}+\boldsymbol{h}) &= f(\boldsymbol{a}) + 0 + \frac{1}{2}\left(h_1\frac{\partial}{\partial x_1} + \cdots + h_n\frac{\partial}{\partial x_n}\right)^2 f(\boldsymbol{x})\Big|_{\boldsymbol{x}=\boldsymbol{a}} + R_3 \\ &= f(\boldsymbol{a}) + \frac{1}{2}\underbrace{\sum_{i,j=1}^{n} f_{x_ix_j}(\boldsymbol{a})h_ih_j}_{Q(h_1,\ldots,h_n)} + R_3,\quad R_3 = o(h_1^2 + \cdots + h_n^2) \end{aligned} \tag{4.15}$$

このとき，

$$Q = {}^t\boldsymbol{h}H(\boldsymbol{a})\boldsymbol{h},\quad \boldsymbol{h} = \begin{pmatrix} h_1 \\ \vdots \\ h_n \end{pmatrix},\quad H(\boldsymbol{a}) = \left(f_{x_ix_j}(\boldsymbol{a})\right) \tag{4.16}$$

$H(\boldsymbol{a})$ は $\boldsymbol{a}$ における f のヘッセ行列で，$|H(\boldsymbol{a})|$ はヘッセ行列式またはヘシア

ンという．$Q \neq 0\,(\boldsymbol{h} \neq \boldsymbol{0})$ ならば R_3 は無視できて，前節の 2 次形式の議論から次の結論を得る．

定理 4.9.1 f が C^2 級のとき，

(i) $|H_k(\boldsymbol{a})| > 0 \quad (k = 1, 2, \ldots, n) \Leftrightarrow H(\boldsymbol{a})$ の固有値$\lambda_1 > 0, \ldots, \lambda_n > 0$
$\Rightarrow Q$：正定値
$\Rightarrow f(\boldsymbol{x})$ は $\boldsymbol{a}$ で極小となる，

(ii) $(-1)^k |H_k(\boldsymbol{a})| > 0 \quad (k=1, 2, \ldots, n) \Leftrightarrow H(\boldsymbol{a})$ の固有値$\lambda_1 < 0, \ldots, \lambda_n < 0$
$\Rightarrow Q$ ：負定値
$\Rightarrow f(\boldsymbol{x})$ は $\boldsymbol{a}$ で極大となる．

例 4.9.1 $z = x^2 + 2xy + 2y^2 - 4x - 8y + 9$ の極値を求めよ．十分条件も吟味せよ．

解 $\begin{cases} z_x = 2x + 2y - 4, \\ z_y = 2x + 4y - 8. \end{cases}$ $z_x = z_y = 0$ より，$(x, y) = (0, 2)$．この点が極値をとる点の候補となる．十分条件を調べるため 2 階偏微分を求める．$z_{xx} = 2$, $z_{xy} = 2$, $z_{yy} = 4$ より，点 $(0, 2)$ におけるヘッセ行列は $H = \begin{pmatrix} 2 & 2 \\ 2 & 4 \end{pmatrix}$ で，$|H_1| = 2 > 0$, $|H_2| = 8 - 4 > 0$．よって，$(0, 2)$ で極小となり，極小値は $8 - 16 + 9 = 1$ である．

例 4.9.2 $u = f(x, y, z) = x^3 + y^2 + z^3 - 3xz + 2y$ の極値を求めよ．十分条件も吟味せよ．

解 $\begin{cases} f_x = 3x^2 - 3z, \\ f_y = 2y + 2, \\ f_z = 3z^2 - 3x. \end{cases}$ $f_x = f_y = f_z = 0$ とおくと，$f_y = 0$ より，$y = -1$．
$f_x = f_z = 0$ は連立 2 次方程式となるので，代入法を用いる．$f_x = 0$ より，$z = x^2$ で，$f_z = 0$ に代入して，$x^4 - x = x(x-1)(x^2+x+1) = 0$ $\therefore x = 0, 1$, $z = 0, 1$．よって，$(x, y, z) = (0, -1, 0), (1, -1, 1)$ の 2 点が極値をとる点の候補となる．十分条件を調べるために 2 階偏微分を求める．

$f_{xx} = 6x, f_{xy} = 0, f_{xz} = -3$；$f_{yy} = 2, f_{yz} = 0$；$f_{zz} = 6z$．よって，

(i)　点 $(0,-1,0)$ において，ヘッセ行列は $H=\begin{pmatrix} 0 & 0 & -3 \\ 0 & 2 & 0 \\ -3 & 0 & 0 \end{pmatrix}$．主小行列式は $|H_1|=0$, $|H_2|=0$, $|H_3|=-18$．これは定理 4.9.1 の条件を満たさない．ところが，一般に行列 A の固有値を $\lambda_1,\lambda_2,\ldots,\lambda_n$ とすると，

$$|A|=\lambda_1\lambda_2\cdots\lambda_n$$

であったことを思い出す（4.8 節 (4.24)）．ゆえに，$|H_3|=\lambda_1\lambda_2\lambda_3$ なので，$\lambda_1\lambda_2\lambda_3=-18<0$．したがって，3 つの固有値とも負か，2 つが正でもう 1 つが負のどちらかである．3 つとも負であれば負定値となって，定理 4.9.1 の (ii) の条件を満たすはずであるが，$|H_1|=0$ より，条件は満たしていない．そこで，2 つの固有値が正でもう 1 つが負となっている．よって，この点で f は極値をとらない．

(ii) 点 $(1,-1,1)$ において，ヘッセ行列は $H=\begin{pmatrix} 6 & 0 & -3 \\ 0 & 2 & 0 \\ -3 & 0 & 6 \end{pmatrix}$．主小行列式は $|H_1|=6>0$, $|H_2|=12>0$, $|H_3|=72-18>0$．よって，定理 4.9.1 の (i) の条件を満たし，この点で極小で，極小値 $f(1,-1,1)=-2$ をとる．

練習 4.9.1　次の関数の極値を求めよ．十分条件も吟味せよ．

(1) $z=f(x,y)=2x^3-y^3-6x+27y+2$

(2) $u=f(x,y,z)=x^2+y^2+2z^2-2xy-4zx-4z+5$

練習 4.9.2　次の関数の極値を求めよ．十分条件も吟味せよ．

$z=f(x,y)=2\sqrt{x^2+y^2}+x^2-x-y^2$

（この関数は点 $(0,0)$ で微分不可能となっていることに注意し，巻末の解答も参照せよ）．

4.10　条件付極値問題—必要条件—と陰関数定理

条件付極値問題　$g(\boldsymbol{x})=g(x_1,x_2,\ldots,x_n)=0$ のもとで，

$$z=f(\boldsymbol{x})=f(x_1,x_2,\ldots,x_n) \text{ の極値を求めよ}$$

という問題を考える．$g(\boldsymbol{x})=0$ は**制約条件**と呼ばれる．$n=2$ のときは，

制約条件 $g(x, y) = 0$ のもとで，$z = f(x, y)$ の極値を求めよ

となる．これに対しては，"雑な議論" をすれば，$g(x, y) = 0$ を y について解いて $y = \phi(x)$ を得て，$z = f(x, \phi(x))$ の極値を求める．$\frac{dz}{dx} = 0$ を解けば，極値をとる点の候補（必要条件）が得られるが，その際 $\phi'(x)$ が必要で，それは $g(x, \phi(x)) = 0$ の両辺を x で微分して，

$$g_x(x, y) + g_y(x, y)\phi'(x) = 0 \quad \therefore \quad g_y \neq 0 \text{ ならば } \phi'(x) = -\frac{g_x(x, y)}{g_y(x, y)}$$

として得られる．よって，

$$\frac{dz}{dx} = f_x(x, y) + f_y(x, y) \cdot \phi'(x) = f_x(x, y) + f_y(x, y) \cdot \left(-\frac{g_x(x, y)}{g_y(x, y)}\right) = 0$$

分数式

$$\frac{f_x(x, y)}{g_x(x, y)} = \frac{f_y(x, y)}{g_y(x, y)} \ (= \lambda \text{ とおく})$$

が得られて，分数式を解くときの常套手段で，$= \lambda$ とおいた．したがって，

$$\begin{cases} f_x(x, y) - \lambda g_x(x, y) = 0 \\ f_y(x, y) - \lambda g_y(x, y) = 0 \\ \quad \text{かつ} \quad -g(x, y) = 0 \end{cases}$$

これは，

$$L(x, y, \lambda) = f(x, y) - \lambda g(x, y) \tag{4.25}$$

とおくとき，

$$\begin{cases} L_x = f_x(x, y) - \lambda g_x(x, y) = 0 \\ L_y = f_y(x, y) - \lambda g_y(x, y) = 0 \\ L_\lambda = \qquad\qquad\quad -g(x, y) = 0 \end{cases} \tag{4.26}$$

と同じになるので，(4.26) を満たす $(x, y, \lambda) = (a, b, \lambda_0)$ が極値をとる点の候補となる．この方法を**ラグランジュの未定乗数法**といい，λ は**ラグランジュの未定乗数**と呼ばれ，次の定理が成立した．

定理 4.10.1 (ラグランジュの未定乗数法 (**2** 変数)) $f(x,y), g(x,y)$ を C^1 級の関数とする．点 (a,b) で，$g(a,b)=0$ であり，$g_x(a,b) \neq 0$ または $g_y(a,b) \neq 0$ を満たすものとする．制約条件 $g(x,y)=0$ のもとで，$z=f(x,y)$ が点 (a,b) で極値をとるならば，(4.25) で定義される $L(x,y,\lambda)$ は，ある λ_0 に対し，

$$\frac{\partial L}{\partial x}(a,b,\lambda_0) = \frac{\partial L}{\partial y}(a,b,\lambda_0) = \frac{\partial L}{\partial \lambda}(a,b,\lambda_0) = 0$$

を満たす．

一般の n 変数の問題で (4.25), (4.26) は，

$$L(x_1,x_2,\ldots,x_n,\lambda) = f(x_1,x_2,\ldots,x_n) - \lambda g(x_1,x_2,\ldots,x_n) \tag{4.27}$$

で定義され，極値をとる点の候補は

$$\begin{cases} L_{x_1} = f_{x_1}(x_1,x_2,\ldots,x_n) - \lambda g_{x_1}(x_1,x_2,\ldots,x_n) = 0 \\ L_{x_2} = f_{x_2}(x_1,x_2,\ldots,x_n) - \lambda g_{x_2}(x_1,x_2,\ldots,x_n) = 0 \\ \qquad\qquad\qquad \cdots\cdots\cdots \\ L_{x_n} = f_{x_n}(x_1,x_2,\ldots,x_n) - \lambda g_{x_n}(x_1,x_2,\ldots,x_n) = 0 \\ L_{\lambda} = \qquad\qquad\qquad\qquad - g(x_1,x_2,\ldots,x_n) = 0 \end{cases} \tag{4.28}$$

で与えられることになる．同様に次の定理が成立する．

定理 4.10.2 (ラグランジュの未定乗数法 (***n*** 変数)) $f(x_1,x_2,\ldots,x_n)$, $g(x_1,x_2,\ldots,x_n)$ を C^1 級の関数とする．点 $(a_1,a_2,\ldots,a_n)$ で，$g(a_1,a_2,\ldots,a_n)=0$ であり，$g_{x_i}(a_1,a_2,\ldots,a_n)\,(i=1,2,\ldots,n)$ のうち少なくとも 1 つは 0 でないものとする．制約条件 $g(x_1,x_2,\ldots,x_n)=0$ のもとで，$z=f(x_1,x_2,\ldots,x_n)$ が点 $(a_1,a_2,\ldots,a_n)$ で極値をとるならば，(4.27) で定義される $L(x_1,x_2,\ldots,x_n,\lambda)$ は，ある λ_0 に対し，点 $(a_1,a_2,\ldots,a_n,\lambda_0)$ で，

$$\frac{\partial L}{\partial x_1} = \frac{\partial L}{\partial x_2} = \cdots = \frac{\partial L}{\partial x_n} = \frac{\partial L}{\partial \lambda} = 0$$

を満たす．

“雑な議論” と書いたが，$g(x,y)=0$ から $y=\phi(x)$ を得られるかどうかが問題で，それは次の陰関数定理による．

定理 4.10.3　**（陰関数定理（2 変数））**　2 変数関数 $g(x,y)$ が点 (a,b) の近傍で C^1 級で $g(a,b)=0$ を満たすとする．このとき，$g_y(a,b)\neq 0$ ならば，a の近傍 I（a を含む小さな開区間）で $y=\phi(x)$ と一意に書け，

$$\phi(a)=b,\quad g(x,\phi(x))=0\ (x\in I) \tag{4.29}$$

を満たす．さらに，ϕ も I で C^1 級で，

$$\phi'(x)=-\frac{g_x(x,\phi(x))}{g_y(x,\phi(x))}=-\frac{g_x(x,y)}{g_y(x,y)} \tag{4.30}$$

が成り立つ．もし，g が C^k 級（$k\geq 1$）ならば，ϕ も I で C^k 級である．（$g_x(a,b)\neq 0$ ならば，b を含む小さな開区間 J で $x=\psi(y)$ と一意に書け，

$$\psi(b)=a,\quad g(\psi(y),y)=0\ (y\in J),\quad \psi'(y)=-\frac{g_y(x,y)}{g_x(x,y)}\ (y\in J) \tag{4.31}$$

となる．）

定理 4.10.3 の証　$g_y(a,b)\neq 0$ なので，正または負といえる．いま，$g_y(a,b)>0$ としよう．すると，g_y は連続なので，b を含む小さな開区間 $(b-\delta,b+\delta)$ で，

$$g_y(a,y)>0\ (b-\delta<y<b+\delta)$$

ゆえに，y の関数 $g(a,y)$ は単調増加，かつ $g(a,b)=0$．よって，

$$g(a,b-\delta)<0=g(a,b)<g(a,b+\delta) \tag{4.32}$$

今度は x を a の近傍を動かす．(4.32) より十分小さな ε に対し，

$$g(x,b-\delta)<0,\quad g(x,b+\delta)>0\quad (a-\varepsilon<x<a+\varepsilon)$$

よって，任意の $x(a-\varepsilon<x<a+\varepsilon)$ に対して，中間値の定理を使えば，$g(x,y)=0$ となる $y(b-\delta<y<b+\delta)$ が存在し，$g_y>0$ より g は y について単調増加なので一意的である．その y は各 x に対して決まるので $y=\phi(x)(a-\varepsilon<x<a+\varepsilon)$ と表すことができる．すなわち，$g(x,\phi(x))=0$ で，一意性から $\phi(a)=b$ でなければ

ならない．

さらに，ϕ の連続性と C^1 級を導かねばならない．連続性は背理法を用いて，ある $x_0 \in I = (a-\varepsilon, a+\varepsilon)$ で連続でないとすると，$x_j \in I$，$x_j \to x_0$ と小さな $\delta_0 > 0$ に対して，$|\phi(x_j) - \phi(x_0)| \geq \delta_0$ となる．ここで，$b - \delta < y < b + \delta$ で $y = \phi(x)$ であったので $|\phi(x_j)|$ は有界数列である．有界な数列は収束する部分列をもつというワイエルストラス-ボルツァーノの定理（1.1 節定理 1.1.2）を使うと，ある y_0 があって $\phi(x_{j_k}) \to y_0$．よって，$|y_0 - \phi(x_0)| \geq \delta_0$ でもあり，$0 = g(x_{j_k}, \phi(x_{j_k})) = g(x_0, y_0)$ より $y_0 = \phi(x_0)$ でもある．この 2 つは明らかな矛盾である．

微分可能性は，$\Delta y = \phi(x + \Delta x) - \phi(x)$ とおいて，平均値の定理より[7]，

$$
\begin{aligned}
0 &= g(x + \Delta x, \phi(x + \Delta x)) - g(x, \phi(x)) = g(x + \Delta x, \phi(x) + \Delta y) - g(x, \phi(x)) \\
&= g_x(x + \theta\Delta x, \phi(x) + \theta\Delta y))\Delta x + g_y(x + \theta\Delta x, \phi(x) + \theta\Delta y))\Delta y,\ 0 < \theta < 1
\end{aligned}
$$

ゆえに，$g_y \neq 0$ を使って，ϕ, g_x, g_y の連続性から，

$$
\frac{\Delta y}{\Delta x} = -\frac{g_x(x + \theta\Delta x, \phi(x) + \theta\Delta y))}{g_y(x + \theta\Delta x, \phi(x) + \theta\Delta y))} \to -\frac{g_x(x, \phi(x))}{g_y(x, \phi(x))}\ (\Delta x \to 0)
$$

すなわち，$\phi'(x) = -\frac{g_x(x,\phi(x))}{g_y(x,\phi(x))}$ で，$\phi, g_x, g_y (\neq 0)$ が連続なので，$\phi'(x)$ も連続，すなわち ϕ は C^1 級となる．さらに，g が C^2 級ならば，$-\frac{g_x(x,\phi(x))}{g_y(x,\phi(x))}$ が C^1 級で，よって，ϕ が C^2 級となる．以下同様に，g が C^k 級ならば ϕ が C^k 級となる．　**証終**

n 変数のときの陰関数定理は次のようになる．

定理 4.10.4　**（陰関数定理（$\boldsymbol{n}$ 変数））**　$g(\boldsymbol{x})$, $\boldsymbol{x} = (x_1, x_2, \ldots, x_n)$ が点 $\boldsymbol{a} = (a_1, a_2, \ldots, a_n)$ の近傍（$\boldsymbol{a}$ を含む開集合）で C^1 級で，$g(\boldsymbol{a}) = 0$ とする．$g_{x_1}(\boldsymbol{a}) \neq 0$ ならば，$\boldsymbol{a}_{n-1} = (a_2, \ldots, a_n)$ の近傍で，$x_1 = \psi(\boldsymbol{x}_{n-1}) = \psi(x_2, \ldots, x_n)$ と書け，それは C^1 級で，

$$
\psi(\boldsymbol{a}_{n-1}) = a_1,\ g(x_1, \boldsymbol{x}_{n-1}) = 0,\quad \frac{\partial x_1}{\partial x_i} = -\frac{g_{x_i}(\boldsymbol{x})}{g_{x_1}(\boldsymbol{x})}\ (i = 2, 3, \ldots, n) \quad (4.33)
$$

定理 4.10.4 の仮定で，$g_{x_1}(\boldsymbol{a}) \neq 0$ は $g_{x_n}(\boldsymbol{a}) \neq 0$ 等に置き換えることもできる．(4.33) は (4.31) に対応する形で書かれている．定理 4.10.1 の証明は，陰関数定理 4.10.3 より (a, b) の近傍で $y = \phi(x)$ と書けるので，

[7] $G(\theta) = g(a + \theta h, b + \theta k)$ とおけば，$g(a + h, b + k) - g(a, b) = G(1) - G(0) = G'(\theta)$, $0 < \theta < 1$ で，$G'(\theta) = g_x(a + \theta h, b + \theta k)h + g_y(a + \theta h, b + \theta k)k$ であるから．

$\frac{d}{dx}f(x,\phi(x))\big|_{x=a} = f_x + f_y \cdot (-\frac{g_x}{g_y})\Big|_{(x,y)=(a,b)} = 0$．これより，本節冒頭と同様にして，$(a,b,\lambda_0)$ で $L_x = L_y = L_\lambda = 0$ が導かれる．定理 4.10.2 の証明も定理 4.10.4 から導かれる．

また，$g_x(a,b) = g_y(a,b) = 0$（または，$g_{x_1}(\boldsymbol{a}) = g_{x_2}(\boldsymbol{a}) = \cdots = g_{x_n}(\boldsymbol{a}) = 0$）のときは，$(a,b)$（または $\boldsymbol{a}$）は退化する点と呼ばれ，極値をとるかどうかは別途考察する必要がある．

4.11　条件付極値問題—十分条件—

2 変数関数の場合から始める．関数 g, f は C^2 級とする．制約条件 $g(x,y) = 0$ のもとで，$z = f(x,y)$ の極値を考察するので，

$$L(x,y,\lambda) = f(x,y) - \lambda g(x,y) \tag{4.34}$$

とおいて，点 $(x,y) = (a,b)$ および $\lambda = \lambda_0$ で

$$\frac{\partial L}{\partial x}(a,b,\lambda_0) = \frac{\partial L}{\partial y}(a,b,\lambda_0) = \frac{\partial L}{\partial \lambda}(a,b,\lambda_0) = 0 \tag{4.35}$$

を満たすとする．$g_y(a,b) \neq 0$ とすると，a の近傍で $y = \phi(x)$ と書けるので，$z = f(x,\phi(x))$ の極値の可能性を調べる．そこで，$\frac{d^2z}{dz^2}(a)$ の正負を調べる．x で微分すると，

$$\begin{aligned}\frac{dz}{dx} &= f_x(x,\phi(x)) + f_y(x,\phi(x))\phi'(x)\\ &= f_x(x,\phi(x)) + f_y(x,\phi(x)) \cdot \left(-\frac{g_x(x,\phi(x))}{g_y(x,\phi(x))}\right)\end{aligned} \tag{4.36}$$

で，(4.35) より，$\frac{dz}{dx}(a) = \lambda_0 g_x(a,b) + \lambda_0 g_y(a,b) \cdot (-\frac{g_x(a,b)}{g_y(a,b)}) = 0$ である．もう 1 回微分をするのであるが，(4.36) の最後の分数の計算がかなり大変で，実際計算をしてもその正負はなかなか調べられない．ところが，制約条件 $g(x,y) = 0$ から等式 $f(x,\phi(x)) = L(x,\phi(x),\lambda_0)$ が成立し，さらに，点 (a,b,λ_0) で $L_x = L_y = L_{\lambda_0} = 0$ という貴重な情報もある．したがって，$z = f(x,\phi(x))$ の代わりに，

$$\Phi(x) = L(x,\phi(x),\lambda_0) \tag{4.37}$$

を考える．微分をすると，

$$\Phi'(x) = L_x(x, \phi(x), \lambda_0) + L_y(x, \phi(x), \lambda_0)\phi'(x)$$

(4.35) より明らかに $\Phi'(a) = 0$．さらに微分して，

$$\begin{aligned}\Phi''(x) &= L_{xx}(x, \phi(x), \lambda_0) + L_{xy}(x, \phi(x), \lambda_0)\phi'(x) \\ &\quad + (L_{yx}(x, \phi(x), \lambda_0) + L_{yy}(x, \phi(x), \lambda_0)\phi'(x))\,\phi'(x) + L_y(x, \phi(x), \lambda_0)\phi''(x)\end{aligned}$$

ここで，$\phi'(x) = -\frac{g_x(x,\phi(x))}{g_y(x,\phi(x))}$ で，最終項の $\phi''(x)$ の計算は大変なのであるが，点 (a, b, λ_0) で $L_y = 0$ なので $\phi''(x)$ の計算は必要なく最終項は消えてしまう．よって，

$$\begin{aligned}\Phi''(a) &= L_{xx} - L_{xy} \cdot \frac{g_x}{g_y} - L_{yx} \cdot \frac{g_x}{g_y} + L_{yy}\frac{g_x^2}{g_y^2} \\ &= \frac{-1}{g_y^2}\left(-L_{xx} \cdot (g_y)^2 + 2L_{xy} \cdot g_x g_y - L_{yy} \cdot (g_x)^2\right)\end{aligned} \tag{4.38}$$

（変数 (a, b, λ_0) が省略されている）．最後のカッコ内の式は 3 次の行列式

$$\begin{vmatrix} 0 & g_x & g_y \\ g_x & L_{xx} & L_{xy} \\ g_y & L_{yx} & L_{yy} \end{vmatrix} \quad (= |B(a, b, \lambda_0)| \text{ とおく}) \tag{4.39}$$

で書ける．この $|B(a, b, \lambda_0)|$ は**縁付ヘッセ行列式**（Bordered Hessian）と呼ばれ，(4.38), (4.39) から，

$$\Phi''(a) = -\frac{1}{g_y^2}|B(a, b, \lambda_0)| \tag{4.40}$$

で，2 階微分と縁付行列式は逆の符号となっている．

そこで，3.7 節で結論のみ述べた次の定理を得る．

定理 4.11.1 **（条件付極値問題の十分条件（2 変数））** f, g は C^2 級で，(a, b, λ_0) で $L_x = L_y = L_\lambda = 0$ を満たし，$g_x(a, b) \neq 0$ または $g_y(a, b) \neq 0$ とする．このとき，

(i) $|B(a, b, \lambda_0)| < 0 \;\Rightarrow\; (a, b)$ で極小

(ii) $|B(a, b, \lambda_0)| > 0 \;\Rightarrow\; (a, b)$ で極大

さらに変数の多い場合を考えるために，もう少し詳しく，テーラー展開を用いてみよう．極値の判定には，$L(a + h, \phi(a + h), \lambda_0) - L(a, b, \lambda_0)$ の定符号性

を調べなければならない．

$$k = \phi(a+h) - \phi(a) = \phi'(a)h + o(h) = -\frac{g_x(a,b)}{g_y(a,b)}h + o(h) \tag{4.41}$$

とおくと，テーラー展開と $L_x(a, b, \lambda_0) = L_y(a, b, \lambda_0) = 0$ より，

$$\begin{aligned} &L(a+h, \phi(a+h), \lambda_0) - L(a, b, \lambda_0) = L(a+h, b+k, \lambda_0) - L(a, b, \lambda_0) \\ &= \frac{1}{2}\left(h^2 L_{xx}(a, b, \lambda_0) + 2hkL_{xy}(a, b, \lambda_0) + k^2 L_{yy}(a, b, \lambda_0)\right) + o(h^2 + k^2) \end{aligned} \tag{4.42}$$

よって，(4.41), (4.42) で，高位の無限小 $o(h), o(h^2 + k^2)$ を無視して，2 次の項

$$Q = h^2 L_{xx}(a, b, \lambda_0) + 2hkL_{xy}(a, b, \lambda_0) + k^2 L_{yy}(a, b, \lambda_0) \tag{4.43}$$

の正負を調べる．ただし，h, k は独立ではなく，$o(h)$ を無視した (4.41) の両辺に g_y を掛けて移項した

$$g_x(a,b)h + g_y(a,b)k = 0 \tag{4.44}$$

の関係にある．すなわち，1 次の条件 (4.44) のもとで，2 次形式 (4.43) の正負を調べよということになる．

n 変数関数のときも同様に考えてみよう．今度は，$g_{x_1}(\boldsymbol{a}) \neq 0$ として計算すると，定理 4.10.4 より，$\boldsymbol{a}_{n-1} = (a_2, \ldots, a_n)$ の近傍で，

$$x_1 = \psi(\mathbf{x}_{n-1}) = \psi(x_2, \ldots, x_n), \quad a_1 = \psi(\boldsymbol{a}_{n-1}) = \psi(a_2, \ldots, a_n)$$

そこで，$L(\psi(\boldsymbol{a}_{n-1} + \boldsymbol{h}_{n-1}), \boldsymbol{a}_{n-1} + \boldsymbol{h}_{n-1}, \lambda_0) - L(\psi(\boldsymbol{a}_{n-1}), \boldsymbol{a}_{n-1}, \lambda_0)$ の定符号性を調べる．(4.41) に対応して，

$$\begin{aligned} h_1 &= \psi(\boldsymbol{a}_{n-1} + \boldsymbol{h}_{n-1}) - \psi(\boldsymbol{a}_{n-1}) \\ &= \psi_{x_2}(\boldsymbol{a}_{n-1})h_2 + \cdots + \psi_{x_n}(\boldsymbol{a}_{n-1})h_n + o(\|\boldsymbol{h}_{n-1}\|) \\ &= -\frac{1}{g_{x_1}(\boldsymbol{a})}(h_2 g_{x_2}(\boldsymbol{a}) + \cdots + h_n g_{x_n}(\boldsymbol{a})) + o(\|\boldsymbol{h}_{n-1}\|) \end{aligned}$$

すなわち，$o(\|\boldsymbol{h}_{n-1}\|)$ を無視すれば，(4.44) に対応した

$$g_{x_1}(\boldsymbol{a})h_1 + g_{x_2}(\boldsymbol{a})h_2 + \cdots + g_{x_n}(\boldsymbol{a})h_n = 0 \tag{4.45}$$

を得る．テーラー展開と $L_{x_i}(\boldsymbol{a}, \lambda_0) = 0$ より，(4.42) に対応して，

$$
\begin{aligned}
&L(\psi(\boldsymbol{a}_{n-1}+\boldsymbol{h}_{n-1}),\boldsymbol{a}_{n-1}+\boldsymbol{h}_{n-1},\lambda_0)-L(a_1,\boldsymbol{a}_{n-1},\lambda_0)\\
&=L(a_1+h_1,\boldsymbol{a}_{n-1}+\boldsymbol{h}_{n-1},\lambda_0)-L(a_1,\boldsymbol{a}_{n-1},\lambda_0)\\
&=\frac{1}{2}\sum_{i,j=1}^{n}L_{x_ix_j}(\boldsymbol{a},\lambda_0)h_ih_j+o(\|\boldsymbol{h}\|^2)
\end{aligned}
$$

そこで，(4.45) のもとで，2 次形式

$$
Q=\sum_{i,j=1}^{n}L_{x_ix_j}(\boldsymbol{a},\lambda_0)h_ih_j \tag{4.46a}
$$

の正負を調べることになる．

(4.45), (4.46a) の $(\boldsymbol{a}),(\boldsymbol{a},\lambda_0)$ を省略して表すと，(4.45) から，

$$
h_1=-\frac{1}{g_{x_1}}\left(\sum_{k=2}^{n}h_kg_{x_k}\right)
$$

これを，(4.46a) に代入するのであるが，まず，(4.46a) を

$$
Q=L_{x_1x_1}h_1^2+h_1\left(\sum_{j=2}^{n}L_{x_1x_j}h_j+\sum_{i=2}^{n}L_{x_ix_1}h_i\right)+\sum_{i,j=2}^{n}h_ih_jL_{x_ix_j} \tag{4.46b}
$$

と変形して代入すると，1, 2 項は

$$
L_{x_1x_1}h_1^2=\frac{1}{g_{x_1}^2}\sum_{i,j=2}^{n}g_{x_i}g_{x_j}L_{x_1x_1}h_ih_j,
$$

$$
h_1\left(\sum_{j=2}^{n}L_{x_1x_j}h_j+\sum_{i=2}^{n}L_{x_ix_1}h_i\right)=-\frac{1}{g_{x_1}}\sum_{i,j=2}^{n}(g_{x_i}L_{x_1x_j}+g_{x_j}L_{x_ix_1})h_ih_j
$$

これらを，(4.46b) にそれぞれ代入して，

$$
Q=\sum_{i,j=2}^{n}\left(\frac{g_{x_i}g_{x_j}L_{x_1x_1}}{g_{x_1}^2}-\frac{g_{x_i}L_{x_1x_j}}{g_{x_1}}-\frac{g_{x_j}L_{x_ix_1}}{g_{x_1}}+L_{x_ix_j}\right)h_ih_j \tag{4.47a}
$$

この (4.47a) を

$$
Q=\sum_{i,j=2}^{n}q_{ij}h_ih_j \tag{4.47b}
$$

と表せば，$(n-1)$ 次の対称行列 (q_{ij}) の $(k-1)$ 次の主小行列式

$$
|Q_k|=\begin{vmatrix} q_{22} & \cdots & q_{2k}\\ \vdots & \ddots & \vdots\\ q_{k2} & \cdots & q_{kk}\end{vmatrix}\quad(k=2,\ldots,n)
$$

の符号で2次形式 Q の正負が判定できる．実は，$k=2,\ldots,n$ に対し，

$$|Q_k| = \begin{vmatrix} q_{22} & \cdots & q_{2k} \\ \vdots & \ddots & \vdots \\ q_{k2} & \cdots & q_{kk} \end{vmatrix} = -\frac{1}{g_{x_1}^2} \begin{vmatrix} 0 & g_{x_1} & \cdots & g_{x_k} \\ g_{x_1} & L_{x_1x_1} & \cdots & L_{x_1x_k} \\ \vdots & \vdots & \ddots & \vdots \\ g_{x_k} & L_{x_kx_1} & \cdots & L_{x_kx_k} \end{vmatrix} \tag{4.48}$$

$$\left(= -\frac{1}{g_{x_1}^2}|B_k| \text{ とおく}\right)$$

が成立するので，符号が逆転していることに注意して次の定理を得る（(4.48) の証明については節末のショートノート3を参照）．

定理 4.11.2　f, g は C^2 級で，$(a_1, a_2, \ldots, a_n)$ および λ_0 で $L_{x_1} = L_{x_2} = \cdots = L_{x_n} = L_\lambda = 0$ を満たし，ある i で，$g_{x_i}(a_1, a_2, \ldots, a_n) \neq 0$ とする．このとき，

(i)　$|B_k(\boldsymbol{a})| < 0 \ (k = 2, 3, \ldots, n) \quad \Rightarrow \quad \boldsymbol{a}$ で極小

(ii)　$(-1)^k |B_k(\boldsymbol{a})| > 0 \ (k = 2, 3, \ldots, n) \quad \Rightarrow \quad \boldsymbol{a}$ で極大

となる．ここに，$|B_k(\boldsymbol{a})|$ は，**縁付行列式**

$$|B(\boldsymbol{a})| = \begin{vmatrix} 0 & g_{x_1}(\boldsymbol{a}) & \cdots & g_{x_n}(\boldsymbol{a}) \\ g_{x_1}(\boldsymbol{a}) & L_{x_1x_1}(\boldsymbol{a}, \lambda_0) & \cdots & L_{x_1x_n}(\boldsymbol{a}, \lambda_0) \\ \vdots & \vdots & \ddots & \vdots \\ g_{x_n}(\boldsymbol{a}) & L_{x_nx_1}(\boldsymbol{a}, \lambda_0) & \cdots & L_{x_nx_n}(\boldsymbol{a}, \lambda_0) \end{vmatrix}$$

の主小行列式で，$|B_k(\boldsymbol{a})| = \begin{vmatrix} 0 & g_{x_1}(\boldsymbol{a}) & \cdots & g_{x_k}(\boldsymbol{a}) \\ g_{x_1}(\boldsymbol{a}) & L_{x_1x_1}(\boldsymbol{a}, \lambda_0) & \cdots & L_{x_1x_k}(\boldsymbol{a}, \lambda_0) \\ \vdots & \vdots & \ddots & \vdots \\ g_{x_k}(\boldsymbol{a}) & L_{x_kx_1}(\boldsymbol{a}, \lambda_0) & \cdots & L_{x_kx_k}(\boldsymbol{a}, \lambda_0) \end{vmatrix}$
$(k = 2, 3, \ldots, n)$ で与えられる．

注　$|B_k|$ は k 次ではなく，$(k+1)$ 次行列式であることに注意すること．

3 変数で 1 つの制約条件の場合をやや単純な例で練習してみよう．

例 4.11.1　$x+y+z=3$ のもとで，$u=f(x,y,z)=x^2+y^2+z^2$ の極値を求めよ．

解　もちろん制約条件から，$z=3-x-y$ を得て，u に代入すれば制約条件なしの，よりやさしい 2 変数の極値問題となる．しかし，ここでは難しくなった問題を少しやさしい具体例で練習しようという趣旨なので，条件付極値問題として解く．

$$L(x,y,z,\lambda)=x^2+y^2+z^2-\lambda(x+y+z-3),\quad g(x,y,z)=x+y+z-3$$

とおく．偏微分して，

$$L_x=2x-\lambda,\ L_y=2y-\lambda,\ L_z=2z-\lambda,\ L_\lambda=-(x+y+z-3)$$

L が x,y,z に関し対称（x,y,z を入れ替えても式が同じ）であることに注意すれば，$L_x=L_y=L_z=L_\lambda=0$ とおいて，$(x,y,z,\lambda)=(1,1,1,2)$ を容易に得る．十分条件を調べる．

$$\begin{array}{lll} g_x=1, & g_y=1, & g_z=1, \\ L_{xx}=2, & L_{xy}=0, & L_{xz}=0, \\ & L_{yy}=2 & L_{yz}=0, \\ & & L_{zz}=2 \end{array} \quad \text{より，}\quad B=\begin{pmatrix} 0 & 1 & 1 & 1 \\ 1 & 2 & 0 & 0 \\ 1 & 0 & 2 & 0 \\ 1 & 0 & 0 & 2 \end{pmatrix}$$

$|B_2|$ と $|B_3|(=|B|)$ の符号を求めなければならない．$|B_2|$ はサラスの方法で $|B_2|=\begin{vmatrix} 0 & 1 & 1 \\ 1 & 2 & 0 \\ 1 & 0 & 2 \end{vmatrix}=-2-2=-4<0$. $|B_3|$ は行列式の行または列に関する余因子展開を使って（サラスの方法はもはや使えない!），たとえば 4 行で展開すると，

$$|B_3|=1\cdot(-1)^{4+1}\begin{vmatrix} 1 & 1 & 1 \\ 2 & 0 & 0 \\ 0 & 2 & 0 \end{vmatrix}+2\cdot(-1)^{4+4}|B_2|=-4+2\cdot(-4)=-12<0$$

よって，$|B_2|<0$, $|B_3|<0$ となって，点 $(1,1,1)$ で極小で，極小値 3 をとる．

練習 4.11.1　例 4.11.1 を，$u = x^2 + y^2 + (3 - x - y)^2$ としてその極値を求め，上の解と一致することを確かめよ．

練習 4.11.2　次の問に答えよ．それぞれ十分条件も吟味せよ．

(1) $x^2 + 2y^2 - 12 = 0$ のもとで，$z = x + 2y$ の極値を求めよ．

(2) $x^2 + y^2 + z^2 = 14$ のもとで，$u = 2x + 3y + z$ の極値を求めよ．

ショートノート 3（$|Q_k| = -\frac{1}{g_{x_1}^2}|B_k|$ の証明）

等式 (4.48) を示す．(4.47b) の q_{ij} を変形して，

$$q_{ij} = L_{x_i x_j} - \frac{g_{x_j}}{g_{x_1}} \times L_{x_i x_1} - \frac{1}{g_{x_1}}\left(L_{x_1 x_j} - \frac{g_{x_j}}{g_{x_1}} L_{x_1 x_1}\right) \times g_{x_i}$$

に注意する．小行列式 $|B_k|$ の（0 行），（1 行）および（i 行）と，（0 列），（1 列）および（j 列）$(i, j \leq k)$ を並べて書くと（本当は，$|B_k|$ の 1 行（列），2 行（列），および $(i+1)$ 行（$(j+1)$ 列）である），

$$\begin{array}{cccccc} & & (0\ 列) & (1\ 列) & (j\ 列) \\ (0\ 行) & \rightarrow & 0 & g_{x_1} & g_{x_j} \\ (1\ 行) & \rightarrow & g_{x_1} & L_{x_1 x_1} & L_{x_1 x_j} \\ (i\ 行) & \rightarrow & g_{x_i} & L_{x_i x_1} & L_{x_i x_j} \end{array}$$

まず，（j 列）$-\frac{g_{x_j}}{g_{x_1}} \times$（1 列）を新たな j 列とすれば，0 行 j 列が 0 となって，

$$\begin{array}{cccccc} & & (0\ 列) & (1\ 列) & (j\ 列) \\ (0\ 行) & \rightarrow & 0 & g_{x_1} & 0 \\ (1\ 行) & \rightarrow & g_{x_1} & L_{x_1 x_1} & L_{x_1 x_j} - \frac{g_{x_j}}{g_{x_1}} L_{x_1 x_1} \\ (i\ 行) & \rightarrow & g_{x_i} & L_{x_i x_1} & L_{x_i x_j} - \frac{g_{x_j}}{g_{x_1}} L_{x_i x_1} \end{array}$$

さらに，（j 列）$-\frac{1}{g_{x_1}}(L_{x_1 x_j} - \frac{g_{x_j}}{g_{x_1}} L_{x_1 x_1}) \times$（0 列）を新たに j 列とすれば，1 行 j 列も 0 となって，

$$\begin{array}{cccccc} & & (0\ 列) & (1\ 列) & (j\ 列) \\ (0\ 行) & \rightarrow & 0 & g_{x_1} & 0 \\ (1\ 行) & \rightarrow & g_{x_1} & L_{x_1 x_1} & 0 \\ (i\ 行) & \rightarrow & g_{x_i} & L_{x_i x_1} & q_{ij} \end{array}$$

となる．このような操作をしても行列式の値は変わらないので，

$$|B_k| = \begin{vmatrix} 0 & g_{x_1} & 0 & \cdots & 0 \\ g_{x_1} & L_{x_1x_1} & 0 & \cdots & 0 \\ g_{x_2} & L_{x_2x_1} & q_{22} & \cdots & q_{2k} \\ \vdots & \vdots & \vdots & \ddots & \vdots \\ g_{x_k} & L_{x_kx_1} & q_{k2} & \cdots & q_{kk} \end{vmatrix} = \begin{vmatrix} 0 & g_{x_1} \\ g_{x_1} & L_{x_1x_1} \end{vmatrix} \cdot \begin{vmatrix} q_{22} & \cdots & q_{2k} \\ \vdots & \ddots & \vdots \\ q_{k2} & \cdots & q_{kk} \end{vmatrix} = -g_{x_1}^2 |Q_k|$$

を得る．すなわち (4.48) を得た．

4.12 n 変数関数の凸性，凹性，準凸性，準凹性

2 変数関数の場合と同様に n 変数関数の凸性等は次のように定義される．

定義 4.12.1 $\mathbf{R}^n$ の凸集合 D で定義された実数値関数 $f : D \mapsto \mathbf{R}$ が凸関数（convex function）であるとは，$\forall a, \forall b \in D, 0 < \forall\theta < 1$,

$$f(\theta a + (1-\theta)b) \leq \theta f(a) + (1-\theta)f(b) \tag{4.49}$$

であることをいう．

(4.49) で不等号 $\leq$ を $\geq$ としたものを凹関数 (concave function)，$<$ としたものを狭義の凸関数 (strictly convex function)，$>$ としたものを狭義の凹関数 (strictly concave function) ということは 2 変数の場合と同様である (3.8 参照)．

定義 4.12.2 $\mathbf{R}^n$ の凸集合 D で定義された実数値関数 $f : D \to \mathbf{R}$ が準凸関数（quasi convex function）であるとは $\forall a, \forall b \in D, 0 < \forall\theta < 1$,

$$f(\theta a + (1-\theta)b) \leq \max\{f(a), f(b)\} \tag{4.50}$$

であることをいう．

(4.50) で max を min と読み替え，不等号の逆転する不等式

$$f(\theta a + (1-\theta)b) \geq \min\{f(a), f(b)\} \tag{4.51}$$

を満たす関数 f は準凹関数 (quasi concave function) と呼ばれる．また, (4.50),

(4.51) で，不等号が等号なしの真に不等式となる場合は 狭義の準凸（strictly quasi convex），あるいは 狭義の準凹（strictly quasi concave）という．

この定義から，f が狭義の準凸であれば準凸であり，狭義の準凹であれば準凹であることが分かる．

また，2 変数の場合と同様，凸関数と準凸関数，凹関数と準凹関数に関して，次の定理が成り立つ．

定理 4.12.1　D を $\mathbf{R}^n$ の凸集合とするとき

f が D で凸であれば，f は D で準凸である．
f が D で凹であれば，f は D で準凹である．
f が D で狭義の凸であれば，f は D で狭義の準凸である．
f が D で狭義の凹であれば，f は D で狭義の準凹である．

2 変数の場合と同様，f が準凸関数（準凹関数）の場合，次の性質が成り立つ．

定理 4.12.2

f が準凸関数であることと，$\{x \in \mathbf{R}^n | f(x) \leq c\} (\forall c \in \mathbf{R})$ が凸集合であることは同値である．
f が準凹関数であることと，$\{x \in \mathbf{R}^n | f(x) \geq c\} (\forall c \in \mathbf{R})$ が凸集合であることは同値である．
f が狭義の準凸関数であることと，$\{x \in \mathbf{R}^n | f(x) < c\} (\forall c \in \mathbf{R})$ が凸集合であることは同値である．
f が狭義の準凹関数であることと，$\{x \in \mathbf{R}^n | f(x) > c\} (\forall c \in \mathbf{R})$ が凸集合であることは同値である．

4.13　付録—行列式のまとめと，連立 1 次方程式について

$$n \times n \text{ 行列 } A = (a_{ij}) = \begin{pmatrix} a_{11} & \cdots & a_{1n} \\ \vdots & \ddots & \vdots \\ a_{n1} & \cdots & a_{nn} \end{pmatrix} = (\boldsymbol{a}_1\, \boldsymbol{a}_2 \cdots \boldsymbol{a}_n) \text{ に対し，}$$

定義 4.13.1　A の行列式 $|A|$ または $\det(A)$ を

$$|A| = \sum_{(i_1 \cdots i_n)\text{ は}(1 \cdots n)\text{ の順列}} \operatorname{sgn}(i_1\, i_2 \cdots i_n) a_{i_1 1} a_{i_2 2} \cdots a_{i_n n}$$

と定義する．ここに，$\operatorname{sgn}(i_1\, i_2 \cdots i_n) = \begin{cases} 1 & (i_1\, i_2 \cdots i_n)\text{ は偶順列} \\ -1 & (i_1\, i_2 \cdots i_n)\text{ は奇順列} \end{cases}$

$a_{i_1 1} a_{i_2 2} \cdots a_{i_n n}$ を基本積（各行各列から唯一つずつとった成分の積）と呼べば，$\operatorname{sgn}(i_1\, i_2 \cdots i_n)$ はその符号なので，行列式はすべての符号付基本積の和ということができる．$n = 2, 3$ のときは行列式の計算はサラスの方法で簡単に求められる．

$$\begin{vmatrix} a_{11} & a_{12} \\ a_{21} & a_{22} \end{vmatrix} = a_{11}a_{22} - a_{12}a_{21}, \quad \begin{vmatrix} a_{11} & a_{12} & a_{13} \\ a_{21} & a_{22} & a_{23} \\ a_{31} & a_{32} & a_{33} \end{vmatrix} = \begin{array}{l} a_{11}a_{22}a_{33} + a_{13}a_{21}a_{32} + a_{31}a_{12}a_{23} \\ -a_{13}a_{22}a_{31} - a_{11}a_{23}a_{32} - a_{33}a_{12}a_{21} \end{array}$$

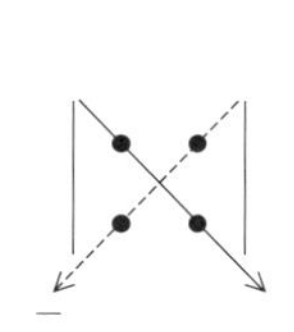

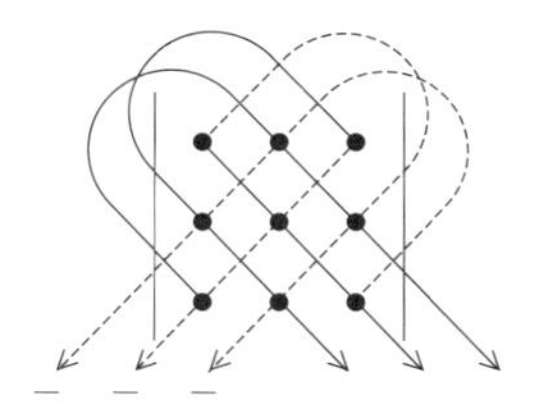

定理 4.13.1

(i) $\begin{vmatrix} * & * & * \\ 0 & \cdots & 0 \\ * & * & * \end{vmatrix} = 0, \quad \begin{vmatrix} * & 0 & * \\ * & \vdots & * \\ * & 0 & * \end{vmatrix} = 0,$

$$\begin{vmatrix} a_{11} & * & * \\ & \ddots & * \\ O & & a_{nn} \end{vmatrix} = a_{11}a_{22} \cdots a_{nn}$$　（$*$ にはどんな数が入ってもよい）

(ii) $|{}^tA| = |A|$　（${}^tA$ は A の転置行列）　(iii) $|AB| = |A||B|$

$n \geq 4$ 以上のときは，行列式の性質あるいは行列式の行（列）に関する余因子展開を用いなければならない．

行列式の基本性質

(I) $|E| = |\boldsymbol{e}_1\, \boldsymbol{e}_2 \cdots \boldsymbol{e}_n| = 1$ （E: 単位行列，$\boldsymbol{e}_j$: 基本ベクトル）

(II) $|\boldsymbol{a}_1 \cdots \underbrace{\boldsymbol{a}_i}_{i} \cdots \underbrace{\boldsymbol{a}_j}_{j} \cdots \boldsymbol{a}_n| = -|\boldsymbol{a}_1 \cdots \underbrace{\boldsymbol{a}_j}_{i} \cdots \underbrace{\boldsymbol{a}_i}_{j} \cdots \boldsymbol{a}_n|$

(III) $|\boldsymbol{a}_1 \cdots \underbrace{\boldsymbol{a}_j}_{i} \cdots \underbrace{\boldsymbol{a}_j}_{j} \cdots \boldsymbol{a}_n| = 0$

(IV) ① $|\boldsymbol{a}_1 \cdots \underbrace{\boldsymbol{a}_j + \boldsymbol{a}'_j}_{j} \cdots \boldsymbol{a}_n| = |\boldsymbol{a}_1 \cdots \underbrace{\boldsymbol{a}_j}_{j} \cdots \boldsymbol{a}_n| + |\boldsymbol{a}_1 \cdots \underbrace{\boldsymbol{a}'_j}_{j} \cdots \boldsymbol{a}_n|$

② $|\boldsymbol{a}_1 \cdots c\boldsymbol{a}_j \cdots \boldsymbol{a}_n| = c|\boldsymbol{a}_1 \cdots \boldsymbol{a}_j \cdots \boldsymbol{a}_n|$

(V) $|\boldsymbol{a}_1 \cdots \underbrace{\boldsymbol{a}_i}_{i} \cdots \underbrace{\boldsymbol{a}_j}_{j} \cdots \boldsymbol{a}_n| = |\boldsymbol{a}_1 \cdots \underbrace{\boldsymbol{a}_i}_{i} \cdots \underbrace{\boldsymbol{a}_j + c\boldsymbol{a}_i}_{j} \cdots \boldsymbol{a}_n|$

(VI) $\{\boldsymbol{a}_1, \ldots, \boldsymbol{a}_n\}$ が1次従属ならば，$|\boldsymbol{a}_1, \ldots, \boldsymbol{a}_n| = 0$

定理 4.13.2 $A = (a_{ij})$ に対して，j 列による余因子展開，i 行による余因子展開が成立する．

$$|A| = a_{1j}C_{1j} + a_{2j}C_{2j} + \cdots + a_{nj}C_{nj} \quad (j\ \text{列による余因子展開}),$$

$$|A| = a_{i1}C_{i1} + a_{i2}C_{i2} + \cdots + a_{in}C_{in} \quad (i\ \text{行による余因子展開})$$

ここに，C_{ij} は a_{ij} に対する**余因子小行列式**と呼ばれ，$C_{ij} = (-1)^{i+j}|A_{ij}|$，かつ，$|A_{ij}|$ は $|A|$ から i 行と j 行を除いた $(n-1) \times (n-1)$ の小行列式である．

行列式の計算には次のようなブロックごとの計算もできる．

定理 4.13.3 A, B, C, D がそれぞれ (k, k) 行列，(k, m) 行列，(m, k) 行列，(m, m) 行列とする．このとき，

$$\begin{vmatrix} A & B \\ O & D \end{vmatrix} = \begin{vmatrix} A & O \\ C & D \end{vmatrix} = |A| \cdot |D|$$

が成り立つ．

固有値問題に必要な定理を記す．直接には最後の定理 4.13.5 を使う．

定理 4.13.4 $A = (\boldsymbol{a}_1\, \boldsymbol{a}_2 \cdots \boldsymbol{a}_n)$: $n \times n$ 行列のとき，次の命題はすべて同値である．

(i) A は正則，すなわち逆行列 A^{-1} が存在する

(ii) 連立 1 次方程式 $A\boldsymbol{x} = \boldsymbol{b}$ は任意の $\boldsymbol{b} \in \boldsymbol{R}^n$ に対して，一意解をもつ

(iii) 同次連立 1 次方程式 $A\boldsymbol{x} = \boldsymbol{0}$ は自明解 $\boldsymbol{x} = \boldsymbol{0}$ のみをもつ

(iv) A は行に関して基本変形することによって単位行列 E となる（すなわち，A の既約行列が E である）

(v) A の階数 $\mathrm{rank}(A) = n$

(vi) 行列式 $|A| \neq 0$

(vii) $\{\boldsymbol{a}_1, \boldsymbol{a}_2, \ldots, \boldsymbol{a}_n\}$ は 1 次独立である

定理 4.13.4 (ii) において，解はクラーメル（Cramer）の公式で表される．

定理 4.13.5 （クラーメルの公式） $n \times n$ 行列 A が正則のとき，連立 1 次方程式 $A\boldsymbol{x} = \boldsymbol{b}$ は任意の $\boldsymbol{b} \in \boldsymbol{R}^n$ に対して一意解をもち，$\boldsymbol{x}$ の j 成分 x_j は次の式で与えられる．

$$x_j = \frac{\begin{vmatrix} a_{11} & \cdots & \overset{j}{\smile}\!\!\!\!b_1 & \cdots & a_{1n} \\ \vdots & & \vdots & & \vdots \\ a_{n1} & \cdots & b_n & \cdots & a_{nn} \end{vmatrix}}{\begin{vmatrix} a_{11} & \cdots & a_{1j} & \cdots & a_{1n} \\ \vdots & & \vdots & & \vdots \\ a_{n1} & \cdots & a_{nj} & \cdots & a_{nn} \end{vmatrix}} \quad (j = 1, \ldots, n)$$

定理 4.13.6 同次連立 1 次方程式 $A\boldsymbol{x} = \boldsymbol{0}$ が非自明解 $\boldsymbol{x} \neq \boldsymbol{0}$ をもつための必要十分条件は $|A| = 0$ である．

第4章の章末問題

2 変数の問題については第 3 章の復習となるが，まとめとして練習問題をやってみよう．

1. 次の関数の 1 階偏導関数，全微分，かっこ内の点における（超）接平面の式と単位法線ベクトルを求めよ．
   (1) $u = \log(x^2 + xy + y^2)$, $(2, 1)$　(2) $u = \frac{xy}{\sqrt{x^2 - y^2}}$, $(2, -1)$
   (3) $u = \sqrt{x^2 + y^2 + z^2}$, $(1, -2, 3)$　(4) $u = e^{1 + x^2 + \frac{1}{2}y^2 + 2z^3}$, $(0, 1, -1)$

2. (1) $u = \frac{1}{\sqrt{x^2 + y^2 + z^2}}$ に対して，$\frac{\partial^2 u}{\partial x^2} + \frac{\partial^2 u}{\partial y^2} + \frac{\partial^2 u}{\partial z^2}$ の値を求めよ．
   (2) $z = \cos(x - y) + \log(x + y)$ のとき，$z_{xx} - z_{yy}$ の値を求めよ．

3. 1 変数の関数 $f(x)$ が $f'(x) = 0$（$x \in I$（区間））ならば，$f(x) = C$（任意定数）と書ける．集合 D で定義された関数 $f(\boldsymbol{x}) = f(x_1, x_2, \ldots, x_n)$ に対して，
   (1) $\frac{\partial f}{\partial x_1}(\boldsymbol{x}) = 0\,(\boldsymbol{x} \in D)$ ならば，$f(\boldsymbol{x})$ はどう書けるか．
   (2) (i) $\frac{\partial^2 f}{\partial x_1^2}(\boldsymbol{x}) = 0\,(\boldsymbol{x} \in D)$　(ii) $\frac{\partial^2 f}{\partial x_1 \partial x_2}(\boldsymbol{x}) = 0\,(\boldsymbol{x} \in D)$ ならばどう書けるか．

4. (1) $\begin{pmatrix} 4 & 3 \\ 1 & 2 \end{pmatrix}$ の固有値と固有ベクトルを求めよ．
   (2) $A = \begin{pmatrix} 2 & 6 \\ 6 & -3 \end{pmatrix}$, $B = \begin{pmatrix} 2 & 0 & -1 \\ 0 & 2 & -1 \\ -1 & -1 & 1 \end{pmatrix}$ の固有値を求めよ．
   (3) 2 次形式 $Q = 2x^2 + y^2 + z^2 - 6yz$ は正値，負値，不定符号のどれか．
   (4) x, y, z の 2 次形式 $Q = 5x^2 + y^2 + z^2 + 2xy + 2ayz$ が正定値となるように a の範囲を定めよ．

5. 次の関数の極値を求めよ．十分条件も吟味せよ．
   (1) $f = x^3 + y^3 + z^3 - 3xy - 3yz$　(2) $f = x^2 + 2y^2 + z^2 - 2xy - 6y - z + 5$
   (3) $f = 3x^2 + y^2 + z^2 + x^3 - 2xy - 2z$

6. $x^2 + y^2 = 1$ のもとで，(1) $z = 2xy$, (2) $z = x^3 + y^3$ の極値を求めよ．

7. 体積 $32\,\mathrm{cm}^3$ の蓋のない直方体がある．全表面積を最小にするときの縦，横，高さの長さを求めよ（つまり，薄い板を用いて，体積 $32\,\mathrm{cm}^3$ の容器を作るときに材料を最小にするのはどのような場合か）．

5

1変数関数の積分法

第 5 章と 6 章では積分法について解説する．第 5 章では 1 変数関数の積分法について述べる．まず，不定積分を微分法の逆演算として導入する．したがって，必要に応じて，第 1 章における微分計算を復習して欲しい．不定積分の計算は第 5, 6 章の計算で役立つだけでなく，応用・発展として，「常微分方程式」を求積法で解こうとすると必須である．

さらに，リーマン和の極限として定積分を定義し，微分積分学の基本定理

$$\frac{d}{dx}\int_a^x f(t)\,dt = f(x)$$

を導く．部分積分法や置換積分法についても解説し，例題も考える．また，面積や回転体の体積など関連した事項についても言及する．

積分法を学ぶもう 1 つの大きな目標として，正規分布などのいくつかの確率分布を表す確率密度関数 $f(x)$ について

$$\int_{-\infty}^{\infty} f(x)\,dx = 1$$

を確認する．$P(a \leq X \leq b) = \int_a^b f(x)\,dx$ は確率変数 X が a と b の間に入る確率を表すので，$(-\infty, \infty)$ 全体の積分は確率 1 でなければならない．それらを知ることは，今後，確率・統計などを学ぶ上で役立つものと信じる．ただし，そのためにはガンマ関数やベータ関数などのやや難しい関数を導入しなければならないし，無限区間 $\mathbf{R} = (-\infty, \infty)$ における広義積分も考えなければならない．

5.1 不定積分

5.1.1 不定積分と積分公式

関数 $f(x)$ に対し，

$$F'(x) = f(x)$$

を満たす関数 $F(x)$ を $f(x)$ の**原始関数**という．C を定数とするとき，$(C)' = 0$ なので

$$(F(x) + C)' = f(x)$$

でもある．よって，$F(x)+C$ も $f(x)$ の原始関数となる．1つの原始関数 $F(x)$ に任意定数 C を加えたものを f の**不定積分**といい，$\int f(x)\,dx$ と書く．すなわち，

$$\int f(x)\,dx = F(x) + C \tag{5.1}$$

である[1]．C は**積分定数**と呼ばれる．$f(x)$ に対し，$F(x)+C$ を求めることを，$f(x)$ を**積分する**といい，$f(x)$ は**被積分関数**と呼ばれる．積分の例を見ると，C を積分定数として，

$$\begin{aligned}
(x^3)' = 3x^2 \quad &\Rightarrow \quad \int 3x^2\,dx = x^3 + C \\
(2x^2+3x)' = 4x+3 \quad &\Rightarrow \quad \int (4x+3)\,dx = 2x^2 + 3x + C \\
(e^x)' = e^x \quad &\Rightarrow \quad \int e^x\,dx = e^x + C \\
(\cos x)' = -\sin x \quad &\Rightarrow \quad \int (-\sin x)\,dx = \cos x + C
\end{aligned}$$

等である．したがって，微分の逆演算が積分となるので，微分公式

$$\begin{array}{lll}
(x^{\alpha+1})' = (\alpha+1)x^\alpha & (\log|x|)' = \frac{1}{x} & (e^x)' = e^x \\
(\cos x)' = -\sin x & (\sin x)' = \cos x & (\tan x)' = \frac{1}{\cos^2 x} = \sec^2 x \\
(\log|\cos x|)' = -\tan x & (\log|x+\sqrt{x^2+a}|)' = \frac{1}{\sqrt{x^2+a}} & (a \neq 0) \\
(\sin^{-1} x)' = \frac{1}{\sqrt{1-x^2}} & (\tan^{-1} x)' = \frac{1}{1+x^2} &
\end{array}$$

等[2]の逆演算をすることによって積分公式が得られる．

---

[1] $F(x) + C$ も原始関数なので，原始関数と不定積分はほぼ同義である．厳密には，不定積分 $F(x) + C$ の C の値を1つ決めたものが原始関数ということになるが，実際には混同して使われることが多い．

[2] • $x > 0$ のとき，微分公式 $(\log x)' = \frac{1}{x}$ であった．$x < 0$ のときも，$(\log|x|)' = (\log(-x))' = \frac{1}{-x} \cdot (-1) = \frac{1}{x}$ なので，まとめて，$(\log|x|)' = \frac{1}{x}$ である．

積分法の公式（C: 積分定数）

$$
\begin{aligned}
&\int x^{\alpha}\,dx = \frac{1}{\alpha+1}x^{\alpha+1} + C(\alpha \neq -1) \qquad && \int \frac{1}{x}\,dx = \log|x| + C \\
&\int e^{x}\,dx = e^{x} + C && \int \sin x\,dx = -\cos x + C \\
&\int \cos x\,dx = \sin x + C && \int \sec^2 x\,dx = \tan x + C \\
&\int \tan x\,dx = -\log|\cos x| + C && \\
&\int \frac{dx}{\sqrt{x^2+a}} = \log|x+\sqrt{x^2+a}| + C \quad (a \neq 0) && \\
&\int \frac{1}{\sqrt{1-x^2}}\,dx = \sin^{-1} x + C && \int \frac{1}{1+x^2}\,dx = \tan^{-1} x + C
\end{aligned}
\tag{5.2}
$$

積分公式はよく表にしてあるが，しばしば積分定数を省略してあるので注意すること．

微分法の公式 $(c_1F_1 \pm c_2F_2)' = c_1f_1 \pm c_2f_2$ $(F_1' = f_1,\ F_2' = f_2)$ より，積分公式

$$\int (c_1f_1(x) \pm c_2f_2(x))\,dx = c_1\int f_1(x)\,dx \pm c_2\int f_2(x)\,dx$$

を得る．したがって，$\displaystyle\int f(x)\,dx$ を求めるとき，$f(x)$ が積分公式における被積分関数

$$x^{\alpha},\ \frac{1}{x},\ e^{x},\ \sin x,\ \cos x,\ \tan x,\ \sec^2 x,\ \frac{1}{\sqrt{x^2+a^2}},\ \frac{1}{\sqrt{1-x^2}},\ \frac{1}{1+x^2}$$

等の 1 次結合，すなわち定数倍の和で表すことができればよい．

例 5.1.1 次の不定積分を求めよ．

(1) $\int (3x^2+1)^2\,dx$ (2) $\int \frac{(x-2)^2}{x}\,dx$ (3) $\int \frac{(\sqrt{x}-1)^2}{x}\,dx$

(4) $\int (3-\tan x)\cos x\,dx$

- $(\log|x|)' = \frac{1}{x}$ から，$(\log|\cos x|)' = \frac{1}{\cos x}\cdot(-\sin x) = -\tan x$.
- 合成関数の微分法と $(\log|x|)' = \frac{1}{x}$ から，$(\log|x+\sqrt{x^2+a}|)' = \frac{1}{x+\sqrt{x^2+a}}\cdot\left(1+\frac{1}{2}(x^2+a)^{-\frac{1}{2}}\cdot 2x\right) = \frac{1}{x+\sqrt{x^2+a}}\cdot\left(1+\frac{x}{\sqrt{x^2+a}}\right) = \frac{1}{x+\sqrt{x^2+a}}\cdot\frac{x+\sqrt{x^2+a}}{\sqrt{x^2+a}} = \frac{1}{\sqrt{x^2+a}}$. $a>0$ ならば，$x+\sqrt{x^2+a}>0$ なので絶対値は普通のかっこでよい．

解　与えられた積分を I と書き，C を積分定数とする（本節では今後の例題，問題についてもこのように表記する）．

(1) $I=\int(9x^4+6x^2+1)\,dx=\frac{9}{5}x^5+2x^3+x+C$

(2) $I=\int\frac{x^2-4x+4}{x}\,dx=\int(x-4+\frac{4}{x})\,dx=\frac{1}{2}x^2-4x+4\log|x|+C$

(3) $I=\int\frac{x-2\sqrt{x}+1}{x}\,dx=\int(1-2x^{-\frac{1}{2}}+\frac{1}{x})\,dx=x-2\cdot\frac{1}{-\frac{1}{2}+1}x^{-\frac{1}{2}+1}+\log|x|+C=x-4\sqrt{x}+\log|x|+C$

(4) $I=\int(3\cos x-\sin x)\,dx=3\sin x+\cos x+C$

$F'(x)=f(x)$ のとき，合成関数の微分法により，

$$\frac{d}{dx}F(ax+b)=a\cdot f(ax+b)\quad(a,b:\quad 定数，a\neq 0)$$

なので，

$$\boxed{\int f(ax+b)\,dx=\frac{1}{a}F(ax+b)+C}\tag{5.3}$$

たとえば，

$$\int(x+2)^3\,dx=\frac{1}{4}(x+2)^4+C,$$
$$\int\sqrt{2x+3}\,dx=\frac{1}{2}\frac{1}{\frac{1}{2}+1}(2x+3)^{\frac{1}{2}+1}+C=\frac{1}{3}(2x+3)\sqrt{2x+3}+C,$$
$$\int\frac{1}{3x+2}\,dx=\frac{1}{3}\log|3x+2|+C,\quad\int e^{-x}\,dx=-e^{-x}+C$$

である．

例 5.1.2　次の不定積分を求めよ．

(1) $\int\frac{2x^2+x}{x+1}\,dx$　(2) $\int\frac{x\,dx}{(x+1)(x+2)}$　(3) $\int\frac{dx}{\sqrt{x}+\sqrt{x-2}}$

解　それぞれ，帯分数の形，部分分数，分母の有理化をする．

(1) $I=\int\frac{(x+1)(2x-1)+1}{x+1}\,dx=\int(2x-1+\frac{1}{x+1})\,dx=x^2-x+\log|x+1|+C$

(2) 被積分関数 $=\frac{A}{x+1}+\frac{B}{x+2}$ とおいて，その分子 $x=A(x+2)+B(x+1)=(A+B)x+(2A+B)$ $\therefore A+B=1,\ 2A+B=0,\ A=-1,B=2$．よって，

$$I=\int\left(\frac{-1}{x+1}+\frac{2}{x+2}\right)dx$$
$$=-\log|x+1|+2\log|x+2|+C\ \left(=\log\frac{(x+2)^2}{|x+1|}+C\right)$$

(3) $I = \int \frac{\sqrt{x}-\sqrt{x-2}}{(\sqrt{x}+\sqrt{x-2})(\sqrt{x}-\sqrt{x-2})}\,dx = \int \frac{1}{2}(x^{\frac{1}{2}} - (x-2)^{\frac{1}{2}})\,dx = \frac{1}{2}\left\{\frac{1}{\frac{1}{2}+1}x^{\frac{1}{2}+1} - \frac{1}{\frac{1}{2}+1}(x-2)^{\frac{1}{2}+1}\right\} + C = \frac{1}{3}(x\sqrt{x} - (x-2)\sqrt{x-2}) + C$

練習 5.1.1 次の不定積分を求めよ．

(1) $\int \frac{(\sqrt{x}+1)^3}{x}dx$ (2) $\int \frac{3\cos^3 x-2}{\cos^2 x}dx$ (3) $\int \frac{(t+1)^2}{\sqrt[3]{t^2}}dt$ (4) $\int \frac{dx}{x^2-1}$

(5) $\int \frac{x^3+x}{x^2-1}dx$ (6) $\int \frac{2\,dx}{\sqrt{x+1}+\sqrt{x-1}}$

上に与えられた例のように，上手に変形して都合の良い被積分関数の 1 次結合で書ければよいが，残念ながらいつもそうはいかない．ところが，微分法の公式には積および合成関数の微分法

$$(f(x)\cdot g(x))' = f'(x)g(x) + f(x)g'(x)$$
$$\{g(f(x))\}' = \frac{dg(u)}{du}\cdot\frac{du}{dx} = g'(f(x))f'(x) \quad (u = f(x))$$

があった．これらを積分の立場から見ると，それぞれ，部分積分，置換積分と呼ばれる積分公式となり，いろいろな関数の不定積分を求めるときに有用となる．まとめると，いろいろな関数の不定積分を求めるとき，主な方法として

1. 式変形（部分分数，有理化などを含む）による方法
2. 置換積分による方法
   [$\int f(x)\,dx = \int f(\phi(t))\phi'(t)\,dt$,（$x = \phi(t)$ とおくと $dx = \phi'(t)\,dt$）]
3. 部分積分による方法 [$\int f'(x)g(x)\,dx = f(x)g(x) - \int f(x)g'(x)\,dx$]
4. 上記の組み合わせ

などがある．次の 2 つの小節で，置換積分法と部分積分法を学び，最後の小節でいろいろな積分を考えてみる．

5.1.2 置換積分法

$F'(x) = f(x)$ かつ $x = \phi(t)$ のとき，合成関数の微分公式は，

$$\frac{d}{dt}F(\phi(t)) = f(x)\frac{dx}{dt} = f(\phi(t))\phi'(t)$$

である．よって，

$$\int f(\phi(t))\phi'(t)\,dt = F(\phi(t)) + C = F(x) + C = \int f(x)\,dx$$

つまり，$\int f(x)\,dx$ を求めるのに，$x=\phi(t)$ と変数変換をして，$\frac{dx}{dt}=\phi'(t)$, 形式的に，$dx=\phi'(t)\,dt$ としてよい．よって，

$$\boxed{\int f(x)\,dx=\int f(\phi(t))\phi'(t)\,dt \quad [x=\phi(t),\ dx=\phi'(t)\,dt]} \tag{5.4}$$

が置換積分の公式である．

例 5.1.3　次の不定積分を求めよ．

(1) $\int \frac{x}{\sqrt{1-x}}\,dx$　(2) $\int x(3x^2+1)^{10}\,dx$　(3) $\int x\sqrt{1-4x^2}\,dx$　(4) $\int \frac{e^{3x}\,dx}{2e^{3x}+1}$
(5) $\int \frac{dx}{2e^{3x}+1}$

解　(1) $1-x=t$ とおくと，$x=1-t$ $\therefore \frac{dx}{dt}=-1$, $dx=-dt$. よって，

$$\begin{aligned}I&=\int\frac{1-t}{\sqrt{t}}(-dt)=\int(t^{\frac{1}{2}}-t^{-\frac{1}{2}})dt\\&=\frac{1}{\frac{1}{2}+1}t^{\frac{1}{2}+1}-\frac{1}{-\frac{1}{2}+1}t^{-\frac{1}{2}+1}+C=\frac{2}{3}t\sqrt{t}-2\sqrt{t}+C=\frac{2}{3}\sqrt{t}(t-3)+C\\&=-\frac{2}{3}(2+x)\sqrt{1-x}+C\end{aligned}$$

（別解）　$\sqrt{1-x}=t$ とおくと，$x=1-t^2$ $\therefore dx=-2t\,dt$. よって，

$$\begin{aligned}I&=\int\frac{1-t^2}{t}(-2t)\,dt=\int(2t^2-2)\,dt\\&=\frac{2}{3}t^3-2t+C=\frac{2}{3}t(t^2-3)+C=-\frac{2}{3}(2+x)\sqrt{1-x}+C\end{aligned}$$

(2) $3x^2+1=t$ とおく．本来なら $x=\sqrt{\frac{t-1}{3}}$ として $\frac{dx}{dt}$ を求めるところであるが，$3\{x(t)\}^2+1=t$ と考えて，両辺を t で微分すると $6x\frac{dx}{dt}=1$ $\therefore x\,dx=\frac{1}{6}\,dt$. よって，

$$I=\int t^{10}\frac{1}{6}\,dt=\frac{1}{66}t^{11}+C=\frac{1}{66}(3x^2+1)^{11}+C$$

(3) $1-4x^2=t$ とおくと，$-8x\frac{dx}{dt}=1$ $\therefore x\,dx=-\frac{1}{8}\,dt$. よって，

$$\begin{aligned}I&=\int t^{\frac{1}{2}}\left(-\frac{1}{8}\right)dt=-\frac{1}{8}\cdot\frac{1}{\frac{1}{2}+1}t^{\frac{1}{2}+1}+C=-\frac{1}{12}t\sqrt{t}+C\\&=-\frac{1}{12}(1-4x^2)\sqrt{1-4x^2}+C\end{aligned}$$

（別解） $\sqrt{1-4x^2}=t$ とおくと，$1-4x^2=t^2$ $\therefore x\,dx=-\frac{1}{4}t\,dt$．よって，

$$I=\int t\left(-\frac{1}{4}t\right)dt=-\frac{1}{4}\int t^2\,dt=-\frac{1}{12}t^3+C=-\frac{1}{12}(1-4x^2)\sqrt{1-4x^2}+C$$

(4) $2e^{3x}+1=t$ とおくと，$6e^{3x}\frac{dx}{dt}=1$ $\therefore e^{3x}\,dx=\frac{1}{6}\,dt$．よって，

$$I=\int\frac{1}{t}\cdot\frac{1}{6}\,dt=\frac{1}{6}\log|t|+C=\frac{1}{6}\log(2e^{3x}+1)+C$$

(5) $2e^{3x}+1=t$ とおくと，$e^{3x}\,dx=\frac{1}{6}\,dt$ であるが，前問 (4) と違って，$e^{3x}\,dx$ のまま代入できないので，$e^{3x}=\frac{t-1}{2}$ を代入して，$dx=\frac{1}{3(t-1)}\,dt$．よって，

$$I=\int\frac{1}{t}\cdot\frac{1}{3(t-1)}\,dt=\frac{1}{3}\int\frac{1}{t(t-1)}\,dt$$

これは部分分数に分解して，$\frac{1}{t(t-1)}=\frac{1}{t-1}-\frac{1}{t}$ より，

$$\begin{aligned}I&=\frac{1}{3}\int\left(\frac{1}{t-1}-\frac{1}{t}\right)dt=\frac{1}{3}(\log|t-1|-\log|t|)+C\\&=\frac{1}{3}(\log(2e^{3x})-\log(2e^{3x}+1))+C=\frac{1}{3}\{\log 2+3x-\log(2e^{3x}+1)\}+C\\&=x-\frac{1}{3}\log(2e^{3x}+1)+C'\ \left(C'=C+\frac{1}{3}\log 2\right)\end{aligned}$$

上の例 5.1.3，特に，(4), (5) を比較してわかることは，たとえば，

$$\int x^\alpha\,dx=\frac{1}{\alpha+1}x^{\alpha+1}+C\ (\alpha\neq-1)$$

であるが，$\int(\phi(t))^\alpha\,dt$ は積分しにくく（$\phi(t)=at+b$ のときは (5.3) から容易に得られる），$\int(\phi(t))^\alpha\phi'(t)\,dt$ は $\phi'(t)$ があるため容易に積分できるのである．実際，$x=\phi(t)$ とおけば，$dx=\phi'(t)\,dt$ なので，

$$\int(\phi(t))^\alpha\phi'(t)\,dt=\int x^\alpha\,dx=\frac{1}{\alpha+1}x^{\alpha+1}+C=\frac{1}{\alpha+1}(\phi(t))^{\alpha+1}+C$$

同様に，$\int\frac{1}{x}\,dx=\log|x|+C$, $\int e^x\,dx=e^x+C$ から，まとめて，

$$\begin{aligned}&\int(\phi(t))^\alpha\phi'(t)\,dt=\frac{1}{\alpha+1}(\phi(t))^{\alpha+1}+C\ (\alpha\neq-1)\\&\int\frac{\phi'(t)}{\phi(t)}\,dt=\int\frac{1}{\phi(t)}\cdot\phi'(t)\,dt=\log|\phi(t)|+C\\&\int e^{\phi(t)}\phi'(t)\,dt=e^{\phi(t)}+C\end{aligned}\tag{5.5}$$

例 5.1.4　次の不定積分を求めよ．

(1) $\int \frac{(\log t)^2}{t}\,dt$　(2) $\int \frac{1}{x\log x}\,dx$　(3) $\int xe^{3x^2+2}\,dx$　(4) $\int \frac{\tan^4 x}{\cos^2 x}\,dx$

(5) $\int \tan x\,dx$

解　(5.5) を使う．

(1) $I = \int (\log t)^2 (\log t)'\,dt = \frac{1}{3}(\log t)^3 + C$

(2) $I = \int \frac{1}{\log x}(\log x)'\,dx = \log|\log x| + C$

(3) $I = \int \frac{1}{6}e^{3x^2+2}(3x^2+2)'\,dx = \frac{1}{6}e^{3x^2+2} + C$

(4) $I = \int (\tan x)^4 (\tan x)'\,dx = \frac{1}{5}(\tan x)^5 + C$

(5) $I = \int \frac{\sin x}{\cos x}\,dx = \int \frac{-1}{\cos x}(\cos x)'\,dx = -\log|\cos x| + C$

もう 2 題置換積分の例をやってみよう．

例 5.1.5　次の不定積分を求めよ．ただし，定数 $a > 0$ とする．

(1) $\int \frac{dx}{\sqrt{a^2-x^2}}$　(2) $\int \frac{dx}{a^2+x^2}$

解　(1) 根号内が $a^2 - x^2$ のときは，$\cos^2\theta + \sin^2\theta = 1$ を念頭に，$x = a\sin\theta$（または，$x = a\cos\theta$）とおくとうまくいくことが多い．そこで，$x = a\sin\theta$ とおくと，$dx = a\cos\theta\,d\theta$ で，$a^2 - x^2 = a^2(1-\sin^2\theta) = a^2\cos^2\theta$　∴

$$I = \int \frac{a\cos\theta\,d\theta}{a\cos\theta} = \int d\theta = \theta + C = \sin^{-1}\frac{x}{a} + C$$

注　$\sin^{-1} x = \frac{1}{\sin x}$ ではなく，$x = \sin\theta \Leftrightarrow \theta = \sin^{-1} x\ (-\frac{\pi}{2} \leq \theta \leq \frac{\pi}{2})$ で，逆正弦関数と呼ばれた（第 1 章 1.6.5 項参照）．ついでに，$\sqrt{\cos^2\theta} = \cos\theta$ としたのは，$-\frac{\pi}{2} < \theta < \frac{\pi}{2}$ のとき，$\cos\theta > 0$ となるからで，分母にあるのでゼロとなる $\theta = \pm\frac{\pi}{2}$ は外れる．

(2) 今度は，$1 + \tan^2\theta = \frac{1}{\cos^2\theta} = \sec^2\theta$ を念頭に，$x = a\tan\theta$ とおく．$a^2 + x^2 = a^2(1+\tan^2\theta) = a^2\sec^2\theta$ で，$dx = a\sec^2\theta\,d\theta$．よって，

$$I = \int \frac{a\sec^2\theta\,d\theta}{a^2\sec^2\theta} = \frac{1}{a}\int d\theta = \frac{1}{a}\theta + C = \frac{1}{a}\tan^{-1}\frac{x}{a} + C$$

$\tan^{-1} x$ は逆正接関数で，$x = \tan\theta \Leftrightarrow \theta = \tan^{-1} x\ (-\frac{\pi}{2} < \theta < \frac{\pi}{2})$ である．

逆三角関数の導関数の公式を知っていれば，その逆演算として積分公式に加えることができ，実際，積分公式 (5.2) にも加わっている．

練習 5.1.2 次の不定積分を求めよ．

(1) $\int \frac{3x-4}{\sqrt{1-x}}\,dx$ (2) $\int \frac{3x^3}{\sqrt{1-x^2}}\,dx$ (3) $\int \frac{dx}{\sqrt{4x^2+4x+3}}$ (4) $2\int \sqrt{4-x^2}\,dx$

5.1.3 部分積分法

積の微分公式

$$(f(x)g(x))' = f'(x)g(x) + f(x)g'(x)$$

より，

$$\int f'(x)g(x)\,dx + \int f(x)g'(x)\,dx = f(x)g(x)$$

移項して，部分積分の公式

$$\boxed{\int f'(x)g(x)\,dx = f(x)g(x) - \int f(x)g'(x)\,dx} \tag{5.6}$$

が得られる．被積分関数を $f'(x)$ と $g(x)$ の積とみなし，これを，符号が変わって，$f(x)$ と $g'(x)$ の積の積分の形に変形できるのが部分積分の公式である．もちろん，$\int f(x)g'(x)\,dx$ が積分しやすくなっていることが肝要である．

例 5.1.6 次の不定積分を求めよ．

(1) $\int(x+1)e^x\,dx$ (2) $\int x\cos x\,dx$ (3) $\int \log x\,dx$ (4) $\int x\log x\,dx$

解 (1) $(e^x)' = e^x$ なので，$I = \int(e^x)'(x+1)\,dx$ と考えて，

$$\begin{aligned} I &= \int (e^x)'(x+1)\,dx = e^x(x+1) - \int e^x(x+1)'\,dx = e^x(x+1) - \int e^x\,dx \\ &= e^x(x+1) - e^x + C = xe^x + C \end{aligned}$$

(2) 符号に注意して，

$$\begin{aligned} I &= \int (\sin x)' \cdot x\,dx = \sin x \cdot x - \int \sin x \cdot (x)'\,dx = x\sin x - \int \sin x\,dx \\ &= x\sin x - (-\cos x) + C = x\sin x + \cos x + C \end{aligned}$$

(3) これは，$\log x = 1\cdot\log x = (x)'\cdot\log x$ と考えると，

$$\begin{aligned} I &= \int (x)'\log x\,dx = x\log x - \int x\cdot(\log x)'\,dx = x\log x - \int x\cdot\frac{1}{x}\,dx \\ &= x\log x - x + C = x(\log x - 1) + C \end{aligned}$$

(4) これも (3) と同様に $x = (\frac{1}{2}x^2)'$ と考えて，

$$I=\int\left(\frac{1}{2}x^2\right)'\log x\,dx=\frac{1}{2}x^2\log x-\int\frac{1}{2}x^2\cdot(\log x)'\,dx=\frac{1}{2}x^2\log x-\frac{1}{2}\int x\,dx$$
$$=\frac{1}{2}x^2\log x-\frac{1}{4}x^2+C=\frac{1}{4}x^2(2\log x-1)+C$$

練習 5.1.3　次の不定積分を求めよ．

(1) $\int 3xe^x\,dx$　(2) $\int x\sin x\,dx$　(3) $\int x^4\log x\,dx$

部分積分を行うと積分の前の符号が変わるので，次のような例では符号に細心の注意をしないとなかなか正答にたどり着けない．

例 5.1.7　不定積分 $\int x^2e^{-x}\,dx$ を求めよ．

解　符号に注意しながら2回部分積分を行う．

$$I=\int(-e^{-x})'x^2\,dx=(-e^{-x})x^2-\int(-e^{-x})(x^2)'\,dx=-x^2e^{-x}+2\int e^{-x}x\,dx$$
$$=-x^2e^{-x}+2\int(-e^{-x})'x\,dx=-x^2e^{-x}+2\left\{(-e^{-x})x-\int(-e^{-x})(x)'\,dx\right\}$$
$$=-x^2e^{-x}+2\left(-xe^{-x}+\int e^{-x}\,dx\right)=-x^2e^{-x}+2\left(-xe^{-x}-e^{-x}\right)+C$$
$$=-(x^2+2x+2)e^{-x}+C$$

練習 5.1.4　次の不定積分を求めよ．

(1) $\int x^2e^x\,dx$　(2) $\int x^2e^{-3x}\,dx$　(3) $\int x\cos 2x\,dx$　(4) $\int x^2\sin x\,dx$

次の例はちょっと特別な扱いをする．

例 5.1.8　不定積分 $I=\int e^x\cos x\,dx$ を求めよ．

解　1回部分積分を行うと，

$$I=\int(e^x)'\cos x\,dx=e^x\cos x-\int e^x(\cos x)'\,dx=e^x\cos x+\int e^x\sin x\,dx$$

となって，I と似た形の $\int e^x\sin x\,dx$ が出ただけのようにみえる．しかし，これをもう一度部分積分を行うと，

$$I=e^x\cos x+\int(e^x)'\sin x\,dx=e^x\cos x+e^x\sin x-\int e^x(\sin x)'\,dx$$
$$=e^x(\cos x+\sin x)-\int e^x\cos x\,dx=e^x(\cos x+\sin x)-I$$

よって，I を移項して2で割ると，

$$I = \frac{1}{2}e^x(\cos x + \sin x)$$

を得る．この積分は，$(\sin x)'' = -\sin x$, $(\cos x)'' = -\cos x$ であることから，2 回部分積分を行うと，同じ積分が出現するという事実を用いた方法である．

練習 5.1.5 不定積分 $I = \int e^{ax} \sin bx\, dx$ $(a \neq 0)$ を求めよ．

5.1.4 いろいろな不定積分

不定積分を求めるのに定石といった決まった方法はなく，被積分関数をみていろいろな関連の式を思い巡らして不定積分を求めることになる．どんなに頑張ってもわれわれの知っている初等関数 x^α, e^x, $\log x$, $\sin x$,$\cos x$, $\tan x$, $\sin^{-1} x$, $\cos^{-1} x$, $\tan^{-1} x$ と，それらの有限回の四則や合成関数で表すことのできない関数もある．たとえば，$\int e^{-x^2}\, dx$ は初等関数で表すことができない．できないことの証明は難解で，初等関数とは何かということまで遡って考えなければならず，筆者らもその証明をチェックしたことはない[3]．次節と次々節で扱う微分積分の基本定理と定積分（広義積分）を用いて，

$$\frac{d}{dx}\int_{-\infty}^{x} e^{-t^2}\, dt = e^{-x^2}$$

である．つまり，$\int_{-\infty}^{x} e^{-t^2}\, dt$ が e^{-x^2} の 1 つの原始関数で，したがって，$\int e^{-x^2}\, dx = \int_{-\infty}^{x} e^{-t^2}\, dt + C$ と書くことは可能であるがあまり意味はない．不定積分をわれわれのよく知っている初等関数で書くということは，その積分がどんなものであるかの情報を豊富に得たいということである．その精神でいけば，

$$\mathrm{Erf}(x) = \frac{1}{\sqrt{\pi}}\int_{-\infty}^{x} e^{-t^2}\, dt \quad （\underline{\text{誤差関数}}（\text{error function}）という）$$

と定義すると，$\mathrm{Erf}(-\infty) = 0$, $\mathrm{Erf}(\infty) = 1$（すなわち，$\int_{-\infty}^{\infty} e^{-x^2}\, dx = \sqrt{\pi}$ である．第 6 章 6.2 節を参照），かつ単調増加などの情報をよく知っていて，さらに

---

[3]興味のある向きは，黒河龍三，初等函数に關するリウギユ（Liouville）の研究（其一）〜（其四），日本數學物理學會誌 **1** (1927), 17–27, 146–155, **3** (1929), 8–18, 285–296 を参照．1830 年代のリュービルの論文の総合報告として掲載されている．（其二）に該当の部分がある．ただし，古いので文語調の格調高いもの．現代向きには，金子 晃著，「数理系のための基礎と応用 微分積分 II—理論を中心に—」(2001), サイエンス社にその解説がある．

$$\int e^{-x^2}\,dx = \sqrt{\pi}\cdot \mathrm{Erf}(x) + C$$

と書けば，ある意味で誤差関数というよく知っている関数で不定積分が表現されたとみることもできる．それでも，よく知っている初等関数で表現されるに越したことはない．被積分関数の形が，たとえば有理関数 $\frac{P(x)}{Q(x)}$（$P(x), Q(x)$ は多項式）の形の関数（次の例 5.1.9 (1), (2) など）は不定積分を必ず初等関数で表現できるといった議論もあるが，ここではこれ以上立ち入らず，いくつかの例を与える．それでも次の 2 つの例題も決してやさしいものではない．

例 5.1.9　次の不定積分を求めよ．

(1) $\int \frac{3x^2+1}{(x+1)(x^2+1)}\,dx$　(2) $\int \frac{x^3-2x^2+2x+3}{(x-2)^2}\,dx$　(3) $\int \cos^2(3x+4)\,dx$

(4) $\int \sin^5 x\,dx$　(5) $\int \frac{dx}{\sin x}$

解　それぞれ工夫を要するが，(1) と (2) は部分分数を正しく求めることができればよい．(3) は 2 倍角の公式 $\cos 2\theta = \cos^2\theta - \sin^2\theta = 2\cos^2\theta - 1 = 1 - 2\sin^2\theta$ を使う．(4), (5) は $\int f(\phi(t))\phi'(t)\,dt$ なら積分が求まることを利用する．

(1) $\frac{3x^2+1}{(x+1)(x^2+1)} = \frac{A}{x+1} + \frac{Bx+C}{x^2+1}$ とおくと，$A = 2, B = 1, C = -1$．よって，

$$\begin{aligned} I &= \int \left(\frac{2}{x+1} + \frac{x-1}{x^2+1}\right) dx = 2\int \frac{dx}{x+1} + \frac{1}{2}\int \frac{2x}{x^2+1}\,dx - \int \frac{dx}{x^2+1} dx \\ &= 2\log|x+1| + \frac{1}{2}\log(x^2+1) - \tan^{-1} x + C \end{aligned}$$

それぞれ，(5.3), (5.5), (5.2) を使っている．

(2) 分子の次数のほうが高いので，いったん割り算をして帯分数の形にする．$\frac{x^3-2x^2+2x+3}{(x-2)^2} = x + 2 + \frac{6x-5}{(x-2)^2}$．さらに，$\frac{6x-5}{(x-2)^2} = \frac{6(x-2)+7}{(x-2)^2} = \frac{6}{x-2} + \frac{7}{(x-2)^2}$ として，

$$\begin{aligned} I &= \int \left(x + 2 + \frac{6}{x-2} + \frac{7}{(x-2)^2}\right) dx \\ &= \int (x+2)\,dx + 6\int \frac{dx}{x-2} + 7\int (x-2)^{-2}\,dx \\ &= \frac{1}{2}x^2 + 2x + 6\log|x-2| - \frac{7}{x-2} + C \end{aligned}$$

(3) (5.3) より，$\int \cos(ax+b) = \frac{1}{a}\sin(ax+b) + C$ である．よって，2 倍角の公式 $\cos 2\theta = 2\cos^2\theta - 1$, $\cos^2\theta = \frac{1+\cos 2\theta}{2}$ を使うと，

$$I = \int \frac{1+\cos(6x+8)}{2}\,dx = \frac{1}{2}\int (1+\cos(6x+8))\,dx$$
$$= \frac{1}{2}\left(x + \frac{1}{6}\sin(6x+8)\right) + C = \frac{1}{12}(6x + \sin(6x+8)) + C$$

(4) $(\cos x)' = -\sin x$ なので, (5.4) または (5.5) から, $\int f(\cos x)\cdot(-\sin x)\,dx$ の形になっていれば積分ができる．$\cos^2 x + \sin^2 x = 1$ を思い起こすと，

$$I = \int \sin^4 x \cdot \sin x\,dx = \int (1-\cos^2 x)^2 \cdot \sin x\,dx$$
$$= \int \sin x\,dx + 2\int (\cos x)^2(-\sin x)\,dx - \int (\cos x)^4(-\sin x)\,dx$$
$$= -\cos x + \frac{2}{3}(\cos x)^3 - \frac{1}{5}(\cos x)^5 + C = -\cos x\left(1 - \frac{2}{3}\cos^2 x + \frac{1}{5}\cos^4 x\right) + C$$

この方法で，$\int \sin^{2k+1} x\,dx$, $\int \cos^{2k+1} x\,dx$ の不定積分はできるであろう．$\int \sin^4 x\,dx$ はどうであろうか．これは前問 (3) のように 2 倍角の公式 $\cos^2\theta = \frac{1+\cos 2\theta}{2}$, $\sin^2\theta = \frac{1-\cos 2\theta}{2}$ を使って，$\sin^4 x = (\frac{1-\cos 2\theta}{2})^2 = \frac{1-2\cos 2x+\cos^2 2x}{4} = \frac{1}{4} - \frac{1}{2}\cos 2x + \frac{1}{4}\frac{1+\cos 4x}{2} = \frac{3}{8} - \frac{1}{2}\cos 2x + \frac{1}{8}\cos 4x$. よって，$\int \sin^4 x\,dx = \frac{3}{8}x - \frac{1}{4}\sin 2x + \frac{1}{32}\sin 4x + C$（例 5.1.10 参照）.

(5) これはもう一工夫必要で，次のように計算する．$I = \int \frac{\sin x}{\sin^2 x}\,dx = \int \frac{\sin x}{1-\cos^2 x}\,dx$．ここで，$\cos x = t$ とおくと，$-\sin x\,dx = dt$ なので，

$$I = \int \frac{-1}{1-t^2}\,dt = \int \frac{1}{(t-1)(t+1)}\,dt = \frac{1}{2}\int \left(\frac{1}{t-1} - \frac{1}{t+1}\right)dt$$
$$= \frac{1}{2}(\log|t-1| - \log|t+1|) + C = \frac{1}{2}\log\left|\frac{t-1}{t+1}\right| + C$$
$$= \frac{1}{2}\log\left|\frac{\cos x - 1}{\cos x + 1}\right| + C$$

例 5.1.9 (3), (4) に関連して，部分積分を用いて漸化式を導くやや高度な方法もある．

例 5.1.10 $I_k = \int \sin^k x\,dx$（k は 2 以上の自然数）のとき，I_k を I_{k-2} を用いて表せ．この漸化式を用いて，I_5, I_4 を求めよ．

解　部分積分法を用いて，

$$\begin{aligned} I_k &= \int \sin x \cdot \sin^{k-1} x\, dx = \int (-\cos x)'(\sin x)^{k-1}\, dx \\ &= -\cos x(\sin x)^{k-1} - \int (-\cos x) \underbrace{\{(\sin x)^{k-1}\}'}_{(k-1)(\sin x)^{k-2}\cos x} dx \\ &= -\cos x \sin^{k-1} x + (k-1)\int \underbrace{\cos^2 x}_{1-\sin^2 x} \sin^{k-2} x\, dx \\ &= -\cos x \sin^{k-1} x + (k-1)\left(\underbrace{\int \sin^{k-2} x\, dx}_{I_{k-2}} - \underbrace{\int \sin^k x\, dx}_{I_k} \right) \end{aligned}$$

ゆえに，移項して k で割ると，漸化式 $I_k = -\frac{1}{k}\cos x \sin^{k-1} x + \frac{k-1}{k} I_{k-2}$ を得る．

k が奇数のときは，$I_1 = \int \sin x\, dx = -\cos x + C$ が必要で，

$$\begin{aligned} I_5 &= -\frac{1}{5}\cos x \sin^4 x + \frac{4}{5} I_3 = -\frac{1}{5}\cos x \sin^4 x + \frac{4}{5}\left\{ -\frac{1}{3}\cos x \sin^2 x + \frac{2}{3} I_1 \right\} \\ &= -\frac{1}{5}\cos x \sin^4 x - \frac{4}{15}\cos x \sin^2 x - \frac{8}{15}\cos x + C \\ &= -\frac{1}{5}\cos x \left(\frac{8}{3} + \frac{4}{3}\sin^2 x + \sin^4 x \right) + C \end{aligned}$$

$\sin^2 x = 1 - \cos^2 x$ を使えば，前例 5.1.9 の (4) の解に一致する．

k が偶数のときは，$I_0 = \int 1\, dx = x + C$ が必要で，

$$\begin{aligned} I_4 &= -\frac{1}{4}\cos x \sin^3 x + \frac{3}{4} I_2 = -\frac{1}{4}\cos x \sin^3 x + \frac{3}{4}\left\{ -\frac{1}{2}\cos x \sin x + \frac{1}{2} I_0 \right\} \\ &= \frac{3}{8}x - \frac{3}{8}\cos x \sin x - \frac{1}{4}\cos x \sin^3 x + C \end{aligned}$$

このままの式でよいが，2倍角の公式 $\sin 2\theta = 2\sin\theta\cos\theta$ も使って変形すると，

$$\begin{aligned} I_4 &= \frac{3}{8}x - \frac{3}{16}\sin 2x - \frac{1}{8}\sin 2x \cdot \underbrace{\sin^2 x}_{(1-\cos 2x)/2} + C \\ &= \frac{3}{8}x - \left(\frac{3}{16} + \frac{1}{16} \right)\sin 2x + \frac{1}{16}\sin 2x \cos 2x + C \\ &= \frac{3}{8}x - \frac{1}{4}\sin 2x + \frac{1}{32}\sin 4x + C \end{aligned}$$

となって，例 5.1.9 (4) の解答の注釈と一致する．

練習 5.1.6　$I = \int \sqrt{x^2 + a^2}\, dx\ (a > 0)$ を求めよ．

5.2 定積分

閉区間 $[a,b]$ における関数 $f(x)$ の定積分を定義する．$[a,b]$ に $(n+1)$ 個の点 $x_0, x_1, \ldots, x_n\,(a = x_0 < x_1 < \cdots < x_n = b)$ をとって n 個の小区間 $[x_{k-1}, x_k]\,(k = 1, 2, \ldots, n)$ に分割する．これを区間 $[a,b]$ の**分割**と呼び，Δ と書こう．

$$\Delta: \ a = x_0 < x_1 < \cdots < x_n = b \tag{5.7}$$

このとき，

$$|\Delta| = \max_{1 \le k \le n}(x_k - x_{k-1}) \tag{5.8}$$

を分割の**幅**といい，x_k を**分点**という．最も典型的な分割は，n 等分で，

$$\Delta: \ a < a + \frac{b-a}{n} < a + \frac{2(b-a)}{n} < \cdots < a + \frac{n(b-a)}{n} = b; \ \ |\Delta| = \frac{b-a}{n} \tag{5.9}$$

である．

定義 5.2.1 $f(x)$ が $[a,b]$ で定義された有界な関数で，(5.7) の分割に対し，和

$$\sum_{k=1}^{n} f(\xi_k)(x_k - x_{k-1}), \quad \xi_k \in [x_{k-1}, x_k]$$

を f の $[a,b]$ における分割 Δ に対する**リーマン**（Riemann）**和**という．このとき，ξ_k のとり方によらず，極限

$$\lim_{|\Delta| \to 0} \sum_{k=1}^{n} f(\xi_k)(x_k - x_{k-1})$$

が一意に存在するとき，f は $[a,b]$ で**リーマン積分可能**（または単に**積分可能**）といい，その極限を $\int_a^b f(x)\,dx$ と書いて，f の $[a,b]$ における**リーマン積分**，または**定積分**という．すなわち，

$$\int_a^b f(x)\,dx = \lim_{|\Delta| \to 0} \sum_{k=1}^{n} f(\xi_k)(x_k - x_{k-1}) \tag{5.10}$$

（明示されていないが，$|\Delta| \to 0$ とするので $n \to \infty$ となる）．a は**下端**，b は**上端**という．

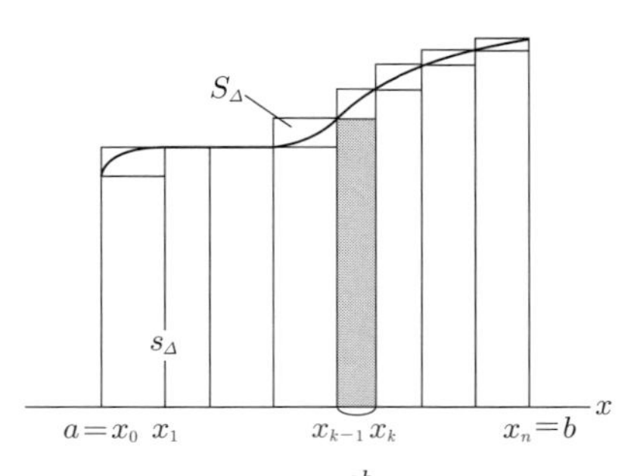

図 **5.1 (a)**　$s_\Delta \leq \int_a^b f(x)\,dx \leq S_\Delta$

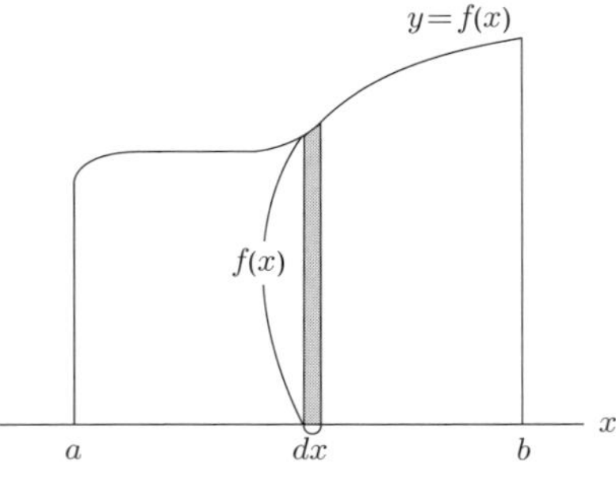

図 **5.1 (b)**　積分記号 $\int_a^b f(x)\,dx$

$f > 0$ でリーマン積分可能ならば，分割 Δ をとって，ξ_k を $[x_{k-1}, x_k]$ で f が最小値 m_k，または，最大値 M_k をとる点とすれば，

$$\int_a^b f(x)\,dx = \lim_{|\Delta| \to 0} \underbrace{\sum_{k=1}^n m_k(x_k - x_{k-1})}_{s_\Delta} = \lim_{|\Delta| \to 0} \underbrace{\sum_{k=1}^n M_k(x_k - x_{k-1})}_{S_\Delta}$$

逆に，$s_\Delta \leq \int_a^b f(x)\,dx \leq S_\Delta$ のはずであるから，$S_\Delta - s_\Delta \to 0 (\Delta \to 0)$ のとき定積分が存在する[4]．したがって，$\int_a^b f(x)\,dx$ は $[a, b]$ 間の $y = f(x)$ と x 軸に囲まれた面積を表すことがわかる（「面積」とは何かという問題は残るが）．図 5.1 (a) 参照．たとえば，$f(x) = c$（定数）であれば，$\int_a^b f(x)\,dx$ は長方形の面積 $c(b - a)$ を表す．実際，定義に従って求めても

$$\int_a^b c\,dx = c(b - a) \tag{5.11}$$

f が負の場合は $-\int_a^b f(x)\,dx$ が面積を表す．記号 $\int_a^b f(x)\,dx$ について説明すれば，$dx = x_k - x_{k-1}$ と思えば，$f(x)\,dx$ は細長いほぼ長方形の面積を表し，それを a から b まで総和したものと思えばよい（図 5.1 (b) 参照）．直感的にまさに面積である．

どのような関数が積分可能であろうか（証明は脚注を参照）．単なる連続性で

[4] ε-δ 論法でいえば，$\forall \varepsilon > 0$ に対し，$|\Delta| < \exists \delta$ ならば $|S_\Delta - s_\Delta| < \varepsilon$ となるとき定積分が存在する．

はなく，**一様連続性**[5] の概念を使うことによって，次の定理が成立する．

定理 5.2.1 有界閉区間 $[a,b]$ における連続関数は $[a,b]$ において積分可能である[6]．

積分に関する基本性質は次の定理で与えられる．

定理 5.2.2 関数 f, g は閉区間 $[a,b]$ で積分可能とする．このとき，次が成立する．

(1) (i) $\int_a^b cf(x)\,dx = c\int_a^b f(x)\,dx\ (c \in \mathrm{R})$

(ii) $\int_a^b (f(x)+g(x))\,dx = \int_a^b f(x)\,dx + \int_a^b g(x)\,dx$

(2) $\int_a^b f(x)\,dx = \int_a^c f(x)\,dx + \int_c^b f(x)\,dx\ (a < c < b)$

(3) (i) $f(x) \geq 0\,(x \in [a,b])$ ならば，$\int_a^b f(x)\,dx \geq 0$

(ii) $f(x) \leq g(x)\,(x \in [a,b])$ ならば，$\int_a^b f(x)\,dx \leq \int_a^b g(x)\,dx$

(iii) $|f(x)|$ も可積分で，$|\int_a^b f(x)\,dx| \leq \int_a^b |f(x)|\,dx$

注 上端 $=$ 下端または上端 $<$ 下端のときは，

$$\int_a^a f(x)\,dx = 0, \quad \int_a^b f(x)\,dx = -\int_b^a f(x)\,dx \tag{5.12}$$

と定義する．すると，

$$\int_a^c f(x)\,dx - \int_b^c f(x)\,dx = \int_a^b f(x)\,dx \tag{5.13}$$

---

[5] $f: I \to \mathbf{R}$ が $x_0 \in I$ で連続とは，ε-δ 論法で，$\forall\varepsilon > 0, \exists\delta > 0; x \in I, |x - x_0| < \delta \Rightarrow |f(x) - f(x_0)| < \varepsilon$ となることであるが，$\delta = \delta(\varepsilon, x_0)$ である．もし，δ が点 x_0 によらず，ε のみによって決まるとき，f は I で一様である．したがって，$\forall\varepsilon > 0, \exists\delta = \delta(\varepsilon) > 0; \forall x_1, x_2 \in I, |x_1 - x_2| < \delta \Rightarrow |f(x_1) - f(x_2)| < \varepsilon$ となるとき f は I で**一様連続**という．重要な定理として，f が有界閉区間 I で連続ならばf は I で一様連続である．実際，一様連続でないとすると，ある $\varepsilon_0 > 0$ と $\{x_{1n}\}, \{x_{2n}\}$ があって，$|x_{1n} - x_{2n}| < 1/n$, $|f(x_{1n}) - f(x_{2n})| > \varepsilon_0$ ととることができる．収束部分列 $\{x_{1n_k}\}, \{x_{2n_k}\}$ をとれば，その極限 $(= x_\infty)$ は一致し，$|f(x_{1n_k}) - f(x_{2n_k})| \leq |f(x_{1n_k}) - f(x_\infty)| + |f(x_{2n_k}) - f(x_\infty)| \to 0 (n_k \to \infty)$ となって矛盾する．

[6] 一様連続性から，$\forall\varepsilon > 0$ に対し，$|\Delta| < \exists\delta$ ならば，$M_k - m_k \leq \varepsilon\,(\forall k)$ より，$|S_\Delta - s_\Delta| \leq \varepsilon(b-a)$ となって積分が存在する．なお，関数が不連続であっても，不連続な点が有限個で，不連続な点で右，左極限値が存在するような関数（**区分的連続関数**（piecewise continuous）という）は積分可能である．

定理 5.2.3（微積分学の基本定理） 関数 f を $[a,b]$ における連続関数とすると，$\int_a^x f(t)\,dt$ は連続的微分可能で，

$$\frac{d}{dx}\int_a^x f(t)\,dt = f(x) \quad (a \leq x \leq b) \tag{5.14}$$

が成立する（端点 a, b においてはそれぞれ右，左微分とする）．

系 5.2.1

$$\boxed{\int_a^b f(x)\,dx = \Big[F(x)\Big]_a^b = F(b) - F(a)} \quad (F \text{ は } f \text{ の原始関数}) \tag{5.15}$$

注　$\int_a^b f(x)\,dx$ における x は**積分変数**と呼ばれる．(5.15) から積分変数は別の文字を使って，たとえば $\int_a^b f(t)\,dt = [F(t)]_a^b = F(b) - F(a)$ と書いても同じである．$\int_a^x f(t)\,dt = [F(t)]_a^x = F(x) - F(a)$ であるが，$\int_a^x f(x)\,dx$ と書くのはよくない．また，たとえば $\int_a^b (x-t)f(t)\,dt$ においては積分記号下では t が変数で x は定数とみなされる．

定理 5.2.3 の証　$F(x) = \int_a^x f(t)\,dt$ とおいて，F が $x_0 (a \leq x_0 \leq b)$ で微分可能で $F'(x_0) = f(x_0)$ を示すには，

$$F(x_0+h) = F(x_0) + f(x_0)h + \varepsilon(h), \quad \frac{\varepsilon(h)}{h} \to 0 \ (h \to 0)$$

を示せばよい（第3章3.3節参照）．定理 5.2.2 と (5.12), (5.13) を使って，

$$\begin{aligned}
|\varepsilon(h)| &= |F(x_0+h) - F(x_0) - f(x_0)h| \\
&= \left|\int_a^{x_0+h} f(t)\,dt - \int_a^{x_0} f(t)\,dt - f(x_0)h\right| = \left|\int_{x_0}^{x_0+h} f(t)\,dt - \int_{x_0}^{x_0+h} f(x_0)\,dt\right| \\
&\leq \left|\int_{x_0}^{x_0+h} |f(t) - f(x_0)|\,dt\right| \leq |h| \cdot \max_{x_0-|h| \leq t \leq x_0+|h|} |f(t) - f(x_0)|
\end{aligned}$$

ゆえに，$\left|\frac{\varepsilon(h)}{h}\right| \leq \max_{x_0-|h| \leq t \leq x_0+|h|} |f(t) - f(x_0)| \to 0 \ \ (h \to 0)$ を得る．　**証終**

系 5.2.1 の証　定理 5.2.3 より，$\int_a^x f(t)\,dt = F(x) + C$（$C$ は積分定数）．$x = a$ ととれば，(5.12) より $0 = F(a) + C \therefore C = -F(a)$．よって，

$$\int_a^x f(t)\,dt = F(x) - F(a) \quad (a \leq x \leq b) \tag{5.16}$$

特に，$x=b$ ととって，積分変数 t を x にとり直せば (5.15) を得る．$[F(x)]_a^b$ は $F(b)-F(a)$ を表す記号である． 証終

不定積分で有用であった部分積分法と置換積分法も，それぞれ，

$$\int_a^b f'(x)g(x)\,dx = \Big[f(x)g(x)\Big]_a^b - \int_a^b f(x)g'(x)\,dx, \tag{5.17}$$

$$\int_a^b f(x)\,dx = \int_\alpha^\beta f(\phi(t))\phi'(t)\,dt \quad \left[x=\phi(t),\ dx=\phi'(t)\,dt,\ x\Big|_a^b \to t\Big|_\alpha^\beta\right] \tag{5.18}$$

（ここで，$x|_a^b \to t|_\alpha^\beta$ は $a=\phi(\alpha), b=\phi(\beta)$ で，x が a から b まで動くとき，t が α から β まで動くことを表す）と書ける．

例 5.2.1 次の定積分の値を求めよ．

(1) $\int_2^3 \frac{dx}{x(x+1)}$ (2) $\int_1^2 \log x\,dx$ (3) $\int_1^2 \frac{x}{\sqrt{2x-1}}\,dx$

解 求める定積分を I と書く．以下の例等でも同様である．

(1) 部分分数を使って，$I=\int_2^3\left(\frac{1}{x}-\frac{1}{x+1}\right)dx = [\log x - \log(x+1)]_2^3 = (\log 3-\log 4)-(\log 2-\log 3) = 2\log 3 - 3\log 2\ (=\log\frac{9}{8})$．

(2) 部分積分法を用いて，$I=\int_1^2 (x)'\log x\,dx = [x\log x]_1^2 - \int_1^2 x\cdot\frac{1}{x}\,dx = 2\log 2 - 1\log 1 - [x]_1^2 = 2\log 2 - 1$．

(3) 置換積分法を用いて，$\sqrt{2x-1}=t,\ x=\frac{1}{2}(t^2+1)\ \ \therefore dx = t\,dt$，$x|_1^2 \to t|_1^{\sqrt{3}}$．よって，$I=\int_1^{\sqrt{3}} \frac{\frac{1}{2}(t^2+1)}{t} t\,dt = \frac{1}{2}\left[\frac{1}{3}t^3+t\right]_1^{\sqrt{3}} = \sqrt{3}-\frac{2}{3}$．

例 5.2.2 次の 2 つの関数のグラフに囲まれる領域の面積（の総和）を求めよ．

(1) $y=\frac{3}{2}x^2-x+1,\ y=-\frac{1}{2}x^2+x+5$ (2) $y=\frac{1}{3}(x^3+x^2+2x-1),\ y=\frac{4}{3}x-\frac{1}{3}$

解 2 つの関数 $y=f(x), y=g(x)$ $(f(x)\ge g(x))$ のグラフと，$x=a, x=b$ とで囲まれる領域の面積 S は $S=\int_a^b (f(x)-g(x))\,dx$ として求めればよい（図 5.2 (a) 参照）．

(1) $\frac{3}{2}x^2-x+1=-\frac{1}{2}x^2+x+5$ より，$2(x+1)(x-2)=0\ \ \therefore x=-1,2$ が交点の x 座標である．$[-1,2]$ で，$-\frac{1}{2}x^2+x+5 \ge \frac{3}{2}x^2-x+1$ なので，

$$S=\int_{-1}^2 \left\{\left(-\frac{1}{2}x^2+x+5\right)-\left(\frac{3}{2}x^2-x+1\right)\right\}dx = \int_{-1}^2 (-2x^2+2x+4)\,dx$$

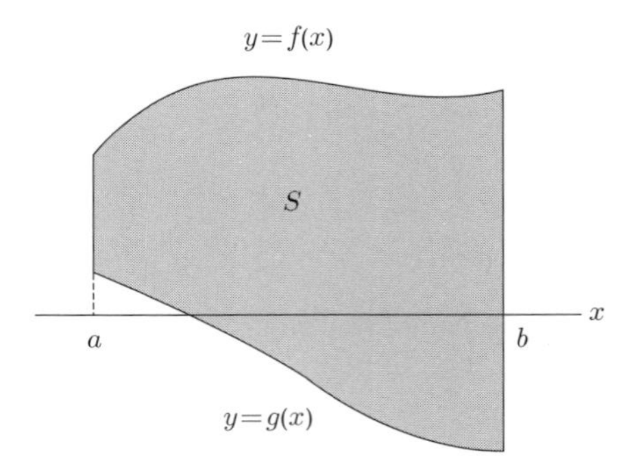

図 5.2 (a)　$f(x)$ と $g(x)$ および $x=a$, $x=b$ で囲まれる面積

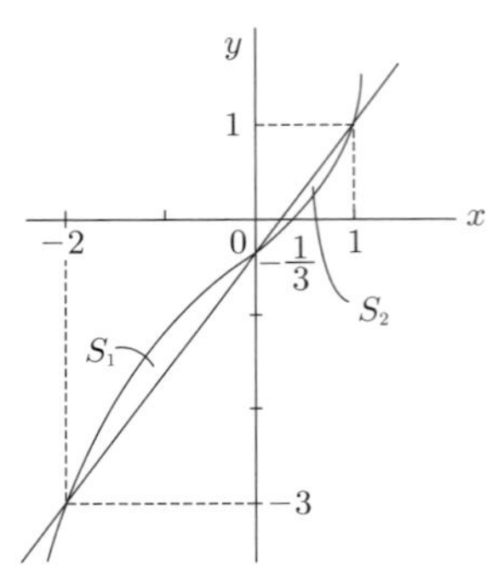

図 5.2 (b)　例 5.2.2 (2)

$$= \left[-\frac{2}{3}x^3 + x^2 + 4x\right]_{-1}^{2} = 9$$

(2) $x^3+x^2+2x-1=4x-1$ として，$x(x+2)(x-1)=0$, $x=-2,0,1$. $[-2,0]$ で $x^3+x^2+2x-1 \geq 4x-1$, $[0,1]$ で $x^3+x^2+2x-1 \leq 4x-1$ なので（図 5.2 (b) 参照），

$$\begin{aligned}
S &= S_1 + S_2 \\
&= \frac{1}{3}\int_{-2}^{0} \{(x^3+x^2+2x-1)-(4x-1)\}\,dx \\
&\quad + \frac{1}{3}\int_{0}^{1} \{(4x-1)-(x^3+x^2+2x-1)\}\,dx \\
&= \frac{1}{3}\int_{-2}^{0}(x^3+x^2-2x)\,dx + \frac{1}{3}\int_{0}^{1}(-x^3-x^2+2x)\,dx = \frac{8}{9}+\frac{5}{36} = \frac{37}{36}
\end{aligned}$$

間違って，$\frac{1}{3}\int_{-2}^{1}\{(x^3+x^2+2x-1)-(4x-1)\}\,dx$ とすると，$\int_{-2}^{1} = \int_{-2}^{0} + \int_{0}^{1}$ なので，一部正負がキャンセルして，$\frac{8}{9}+(-\frac{5}{36}) = \frac{3}{4}$ となってしまう．

関数 f が奇関数（$y=f(x)$ のグラフが原点について対称），偶関数（$y=f(x)$ のグラフが y 軸について対称）のときは，

$$\boxed{\int_{-a}^{a} f(x)\,dx = 0 \quad (f(x):\ \text{奇関数})} \tag{5.19}$$

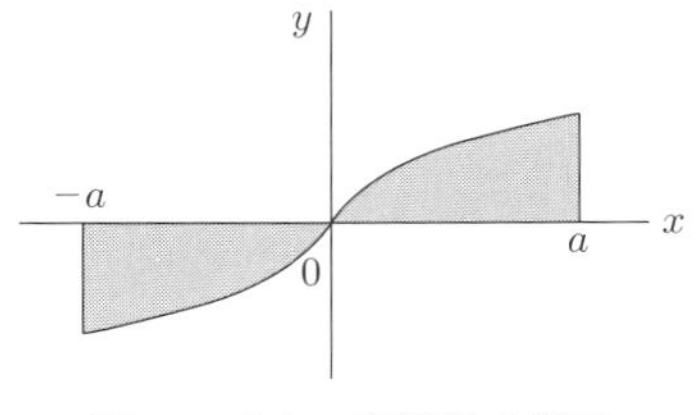

図 5.3 (a) 奇関数の積分

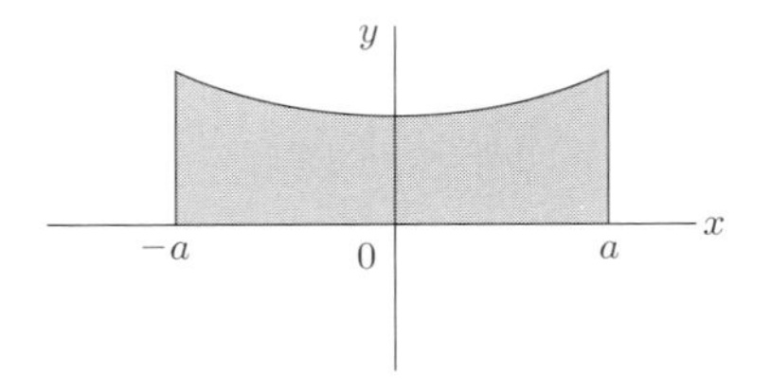

図 5.3 (b) 偶関数の積分

$$\boxed{\int_{-a}^{a} f(x)\,dx = 2\int_{0}^{a} f(x)\,dx \quad (f(x):\text{偶関数})} \tag{5.20}$$

が成立する（図 5.3 参照）.

積分に関する平均値の定理も成立し，それは次で与えられる.

定理 5.2.4 **（積分に関する平均値の定理）** 関数 f が閉区間 $[a,b]$ で連続ならば，ある $c(a<c<b)$ が存在して，

$$\frac{1}{b-a}\int_{a}^{b} f(x)\,dx = f(c) \tag{5.21}$$

を満たす.

定理 5.2.4 の証 $F(x)=\int_a^x f(t)\,dt$ に対する平均値の定理 $\frac{F(b)-F(a)}{b-a}=F'(c)$ が定理そのものである. **証終**

定理の式 (5.21) の意味するところは，面積 $\int_a^b f(x)\,dx$ と等しくなる長方形の面積 $(b-a)f(c)$ をとることができるということである（図 5.4 参照）.

第 2 章 2.4 節で扱ったテーラー展開は部分積分法を用いて導くこともできる. 実際，f が C^m 級のとき，

$$f(b)-f(a) = \int_a^b f'(t)\,dt = \int_a^b \{-(b-t)\}'f'(t)\,dt$$

$$= \Big[-(b-t)f'(t)\Big]_a^b + \int_a^b \underbrace{(b-t)}_{\{-\frac{1}{2!}(b-t)^2\}'} f''(t)\,dt$$

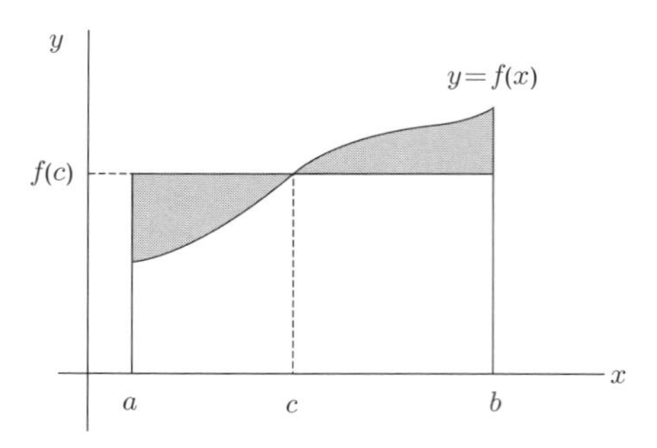

図 5.4　積分に関する平均値の定理

$$= (b-a)f'(a) + \Big[-\frac{1}{2!}(b-t)^2 f''(t) \Big]_a^b + \int_a^b \underbrace{\frac{1}{2!}(b-t)^2}_{\{-\frac{1}{3!}(b-t)^3\}'} f'''(t)\,dt$$

$$= f'(a)(b-a) + \frac{f''(a)}{2!}(b-a)^2 + \Big[-\frac{1}{3!}(b-t)^3 f'''(t) \Big]_a^b + \int_a^b \underbrace{\frac{1}{3!}(b-t)^3}_{\{-\frac{1}{4!}(b-t)^4\}'} f^{(4)}(t)\,dt$$

$$= \quad \cdots$$

$$= f'(a)(b-a) + \cdots + \frac{f^{(m-1)}}{(m-1)!}(b-a)^{m-1} + \int_a^b \frac{(b-t)^{m-1}}{(m-1)!} f^{(m)}(t)\,dt$$

よって，次の定理を得る．

定理 5.2.5　**（テーラーの定理）**　f が a を内部に含む区間 I で C^m 級のとき，任意の $b \in I$ に対し，

$$f(b) = f(a) + \sum_{k=1}^{m-1} \frac{f^{(k)}(a)}{k!}(b-a)^k + R_m, \quad R_m = \frac{1}{(m-1)!}\int_a^b (b-t)^{m-1} f^{(m)}(t)\,dt$$

が成立する（R_m は剰余で，積分による表現である）．

定理 5.2.4 の平均値の定理を使って，$R_m = \frac{1}{(m-1)!}(b-a)(b-c)^{m-1}f^{(m)}(c)$．$c = a + \theta(b-a)$，$0 < \theta < 1$ と書けば，$b - c = (1-\theta)(b-a)$ なので，$R_m = \frac{(b-a)^m(1-\theta)^{m-1}}{(m-1)!} f^{(m)}(a + \theta(b-a))$ となって，コーシーの剰余と同じものになる（2 章定理 2.4.1 参照）．

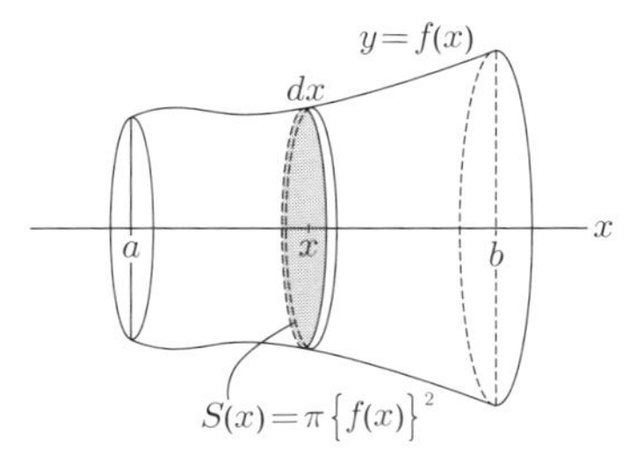

図 5.5 回転体の体積

<u>回転体の体積</u> $y=f(x)$ を x 軸のまわりに回転したときにできる回転体の $[a,b]$ 間の体積 V は,

$$V=\pi\int_a^b\{f(x)\}^2\,dx \tag{5.22}$$

で求められる. $\pi\{f(x)\}^2$ が切口の面積で, $\pi\{f(\xi_k)\}^2(x_k-x_{k-1}),\ \xi_k\in[x_{k-1},x_k]$ が高さ x_k-x_{k-1} の（薄い）円柱の体積を表すからである（図 5.5).

例 5.2.3（球の体積） 半径 r の球の体積は $V=\frac{4}{3}\pi r^3$ である.

解 $y=\sqrt{r^2-x^2}$ が上半円を表すので, これを x-軸のまわりに回転すると球が得られる. よって, (5.22) を使って,

$$V=\pi\int_{-r}^{r}(\sqrt{r^2-x^2})^2\,dx=2\pi\left[r^2x-\frac{1}{3}x^3\right]_0^r=2\pi\left(r^3-\frac{1}{3}r^3\right)=\frac{4}{3}\pi r^3$$

ちなみに, $\frac{dV}{dr}=4\pi r^2$ が表面積である. $\Delta V=\frac{4}{3}(r+\Delta r)^3-\frac{4}{3}\pi r^3$ は, 半径 $r+\Delta r$ の球から半径 r の球をくり抜いた厚さ Δr の体積なので, その厚さ Δr で割った極限 $\lim_{\Delta r\to 0}\frac{\Delta V}{\Delta r}$ は表面積となる.

練習 5.2.1 半径 r, 高さ h の直円錐の体積 $V=\frac{1}{3}\pi r^2h$ を示せ.

5.3 広義積分と確率密度関数

前節では, 閉区間 $[a,b]$ における定積分 $\int_a^b f(x)\,dx$ を定義した. ところがたとえば, $(0,1]$ で $\frac{1}{\sqrt{x}}$ や $\frac{1}{x^2}$ を積分しようとすると, $x\to 0+$ のとき $\frac{1}{\sqrt{x}}$, $\frac{1}{x^2}\to\infty$ となってしまう. このようなときには, 閉区間 $[\varepsilon,1]$ での積分を求め,

その極限

$$\lim_{\varepsilon\to 0+}\int_{\varepsilon}^{1}\frac{1}{\sqrt{x}}\,dx,\quad \lim_{\varepsilon\to 0+}\int_{\varepsilon}^{1}\frac{1}{x^2}\,dx$$

を観察する．

$$\lim_{\varepsilon\to 0+}\int_{\varepsilon}^{1}\frac{1}{\sqrt{x}}\,dx=\lim_{\varepsilon\to 0+}\int_{\varepsilon}^{1}x^{-\frac{1}{2}}\,dx=\lim_{\varepsilon\to 0+}\Big[2x^{\frac{1}{2}}\Big]_{\varepsilon}^{1}=\lim_{\varepsilon\to 0+}2(1-\sqrt{\varepsilon})=2,$$

$$\lim_{\varepsilon\to 0+}\int_{\varepsilon}^{1}\frac{1}{x^2}\,dx=\lim_{\varepsilon\to 0+}\int_{\varepsilon}^{1}x^{-2}\,dx=\lim_{\varepsilon\to 0+}\Big[-x^{-1}\Big]_{\varepsilon}^{1}=\lim_{\varepsilon\to 0+}(\frac{1}{\varepsilon}-1)=+\infty$$

発散するときは捨てて，収束するとき

$$\lim_{\varepsilon\to 0+}\int_{\varepsilon}^{1}\frac{1}{\sqrt{x}}\,dx=\int_{0}^{1}\frac{1}{\sqrt{x}}\,dx$$

と書いて，広義積分という．

定義 5.3.1　関数 $f:(a,b]\to\mathbf{R}$（または，$[a,b),(a,b)\to\mathbf{R}$）に対し，f が $[a+\varepsilon,b]$（または，$[a,b-\varepsilon],[a+\varepsilon,b-\varepsilon]$）で積分可能で，$\lim_{\varepsilon\to 0+}\int_{a+\varepsilon}^{b}f(x)\,dx$（または，$\lim_{\varepsilon\to 0+}\int_{a}^{b-\varepsilon}f(x)\,dx$, $\lim_{\varepsilon\to 0+}\int_{a+\varepsilon}^{b-\varepsilon}f(x)\,dx$）が存在するとき，$f$ は $(a,b]$（または，$[a,b),(a,b)$）で**広義積分可能**といい，その極限値を $\int_a^b f(x)\,dx$ と書き，**広義積分**という．すなわち，

$$\int_a^b f(x)\,dx=\lim_{\varepsilon\to 0+}\int_{a+\varepsilon}^{b}f(x)\,dx\ \ (\text{または}\ \lim_{\varepsilon\to 0+}\int_{a}^{b-\varepsilon}f(x)\,dx\ \text{等})\qquad(5.23)$$

$a=-\infty$ または $b=+\infty$ のときは，それぞれ，

$$\lim_{M\to+\infty}\int_{-M}^{b}f(x)\,dx,\quad \lim_{M\to+\infty}\int_{a}^{M}f(x)\,dx,\quad \lim_{M_1,M_2\to+\infty}\int_{-M_1}^{M_2}f(x)\,dx$$

が存在すれば，$(-\infty,b]$，$[a,\infty)$，$(-\infty,\infty)$ で**広義積分可能**といい，$\int_{-\infty}^{b}f(x)\,dx$, $\int_{a}^{\infty}f(x)\,dx$, $\int_{-\infty}^{\infty}f(x)\,dx$ と書き，**広義積分**という．すなわちたとえば，

$$\int_{-\infty}^{\infty}f(x)\,dx=\lim_{M_1,M_2\to+\infty}\int_{-M_1}^{M_2}f(x)\,dx\qquad(5.24)$$

である．

広義積分可能のとき，前節の定理 5.2.2–5.2.3, 系 5.2.1 および (5.17), (5.18) が広義積分に対しても成立する．ただし，$F(-\infty) = \lim\limits_{M\to\infty} F(-M)$ 等と解釈する．

例 5.3.1 次の積分が存在すればその値を求めよ．

(1) $\int_1^\infty \frac{dx}{x}$ (2) $\int_1^\infty \frac{dx}{x^2}$ (3) $\int_0^\infty e^{-x}\,dx$ (4) $\int_0^\infty xe^{-x^2}\,dx$

解 (1) $\int_1^M \frac{dx}{x} = [\log x]_1^M = \log M \to +\infty\ (M\to\infty)$．よって，$\int_1^\infty \frac{dx}{x}$ は存在しない（$+\infty$ に発散するという言い方もする）．

(2) $\int_1^M \frac{dx}{x^2} = \int_1^M x^{-2}\,dx = [-\frac{1}{x}]_1^M = 1 - \frac{1}{M} \to 1 \quad \therefore \int_1^\infty \frac{dx}{x^2} = 1$ である．正確にはこうであるが，$\frac{1}{\infty} = 0$ から，$\int_1^\infty \frac{dx}{x^2} = \int_1^\infty x^{-2}\,dx = [-x^{-1}]_1^\infty = 1$ としてよい．次の 2 つも同様にして，

(3) $\int_0^\infty e^{-x}\,dx = [-e^{-x}]_0^\infty = -0 + e^0 = 1$

(4) $\int_0^\infty xe^{-x^2}\,dx = -\frac{1}{2}\int_0^\infty e^{-x^2}(-x^2)'\,dx = -\frac{1}{2}[e^{-x^2}]_0^\infty = \frac{1}{2}$

広義積分は存在するとは限らないが，存在するための条件として次のような定理がある．

定理 5.3.1 区間 $I = (a,b)$（または $(a,b]$, $[a,b)$）に対し，

$$|f(x)| \le g(x)\ (\forall x \in I) \quad \text{かつ} \quad \int_a^b g(x)\,dx \text{ が存在する}$$

ならば，広義積分 $\int_a^b f(x)\,dx$, $\int_a^b |f(x)|\,dx$ が存在し，

$$\left|\int_a^b f(x)\,dx\right| \le \int_a^b |f(x)|\,dx \le \int_a^b g(x)\,dx$$

5.1.3 項でも述べた不定積分 $\int e^{-x^2}\,dx$ は初等関数で表すことができない．しかし，広義積分 $\int_0^\infty e^{-x^2}\,dx$ は存在して，

$$\int_0^\infty e^{-x^2}\,dx = \frac{\sqrt{\pi}}{2} \quad \text{または} \quad \int_{-\infty}^\infty e^{-x^2}\,dx = \sqrt{\pi} \tag{5.25}$$

である．これは確率・統計の分野でも重要な定積分（広義積分）であるが，単純に系 5.2.1 のようにして積分することはできず，1 変数の積分にもかかわら

ず，次章の二重積分を用いるとそれほど難しくなく求めることができる．

さて，以下はいささか難しくなるかもしれないが，確率・統計の分野で重要な役割をする分布のうち，**正規分布**，**コーシー分布**および χ^2 **分布**（カイ 2 乗分布），t **分布**を表す確率密度関数をみてみよう．

例 5.3.2 (1) (5.25) を認めて，次の等式を示せ．

$$\int_{-\infty}^{\infty} \frac{1}{\sqrt{2\pi}\sigma} e^{-\frac{(x-\mu)^2}{2\sigma^2}}\, dx = 1 \ (\mu, \sigma:\ 定数,\ \sigma > 0)$$

(2) $\int \frac{dx}{1+x^2} = \tan^{-1} x$, $\tan^{-1}(\pm\infty) = \pm\frac{\pi}{2} (\Leftrightarrow \tan(\pm\frac{\pi}{2}) = \pm\infty)$ を使って，次の等式を示せ．

$$\int_{-\infty}^{\infty} \frac{1}{\pi\sigma} \frac{1}{1+\frac{(x-\mu)^2}{\sigma^2}}\, dx = 1 \ (\mu, \sigma:\ 定数,\ \sigma > 0)$$

注 2 つの被積分関数

$$y = \frac{1}{\sqrt{2\pi}\sigma} e^{-\frac{(x-\mu)^2}{2\sigma^2}}, \quad y = \frac{1}{\pi\sigma} \frac{1}{1+\frac{(x-\mu)^2}{\sigma^2}} \quad (-\infty < x < \infty) \tag{5.26}$$

は，それぞれ，**正規分布** $N(\mu, \sigma^2)$，**コーシー分布** $C(\mu, \sigma)$ を表す確率密度関数である．正規分布の場合は，μ は平均，σ^2 は分散（σ は標準偏差）を表す．$(-\infty, \infty)$ 全体での定積分（広義積分）は 1 とならなければならない．

解 (1) $\frac{x-\mu}{\sqrt{2}\sigma} = t$ とおくと，$dx = \sqrt{2}\sigma\, dt$ で，$x|_{-\infty}^{\infty} \to t|_{-\infty}^{\infty}$．ゆえに，

$$\int_{-\infty}^{\infty} \frac{1}{\sqrt{2\pi}\sigma} e^{-\frac{(x-\mu)^2}{2\sigma^2}}\, dx = \int_{-\infty}^{\infty} \frac{1}{\sqrt{2\pi}\sigma} e^{-t^2} \cdot \sqrt{2}\sigma\, dt = \frac{1}{\sqrt{\pi}} \int_{-\infty}^{\infty} e^{-t^2}\, dt = 1$$

(2) $\frac{x-\mu}{\sigma} = t$ とおくと，$dx = \sigma\, dt$ で，$x|_{-\infty}^{\infty} \to t|_{-\infty}^{\infty}$．ゆえに，

$$\int_{-\infty}^{\infty} \frac{1}{\pi\sigma} \frac{1}{1+\frac{(x-\mu)^2}{\sigma^2}}\, dx = \int_{-\infty}^{\infty} \frac{1}{\pi\sigma} \frac{\sigma\, dt}{1+t^2} = \frac{1}{\pi} \Big[\tan^{-1} t \Big]_{-\infty}^{\infty} = \frac{1}{\pi}(\frac{\pi}{2} - (-\frac{\pi}{2})) = 1$$

χ^2 分布，t 分布を見るために，ガンマ関数，ベータ関数と呼ばれる関数を定義し，その性質を少し確かめよう．

例 5.3.3 (1) $p>0$ に対し,

$$\Gamma(p)=\int_0^\infty e^{-x}x^{p-1}\,dx \quad \text{（ガンマ関数と呼ぶ）} \tag{5.27}$$

と定義すると，$p\in\mathbf{N}$（自然数）ならば，$\Gamma(p)=(p-1)!$ を示せ.

(2) $p,q>0$ に対し,

$$B(p,q)=\int_0^1 x^{p-1}(1-x)^{q-1}\,dx \quad \text{（ベータ関数と呼ぶ）} \tag{5.28}$$

と定義すると，$B(\frac{1}{2},\frac{1}{2})=\pi$ となることを示せ（実は，$B(p,q)=\frac{\Gamma(p)\Gamma(q)}{\Gamma(p+q)}$ が成立する．第 6 章 6.2 節参照．これから，$p=q=\frac{1}{2}$ ととると，$\Gamma(\frac{1}{2})=\sqrt{\pi}$ も得られる).

解 (1) $\Gamma(1)=\int_0^\infty e^{-x}x^0\,dx=[-e^{-x}]_0^\infty=1$ である．$p>1$ に対し，部分積分法により,

$$\begin{aligned}\Gamma(p)&=\int_0^\infty(-e^{-x})'x^{p-1}\,dx=\Big[-e^{-x}x^{p-1}\Big]_0^\infty-\int_0^\infty(-e^{-x})(p-1)x^{p-2}\,dx\\&=(p-1)\int_0^\infty e^{-x}x^{(p-1)-1}\,dx \quad (\because \lim_{x\to\infty}\frac{x^n}{e^x}=0)\\&=(p-1)\cdot\Gamma(p-1)\end{aligned}$$

$\therefore \Gamma(p)=(p-1)\Gamma(p-1)=(p-1)(p-2)\Gamma(p-2)=(p-1)(p-2)\cdots1\cdot\Gamma(1)$
よって，$\Gamma(1)=1$ であったので，$\Gamma(p)=(p-1)!$ を得た.

(2) $B(\frac{1}{2},\frac{1}{2})=\int_0^1 x^{-\frac{1}{2}}(1-x)^{-\frac{1}{2}}\,dx=\int_0^1\frac{dx}{\sqrt{x-x^2}}$．ここで，$\int\frac{dt}{\sqrt{1-t^2}}=\sin^{-1}t$, $\sin^{-1}(\pm1)=\pm\frac{\pi}{2}(\Leftrightarrow \sin(\pm\frac{\pi}{2})=\pm1)$ を思い出して，$\sqrt{x-x^2}=\sqrt{\frac{1}{4}-(x-\frac{1}{2})^2}=\frac{1}{2}\sqrt{1-(2x-1)^2}$ と変形して，$2x-1=t$ と置換すると $dx=\frac{1}{2}\,dt$, $x|_0^1\to t|_{-1}^1$ より,

$$B\left(\frac{1}{2},\frac{1}{2}\right)=2\int_0^1\frac{dx}{\sqrt{1-(2x-1)^2}}=2\int_{-1}^1\frac{1}{\sqrt{1-t^2}}\frac{1}{2}\,dt=\Big[\sin^{-1}t\Big]_{-1}^1=\pi$$

以上の準備の下に,

例 5.3.4 次の等式を示せ.

(1) $\int_0^\infty\frac{1}{2^{\frac{n}{2}}\Gamma(\frac{n}{2})}x^{\frac{n}{2}-1}e^{-\frac{x}{2}}\,dx=1$ (2) $\int_{-\infty}^\infty\frac{1}{n^{\frac{1}{2}}B(\frac{n}{2},\frac{1}{2})}(1+\frac{t^2}{n})^{-\frac{n+1}{2}}\,dt=1$

注　2つの被積分関数

$$\begin{aligned} y &= \frac{1}{2^{\frac{n}{2}}\Gamma(\frac{n}{2})} x^{\frac{n}{2}-1} e^{-\frac{x}{2}} \quad (0 < x < \infty), \\ y &= \frac{1}{n^{\frac{1}{2}} B(\frac{n}{2}, \frac{1}{2})} \left(1 + \frac{t^2}{n}\right)^{-\frac{n+1}{2}} \quad (-\infty < t < \infty) \end{aligned} \tag{5.29}$$

は，それぞれ，χ^2 **分布** $\chi^2(n)$，t **分布** $t(n)$ を表す確率密度関数である．

解　(1) $\frac{x}{2} = t$ とおけば，$dx = 2\,dt$ で，$x|_0^\infty \to t|_0^\infty$．よって，

$$\int_0^\infty \frac{1}{2^{\frac{n}{2}}\Gamma(\frac{n}{2})} x^{\frac{n}{2}-1} e^{-\frac{x}{2}}\,dx = \int_0^\infty \frac{(2t)^{\frac{n}{2}-1} e^{-t} 2\,dt}{2^{\frac{n}{2}}\Gamma(\frac{n}{2})} = \frac{1}{\Gamma(\frac{n}{2})} \int_0^\infty e^{-t} t^{\frac{n}{2}-1}\,dt = 1$$

(2) これはもう少し難しく，求める積分を I とおく．まず，$\frac{t}{\sqrt{n}} = s$ とおいて，$dt = n^{\frac{1}{2}}\,ds$, $t|_{-\infty}^\infty \to s|_{-\infty}^\infty$．ゆえに，

$$I = \frac{1}{B(\frac{n}{2}, \frac{1}{2})} \int_{-\infty}^\infty (1 + s^2)^{-\frac{n+1}{2}}\,ds = \frac{2}{B(\frac{n}{2}, \frac{1}{2})} \int_0^\infty (1 + s^2)^{-\frac{n+1}{2}}\,ds$$

ここで (5.20) を使った．さらに，ベータ関数の形を考えて，$1 + s^2 = \frac{1}{x}$ とおくと，$s|_0^\infty \to x|_1^0$ で，$s = x^{-\frac{1}{2}}(1 - x)^{\frac{1}{2}}$．また，$2s\,ds = -\frac{1}{x^2}\,dx$ なので，$ds = -\frac{1}{2}s^{-1}x^{-2}\,dx = -\frac{1}{2}x^{-\frac{3}{2}}(1 - x)^{-\frac{1}{2}}\,dx$．よって，

$$\begin{aligned} I &= \frac{2}{B(\frac{n}{2}, \frac{1}{2})} \int_1^0 \left(\frac{1}{x}\right)^{-\frac{n+1}{2}} \left(-\frac{1}{2}\right) x^{-\frac{3}{2}} (1 - x)^{-\frac{1}{2}}\,dx \\ &= \frac{1}{B(\frac{n}{2}, \frac{1}{2})} \int_0^1 x^{\frac{n}{2}-1} (1 - x)^{\frac{1}{2}-1}\,dx = 1 \end{aligned}$$

第 5 章の章末問題

本文中の練習問題の中に各種の基本的な問題が含まれている．以下はやや難しいかもしれないが，解答も参照しながら取り組んで欲しい．

1. 次の定積分の値を求めよ．
   (1) $\int_{-1}^{1} \frac{|x|+x}{1+x^2}\,dx$　(2) $\int_0^\infty \frac{1}{e^x+e^{-x}}\,dx$（置換 $e^x = t$ をとれ）

2. $\int_0^\infty e^{-x^2}\,dx = \frac{\sqrt{\pi}}{2}$ を用いて，次の問に答えよ．
   (1) 部分積分法を用いて，$\int_0^\infty t^2 e^{-t^2}\,dt = \frac{\sqrt{\pi}}{4}$ を示せ．
   (2) 置換積分を用いて，$\int_0^\infty \frac{e^{-t}}{\sqrt{t}}\,dt = \sqrt{\pi}$ を導け（これは，$\Gamma(\frac{1}{2}) = \sqrt{\pi}$ を示してもいる）．

3. $a_n = \int_{\pi/3}^{\pi/2} \cos^{n-1} x \sin x\,dx$ のとき，$\sum_{n=1}^{\infty} na_n$ を求めよ（$\cos x = t$ とおいて a_n を計算せよ）．

4. $I_n = \int_0^{\frac{\pi}{2}} \sin^n x\,dx$ の漸化式を求め，I_n を n の式で表せ．

5. 次の問に答えよ．
   (1) 与えられた関数 $p(x), q(x)$ に対し，

   $$y' + p(x)y = q(x)$$（y の <u>1 階線形微分方程式</u>という）

   を満たす y（1 階線形微分方程式の<u>解</u>という）は

   $$y = e^{-\int p(x)\,dx}\left[\int q(x)e^{\int p(x)\,dx}\,dx + C\right] \quad (C:\text{任意定数})$$

   で与えられることを示せ（ヒント：微分方程式の両辺に $e^{\int p(x)\,dx}$（<u>積分因子</u>という）を掛け，左辺に積の微分公式を適用せよ）．

   (2) 等式

   $$y(x) + 3\int_0^x y(t)\,dt = \frac{3}{2}x^2$$

   を満たす $y(x)$ を求めよ．

6

重積分

最終章の第 6 章では二重積分をできるだけ簡明に導入する．確率・統計などで基礎の 1 つとなる積分値

$$\int_0^\infty e^{-x^2}\,dx = \frac{\sqrt{\pi}}{2} \quad \text{または} \quad \int_{-\infty}^\infty e^{-x^2}\,dx = \sqrt{\pi}$$

を求めることを目標に，二重積分における積分変数の変換も考察する．中でも，大切な極座標変換 $x = r\cos\theta,\ y = r\sin\theta$ に注目して，$dx\,dy = r\,dr\,d\theta$ を導く．

6.1 二重積分とその計算

2 次元平面 $\mathbf{R}^2$ の有界閉領域 D で定義された有界な関数 $f(x,y)$ の二重積分を定義する．D が有界なので D を含む長方形 $R = \{(x,y);\, a \leq x \leq b, c \leq y \leq d\}$ をとって，分割 Δ を

$$\Delta :\ a = x_0 < x_1 < \cdots < x_n = b,\ c = y_0 < y_1 < \cdots < y_N = d \tag{6.1}$$

ととると，R が nN 個の小長方形

$$r_{kl} = \{(x,y);\, x_{k-1} \leq x \leq x_k,\ y_{l-1} \leq y \leq y_l\} \tag{6.2}$$

に分割される（図 6.1）．もちろん，D に含まれる，含まれない，D の境界 ∂D に懸かる小長方形がある．分割 Δ の分割の大きさ $|\Delta|$（1 変数のときは幅と呼んだ）を

$$|\Delta| = \max_{1\leq k\leq n, 1\leq l\leq N} \sqrt{(x_k - x_{k-1})^2 + (y_l - y_{l-1})^2} \tag{6.3}$$

と定める．$|\Delta|$ は小長方形の対角線の長さの最大値になっている．このとき，和

$$\sum_{1\leq k\leq n, 1\leq l\leq N} f(\xi_k, \eta_l)(x_k - x_{k-1})(y_l - y_{l-1}), \quad (\xi_k, \eta_l) \in r_{kl} \tag{6.4}$$

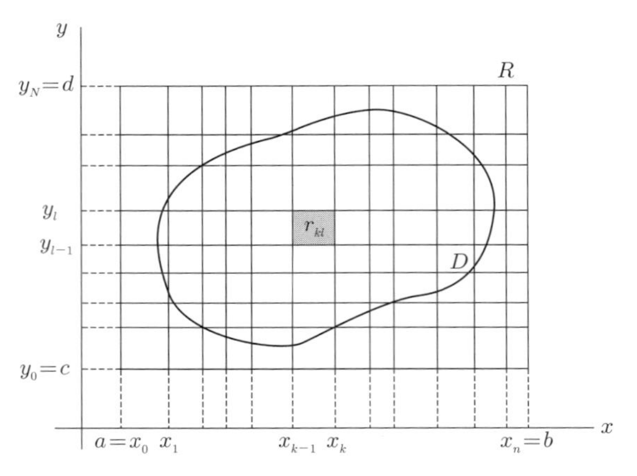

図 **6.1**　領域 D の分割

を，f の D における分割 Δ に対する**リーマン和**という．ただし，$(\xi_k, \eta_l) \notin D$ のときには $f(\xi_k, \eta_l) = 0$ と約束する．

定義 6.1.1　有界閉領域 D 上の有界関数 $f(x, y)$ に対し，分割 (6.1) をとる．このとき，$(\xi_k, \eta_l) \in r_{kl}$ のとり方によらず，極限

$$\lim_{|\Delta| \to 0} \sum_{1 \le k \le n, 1 \le l \le N} f(\xi_k, \eta_l)(x_k - x_{k-1})(y_l - y_{l-1})$$

が一意に存在するとき，f は D で**リーマン積分可能**，または**積分可能**といい，その極限を $\iint_D f(x, y)\,dxdy$（または単に $\int_D f(x, y)\,dxdy$）と書いて，f の D における**二重積分**，または単に**重積分**という，すなわち，

$$\int_D f(x, y)\,dxdy = \lim_{|\Delta| \to 0} \sum_{1 \le k \le n, 1 \le l \le N} f(\xi_k, \eta_l)(x_k - x_{k-1})(y_l - y_{l-1}),\ \ (\xi_k, \eta_l) \in r_{kl} \tag{6.5}$$

関数 $f(x, y) > 0$ のとき，直感的に，$f(\xi_k, \eta_l)(x_k - x_{k-1})(y_l - y_{l-1})$ は底面積 $(x_k - x_{k-1})(y_l - y_{l-1})$，高さ $f(\xi_k, \eta_l)$ の細い四角柱の体積をほぼ表すので，$\int_D f(x, y)\,dxdy$ は D を底面とする曲面 $z = f(x, y)$ までの柱状の体積を表し，$\int_D dxdy (= \int_D 1\,dxdy)$ は高さが 1 なので D の面積を表すことになる（図 6.2）．

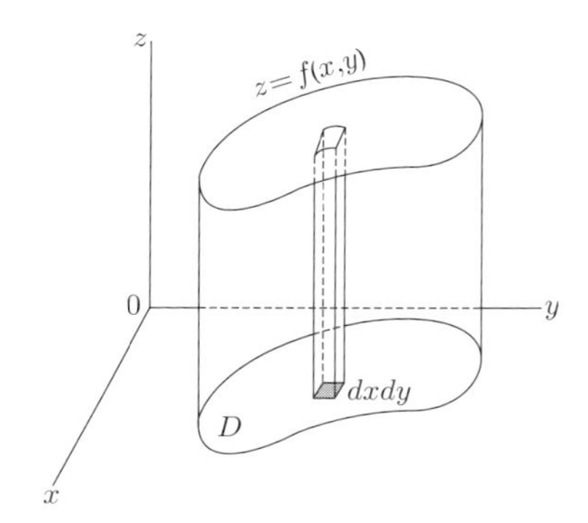

図 6.2　二重積分記号 $\int_D f(x,y)\,dxdy$

しかしながら，D の形が複雑なときには面積とは何かという問題に直面する．たとえば，

$$D = \{(x,y);\ 0 \leq x \leq 1, 0 \leq y \leq 1,\ x, y \text{ は有理数 }\} \tag{6.6}$$

という有理点の集合をとると，有理点 $(p,q) \in D$ の近傍

$$U_r(p,q) = \{(x,y);\ (x-p)^2 + (y-q)^2 \leq r^2\}$$

は，$U_r(p,q) \cap D \neq \emptyset$, $U_r(p,q) \cap D^c \neq \emptyset$（記号，用語については第 4 章 4.1 節を参照）なので，D はすべて境界点からなる有界閉集合である．このとき，$\int_D 1\,dxdy$ は存在しない．つまり，D の面積は確定しない．なぜなら，R として，正方形 $\{(x,y);\ 0 \leq x \leq 1, 0 \leq y \leq 1\}$ ととって分割 Δ をとる．すると，(6.5) で，(ξ_k, η_l) を有理点にとればその極限は 1 となり，ξ_k, η_l を無理数ととれば $(\xi_k, \eta_l) \notin D$ よりその極限は 0 となるからである．面積とは何かを探求し，可測集合，可測関数の概念を導入して積分を定義したのが**ルベーグ**（Lebesgue）**積分**である．ルベーグ積分では (6.6) の D に対しては $\int_D 1\,dxdy = 0$ である．リーマン積分可能のときは実はリーマン積分はルベーグ積分と一致するのでリーマン積分が不要というわけではない．

ではどのようなときにリーマン積分可能であろうか？ 少なくとも D の面積 $\int_D 1\,dxdy$ が存在することが必要であろう．D が $y = \phi_1(x), y = \phi_2(x)$（$\phi_1, \phi_2$ は $[a,b]$ で連続で，$\phi_1(x) \leq \phi_2(x), a \leq x \leq b$）と，$x = a, x = b$ で囲まれる領域ならば，1 変数の定積分の存在からも想像できるように D の面積 $\int_D 1\,dxdy$

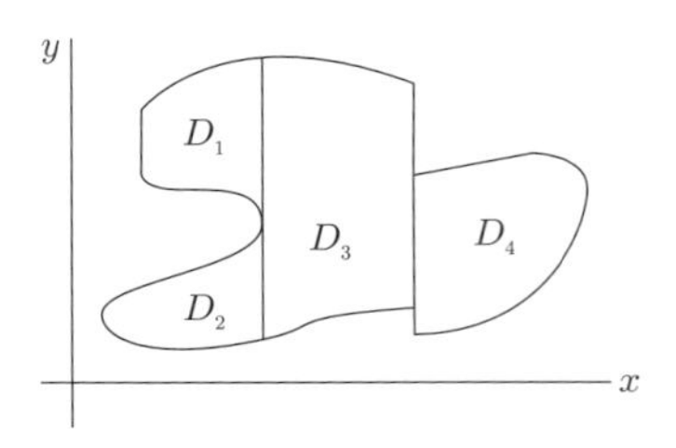

図 6.3　面積確定な領域の和集合

が確定する．D がこのような領域の和集合（図 6.3）であれば，証明は省くが次の定理が成立する．

定理 6.1.1　D は面積が確定する有界閉領域とする．f が D で連続ならば，$f(x,y)$ は D で積分可能である．

積分可能のとき，二重積分の基本性質も次のように述べられる．

定理 6.1.2　f, g が有界閉領域 D で積分可能とする．このとき，次が成立する．

(1) (i) $\displaystyle\int_D cf(x,y)\,dxdy = c\int_D f(x,y)\,dxdy$（$c$ は定数）

(ii) $\displaystyle\int_D (f(x,y)+g(x,y))\,dxdy = \int_D f(x,y)\,dxdy + \int_D g(x,y)\,dxdy$

(2) D を，f が積分可能な 2 つの閉領域 D_1 と D_2 に分割するとき，

$$\int_D f(x,y)\,dxdy = \int_{D_1} f(x,y)\,dxdy + \int_{D_2} f(x,y)\,dxdy$$

(3) (i) $f(x,y) \geq 0$ ならば，$\displaystyle\int_D f(x,y)\,dxdy \geq 0$

(ii) $f(x,y) \leq g(x,y)$ ならば，$\displaystyle\int_D f(x,y)\,dxdy \leq \int_D g(x,y)\,dxdy$

(iii) $|f(x,y)|$ も可積分で，$\displaystyle\left|\int_D f(x,y)\,dxdy\right| \leq \int_D |f(x,y)|\,dxdy$

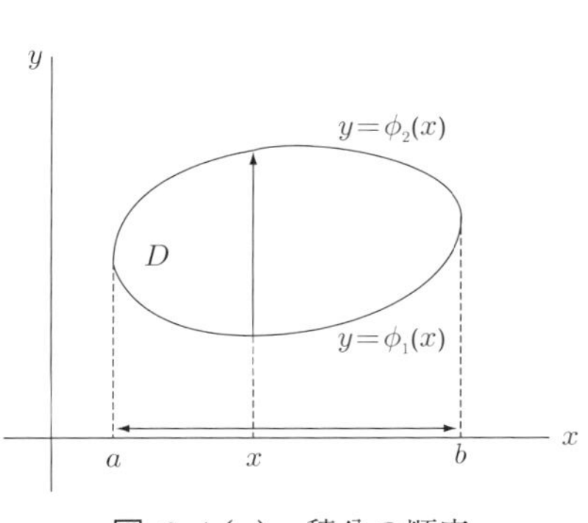

図 **6.4 (a)**　積分の順序

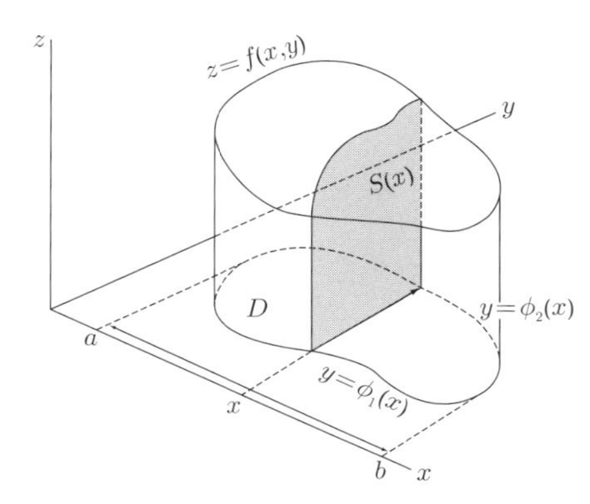

図 **6.4 (b)**　累次積分

累次積分による計算　二重積分の計算は次の定理による．x, y の積分を二度繰り返すので，**累次積分**，または**繰り返し積分**という．

定理 6.1.3　積分領域が $D = \{(x,y);\, a \leq x \leq b, \phi_1(x) \leq y \leq \phi_2(x)\}$ と書けるとき，

$$\int_D f(x,y)\,dxdy = \int_a^b \left(\int_{\phi_1(x)}^{\phi_2(x)} f(x,y)\,dy \right) dx \tag{6.7}$$

また，$D = \{(x,y);\, \psi_1(y) \leq x \leq \psi_2(y), c \leq y \leq d\}$ のときには，

$$\int_D f(x,y)\,dxdy = \int_c^d \left(\int_{\psi_1(y)}^{\psi_2(y)} f(x,y)\,dx \right) dy \tag{6.8}$$

定理 6.1.3 の証　$f(x,y)$ が正のときのみ直感的な説明をする．$\int_{\phi_1(x)}^{\phi_2(x)} f(x,y)\,dy$ は柱状の立体を x で切った切口の面積 $S(x)$ を表すので，$\int_a^b S(x)\,dx$ は柱状の体積を表す（図 6.4）．これは (6.7) を示している．(6.8) も同様である．　**証終**

例 **6.1.1**　次の二重積分を計算せよ．

(1) $\int_D xy\,dxdy,\quad D = \{(x,y);\, 0 \leq x \leq a, 0 \leq y \leq \sqrt{a^2 - x^2}\}$

(2) $\int_D xy\,dxdy,\quad D = \{(x,y);\, 0 \leq x \leq a, 0 \leq y \leq a\}$

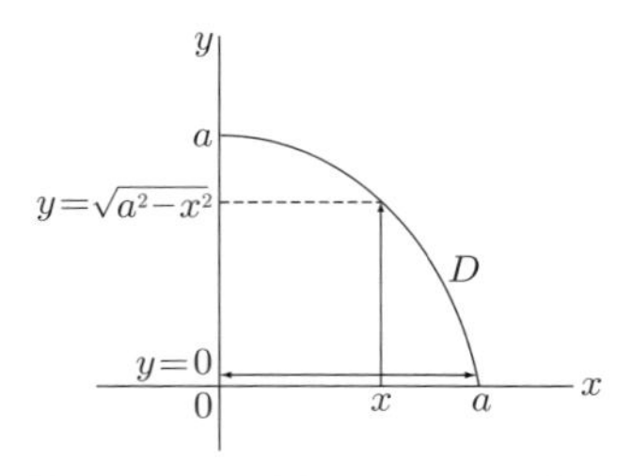

図 6.5 (1)　例 6.1.1 (1) の領域

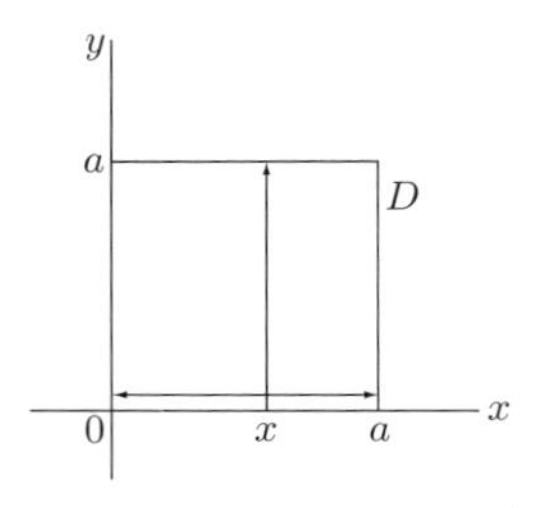

図 6.5 (2)　例 6.1.1 (2) の領域

解　(1) D は図 6.5 (1) のようになるので,

$$\int_D xy\,dxdy = \int_0^a \left(\int_0^{\sqrt{a^2-x^2}} xy\,dy\right) dx = \int_0^a x\left[\frac{1}{2}y^2\right]_{y=0}^{y=\sqrt{a^2-x^2}} dx$$
$$= \int_0^a x\cdot\frac{1}{2}(a^2-x^2)\,dx = \frac{1}{2}\left[\frac{a^2}{2}x^2-\frac{1}{4}x^4\right]_0^a = \frac{1}{8}a^4$$

(2) D は図 6.5 (2) のようになるので,

$$\int_D xy\,dxdy = \int_0^a \left(\int_0^a xy\,dy\right) dx = \int_0^a x\left(\left[\frac{1}{2}y^2\right]_0^a\right) dx$$
$$= \int_0^a x\cdot\frac{1}{2}a^2\,dx = \frac{1}{2}a^2\left[\frac{1}{2}x^2\right]_0^a = \frac{1}{4}a^4$$

これで計算は終わりだが, (2) を少し見方を変えてみると

$$\int_D xy\,dxdy = \int_0^a x\left(\int_0^a y\,dy\right) dx = \left(\int_0^a y\,dy\right)\left(\int_0^a x\,dx\right) = \left(\int_0^a x\,dx\right)^2$$

となる. これを逆に計算すれば,

$$\left(\int_0^a x\,dx\right)^2 = \int_D xy\,dxdy,\quad D=\{(x,y);\,0\le x\le a, 0\le y\le a\}$$

となって, 1変数の定積分が二重積分で表される. $\int_0^\infty e^{-x^2}\,dx$ を計算するとき,

$$\left(\int_0^\infty e^{-x^2}\,dx\right)^2 = \left(\int_0^\infty e^{-x^2}\,dx\right)\left(\int_0^\infty e^{-y^2}\,dy\right) = \int_D e^{-x^2-y^2}\,dxdy$$

として計算できる. ここに, $D=\{(x,y);\,0\le x<\infty, 0\le y<\infty\}$. D は有界でないので二重積分にも広義二重積分を要する.

定義 6.1.2 D を非有界領域の場合を含む集合とする．このとき，面積確定な有界閉領域の増大列 $\{D_n\}$

$$D_1 \subset D_2 \subset \cdots \subset D_n \subset \cdots \subset D, \quad D_n \to D$$

をとるとき，$\lim_{n\to\infty} \int_{D_n} f(x,y)\,dxdy$ が一意に存在するとき，$f(x,y)$ は D で**広義二重積分可能**で，**広義二重積分**を $\int_D f(x,y)\,dxdy$ と表す．ここで，$D_n \to D$ とは，任意の面積確定な有界閉領域 $R(\subset D)$ に対し，十分大きな n をとれば，$R \subset D_n$ とすることができることを意味する．

例 6.1.2 $\int_D (1+x+y)^{-3}\,dxdy$, $D = \{(x,y);\, 0 \le x < \infty, 0 \le y < \infty\}$ を計算せよ．

解 $D_n = \{(x,y);\, 0 \le x \le n, 0 \le y \le n\}$ ととると，$D_n \to D\,(n \to \infty)$.

$$\begin{aligned}
I_n &= \int_{D_n} (1+x+y)^{-3}\,dxdy = \int_0^n \left(\int_0^n (1+x+y)^{-3}\,dy\right) dx \\
&= \int_0^n \left[-\frac{1}{2}(1+x+y)^{-2}\right]_0^n dx = \frac{1}{2}\int_0^n \left\{(1+x)^{-2} - (1+x+n)^{-2}\right\} dx \\
&= \frac{1}{2}\left\{\left[-(1+x)^{-1}\right]_0^n + \left[(1+x+n)^{-1}\right]_0^n\right\} \\
&= \frac{1}{2}\left(1 - \frac{2}{1+n} + \frac{1}{1+2n}\right) \to \frac{1}{2} \ (n \to \infty)
\end{aligned}$$

$\therefore \displaystyle\int_D (1+x+y)^{-3}\,dxdy = \frac{1}{2}$ となる．

6.2 変数変換

1 変数関数の置換積分

$$\int_a^b f(x)\,dx = \int_\alpha^\beta f(\phi(t)) \cdot \phi'(t)\,dt \ (a = \phi(\alpha), b = \phi(\beta)) \tag{6.9}$$

にあたる変数変換の公式を与える．

定理 6.2.1　二重積分 $\int_D f(x,y)\,dxdy$ に対し，変数変換

$$x = \phi(u,v),\ y = \psi(u,v) \tag{6.10}$$

を行うとき，領域 D が (u,v) の領域 R に変換されるならば，

$$dx\,dy = \left|\frac{\partial(x,y)}{\partial(u,v)}\right| du\,dv,\quad \frac{\partial(x,y)}{\partial(u,v)} = \det\begin{pmatrix} \frac{\partial\phi}{\partial u} & \frac{\partial\phi}{\partial v} \\ \frac{\partial\psi}{\partial u} & \frac{\partial\psi}{\partial v} \end{pmatrix} = \begin{vmatrix} \frac{\partial\phi}{\partial u} & \frac{\partial\phi}{\partial v} \\ \frac{\partial\psi}{\partial u} & \frac{\partial\psi}{\partial v} \end{vmatrix} \tag{6.11}$$

で（$\left|\frac{\partial(x,y)}{\partial(u,v)}\right|$ の $|\cdot|$ は絶対値の記号），

$$\int_D f(x,y)\,dx\,dy = \int_R f(\phi(u,v),\psi(u,v))\cdot\left|\frac{\partial(x,y)}{\partial(u,v)}\right| du\,dv \tag{6.12}$$

(6.9) の二重積分版が (6.12) である．(6.9) では $dx = \phi'(t)\,dt$ となるところが，(6.12) のように，

$$dx\,dy = \left|\frac{\partial(x,y)}{\partial(u,v)}\right| du\,dv$$

となる．$\frac{\partial(x,y)}{\partial(u,v)}$ は**ヤコビ（Jacobi）行列式**または**ヤコビアン**といい，$\left|\frac{\partial(x,y)}{\partial(u,v)}\right|$ はその絶対値である．

証明は後回しにして，大切な**極座標変換**の例をやってみよう．

例 6.2.1（極座標変換）　$I = \int_D \sqrt{a^2 - x^2 - y^2}\,dxdy,\quad D = \{(x,y);\, x^2 + y^2 \leq a^2\}$ を求めよ．

解　I は半径 a の上半球の体積を表す．半径 r の球の体積の公式は $V = \frac{4}{3}\pi r^3$ であるから，$I = \frac{2}{3}\pi a^3$ となるはずである．極座標変換

$$x = r\cos\theta,\ y = r\sin\theta \tag{6.13}$$

として，(r,θ) に変換する．D は $R = \{(r,\theta);\, 0 \leq r \leq a,\ 0 \leq \theta < 2\pi\}$ に変換され（図 6.6），

$$\frac{\partial(x,y)}{\partial(r,\theta)} = \begin{vmatrix} \cos\theta & -r\sin\theta \\ \sin\theta & r\cos\theta \end{vmatrix} = r\cos^2\theta + r\sin^2\theta = r$$

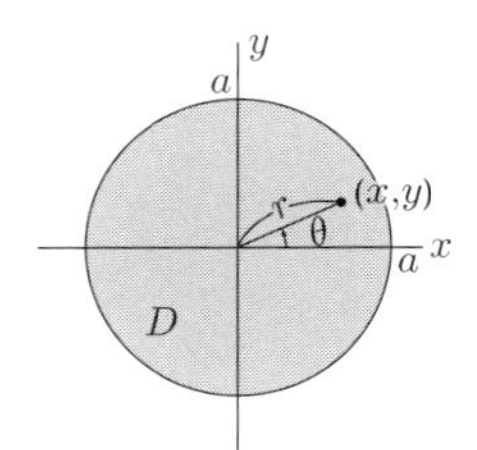

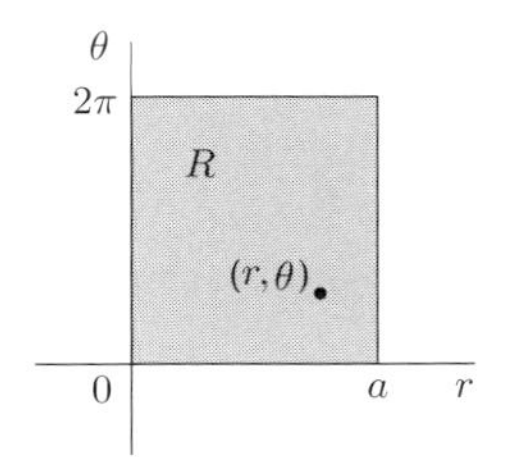

図 6.6 (a) 例 6.2.1 の領域 D　　**図 6.6 (b)** 極座標変換後の領域 R

$\therefore$

$$dx\,dy = \left|\frac{\partial(x,y)}{\partial(r,\theta)}\right| dr\,d\theta = |r|\,dr\,d\theta = r\,dr\,d\theta \tag{6.14}$$

よって，

$$\begin{aligned} I &= \int_R \sqrt{a^2 - r^2} \cdot r\,dr\,d\theta = \int_0^{2\pi} d\theta \cdot \left(-\frac{1}{2}\right) \int_0^a (a^2 - r^2)^{\frac{1}{2}} (a^2 - r^2)'\,dr \\ &= 2\pi \cdot \left(-\frac{1}{2}\right) \left[\frac{2}{3}(a^2 - r^2)^{\frac{3}{2}}\right]_0^a = \frac{2}{3}\pi a^3 \end{aligned}$$

懸案の定積分

$$\boxed{\int_0^\infty e^{-x^2}\,dx = \frac{\sqrt{\pi}}{2}}$$

を求めよう．前節例 6.1.1 でふれたように，

$$I^2 = \left(\int_0^\infty e^{-x^2}\,dx\right)^2 = \int_0^\infty e^{-x^2}\,dx \cdot \int_0^\infty e^{-y^2}\,dy = \int_D e^{-(x^2+y^2)}\,dx\,dy$$

で，$D = \{(x,y);\, 0 \le x < \infty,\, 0 \le y < \infty\}$．ここで，

$$D_a = \{(x,y);\, x^2 + y^2 \le a^2,\, x \ge 0,\, y \ge 0\}$$

ととると，$D_a \to D (a \to \infty)$．極座標変換 (6.13) をとると，

$$D_a \to R_a = \left\{(r,\theta);\, 0 \le r \le a,\, 0 \le \theta \le \frac{\pi}{2}\right\}$$

かつ，(6.14) より，

$$I^2 = \lim_{a\to\infty} \int_{R_a} e^{-r^2} r\,dr\,d\theta = \lim_{a\to\infty} \int_0^{\frac{\pi}{2}} d\theta \cdot \left(-\frac{1}{2}\right) \int_0^a e^{-r^2} (-r^2)'\,dr$$

$$= \lim_{a\to\infty}\frac{\pi}{2}\cdot\left(-\frac{1}{2}\right)\left[e^{-r^2}\right]_0^a = \lim_{a\to\infty}\frac{\pi}{4}(1-e^{-a^2}) = \frac{\pi}{4}$$

よって，$I = \sqrt{\frac{\pi}{4}} = \frac{\sqrt{\pi}}{2}$ となる．1変数の定積分を，わざわざ難しくしてしまうようであるが，二重積分に直すことによって得られることも間々あるのである．

例 6.2.2　(5.27), (5.28) で与えられたガンマ関数 $\Gamma(p)$ とベータ関数 $B(p,q)$ に対し，次の等式を示せ（例 5.3.3 参照）．

$$B(p,q) = \frac{\Gamma(p)\Gamma(q)}{\Gamma(p+q)} \quad (p,q>0)$$

解　$D = \{(x,y);\, 0\le x<\infty,\, 0\le y<\infty\}$ ととれば，

$$\Gamma(p)\Gamma(q) = \int_0^\infty e^{-x}x^{p-1}\,dx\cdot\int_0^\infty e^{-y}y^{q-1}\,dy = \int_D e^{-(x+y)}x^{p-1}y^{q-1}\,dx\,dy$$

ここで，少し気づきにくいかもしれないが，変数変換

$$x = st,\ y = s(1-t)$$

をとると $D\to R = \{(s,t);\, 0\le s<\infty,\, 0\le t\le 1\}$ で図 6.7，かつ，

$$\frac{\partial(x,y)}{\partial(s,t)} = \begin{vmatrix} t & s \\ 1-t & -s \end{vmatrix} = -s \qquad \therefore \quad dx\,dy = \left|\frac{\partial(x,y)}{\partial(s,t)}\right| ds\,dt = s\,ds\,dt$$

よって，

$$\begin{aligned}\Gamma(p)\Gamma(q) &= \int_R e^{-s}s^{p-1}t^{p-1}s^{q-1}(1-t)^{q-1}\cdot s\,ds\,dt \\ &= \int_0^\infty e^{-s}s^{p+q-1}ds\cdot\int_0^1 t^{p-1}(1-t)^{q-1}\,dt = \Gamma(p+q)\cdot B(p,q)\end{aligned}$$

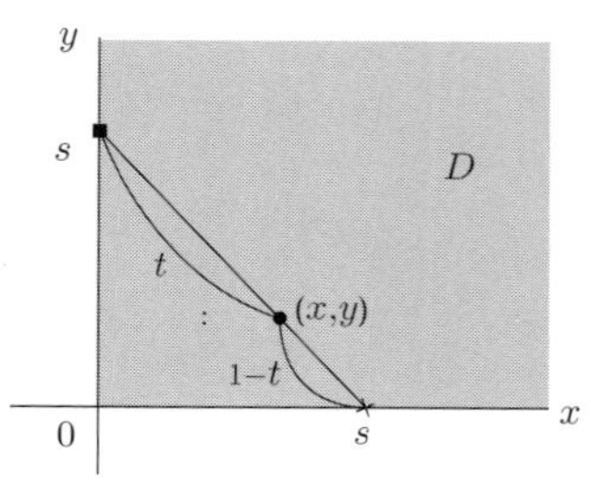

図 6.7 (a)　(x,y) 座標の領域 D

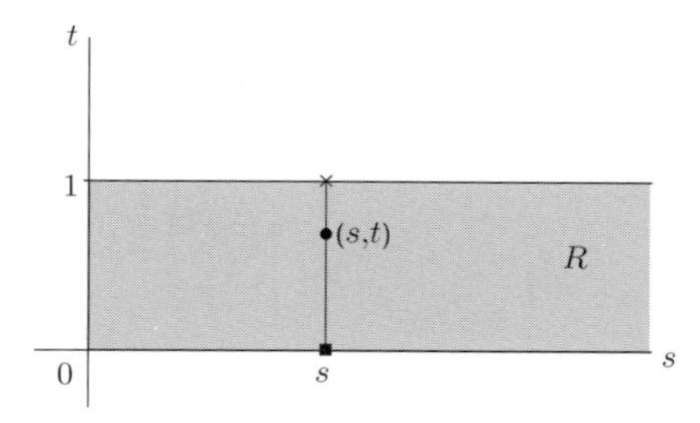

図 6.7 (b)　変換後の領域 R

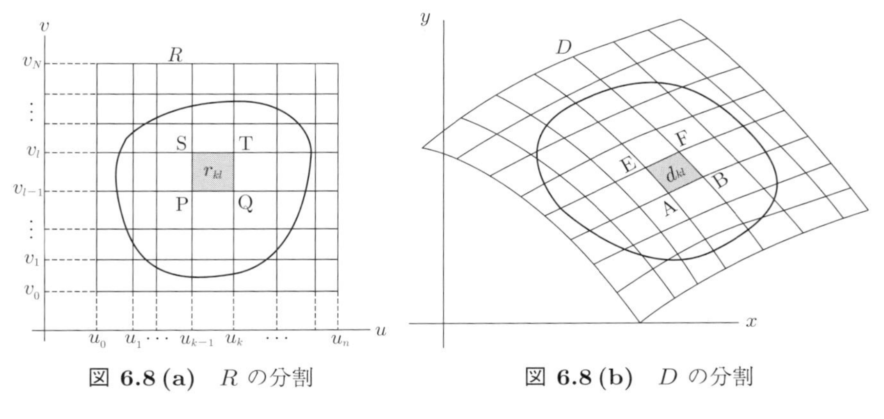

図 6.8 (a)　R の分割　　**図 6.8 (b)**　D の分割

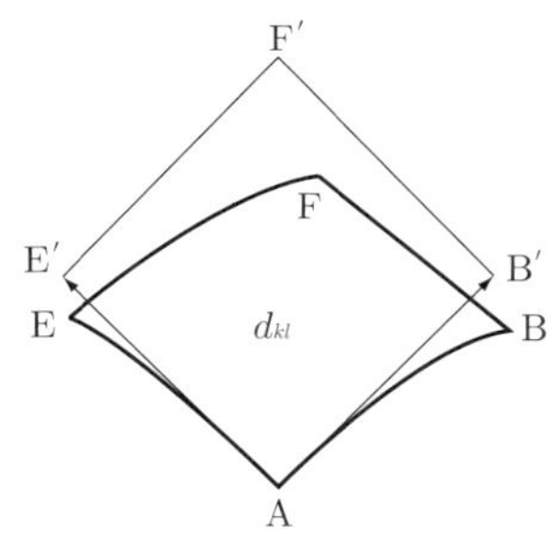

図 6.8 (c)　d_{kl} の近似

最後に，定理 6.2.1 の証明を直感的に説明する．

$$x = \phi(u, v),\ y = \psi(u, v)$$

と変数変換するとき，それぞれの分割 $(u_k - u_{k-1})(v_l - v_{l-1})$ と $(x_k - x_{k-1})(y_l - y_{l-1})$ の関係がどうなっているかであるが，図 6.8 のように，u-v 平面の長方形 r_{kl} : PQTS は，x-y 平面の四角形状領域 d_{kl} : ABFE となる $(A = (\phi(P), \psi(P))$ 等)．そこで，D の分割を Δ_d と書いて

$$\int_D f(x, y)\, dx\, dy = \lim_{|\Delta_d| \to 0} \sum_{\Delta_d} f(\xi_k, \eta_l) \cdot d_{kl}\text{の面積},\ (\xi_k, \eta_l) \in d_{kl}$$

として考えようというのである．d_{kl} の面積は平行四辺形 d'_{kl} : AB′F′E′ で近似する（AB′, AE′ はそれぞれ曲線 AB, AE の A における接線）．図 6.8 (c) 参

照．このとき，

$$\overrightarrow{\mathrm{AB}} = \Big(\phi(u_k, v_{l-1}) - \phi(u_{k-1}, v_{l-1}), \psi(u_k, v_{l-1}) - \psi(u_{k-1}, v_{l-1})\Big)$$

$$= \Big(\phi_u(u_{k-1}, v_{l-1})(u_k - u_{k-1}) + o(u_k - u_{k-1}), \psi_u(u_{k-1}, v_{l-1})(u_k - u_{k-1}) + o(u_k - u_{k-1})\Big)$$

同様に，

$$\overrightarrow{\mathrm{AE}} = \Big(\phi_v(u_{k-1}, v_{l-1})(v_l - v_{l-1}) + o(v_l - v_{l-1}), \psi_v(u_{k-1}, v_{l-1})(v_l - v_{l-1}) + o(v_l - v_{l-1})\Big)$$

よって，

$$\overrightarrow{\mathrm{AB}'} = \Big(\phi_u(u_{k-1}, v_{l-1}), \psi_u(u_{k-1}, v_{l-1})\Big)(u_k - u_{k-1})$$
$$\overrightarrow{\mathrm{AE}'} = \Big(\phi_v(u_{k-1}, v_{l-1}), \psi_v(u_{k-1}, v_{l-1})\Big)(v_l - v_{l-1})$$

2 次の行列式は平行四辺形の符号付面積を表したことを思い出すと，

$$\begin{aligned}
&\text{平行四辺形 } \mathrm{AB'F'E'} \text{ の面積} \\
&= \begin{vmatrix} \phi_u(u_{k-1}, v_{l-1}) & \phi_v(u_{k-1}, v_{l-1}) \\ \psi_u(u_{k-1}, v_{l-1}) & \psi_v(u_{k-1}, v_{l-1}) \end{vmatrix} (u_k - u_{k-1})(v_l - v_{l-1}) \ \text{ の絶対値} \\
&= \left| \frac{\partial(\phi, \psi)}{\partial(u, v)}(u_{k-1}, v_{l-1}) \right| \cdot (u_k - u_{k-1})(v_l - v_{l-1})
\end{aligned}$$

かつ，

$$d_{kl}\text{の面積} = d'_{kl}\text{の面積} + o(|u_k - u_{k-1}| \cdot |v_l - v_{l-1}|)$$

そこで，R の分割を Δ_r と書き，$(\sigma_k, \tau_l) \in r_{kl}$ をとって，

$$\begin{aligned}
&\int_D f(x, y)\, dx\, dy \\
&= \lim_{|\Delta_r| \to 0} \sum_{k,l} f(\phi(\sigma_k, \tau_l), \psi(\sigma_k, \tau_l)) \left\{ \left| \frac{\partial(\phi, \psi)}{\partial(u, v)}(u_{k-1}, v_{l-1}) \right| \cdot (u_k - u_{k-1})(v_l - v_{l-1}) \right. \\
&\qquad\qquad \left. + o(|u_k - u_{k-1}| \cdot |v_l - v_{l-1}|) \right\} \\
&= \int_R f(\phi(u, v), \psi(u, v)) \left| \frac{\partial(\phi, \psi)}{\partial(u, v)}(u, v) \right| du\, dv
\end{aligned}$$

を得る．

第 6 章の章末問題

二重積分に関するいくつかの問題をやってみよう．

1. 領域 D を，$y=\frac{1}{2}x$, $y=0$ および $x=2$ で囲まれた範囲とする．このとき，次の二重積分を繰り返し積分によって計算せよ．x,y の順，y,x の順で積分する両方について試みよ（定理 6.1.3 参照）．
(1) $\int_D y\,dx\,dy$ (2) $\int_D 20xye^{x^2+y^2}\,dx\,dy$

2. 領域 D が，$y=\frac{1}{2}x$, $y=\frac{1}{\sqrt{2}}x\,(x>0)$ で囲まれ，円 $x^2+y^2=1$ の外部の無限領域とする．このとき，
$$I=\int_D (x^2+y^2)^{-2}\,dx\,dy$$
を極座標に変換することによって計算せよ．

3. 3 次元空間内の領域
$$\{(x,y,z);\ x^2+y^2+z^2\le 4,\ x^2+y^2\le 1\}$$
の体積を求めよ．この領域がどのような図形となっているかも考えよ．

4. 次の問に答えよ．
(1) x の関数 y が陰関数表示
$$\sqrt{x}+\sqrt{y}=\sqrt{a}\quad (a>0:\ \text{定数})$$
で与えられている．$0\le x\le a$, $0\le y\le a$ に注意して，$y'(x)<0$, $y''(x)>0$ を示しグラフの概形を描け．
(2) $D=\{(x,y);\ \sqrt{x}+\sqrt{y}\le\sqrt{a},\ x\ge 0,\ y\ge 0\}$ と定義するとき，二重積分 $I=\iint_D dx\,dy$ を求めよ．

各章の問題の解答

第1章の問題の解答

練習 1.1.1 S_n と $\frac{1}{2}S_n$ を1項だけずらして書いて辺々を引く.

$$S_n = 1 + 2\cdot\frac{1}{2} + 3\cdot\frac{1}{2^2} + \cdots + (n-1)\cdot\frac{1}{2^{n-2}} + n\cdot\frac{1}{2^{n-1}}$$

$$-)\ \frac{1}{2}S_n = \qquad 1\cdot\frac{1}{2} + 2\cdot\frac{1}{2^2} + 3\cdot\frac{1}{2^3} + \ \cdots\cdots\ + (n-1)\cdot\frac{1}{2^{n-1}} + n\cdot\frac{1}{2^n}$$

$$\begin{aligned}\frac{1}{2}S_n &= 1 + \frac{1}{2} + \frac{1}{2^2} + \cdots + \frac{1}{2^{n-1}} - \frac{n}{2^n}\\ &= \frac{1-(\frac{1}{2})^n}{1-\frac{1}{2}} - \frac{n}{2^n} = 2\left(1-\frac{1}{2^n}\right) - \frac{n}{2^n} \quad \therefore\ S_n = 4\left(1-\frac{1}{2^n}\right) - \frac{n}{2^{n-1}}\end{aligned}$$

練習 1.1.2 (指数法則に習熟していないと (3) は難しい. 1.6.1 項を学習後に練習するとよい) (1) 与極限 $= \lim_{n\to\infty}\left((1+\frac{1}{2n})^{2n}\right)^{\frac{1}{2}} = e^{\frac{1}{2}}$. (2) 与極限 $= \lim_{n\to\infty}\left((1+\frac{1}{2n})^{2n}\right)^{\frac{3}{2}} = e^{\frac{3}{2}}$. (3) $m=-n$ とおくと, $n\to-\infty$ のとき $m\to\infty$ となるので, 与極限 $= \lim_{m\to\infty}(1-\frac{1}{m})^{-m} = \lim_{m\to\infty}(\frac{m-1}{m})^{-m} = \lim_{m\to\infty}(\frac{m}{m-1})^m = \lim_{m\to\infty}(1+\frac{1}{m-1})^{m-1}(1+\frac{1}{m-1}) = e\cdot 1 = e$.

練習 1.2.1 グラフは図 7.1. (1) $y=-3+\frac{-1}{x+2}$ で, $y=\frac{-1}{x}$ を x,y 方向に $-2,-3$ 平行移動したもの. 定義域, 値域は $\{x\in\mathbf{R}; x\neq -2\}, \{y\in\mathbf{R}; y\neq -3\}$. (2) $y=-2(x-3)^2+8$. $y=-2x^2$ を x,y 方向に $3,8$ 平行移動したもの. 定義域, 値域は $\mathbf{R}, \{y\in\mathbf{R}; y\leq 8\}$. (3) 根号内正より, 定義域 $\{x\in\mathbf{R}; x\leq 4\}$. $y-2=-\sqrt{4-x}\leq 0$ より値域は $\{y\in\mathbf{R}; y\leq 2\}$. 平方して, $x=-(y-2)^2+4$. 放物線 $x=-y^2$ を x,y 方向に $4,2$ 平行移動したものの下半分. (4) 根号内正より, 定義域 $\{x\in\mathbf{R}; -3\leq x\leq 3\}$. このとき, $0\leq\sqrt{9-x^2}\leq 3 \therefore 0\geq y-2=-\sqrt{9-x^2}\geq -3$ $\therefore$ 値域は $\{y\in\mathbf{R}; -1\leq y\leq 2\}$. 平方して, $x^2+(y-2)^2=9$ $\therefore$ 中心 $(0,2)$ 半径 3 の円周の下半分となる. (5) 根号内正より, $-(x-4)^2+9\geq 0$, $(x-4)^2\leq 9$ $\therefore -3\leq x-4\leq 3$ $\therefore$ 定義域 $\{x\in\mathbf{R}; 1\leq x\leq 7\}$. このとき, $0\leq\sqrt{-(x-4)^2+9}\leq 3$, $0\geq y-2=-\sqrt{-(x-4)^2+9}\geq -3$ $\therefore$ 値域は $\{y\in\mathbf{R}; -1\leq y\leq 2\}$. 平方して, $(x-4)^2+(y-2)^2=9$ $\therefore$ 中心 $(4,2)$ 半径 3 の円周の下半分となる.

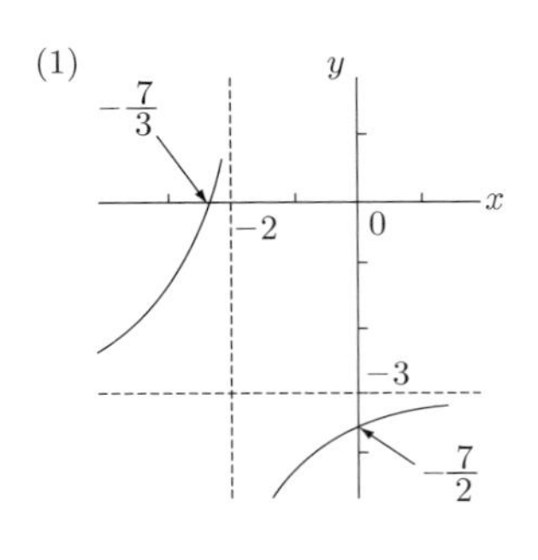

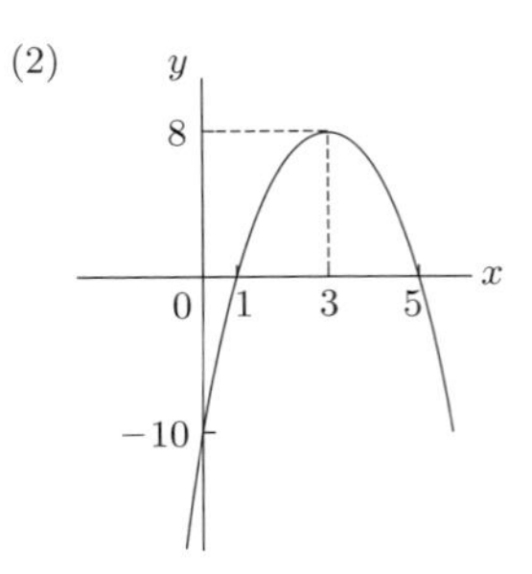

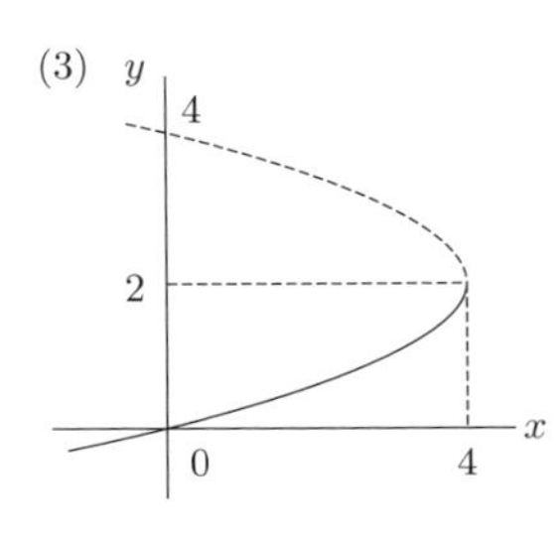

図 **7.1**　練習 1.2.1

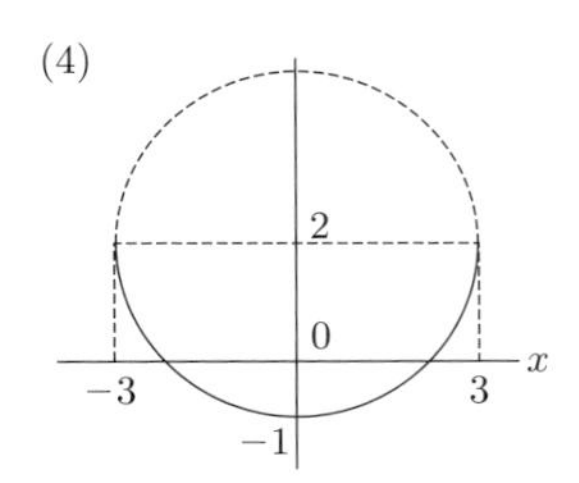

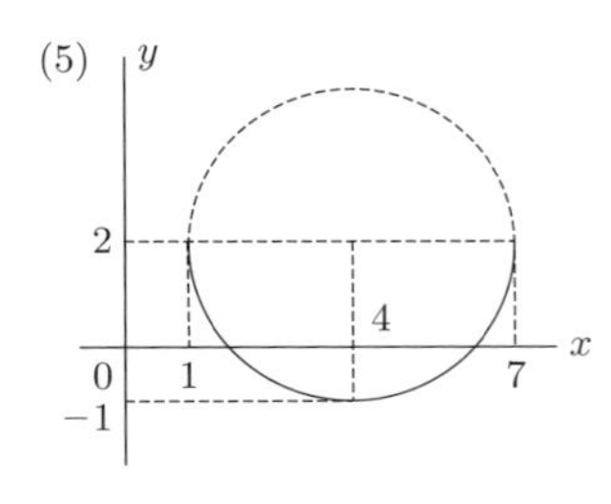

図 **7.1**　練習 1.2.1

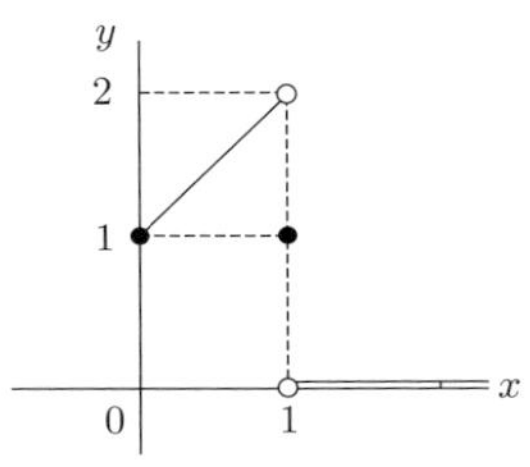

図 **7.2**　練習 1.2.2

練習 1.2.2　$0 \leq x < 1$ と $x = 1$ と $x \geq 1$ のときに分けて極限を考えると，それぞれ，$\lim_{n\to\infty} x^n = 0, 1, \infty$ なので，$y = f(x) = \begin{cases} 1+x & 0 \leq x < 1 \\ 1 & x = 1 \\ 0 & x > 1. \end{cases}$　グラフは図 7.2 で $x = 1$ で，右，左側極限値は存在するが，それらが $f(1)$ に一致せず不連続である．

練習 1.3.1　(1) $y' = 4x^3 + 9x^2 - 6x - 3$, $y = 4(x-1)$ (2) $y' = -\frac{2(x^2+3x-1)}{(x^2+1)^2}$, $y - \frac{5}{2} = -\frac{3}{2}(x-1)$ (3) $y' = -\frac{6}{x^3}$, $y - 3 = -6(x-1)$

練習 1.3.2　$Q = Q_0$（定数）なので，$K = K(L) = Q_0^{\frac{1}{\beta}} A^{-\frac{1}{\beta}} L^{-\frac{\alpha}{\beta}}$　$\therefore K'(L) = -\frac{\alpha}{\beta} Q_0^{\frac{1}{\beta}} A^{-\frac{1}{\beta}} L^{-\frac{\alpha}{\beta}-1}$．よって，$\sigma = \frac{LK'(L)}{K(L)} = \frac{L\cdot(-\frac{\alpha}{\beta} Q_0^{\frac{1}{\beta}} A^{-\frac{1}{\beta}} L^{-\frac{\alpha}{\beta}-1})}{Q_0^{\frac{1}{\beta}} A^{-\frac{1}{\beta}} L^{-\frac{\alpha}{\beta}}} = -\frac{\alpha}{\beta}$

練習 1.3.3　$f'(x) = 3x^2 + a$, $g'(x) = 2bx$. 条件より $f(-1) = -1 - a = 0$, $g(-1) = b + c = 0$ かつ $f'(-1) = 3 + a = g'(-1) = -2b$　$\therefore a = -1$, $b = -1$, $c = 1$.

練習 1.3.4　(i) $f'(2) = -1$ つまり $\lim_{h\to 0} \frac{f(2+\Delta x) - f(2)}{\Delta x} = -1$ が仮定されている．

$\Delta x = -2h$ または h と考えて，与極限 $= \lim_{h\to 0} \frac{(f(2+(-2h))-f(2))-(f(2+h)-f(2))}{h} = \lim_{h\to 0}\{(-2)\cdot\frac{f(2+(-2h))-f(2)}{(-2h)} - \frac{f(2+h)-f(2)}{h}\} = -2f'(2) - f'(2) = -3f'(2) = 3$

(ii) (i) と同様にして，$-1 = \lim_{h\to 0}\frac{f(1)-f(1-h)}{2h} = \lim_{h\to 0}\frac{1}{2}\cdot\frac{f(1+(-h))-f(1)}{(-h)} = \frac{1}{2}f'(1)$ $\therefore f'(1) = -2$．よって，接線の式は $y-3=-2(x-1)$

練習 1.4.1　(1) $y' = 42x(3x^2-2)^6$　(2) $y' = 16(3x^2+1)(2x^3+2x+3)^7$　(3) $y' = (3x^3+2)^2(4x+1)^4(168x^3+27x^2+40)$

練習 1.4.2　(1) $y' = 20(3x+1)(3x^2+2x+1)^9$　(2) $y' = -\frac{60x}{(3x^2+1)^{11}}$　(3) $y' = -\frac{3x}{(3x^2+1)\sqrt{3x^2+1}}$　(4) $y' = 20x(9x^2-4)(3x^2+1)^4 = 20x(3x+2)(3x-2)(3x^2+1)^4$　(5) $y' = -6(1-2x)^2$　(6) $y' = -\frac{1}{\sqrt{1-2x}}$　(7) $y' = \frac{3}{2(2-3x)\sqrt{2-3x}}$　(8) $y' = \frac{1}{(1-x)^2}\sqrt{\frac{1-x}{1+x}} = \frac{1}{(1-x)\sqrt{(1-x)(1+x)}}$ また，$y'=0$ となる x の値は (1) $x = -\frac{1}{3}$ ($3x^2+2x+1=0$ となる x は判別式 $D = 2^2-4\cdot 3\cdot 1 = -8 < 0$ となって実数ではない)　(2) $x=0$　(3) $x=0$　(4) $x = 0, \pm\frac{2}{3}$　(5) $x=\frac{1}{2}$　(6) なし　(7) なし　(8) なし

練習 1.5.1　(1) $y' = 3(x+2)(x-2)$ より，増減表，グラフは図 7.3 (a)．(2) $y' = 4(x-1)(x+1)(x+3)$ より，増減表，グラフは図 7.3 (b)．(3) $y' = \frac{x(x+2)}{(x+1)^2}$．また，$y = x-3+\frac{1}{x+1}$ より，漸近線は $y=x-3$ と $x=-1$．増減表とグラフは図 7.3 (c)．

練習 1.5.2　(1) $y' = \frac{(x-2)(x^2+2x+4)}{x^3}$ 増減表は図 7.4 で，$x=2$ のとき極小値 $y=-2$．(2) $y' = -\frac{2}{(1+x)^2} < 0$ で，極値はなし．(3) 絶対値があるので，$x>0$ と $x<0$ に分けて計算する．$x>0$ のとき $y=x^2-2x+1$，$y'=2(x-1)$．$x<0$ のとき $y=x^2+2x+1$，$y'=2(x+1)$．増減表は図 7.4 で，$x=\pm 1$ のとき極小値 $y=0$，$x=0$ のとき極大値 $y=1$．(注：$x=0$ のときは微分可能ではないが極大値である.) グラフも参考のために書いておく (図 7.4)．(1) は $y=x-5$ と $x=0$ (y 軸) が漸近線，(2) は $y=-1+\frac{2}{x+1}$ より，$x=-1$ と $y=-1$ が漸近線である．(3) は，x と $-x$ での y の値が等しいので y 軸対称のグラフとなる．

1.5.1　$(x^\alpha)' = \alpha x^{\alpha-1}$ を使う練習問題

1.　(1) $9x^2+4x+2$　(2) $2x(3x^4+2)$　(3) $\frac{7}{(2x+3)^2}$　(4) $-\frac{x^2+1}{(x^2+2x-1)^2}$　(5) $(-x^{-3})' = \frac{3}{x^4}$　(6) $(2x^{-\frac{2}{3}})' = -\frac{4}{3x\sqrt[3]{x^2}}$　(7) $-15x^2(10-x^3)^4$　(8) $\frac{x+1}{\sqrt{x^2+2x+2}}$　(9) $\frac{-3x(5x^3-6)}{(x^5-3x^2+4)^4}$　(10) $\frac{x}{(1-x^2)\sqrt{1-x^2}}$　(11) $y' = 3x^2(x^2+2x+3)^3 + (x^3-1)\cdot 3(x^2+2x+3)^2(2x+2) = 3(x^2+2x+3)^2(3x^4+4x^3+3x^2-2x-2)$

(1)

x	$\cdots$	-2	$\cdots$	2	$\cdots$
y'	$+$	0	$-$	0	$+$
y	↗	極大 26	↘	極小 -6	↗

図 **7.3 (a)**　練習 1.5.1 (1)

(2)

x	$\cdots$	-3	$\cdots$	-1	$\cdots$	1	$\cdots$
y'	$-$	0	$+$	0	$-$	0	$+$
y	↘	極小 0	↗	極大 16	↘	極小 0	↗

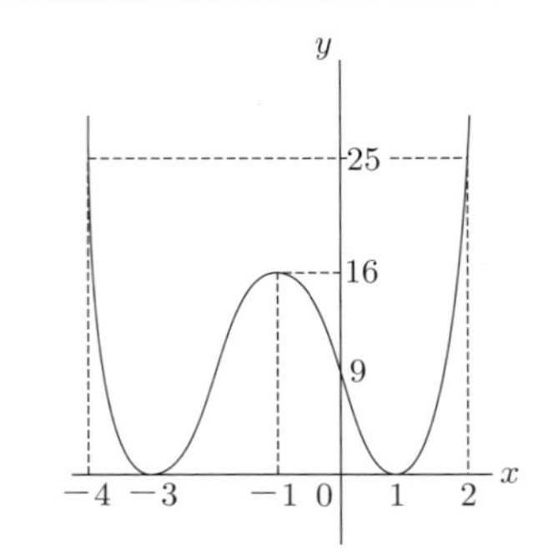

図 **7.3 (b)**　練習 1.5.1 (2)

(3)

x	$\cdots$	-2	$\cdots$	-1	$\cdots$	0	$\cdots$
y'	$+$	0	$-$	╳	$-$	0	$+$
y	↗	極大 -6	↘	╳	↘	極小 -2	↗

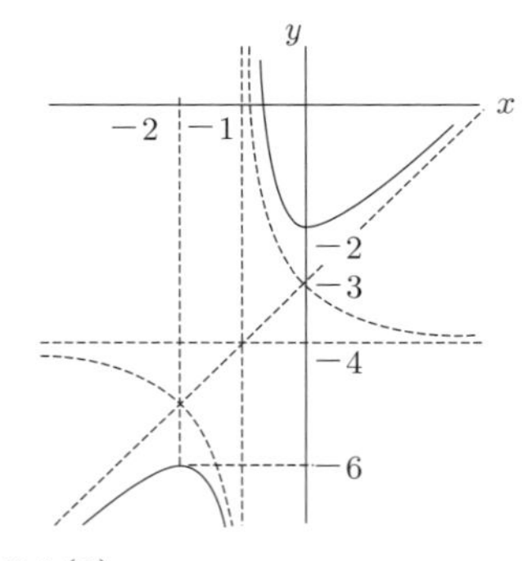

図 **7.3 (c)**　練習 1.5.1 (3)

(12) $y = (x^3-1)(x^2+2)^{-3}$, $y' = 3x^2(x^2+2)^{-3} + (x^3-1)\cdot(-3)(x^2+2)^{-4}2x = \frac{3x^2}{(x^2+2)^3} - \frac{6x(x^3-1)}{(x^2+2)^4} = \frac{3x^2(x^2+2)-6x(x^3-1)}{(x^2+2)^4} = \frac{-3x(x^3-2x-2)}{(x^2+2)^4}$　(13) $\frac{2(3x^4+x^3+2)}{\sqrt{x^4+2}}$

2.　点 $(a, f(a))$ における接線の式は，$y - f(a) = f'(a)(x-a)$ である．
(1) $f'(x) = 2x+2$ より $f(2) = 8$, $f'(2) = 6$　∴ 接線の式は $y - 8 = 6(x-2)$.
(2) $f'(x) = -\frac{x}{\sqrt{4-x^2}}$ より $f(-1) = \sqrt{3}$, $f'(-1) = \frac{1}{\sqrt{3}}$　∴ 接線の式は $y - \sqrt{3} = \frac{1}{\sqrt{3}}(x+1)$.

3.　(1) $y' = 15x^2(x-1)(x+1)$ より $x = -1, 0, 1$ が極値をとる点の候補で，増減を調べて，$x = -1$ のとき極大値 $y = 3$, $x = 1$ のとき極小値 $y = -1$．$x = 0$ では停

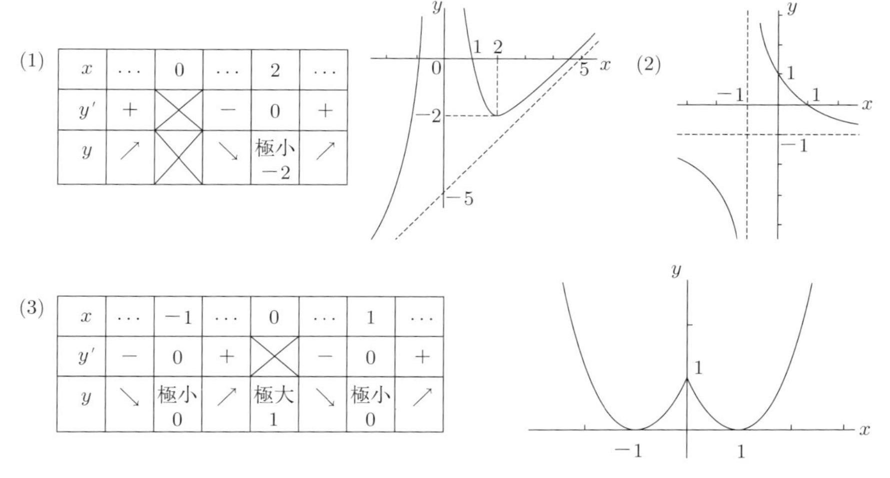

(1)

x	$\cdots$	0	$\cdots$	2	$\cdots$
y'	$+$	╳	$-$	0	$+$
y	↗	╳	↘	極小 -2	↗

(3)

x	$\cdots$	-1	$\cdots$	0	$\cdots$	1	$\cdots$
y'	$-$	0	$+$	╳	$-$	0	$+$
y	↘	極小 0	↗	極大 1	↘	極小 0	↗

図 7.4　練習 1.5.2 (1), (2), (3)

留点で極値とならない．実は変曲点と呼ばれる点にもなっている． (2) $y' = \frac{x^2(x^2+3)}{(x^2+1)^2}$ より $x=0$ が極値をとる候補となるが，$x \neq 0$ で $y' > 0$ となり，極値はない．$x=0$ の点は停留点である． (3) $y' = \frac{x(x-2)}{(x-1)^2}$．増減表を書いて，$x=0$ のとき極大値 $y=1$，$x=2$ のとき極小値 $y=5$．グラフを描くとすれば，$y = x+2+\frac{1}{x-1}$ より $y=x+2$ と $x=1$ が漸近線である．

4. (1) $f'(x) = 6x^2+6x-12 = 6(x+2)(x-1)$ (2) $f'(x) = -6x-18 = -6(x+3)$ (3) まず，$\lim_{x \to -1\pm 0} f(x) = 5 = f(-1)$ より，$f(x)$ は $x=-1$ で連続であることに注意する（もし連続でなければ $f'(-1)$ は当然存在しない）．左側極限 $\lim_{h \to -0} \frac{f(-1+h)-f(-1)}{h} = \lim_{h \to -0} \frac{\{2(-1+h)^3+3(-1+h)^2-12(-1+h)-8\}-5}{h} = -12$，右側極限 $\lim_{h \to +0} \frac{f(-1+h)-f(-1)}{h} = \lim_{h \to +0} \frac{\{-3(-1+h)^2-18(-1+h)-10\}-5}{h} = -12$ より，左右微分係数 $f'_{\pm}(-1)$ が存在し，一致するので $f'(-1)$ は存在し，$f'(-1) = -12$ である．

5. $f(x) = (1+x)^\alpha - 1 - \alpha x$ とおいて，$f(x) \geq 0$ を示す．$f'(x) = \alpha\{(1+x)^{\alpha-1} - 1\} \geq 0 (x \geq 0)$，かつ $f(0) = 0$ より $f(x) \geq 0$ が得られる．

練習 1.6.1　(1) $4, 5, 6, 8, 9$ を，$2, 3$ または 10 を使って，積，商，累乗の形に表して（和，差はダメ！）求める．7 は表せないので除外されているのである．

$\log_{10} 4 = \log_{10}(2^2) = 2\log_{10} 2 = 2 \cdot 0.3010 = 0.6020$

$\log_{10} 5 = \log_{10}\left(\frac{10}{2}\right) = \log_{10} 10 - \log_{10} 2 = 1 - 0.3010 = 0.6990$

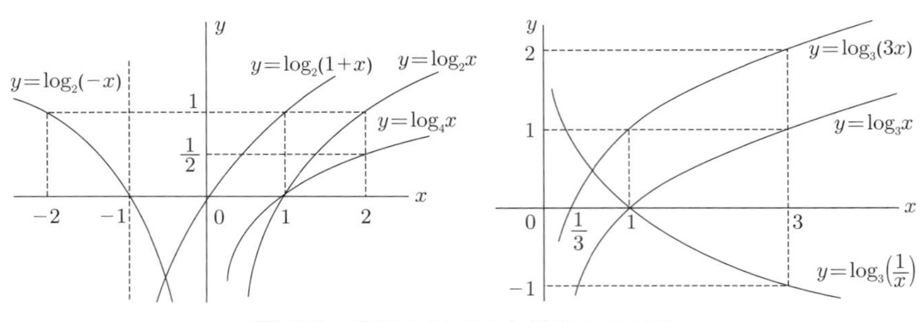

図 **7.5**　練習 1.6.2 (1) と練習 1.6.2 (2)

$\log_{10} 6 = \log_{10}(2 \cdot 3) = \log_{10} 2 + \log_{10} 3 = 0.3010 + 0.4771 = 0.7781$
$\log_{10} 8 = \log_{10}(2^3) = 3\log_{10} 2 = 3 \cdot 0.3010 = 0.9030$
$\log_{10} 9 = \log_{10}(3^2) = 2\log_{10} 3 = 2 \cdot 0.4771 = 0.9542$

(2) $\log_{10}(2^{100}) = 100\log_{10} 2 = 100 \cdot 0.3010 = 30.10$ ∴ 31 桁となる．$\log_{10}(3^{100}) = 100\log_{10} 3 = 100 \cdot 0.4771 = 47.71$ ∴ 48 桁となる．

(3) 100 万円 $\times (1+0.25)^n \geq$ 1000 万円 となる n を求めればよいので，$1.25^n \geq 10$. 両辺の常用対数をとって $n\log_{10}\frac{125}{100} \geq \log_{10} 10 = 1$. $\log_{10}\frac{125}{100} = \log_{10}\frac{5}{4} = \log_{10}\frac{10}{2^3}$ $= \log_{10} 10 - 3\log_{10} 2 = 1 - 3 \times 0.3010 = 0.097$. よって $n \geq \frac{1}{0.097} = 10.3093$. 答えは 11 年後．標語的には，約 10 年で 100 万円が 10 倍（!）の 1000 万円になる．

練習 1.6.2　グラフは図 7.5. (1) $y = \log_2 x$ が基本のグラフで，もう 1 つの対数法則 $\log_a x = \frac{\log_c x}{\log_c a}(c > 0,\ c \neq 1)$[1]（底の変換公式と呼ぶ）を使うと，$y = \log_4 x = \frac{\log_2 x}{\log_2 4} = \frac{1}{2}\log_2 x$. $y = \log_2(1+x)$ は $y = \log_2 x$ を x 軸方向に -1 だけ平行移動したグラフとなる．$y = \log_2(-x)$ は $y = \log_2 x$ を y 軸で折り返したグラフとなる．

(2) $y = \log_3 x$ のグラフが基本で，$y = \log_3(3x) = \log_3 3 + \log_3 x = 1 + \log_3 x$ より $y = \log_3(3x)$ のグラフは $y = \log_3 x$ のグラフを y 軸方向に 1 だけ平行移動したグラフである．$y = \log_3(\frac{1}{x}) = \log_3(x^{-1}) = -\log_3 x$ よりグラフは $y = \log_3 x$ のグラフを x 軸について折り返したグラフとなる．

練習 1.6.3　(1) $2^{2x} = (2^x)^2$ なので $2^x = X$ とおくと，$X > 0$ で，与式は $X^2 - 3X - 40 = 0$ $\therefore (X-8)(X+5) = 0$. $X > 0$ より $X = 8$, *i.e.* $2^x = 8$ $\therefore x = 3$

(2) $9^x = 3^{2x}$ なので $3^x = X$ とおくと，$X > 0$ で，与式は $X^2 - 13X + 36 = 0$

---

[1]なぜなら，$\log_a x = y$ とおくと $x = a^y$ で両辺の c を底とする対数をとると，$\log_c x = \log_c(a^y) = y\log_c a \therefore y = \frac{\log_c x}{\log_c a}$.

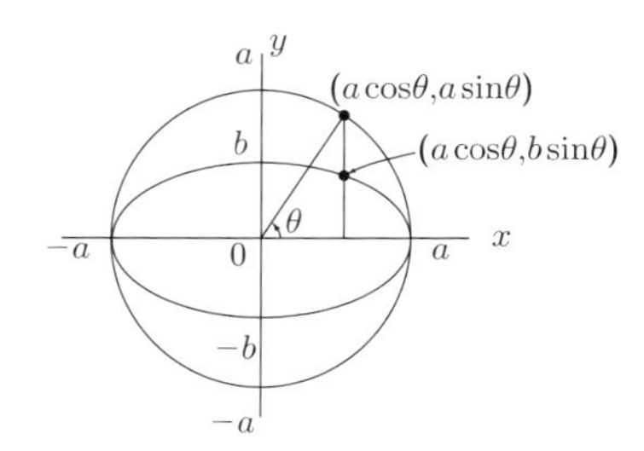

図 **7.6 (a)** 練習 1.7.1 楕円の媒介変数表示

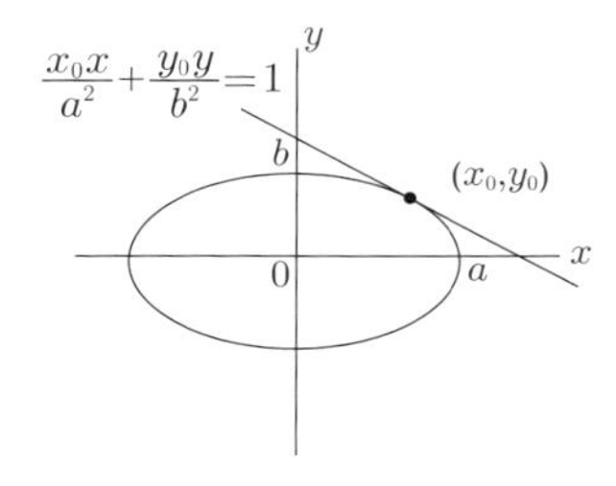

図 **7.6 (b)** 練習 1.7.1 楕円の接線

$\therefore (X-9)(X-4)=0$. $X>0$ より $X=9,4$, *i.e.* $3^x=9,4 \therefore x=2, \log_3 4$

(3) 与式から直接 $4x=2^3 \therefore x=2$

(4) まず真数は正より $x-1>0$ かつ $x>0 \therefore x>1$. 与式から対数法則により $\log_2 x(x-1)=3 \therefore x(x-1)=2^3=8$, $x^2-x-8=0$. これは 2 次方程式 $ax^2+bx+c=0$ の解の公式 $x=\frac{-b\pm\sqrt{b^2-4ac}}{2a}$ を使って, $x=\frac{1\pm\sqrt{1+32}}{2}=\frac{1\pm\sqrt{33}}{2}$. $x>1$ であったので $x=\frac{1+\sqrt{33}}{2}$

(5) 真数は正より $x-1>0$ かつ $x+2>0$ $\therefore x>1$. 与式から対数法則により $\log_2\frac{x-1}{x+2}=2$ $\therefore \frac{x-1}{x+2}=2^2=4$, $x-1=4(x+2)$ $\therefore x=-3$. $x>1$ であったのでこれは解にならない. 解なしである.

練習 1.6.4 (1) $y'=x^{\frac{1}{x}-2}(1-\log x)$ (2) $y'=(1+x^2)^x(\log(1+x^2)+\frac{2x^2}{1+x^2})$ (3) $y'=-(\frac{x}{1-x^2}+\frac{x}{1+x^2})\sqrt{\frac{1-x^2}{1+x^2}}=\frac{-2x}{(1+x^2)\sqrt{(1-x^2)(1+x^2)}}$ (4) $y'=(\frac{11}{x+1}+\frac{45x^2}{x^3+2})(x+1)^{11}(x^3+2)^{15}=(56x^3+45x^2+22)(x+1)^{10}(x^3+2)^{14}$

練習 1.6.5 (1) $\frac{\sin x}{(1+\cos x)^2}$ (2) $-\frac{1}{1+\sin x}$ (3) $6\sin^2(2x+\frac{\pi}{6})\cos(2x+\frac{\pi}{6})$

練習 1.6.6 (1) $\frac{2}{\sqrt{1-4x^2}}$ (2) $\frac{6x}{1+9x^4}$ (3) $2x(\cos^{-1}(2x)-\frac{x}{\sqrt{1-4x^2}})$ (4) $\sin^{-1}x$ (5) $-\frac{1}{1+x^2}$

練習 1.7.1 まず $\cos\theta=\frac{x}{a}$, $\sin\theta=\frac{y}{b}$ をそれぞれ平方して加えれば, $\frac{x^2}{a^2}+\frac{y^2}{b^2}=1$ となる (図 7.6 (a) 参照). 媒介変数表示の関数の微分法を用いて $\frac{dy}{dx}=\frac{dy}{d\theta}/\frac{dx}{d\theta}=\frac{b\cos\theta}{-a\sin\theta}=-\frac{b^2}{a^2}\cdot\frac{a\cos\theta}{b\sin\theta}=-\frac{b^2}{a^2}\cdot\frac{x}{y}$ である. 陰関数表示の関数の微分法を使うと, $y=y(x)$ と思って, $\frac{x^2}{a^2}+\frac{y^2}{b^2}=1$ の両辺を x で微分すると, $\frac{2x}{a^2}+\frac{2y\frac{dy}{dx}}{b^2}=0$. 移項して $b^2/2y$ を掛けて同じ結果 $\frac{dy}{dx}=-\frac{b^2}{a^2}\cdot\frac{x}{y}$ を得る. いずれにしても, (x_0, y_0) において $\left.\frac{dy}{dx}\right|_{x=x_0}=-\frac{b^2}{a^2}\cdot\frac{x_0}{y_0}$ を得る[2]. よって, 接線の式は $y-y_0=-\frac{b^2}{a^2}\frac{x_0}{y_0}(x-x_0)$.

[2] $\left.\frac{dy}{dx}\right|_{x=x_0}$ は $\frac{dy}{dx}$ を計算した後, $x=x_0$ を代入したものを表す.

y_0/b^2 を両辺に掛けて $\frac{x_0x}{a^2}+\frac{y_0y}{b^2}=\frac{x_0^2}{a^2}+\frac{y_0^2}{b^2}=1$ （図 7.6 (b) 参照）．

第 1 章の章末問題

1．問題にも書いたように，2 階の導関数はかなり複雑になる場合がある．まずは 1 階の導関数の計算でトレーニングを積んで，それから 2 階の導関数をやるとよい．その際，必ずしも 1 階の導関数の最終形を微分するのではなく，微分しやすい形の式にしてそれを微分するようにする．

(1) $y'=\frac{7}{(2x+3)^2}(=7(2x+3)^{-2})$．かっこの式のほうを微分して $y''=-\frac{28}{(2x+3)^3}$ (2) $y'=3x^{-4}=\frac{3}{x^4}$，$y''=-12x^{-5}=-\frac{12}{x^5}$ (3) $y'=2(x^{-\frac{2}{3}})'=-\frac{4}{3}x^{-\frac{5}{3}}=-\frac{4}{3x\sqrt[3]{x^2}}$，$y''=\frac{20}{9x^2\sqrt[3]{x^2}}$ (4) $y'=-15x^2(10-x^3)^4$，$y''=30x(7x^3-10)(10-x^3)^3$ (5) $y'=-3\{(x^3+2)^{-4}\}'=36x^2(x^3+2)^{-5}=\frac{36x^2}{(x^3+2)^5}$，$y''=-\frac{36x(13x^3-4)}{(x^3+2)^6}$ (6) $y'=x(1-x^2)^{-\frac{3}{2}}=\frac{x}{(1-x^2)\sqrt{1-x^2}}$，$y''=\frac{1+2x^2}{(1-x^2)^2\sqrt{1-x^2}}$ (7) $y'=3x^3(4\log x+1)$，$y''=3x^2(12\log x+7)$ (8) $y'=3x^3(4+x)e^x$，$y''=3x^2(x+2)(x+6)e^x$ (9) $y'=(e^x-2\log x)\sin x+(e^x+\frac{2}{x})\cos x$，$y''=-\frac{4}{x}\sin x+2(e^x-\log x-\frac{1}{x^2})\cos x$ (10) $y'=-3e^{-3x}$，$y''=9e^{-3x}$ (11) $y'=\frac{3}{3x+2}(=3(3x+2)^{-1})$，$y''=-\frac{9}{(3x+2)^2}$ (12) $y'=8x(\sin 2x+x\cos 2x)$，$y''=8\{(1-2x^2)\sin 2x+4x\cos 2x\}$ (13) $y'=3\sin^2 x\cos x$，$y''=3\sin x(2\cos^2 x-\sin^2 x)$ (14) $y'=\frac{24(\log x)^2}{x}(=24x^{-1}(\log x)^2)$，$y''=-\frac{24\log x(\log x-2)}{x^2}$ ［$y=8(\log x)^3$ として計算する］ (15) $y'=\frac{1}{x\log x}(=(x\log x)^{-1})$，$y''=-\frac{\log x+1}{x^2(\log x)^2}$ (16) $y'=3e^x(e^x+1)^2$，$y''=3e^x(e^x+1)(3e^x+1)$ (17) $y'=x^2(3-x)e^{-x}(=(3x^2-x^3)e^{-x}$，$y''=x(6-6x+x^2)e^{-x}$ (18) $y'=e^{-2x}(-2\sin 3x+3\cos 3x)$，$y''=-e^{-2x}(5\sin 3x+12\cos 3x)$ (19) $y'=\frac{e^x-e^{-x}}{e^x+e^{-x}}$，$y''=\frac{4}{(e^x+e^{-x})^2}$ (20) $y'=\frac{1}{\sqrt{x^2+3}}(=(x^2+3)^{-\frac{1}{2}})$，$y''=-\frac{x}{(x^2+3)\sqrt{x^2+3}}$

（注） (19) に関連して，$\sinh x=\frac{e^x-e^{-x}}{2}$，$\cosh x=\frac{e^x+e^{-x}}{2}$，$\tanh x=\frac{\sinh x}{\cosh x}=\frac{e^x-e^{-x}}{e^x+e^{-x}}$ と定義して，sinh, cosh, tanh（ハイパボリックサイン等と読む）を**双曲線関数**という．$y=\cosh x$ のグラフは鎖の両端をもってネックレスのように下げたときにできる曲線を表し，カテナリー（懸垂線）と呼ばれる．$(\sinh x)'=\cosh x$, $(\cosh x)'=\sinh x$，$(\tanh x)'=\frac{1}{\cosh^2 x}$ である．また，$\cosh^2 x-\sinh^2 x=1$，$\sinh(x_1+x_2)=\sinh x_1\cosh x_2+\cosh x_1\sinh x_2$，$\cosh(x_1+x_2)=\cosh x_1\cosh x_2+\sinh x_1\sinh x_2$ 等も成立する．三角関数と比較してみよ．

2．(1) $\log y=x\log(2x+1)$ として両辺を x で微分して，$\frac{1}{y}\frac{dy}{dx}=\log(2x+1)+\frac{2x}{2x+1}$ $\therefore$ $\frac{dy}{dx}=(2x+1)^x(\log(2x+1)+\frac{2x}{2x+1})$．同様にして，(2) $y'=(\log x)^x(\log(\log x)+\frac{1}{\log x})$ (3) $y'=(x+1)^{11}(x^3+2)^{15}(\frac{11}{x+1}+\frac{45x^2}{x^3+2})$．(1)，(2) は底 >0 が必要なので，$x>-1/2, x>1$ が仮定されている．(3) は直接微分してもで

(1)

x	$\cdots$	-2	$\cdots$	2	$\cdots$
y'	$+$	0	$-$	0	$+$
y	↗	極大 19	↘	極小 -13	↗

(2)

x	$\cdots$	0	$\cdots$	1	$\cdots$	2	$\cdots$
y'	$+$	0	$-$	×	$-$	0	$+$
y	↗	極大 1	↘	×	↘	極小 5	↗

(3)

x	$\cdots$	0	$\cdots$	2	$\cdots$
y'	$-$	0	$+$	0	$-$
y	↘	極小 0	↗	極大 $4e^{-2}$	↘

(4)

x	0	$\cdots$	e^{-1}	$\cdots$
y'	×	$-$	0	$+$
y	×	↘	極小 $-e^{-1}$	↗

(5)

x	0	$\cdots$	e	$\cdots$
y'	×	$+$	0	$-$
y	×	↗	極大 e^{-1}	↘

図 7.7　第 1 章の章末問題 4. (1)–(5) の増減表

きる．$x > -1$ のとき，対数をとると $\log y = 11\log(x+1) + 15\log(x^3+2)$ となって微分しやすくなる．

3．点 $(a, f(a))$ における接線の式は $y - f(a) = f'(a)(x-a)$ である．
(1) $f'(x) = 2x+2$ より $f(2) = 8, f'(2) = 6$ $\therefore$ 接線の式は $y - 8 = 6(x-2)$ (2) $f'(x) = -e^{-x}$ より $f(1) = e^{-1}$, $f'(1) = -e^{-1}$ $\therefore$ 接線の式は $y - e^{-1} = -e^{-1}(x-1)$ (3) $f'(x) = \frac{-x}{\sqrt{4-x^2}}$ より，接線の式は $y - \sqrt{3} = \frac{1}{\sqrt{3}}(x+1)$ (4) $f'(x) = 2\cos 2x$ より $f(\pi/6) = \sin\frac{\pi}{3} = \frac{\sqrt{3}}{2}$, $f'(\pi/6) = 2\cos\frac{\pi}{3} = 1$ $\therefore y - \frac{\sqrt{3}}{2} = x - \frac{\pi}{6}$.

4．(1) $y' = 3x^2 - 12 = 3(x+2)(x-2)$ より増減を調べて（増減表は図 7.7）$x = 2$ のとき極小値 $y = -13$, $x = -2$ のとき極大値 $y = 19$ をとる．

(2) $y' = \frac{x(x-2)}{(x-1)^2}$ より，$x = 0$ のとき極大値 $y = 1$, $x = 2$ のとき極小値 $y = 5$ をとる．

(3) $y' = (2-x)xe^{-x}$ より，$x = 0$ で極小値 $y = 0$, $x = 2$ で極大値 $y = 4e^{-2}$

(4) 真数正より $x > 0$．$y' = \log x + 1$．$y' = 0$ とおくと $\log x = -1$, $x = e^{-1}$．$0 < x < e^{-1}$ のとき $y' < 0$, $x > e^{-1}$ のとき $y' > 0$ より，$x = e^{-1}$ で極小となり，極小値 $e^{-1}\log e^{-1} = -e^{-1}$ をとる．

(5) 真数正より $x > 0$．$y' = \frac{1-\log x}{x^2}$．$y' = 0$ より $\log x = 1$, $x = e$．$0 < x < e$ のとき $y' > 0$．$x > e$ のとき $y' < 0$ となって，$x = e$ のとき極大値 $\frac{\log e}{e} = e^{-1}$ をとる．

5．(1) $f'(x) = x(3x-2)$, $f''(x) = 6x - 2$　(2) $f'(x) = 4x - 3$, $f''(x) = 4$

(3) $\lim_{x\to 1\pm 0} f(x) = 0 = f(1)$ より，$f(x)$ は $x = 1$ で連続である．左側極限 $\lim_{h\to -0}\frac{f(1+h)-f(1)}{h} = \lim_{h\to -0}\frac{\{(1+h)^3-(1+h)^2\}-0}{h} = 1$，右側極限 $\lim_{h\to +0}\frac{f(1+h)-f(1)}{h} =$

x		0		$\frac{2}{3}$		1	
f'	$+$	0	$-$	0	$+$	1	$+$
f	↗	極大 0	↘	極小 $-\frac{4}{27}$	↗	0	↗

図 7.8　第 1 章の章末問題 5.(4) の増減表

$\lim_{h\to+0}\frac{\{2(1+h)^2-3(1+h)+1\}-0}{h}=1$ より，左右微分係数 $f'_{\pm}(1)$ が存在し，一致するので $f'(1)$ は存在し，$f'(1)=1$ である．$\lim_{x\to 1\pm 0}f'(x)=1=f'(1)$ より，$f'(x)$ は $x=1$ で連続である．左右側極限 $\lim_{h\to-0}\frac{f'(1+h)-f'(1)}{h}=\lim_{h\to-0}\frac{\{3(1+h)^2-2(1+h)\}-1}{h}=4$, $\lim_{h\to+0}\frac{f'(1+h)-f'(1)}{h}=\lim_{h\to+0}\frac{\{4(1+h)-3\}-1}{h}=4$ なので，$f''(1)=4$ である．

(4) (1), (2), (3) より，$f'(x)=0$ となるのは，$x=0,\frac{2}{3}$（$x=\frac{3}{4}<1$ は不適）．増減表（図 7.8）から，$x=0$ で極大値 $f(0)=0$ を，$x=\frac{2}{3}$ で極小値 $f(\frac{2}{3})=-\frac{4}{27}$ をとる．

6. $f(x)=\log(1+x)-\frac{x}{1+x}$ とおき，$f'(x)>0(x>0)$ かつ $f(0)=0$ を示して $f(x)>0$ を得る．実際，$f'(x)=\frac{1}{1+x}-\frac{1}{(1+x)^2}=\frac{x}{(1+x)^2}>0(x>0)$ かつ $f(0)=\log 1-0=0$ なので，$f(x)>0$．したがって，$\log(1+x)>\frac{x}{1+x}$ が示された．

7. 導関数の定義は $f'(x)=\lim_{\Delta x\to 0}\frac{f(x+\Delta x)-f(x)}{\Delta x}$ であった．

(1) $(x^3)'=\lim_{\Delta x\to 0}\frac{(x+\Delta x)^3-x^3}{\Delta x}=\lim_{\Delta x\to 0}\frac{x^3+3x^2\Delta x+3x(\Delta x)^2+(\Delta x)^3-x^3}{\Delta x}=\lim_{\Delta x\to 0}(3x^2+3x\Delta x+(\Delta x)^2)=3x^2$．公式 $(x^\alpha)'=\alpha x^{\alpha-1}$ から求めるものと一致する（当然!）．$(x+\Delta x)^3$ を展開して計算したが，$(x+\Delta x)^3-x^3$ を因数分解しても当然よい．

(2) $(\frac{3+x}{3-x})'=\lim_{\Delta x\to 0}\frac{\frac{3+(x+\Delta x)}{3-(x+\Delta x)}-\frac{3+x}{3-x}}{\Delta x}=\lim_{\Delta x\to 0}\frac{(3+x+\Delta x)(3-x)-(3+x)(3-x-\Delta x)}{\Delta x(3-x)(3-x-\Delta x)}=\lim_{\Delta x\to 0}\frac{\Delta x(3-x+3+x)}{\Delta x(3-x)(3-x-\Delta x)}=\frac{6}{(3-x)^2}$．商の導関数を使って計算すると $(\frac{3+x}{3-x})'=\frac{(3+x)'(3-x)-(3+x)(3-x)'}{(3-x)^2}=\frac{6}{(3-x)^2}$ となって，定義による結果と一致した．

8. (1) $y'=(-2)e^{-2x}$, $y''=(-2)^2e^{-2x},\ldots$ より，$y^{(n)}=(-2)^ne^{-2x}$．

(2) (1) の結果とライプニッツの公式を使って，$(x^2)^{(k)}=0(k>2)$ に注意して，

$$\begin{aligned}y^{(n)}&=(e^{-2x})^{(n)}x^2+\binom{n}{1}(e^{-2x})^{(n-1)}(x^2)'+\binom{n}{2}(e^{-2x})^{(n-2)}(x^2)''\\&=(-2)^ne^{-2x}x^2+n(-2)^{n-1}e^{-2x}2x+\frac{n(n-1)}{2}(-2)^{n-2}e^{-2x}2\\&=(-2)^{n-2}e^{-2x}(4x^2-4nx+n(n-1))\end{aligned}$$

これは $n\geq 2$ のとき成立する式であるが，$n=1$ のときは $y'=2xe^{-2x}-2x^2e^{-2x}=$

$\frac{1}{-2}e^{-2x}(4x^2-4x)$．よって，$n \geq 1$ で成立する式となっている．

(3) $(\cos x)^{(n)} = \cos(x + \frac{n\pi}{2})$ を使って，

$$y^{(n)} = x^2\cos(x+\tfrac{n\pi}{2}) + 2nx\cos(x+\tfrac{(n-1)\pi}{2}) + n(n-1)\cos(x+\tfrac{(n-2)\pi}{2}).$$

(4) これは商の微分なので一般にはできない形である．しかし，部分分数に分解をすることによって n 階導関数が求まる．まず $y = \frac{3x-13}{(x-4)(x-5)} = \frac{1}{x-4} + \frac{2}{x-5} = (x-4)^{-1} + 2(x-5)^{-1}$．よって，

$$\begin{aligned} y^{(n)} &= (-1)^n n!(x-4)^{-(n+1)} + 2\cdot(-1)^n n!(x-5)^{-(n+1)} \\ &= (-1)^n n!(\tfrac{1}{(x-4)^{n+1}} + \tfrac{2}{(x-5)^{n+1}}). \end{aligned}$$

第 2 章の問題の解答

練習 2.4.1　$f(x) = f(a) + f'(a)(x-a) + \frac{f''(a)}{2!}(x-a)^2 + R_3$ なので，2 次近似式 y_2 は $y_2 = f(1) + f'(1)(x-1) + \frac{f''(1)}{2!}(x-1)^2$ である．

(1) $f(x) = 6-7x+2x^2$，$f'(x) = -7+4x$，$f''(x) = 4$ $\therefore f(1) = 1$，$f'(1) = -3$，$f''(1) = 4$．よって，$y_2 = 1-3(x-1)+\frac{4}{2}(x-1)^2 = 1-3(x-1)+2(x-1)^2$（注：$y_2$ を展開整理すれば $f(x)$ に一致する．2 次関数を 2 次関数で近似したので一致しなければおかしい）．

(2) $f(x) = \sqrt{x} = x^{\frac{1}{2}}$，$f'(x) = \frac{1}{2}x^{-\frac{1}{2}} = \frac{1}{2\sqrt{x}}$，$f''(x) = -\frac{1}{4x\sqrt{x}}$ $\therefore f(1) = 1$，$f'(1) = \frac{1}{2}$，$f''(1) = -\frac{1}{4}$ $\therefore y_2 = 1+\frac{1}{2}(x-1)-\frac{1}{8}(x-1)^2$（注：たとえば，$x = 1.1$ とると $\sqrt{1.1} = 1.048808\cdots$ であるが，近似式を使うと，$1+\frac{0.1}{2}-\frac{0.1^2}{8} = \frac{8.39}{8} = 1.04875$ で，かなりよく近似していることがわかる）．

(3) $f(x) = \log x$，$f'(x) = \frac{1}{x} = x^{-1}$，$f''(x) = -x^{-2} = -\frac{1}{x^2}$ $\therefore f(1) = 0$，$f'(1) = 1$，$f''(1) = -1$ $\therefore y_2 = (x-1)-\frac{1}{2}(x-1)^2$（注：たとえば，$x = 0.8$ ととれば $f(0.8) = \log_e(0.8) = \ln(0.8) = -0.22314355\cdots$ で，近似式を使うと，$-0.2-\frac{1}{2}(-0.2)^2 = -0.22$ で，やはりよく近似していることがわかる）．

練習 2.4.2　基本的には $f^{(k)}(0)$ を求めて，$f(x) = f(0) + f'(0)x + \frac{f''(0)}{2!}x^2 + \frac{f'''(0)}{3!}x^3 + \cdots$ に代入すればよい．(1), (2) については $e^x = 1 + x + \frac{x^2}{2!} + \cdots$ を既に知っているのでそれを使うこともできる．

(1) $f(x) = e^{-2x}$ $\therefore f^{(k)}(x) = (-2)^k e^{-2x}$，$f^{(k)}(0) = (-2)^k$．よって，$e^{-2x} = 1+(-2)x+\frac{(-2)^2}{2!}x^2+\frac{(-2)^3}{3!}x^3+\cdots = 1-(2x)+\frac{(2x)^2}{2!}-\frac{(2x)^3}{3!}+\cdots$　（別解）$e^x = 1+x+\frac{x^2}{2!}+\cdots$ の x の代わりに $-2x$ を入れて，$e^{-2x} = 1+(-2x)+\frac{(-2x)^2}{2!}+\frac{(-2x)^3}{3!}+\cdots = 1-(2x)+\frac{(2x)^2}{2!}-\frac{(2x)^3}{3!}+\cdots$

(2) $f(x) = \cosh x = \frac{e^x+e^{-x}}{2}$ $\therefore f'(x) = \frac{e^x-e^{-x}}{2} = \sinh x$，$f''(x) = \frac{e^x+e^{-x}}{2} = \cosh x, \cdots$ $\therefore f^{(2k-1)}(x) = \sinh x$，$f^{(2k)}(x) = \cosh x$．よって，$f^{(2k-1)}(0) = 0$，$f^{(2k)}(0) = 1$ $\therefore \cosh x = 1+\frac{x^2}{2!}+\frac{x^4}{4!}+\cdots$　（別解）$\cosh x = \frac{e^x+e^{-x}}{2} =$

$\frac{1}{2}\{(1+x+\frac{x^2}{2!}+\frac{x^3}{3!}+\cdots)+(1-x+\frac{x^2}{2!}-\frac{x^3}{3!}+\cdots)\}=1+\frac{x^2}{2!}+\frac{x^4}{4!}+\cdots$

(3) $f(x)=\log(1+x)$ $\therefore f'(x)=\frac{1}{1+x}=(1+x)^{-1}$，$f''(x)=-(1+x)^{-2}=\frac{-1}{(1+x)^2}$，$f'''(x)=(-1)(-2)(1+x)^{-3}=\frac{(-1)^2 2!}{(1+x)^3}$，$f^{(4)}(x)=(-1)(-2)(-3)(1+x)^{-4}=\frac{(-1)^3 3!}{(1+x)^4},\cdots$ $\therefore f^{(k)}(x)=\frac{(-1)^{k-1}(k-1)!}{(1+x)^k}\,(k\geq 1)$，$f^{(k)}(0)=(-1)^{k-1}(k-1)!\,(k\geq 1)$．$f(0)=\log 1=0$ も使って，$\log(1+x)=x+\frac{-1}{2!}x^2+\frac{2!}{3!}x^3+\frac{-3!}{4!}x^4+\cdots=x-\frac{x^2}{2}+\frac{x^3}{3}-\frac{x^4}{4}+\cdots$ （$|x|<1$ のときに収束する，つまり収束半径は 1 である）．

練習 2.5.1　(1) $f\in C^2$ である．$x<-1, -1<x<1, x>1$ で $f\in C^2$ であることは，明らかである．そのとき，f'，f'' は以下のようになる．

$$f'(x)=\begin{cases}2 & (x<-1)\\ -\frac{3}{2}x^5+4x^3-\frac{9}{2}x & (-1<x<1)\\ -2 & (x>1)\end{cases}$$

$$f''(x)=\begin{cases}0 & (x<-1)\\ -\frac{15}{2}x^4+12x^2-\frac{9}{2} & (-1<x<1)\\ 0 & (x>1)\end{cases}$$

$x=-1$ のとき，$\lim_{x\to-1-0}f(x)=1$，$\lim_{x\to-1+0}f(x)=-\frac{1}{4}+1-\frac{9}{4}+\frac{5}{2}=1$．よって，$\lim_{x\to-1}f(x)=1=f(-1)=-2+3$ であるから f は $x=-1$ で連続．$\lim_{h\to+0}\frac{f(-1+h)-f(-1)}{h}=\lim_{h\to+0}\frac{(-\frac{1}{4}(-1+h)^6+(-1+h)^4-\frac{9}{4}(-1+h)^2+\frac{5}{2})-1}{h}=\lim_{h\to+0}\frac{-\frac{1}{4}(1-6h)+(1-4h)-\frac{9}{4}(1-2h)+\frac{5}{2}-1}{h}=\lim_{h\to+0}\frac{0+2h}{h}=2$，$\lim_{h\to-0}\frac{f(-1+h)-f(-1)}{h}=\lim_{h\to-0}\frac{(2(-1+h)+3)-1}{h}=\lim_{h\to-0}\frac{0+2h}{h}=2$．よって f は $x=-1$ で微分可能で，$f'(-1)=\lim_{h\to 0}\frac{f(-1+h)-f(-1)}{h}=2$．

また，$\lim_{x\to-1-0}f'(x)=2$，$\lim_{x\to-1+0}f'(x)=\frac{3}{2}-4+\frac{9}{2}=2$．よって，$\lim_{x\to-1}f'(x)=2=f'(-1)$ であるから f' は $x=-1$ で連続．$\lim_{h\to+0}\frac{f'(-1+h)-f'(-1)}{h}=\lim_{h\to+0}\frac{(-\frac{3}{2}(-1+h)^5+4(-1+h)^3-\frac{9}{2}(-1+h))-2}{h}=\lim_{h\to+0}\frac{-\frac{3}{2}(-1+5h)+4(-1+3h)-\frac{9}{2}(-1+h)-2}{h}=\lim_{h\to+0}\frac{0+0h}{h}=0$，$\lim_{h\to-0}\frac{f'(-1+h)-f'(-1)}{h}=\lim_{h\to-0}\frac{2-2}{h}=\lim_{h\to-0}\frac{0}{h}=0$．よって f' は $x=-1$ で微分可能で，$f''(-1)=\lim_{h\to 0}\frac{f'(-1+h)-f'(-1)}{h}=0$．

また，$\lim_{x\to-1-0}f''(x)=0$，$\lim_{x\to-1+0}f''(x)=-\frac{15}{2}+12-\frac{9}{2}=0$．よって，$\lim_{x\to-1}f''(x)=0=f''(-1)$ であるから f'' は $x=-1$ で連続．

同様に，$x=1$ のとき，f は連続，微分可能，f' は連続，微分可能，f'' は連続である．したがって，$f\in C^2(R)$．

(2) $x \leq -1$ のとき，$x \geq 1$ のときは，$f'(x)=0$ は解なし，すなわち，極値をもたない．$-1<x<1$ のとき，$f'(x)=(-\frac{1}{2}x)(3x^4-8x^2+9)$ であるが，$3x^4-8x^2+9=0$ は $X=x^2$ とおくと $3X^2-8X+9=0$ であり，$D=(-8)^2-4\cdot 3\cdot 9<0$ であるから，解なし．したがって，$f'(x)=0$ の解は $x=0$．$f''(0)=-\frac{9}{2}<0$ であるから，f は $x=0$ で極大値をもつ．

$\lim_{x\to -1} f''(x)=\lim_{x\to 1} f''(x)=0$ であるから，$-\frac{15}{2}x^4+12x^2-\frac{9}{2}$ は $(x-1)$ と $(x+1)$ で割り切れる．$-\frac{15}{2}x^4+12x^2-\frac{9}{2}=(x^2-1)(-\frac{15}{2}x^2+\frac{9}{2})$ であり，$-\frac{15}{2}x^2+\frac{9}{2}=\frac{15}{2}(x^2-\frac{3}{5})=0$ の解は，$x=\pm\sqrt{\frac{3}{5}}$ である．したがって，$f''(x)=0$ の解は，$x=-1$，$-\sqrt{\frac{3}{5}}$，$\sqrt{\frac{3}{5}}$，1．f の増減–凹凸表は，

x	$-\infty$	$\leftarrow$	-1		$-\sqrt{\frac{3}{5}}$		0		$\sqrt{\frac{3}{5}}$		1	$\rightarrow$	$+\infty$
$f'(x)$		$+$	$+$	$+$	$+$	$+$	0	$-$	$-$	$-$	$-$	$-$	
$f''(x)$		0	0	$+$	0	$-$	$-$	$-$	0	$+$	0	0	
$f(x)$	$-\infty$	↙	↗ 1	↗ ◡	↗ $\frac{182}{125}$	↗ ⌢	$\frac{5}{2}$ ⌢	↘ ⌢	↘ $\frac{182}{125}$	↘ ◡	↘ 1	↘	$-\infty$

f は R 全体で凹でも凸でも準凸でもないが，狭義の準凹である（図 7.9 に $y=f(x)$ のグラフの概形を示す）．

練習 2.6.1　利潤関数は $\Pi(\ell)=p\cdot f(\ell)-w\ell-C=\ell^{\frac{3}{5}}-\ell-10$ である．よって，$\Pi'(\ell)=\frac{3}{5}\ell^{-\frac{2}{5}}-1$, $\Pi''(\ell)=-\frac{6}{25}\ell^{-\frac{7}{5}}<0$．$\Pi'(\ell)=0 \Leftrightarrow \frac{3}{5\sqrt[5]{\ell^2}}=1 \Leftrightarrow \frac{3}{5}=\sqrt[5]{\ell^2} \Leftrightarrow (\frac{3}{5})^5=\ell^2 \Longrightarrow \ell^*=(\frac{3}{5})^{\frac{5}{2}} \Longrightarrow y^*=f((\frac{3}{5})^{\frac{5}{2}})=\{(\frac{3}{5})^{\frac{5}{2}}\}^{\frac{3}{5}}=(\frac{3}{5})^{\frac{3}{2}}$.

（注）$f'(\ell)=\frac{3}{5}\ell^{-\frac{2}{5}}>0$, $f''(\ell)=-\frac{6}{25}\ell^{-\frac{7}{5}}<0$，すなわち，$f$ は単調増加な凹（上に凸の）関数である．

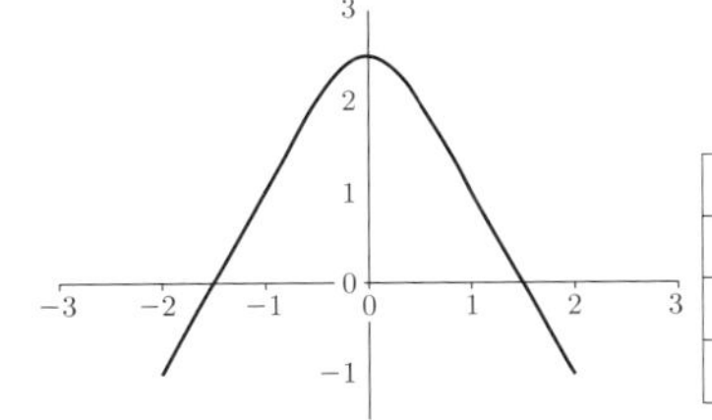

x	$\alpha-0.02$	$\alpha-0.01$	$\alpha=\sqrt{\frac{3}{5}}$	$\alpha+0.01$	$\alpha+0.02$
$f(x)$	1.4969	1.4764	1.4560	1.4356	1.4151
$f'(x)$	−2.0440	−2.0447	−2.0449	−2.0447	−2.0440
$f''(x)$	−0.0988	−0.0480	0	0.0450	0.0868

図 7.9　凹ではないが狭義の準凹である関数 $\left(x=\pm\sqrt{\frac{3}{5}}\right.$ のとき，変曲点 $x=\sqrt{\frac{3}{5}}$ 付近の $f(x)$，$f'(x)$，$f''(x)$ の数値表（右）$\left.\right)$

練習 2.6.2　利潤関数は $\Pi(\ell) = p \cdot f(\ell) - w\ell - C = p \cdot \ell^{\frac{1}{3}} - 3\ell - 10$ である．よって，$\Pi'(\ell) = \frac{1}{3}p\ell^{-\frac{2}{3}} - 3$, $\Pi''(\ell) = -\frac{2}{9}p\ell^{-\frac{5}{3}} < 0$．したがって，$\Pi$ は R 全体で凹（上に凸）な関数であるから，$\Pi'(\ell) = 0 \Leftrightarrow \frac{1}{3}p\ell^{-\frac{2}{3}} = 3 \Leftrightarrow \frac{p}{\sqrt[3]{\ell^2}} = 9 \Leftrightarrow \frac{p}{9} = \sqrt[3]{\ell^2} \Longrightarrow \ell^2 = (\frac{p}{9})^3 \Leftrightarrow \ell^* = \sqrt{(\frac{p}{9})^3}$ で Π は極大値をもつ．

Π が極大値をもつときの最適生産量 y^* は $y^*(p) = f(\sqrt{(\frac{p}{9})^3}) = \sqrt{\frac{p}{9}} = \frac{\sqrt{p}}{3}$ である．

第 2 章の章末問題

1．(1) $e^{3x}(3\sin 2x + 2\cos 2x)$　(2) $\frac{x^2-2x-2}{(x-1)^2}$　(3) $\frac{e^x(x-1)^2}{(x^2+1)^2}$　(4) $20x(x^2+1)^9$　(5) $\frac{x}{(1-x^2)\sqrt{1-x^2}}$　(6) $\frac{x(x+2)e^x}{1+x^2e^x}$　(7) $(3\log(1+x^2) + \frac{2x}{1+x^2})e^{3x}$　(8)（(9) とともに媒介変数表示の関数の微分）$\frac{dy}{dx} = \frac{dy}{dt} / \frac{dx}{dt} = \frac{2\cos t}{-2\sin 2t} = -\frac{\cos t}{\sin 2t} = -\frac{1}{2\sin t}$（2 倍角の公式 $\sin 2\theta = 2\sin\theta\cos\theta$ を使った）．(9) $\frac{dy}{dx} = \left(\frac{e^t+e^{-t}}{2}\right) / \left(\frac{e^t-e^{-t}}{2}\right) = \frac{x}{y}$

次の 2 問はライプニッツの公式に関する練習

(10) $(x\sin x)^{(100)} = (\sin x)^{(100)}x + \binom{100}{1}(\sin x)^{(99)}(x)' = x\sin x - 100\cos x$

(11) まず，$(e^{3x})' = 3e^{3x}$，$(e^{3x})'' = 3^2e^{3x}$ 等より $(e^{3x})^{(k)} = 3^ke^{3x}$．ゆえに，$(x^2e^{3x})^{(100)} = (e^{3x})^{(100)}x^2 + \binom{100}{1}(e^{3x})^{(99)}(x^2)' + \binom{100}{2}(e^{3x})^{(98)}(x^2)'' = 3^{99}e^{3x}(3x^2 + 200x + 3300)$．

2．(1) 与式 $= \lim_{x\to 0}\frac{e^x+e^{-x}}{2} = 1$　(2) 与式 $= \lim_{x\to 0}\frac{e^x-1}{2x} = \lim_{x\to 0}\frac{e^x}{2} = \frac{1}{2}$　(3) 与式 $= \lim_{x\to 0}\frac{1-\frac{1}{1+x}}{2x} = \lim_{x\to 0}\frac{x}{2x(1+x)} = \lim_{x\to 0}\frac{1}{2(1+x)} = \frac{1}{2}$　(4) 与式 $= \lim_{x\to\infty}\frac{\frac{1}{x}}{\frac{1}{2}x^{-\frac{1}{2}}} = \lim_{x\to\infty}\frac{2}{\sqrt{x}} = 0$

(5) 与式 $= \lim_{x\to 0}\frac{-\sin x}{2x} = -\frac{1}{2}(\because \lim_{\theta\to 0}\frac{\sin\theta}{\theta} = 1)$．ここではもう一度ロピタルの定理を使って $= -\lim_{x\to 0}\frac{\cos x}{2} = -\frac{1}{2}$ とするのは不適当（注意 2.2.3 参照）である．

(6) は $1^{\pm\infty}$, (7) は 1^{∞} の不定形の極限となっている．直接にロピタルの定理は使えない．そこで，$y = (1+\sin x)^{\frac{1}{x}}$ とおいて，$y = e^{\log y}$（なぜ？ 指数関数と対数関数は互いに逆関数だから！ $(\sqrt{x})^2 = x$ と比較してみよ）から，まず $\lim_{x\to 0} y$ の代わりに，$\lim_{x\to 0}\log y$ を求める．そして $\lim_{x\to 0} y = e^{\left(\lim_{x\to 0}\log y\right)}$ として求める．

(6) $\lim_{x\to 0}\log(1+\sin x)^{\frac{1}{x}} = \lim_{x\to 0}\frac{\log(1+\sin x)}{x} = \lim_{x\to 0}\frac{\frac{\cos x}{1+\sin x}}{1} = 1$　$\therefore \lim_{x\to 0}(1+\sin x)^{\frac{1}{x}} = e^1 = e$．(7) $\lim_{x\to 0}\log(\cos x)^{\frac{1}{x^2}} = \lim_{x\to 0}\frac{\log(\cos x)}{x^2} = \lim_{x\to 0}\frac{\frac{-\sin x}{\cos x}}{2x} = \lim_{x\to 0}\frac{-1}{2\cos x}\cdot\frac{\sin x}{x} = -\frac{1}{2}$（前々問 (5) 参照）$\therefore \lim_{x\to 0}(\cos x)^{\frac{1}{x^2}} = e^{-\frac{1}{2}} = \frac{1}{\sqrt{e}}$．

3．$f(x) = f(0) + f'(0)x + \frac{f''(0)}{2!}x^2 + o(x^2)$ を使う．2 次近似式 y_2 は $y_2 = f(0) + f'(0)x + \frac{f''(0)}{2!}x^2$ である．

(1) $e^{-x^2} = 1 - x^2 + o(x^2)$（注： $e^x = 1 + x + \frac{x^2}{2!} + \cdots$ を知って，$x \to -x^2$ として

(a)

x	$\cdots$	0	$\cdots$	$2-\sqrt{2}$	$\cdots$	2	$\cdots$	$2+\sqrt{2}$	$\cdots$
y'	$-$	0	$+$	$+$	$+$	0	$-$	$-$	$-$
y''	$+$	$+$	$+$	0	$-$	$-$	$-$	0	$+$
y	↘	極小 0	↗	変曲点 $(6-4\sqrt{2})e^{-2+\sqrt{2}}$	↗	極大 $4e^{-2}$	↘	変曲点 $(6+4\sqrt{2})e^{-2-\sqrt{2}}$	↘

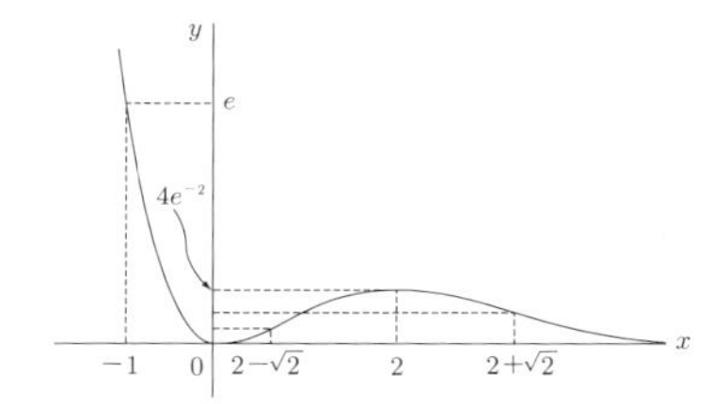

(b)

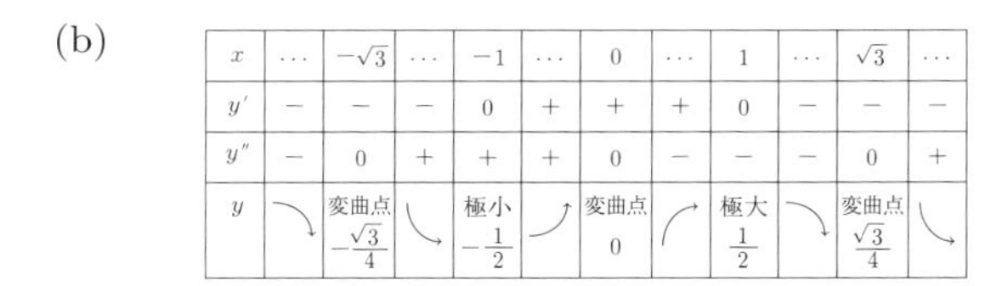

x	$\cdots$	$-\sqrt{3}$	$\cdots$	-1	$\cdots$	0	$\cdots$	1	$\cdots$	$\sqrt{3}$	$\cdots$
y'	$-$	$-$	$-$	0	$+$	$+$	$+$	0	$-$	$-$	$-$
y''	$-$	0	$+$	$+$	$+$	0	$-$	$-$	$-$	0	$+$
y	↘	変曲点 $-\frac{\sqrt{3}}{4}$	↘	極小 $-\frac{1}{2}$	↗	変曲点 0	↗	極大 $\frac{1}{2}$	↘	変曲点 $\frac{\sqrt{3}}{4}$	↘

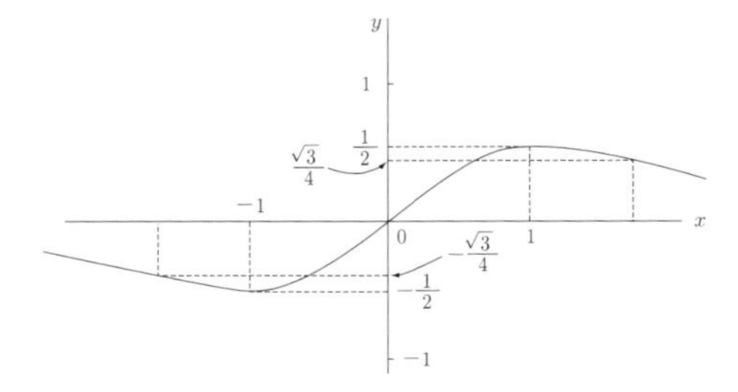

図 7.10　第 2 章の章末問題 4. (1)–(2)

$e^{-x^2} = 1 - x^2 + \frac{x^4}{2!} + \cdots$ から導くこともできる）．(2) $\sqrt{1+x^2} = 1 + \frac{1}{2}x^2 + o(x^2)$. (3) $\log(1+2x) = 2x - 2x^2 + o(x^2)$. (4) $\cos(3x^2) = 1 + o(x^2)$（4 次近似式が $1 - \frac{9}{2}x^4$ となる）.

4. (1) $y' = x(2-x)e^{-x}$, $y'' = (x^2-4x+2)e^{-x}$. $y''=0$ のときは，2 次方程式 $ax^2+bx+c=0$ の解の公式 $x = \frac{-b\pm\sqrt{b^2-4ac}}{2a}$（よりベターには $ax^2+2b'x+c=0$ の解の公式 $x = \frac{-b'\pm\sqrt{b'^2-ac}}{a}$）を使って，$x = 2\pm\sqrt{2}$. また，$\lim_{x\to\infty} x^2e^{-x} = 0$（ロピタルの定理）より x 軸が漸近線となる．増減–凹凸表，グラフは図 7.10 (a).

(2) $y' = -\frac{(x-1)(x+1)}{(x^2+1)^2}$，$y'' = \frac{2x(x-\sqrt{3})(x+\sqrt{3})}{(x^2+1)^3}$．また，$\lim_{x\to\pm\infty}\frac{x}{x^2+1} = 0$ より x 軸が漸近線．$\frac{(-x)}{(-x)^2+1} = -\frac{x}{x^2+1}$ よりグラフは原点について対称である．増減–凹凸表，グラフは図 7.10 (b).

5．(1) (i) $f'(x) = 1 - \frac{1}{x^2} = \frac{(1-x)(1+x)}{x^2}$，$f''(x) = \frac{2}{x^3}$．$f'(x) = 0$ より $x = \pm 1$．$f''(1) = 2 > 0$ なので $x = 1$ で極小をとり，極小値 2．$f''(-1) = -2 < 0$ なので $x = -1$ で極大をとり，極大値 -2．(ii) $f'(x) = \frac{1-\log x}{x^2}$，$f''(x) = \frac{-3+2\log x}{x^3}$．$f'(x) = 0$ より $x = e$．$f''(e) = \frac{-1}{e^3} < 0$ なので $x = e$ で極大をとり，極大値 $\frac{1}{e}$．

(2) $x \to 2$ のとき与極限が存在するので $\lim_{x\to 2} f'(x) = f'(2) = 0$ でなければならない．よって，$f''(2)$ の正負によって極大極小がわかる．$3 = \lim_{x\to 2}\frac{f'(x)}{x-2} = \lim_{x\to 2}\frac{f'(x)-f'(2)}{x-2} = \lim_{x\to 2}\frac{f''(x)}{1} = f''(2)$ なので，$f''(2) = 3 > 0$．よって，$x = 2$ で極小をとる．

6．$f(x+1) - f(x) = f'(x+\theta\cdot 1)\cdot 1 = f'(x+\theta)$, $0 < \theta < 1$．ゆえに，$x \to \infty$ のとき $x + \theta \to \infty$．したがって，$\lim_{x\to\infty}\{f(x+1) - f(x)\} = \lim_{x\to\infty} f'(x+\theta) = a$．$\lim_{x\to\infty}\{f(x+2) - f(x)\} = \lim_{x\to\infty} f'(x+2\theta)\cdot 2 = 2a$.

7．$\lim_{\rho\to 0} Q_\rho(K, L) = e^{\lim_{\rho\to 0}\log Q_\rho(K,L)}$ より，まず，$\lim_{\rho\to 0}\log Q_\rho(K, L)$ を計算する．ロピタルの定理と微分公式 $(a^x)' = a^x \log_e a$ を使って，

$$
\begin{aligned}
&\lim_{\rho\to 0}\log Q_\rho(K, L) = \lim_{\rho\to 0}\Big[\log A - \frac{\log(\delta K^{-\rho} + (1-\delta)L^{-\rho})}{\rho}\Big] \\
&= \log A - \lim_{\rho\to 0}\frac{-\delta K^{-\rho}\log K - (1-\delta)L^{-\rho}\log L}{\delta K^{-\rho} + (1-\delta)L^{-\rho}} \\
&= \log A + \frac{\delta\log K + (1-\delta)\log L}{\delta + (1-\delta)} = \log(AK^\delta L^{1-\delta})
\end{aligned}
$$

よって，$\lim_{\rho\to 0} Q_\rho(K, L) = e^{\log(AK^\delta L^{1-\delta})} = AK^\delta L^{1-\delta}$（これを $Q_0(K, L)$ とおく）.

8．(1) $f \in C^2$ について，$x = -1$, $x = 1$ 以外では $f \in C^2$ は明らかである．$x = -1$, $x = 1$ の場合を調べる．

$f \in C^0$．左側極限 $\lim_{x\to -1-0} f(x) = -1 - \frac{3}{10} + 3 + 1 - 3 - \frac{3}{2} + \frac{9}{5} = 0$，右側極限 $\lim_{x\to -1+0} f(x) = 0$ であるから，極限 $\lim_{x\to -1} f(x) = 0 = f(-1)$，すなわち，$f$ は $x = -1$ で連続．

左側極限 $\lim_{x\to 1-0} f(x) = 0$, 右側極限 $\lim_{x\to 1+0} f(x) = -1 + \frac{3}{10} + 3 - 1 - 3 + \frac{3}{2} + \frac{1}{5} = 0$ であるから，極限 $\lim_{x\to 1} f(x) = 0 = f(1)$，すなわち，$f$ は $x = 1$ で連続．したがって，$f \in C^0$.

<u>$f \in C^1$</u>.

$$f'(x) = \begin{cases} -6x^5 + \frac{3}{2}x^4 + 12x^3 - 3x^2 - 6x + \frac{3}{2} & (x < -1 \text{ または } x > 1) \\ 0 & (-1 < x < 1) \end{cases}$$

また，$\lim_{h \to +0} \frac{f(-1+h)-f(-1)}{h} = \lim_{h \to +0} \frac{0-0}{h} = 0$，$\lim_{h \to -0} \frac{f(-1+h)-f(-1)}{h}$
$= \lim_{h \to -0} \frac{\{-(-1+h)^6 + \frac{3}{10}(-1+h)^5 + 3(-1+h)^4 - (-1+h)^3 - 3(-1+h)^2 + \frac{3}{2}(-1+h) + \frac{9}{5}\} - 0}{h}$
$= \lim_{h \to -0} \frac{-(1-6h) + \frac{3}{10}(-1+5h) + 3(1-4h) - (-1+3h) - 3(1-2h) + \frac{3}{2}(-1+h) + \frac{9}{5}}{h}$
$= \lim_{h \to -0} \frac{(-1-\frac{3}{10}+3+1-3-\frac{3}{2}+\frac{9}{5}) + (6+\frac{15}{10}-12-3+6+\frac{3}{2})h}{h} = \lim_{h \to -0} \frac{0+0h}{h} = 0$，
すなわち $f'(-1) = \lim_{h \to 0} \frac{f(-1+h)-f(-1)}{h} = 0$，同様に $f'(1) = 0$，$\lim_{x \to -1-0} f'(x) = 6 + \frac{3}{2} - 12 - 3 + 6 + \frac{3}{2} = 0$，$\lim_{x \to -1+0} f'(x) = 0$．よって，$\lim_{x \to -1} f'(x) = 0 = f'(-1)$，$\lim_{x \to 1-0} f'(x) = 0$，$\lim_{x \to 1+0} f'(x) = -6 + \frac{3}{2} + 12 - 3 - 6 + \frac{3}{2} = 0$．よって，$\lim_{x \to 1} f'(x) = 0 = f'(1)$．したがって，$f \in C^1$．

<u>$f \in C^2$</u>.

$$f''(x) = \begin{cases} -30x^4 + 6x^3 + 36x^2 - 6x - 6 & (x < -1 \text{ または } x > 1) \\ 0 & (-1 < x < 1) \end{cases}$$

また，$\lim_{h \to +0} \frac{f'(-1+h)-f'(-1)}{h} = \lim_{h \to +0} \frac{0-0}{h} = 0$，$\lim_{h \to -0} \frac{f'(-1+h)-f'(-1)}{h}$
$= \lim_{h \to -0} \frac{-6(-1+h)^5 + \frac{3}{2}(-1+h)^4 + 12(-1+h)^3 - 3(-1+h)^2 - 6(-1+h) + \frac{3}{2} - 0}{h}$
$= \lim_{h \to -0} \frac{-6(-1+5h) + \frac{3}{2}(1-4h) + 12(-1+3h) - 3(1-2h) - 6(-1+h) + \frac{3}{2}}{h}$
$= \lim_{h \to -0} \frac{(6+\frac{3}{2}-12-3+6+\frac{3}{2}) + (-30-6+36+6-6)h}{h} = \lim_{h \to -0} \frac{0+0h}{h} = 0$.
すなわち $f''(-1) = \lim_{h \to 0} \frac{f'(-1+h)-f'(-1)}{h} = 0$，同様に $f''(1) = 0$，
$\lim_{x \to -1-0} f''(x) = -30-6+36+6-6 = 0$，$\lim_{x \to -1+0} f''(x) = 0$．よって，$\lim_{x \to -1} f''(x) = 0 = f''(-1)$．$\lim_{x \to 1-0} f''(x) = 0$，$\lim_{x \to 1+0} f''(x) = -30 + 6 + 36 - 6 - 6 = 0$．よって，$\lim_{x \to 1} f''(x) = 0 = f''(1)$．したがって，$f \in C^2$．

(2) 凹凸性，準凹準凸性について $\lim_{x \to -1} f''(x) = \lim_{x \to 1} f''(x) = 0$ であるから，$-30x^4 + 6x^3 + 36x^2 - 6x - 6$ は $(x-1)$ と $(x+1)$ で割り切れる．$-30x^4 + 6x^3 + 36x^2 - 6x - 6 = (x^2-1)(-30x^2 + 6x + 6)$ であり，$-30x^2 + 6x + 6 = 0$ の解は，$x = \frac{-3 \pm \sqrt{3^2+180}}{-30}$ であり，$13^2 < 189 < 14^2$ であるから $-1 < x < 1$ である（すなわち，解なし）．したがって，$-30x^4 + 6x^3 + 36x^2 - 6x - 6 = 0$ の解は $x = -1$，または $x = 1$ である．また，$f''(x) = 0$ $(-1 \leq x \leq 1)$ であるから f は R 全体で凹であるが，狭義の凹ではない．また，凸ではない．

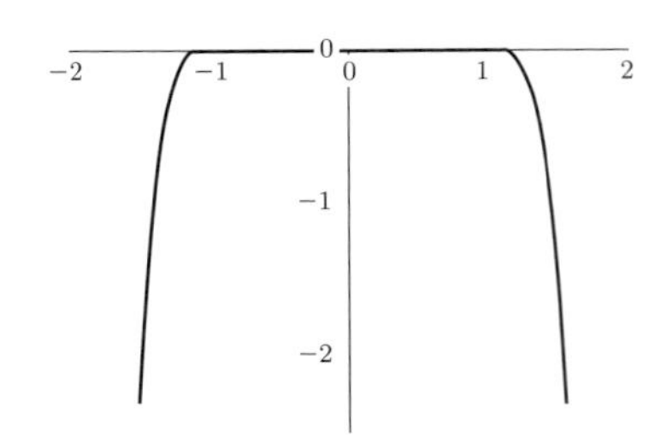

図 7.11　狭義の準凹ではないが凹な関数

$\lim_{x\to-1} f'(x) = \lim_{x\to 1} f'(x) = 0$ であるから，$-6x^5 + \frac{3}{2}x^4 + 12x^3 - 3x^2 - 6x + \frac{3}{2}$ は $(x-1)$ と $(x+1)$ で割り切れる．$-6x^5 + \frac{3}{2}x^4 + 12x^3 - 3x^2 - 6x + \frac{3}{2} = (x^2-1)(-6x^3 + \frac{3}{2}x^2 + 6x + -\frac{3}{2})$ であり，$(-6x^3 + \frac{3}{2}x^2 + 6x + -\frac{3}{2})$ もまた，$(x-1)$ と $(x+1)$ で割り切れ，$(-6x^3 + \frac{3}{2}x^2 + 6x + -\frac{3}{2}) = (x^2-1)(-6x + \frac{3}{2})$ であるから，$f'(x) = (x-1)^2(x+1)^2(-6x + \frac{3}{2})$ であり，$-6x + \frac{3}{2} = 0$ の解は $-1 < x < 1$ である（すなわち，解なし）．したがって，$-6x^5 + \frac{3}{2}x^4 + 12x^3 - 3x^2 - 6x + \frac{3}{2}$ の解は $x = -1$，または $x = 1$ である．また，$f'(x) = 0\ (-1 \le x \le 1)$ であるから f は $x < -1$ で増加，$x > 1$ で減少，$-1 \le x \le 1$ で定数値である．したがって，f は R 全体で準凹であるが，狭義の準凹ではない．また，準凸ではない．

（注）　$x_1, x_2 \in \mathbf{R}$ $(x_1 < x_2,\ I = (x_1, x_2))$ が $x_1 < x_2 < -1$ または，$1 < x_1 < x_2$ のとき，f は I で凸ではないが，狭義の凹，狭義の準凹かつ狭義の準凸である．$x_1 < -1$ かつ $-1 < x_2 < 1$ または，$-1 < x_1 < 1$ かつ $1 < x_2$ のとき，f は I で凸，狭義の凹，狭義の準凹ではないが，凹，準凹かつ準凸である．$x_1 < -1$ かつ $1 < x_2$ のとき，f は I で凸，狭義の凹，準凸，狭義の準凹ではないが，凹かつ準凹である（図 7.11）．

9．(1) $f'(x) = 3x^2 - 3 = 3(x-1)(x+1)$，$f''(x) = 6x$ より増減–凹凸表は，

x	$-\infty$	$\leftarrow$	-1		0		1	$\rightarrow$	$+\infty$
$f'(x)$		$+$	0	$-$	$-$	$-$	0	$+$	
$f''(x)$		$-$	$-$	$-$	0	$+$	$+$	$+$	
$f(x)$	$-\infty$	$\swarrow$ $\frown$	2 $\frown$	$\searrow$ $\frown$	$\searrow$ 0	$\searrow$ $\smile$	-2 $\smile$	$\nearrow$ $\smile$	$+\infty$

増減–凹凸表より極大値 $f(-1) = 2$，極小値 $f(1) = -2$，変曲点 $f(0) = 0$ である（図 2.9(b)，図 2.9(c) 参照）．

(2) 増減–凹凸表より，f は $x \le -1$ または，$1 \le x$ で狭義の増加，$-1 \le x \le 1$ で

狭義の減少.

(3) 増減–凹凸表より，f は $x \leq 0$ で狭義の凹，$x \geq 0$ で狭義の凸.

(4) $x \leq 1$ と $1 \leq x$ で狭義の準凹，$x \leq -1$ と $-1 \leq x$ で狭義の準凸．ただし，R 全体では準凸でも準凹でもない（図 2.9(b)，図 2.9(c) 参照）.

10. 利潤関数は $\Pi(\ell) = p \cdot f(\ell) - w\ell - C = 3\ell^{\frac{1}{2}} - 2\ell - 10$ である．よって，$\Pi'(\ell) = \frac{3}{2}\ell^{-\frac{1}{2}} - 2$, $\Pi''(\ell) = -\frac{3}{4}\ell^{-\frac{3}{2}} < 0$. $\Pi'(\ell) = 0 \Leftrightarrow \frac{3}{2\sqrt{\ell}} = 2 \Leftrightarrow \frac{3}{4} = \sqrt{\ell} \Leftrightarrow (\frac{3}{4})^2 = \ell$. よって，$\ell^* = (\frac{3}{4})^2 = \frac{9}{16} \Longrightarrow y^* = f((\frac{3}{4})^2) = \frac{3}{4}$.

（注） $f'(\ell) = \frac{1}{2}\ell^{-\frac{1}{2}} > 0$, $f''(\ell) = -\frac{1}{4}\ell^{-\frac{3}{2}} < 0$. すなわち，$f$ は単調増加で凹（上に凸）な関数である.

11. 利潤関数は $\Pi(\ell) = p \cdot f(\ell) - w\ell - C = p \cdot \ell^{\frac{3}{5}} - \ell - 10$ である．よって，$\Pi'(\ell) = \frac{3}{5}p\ell^{-\frac{2}{5}} - 1$, $\Pi''(\ell) = -\frac{6}{25}p\ell^{-\frac{7}{5}} < 0$. したがって，$\Pi$ は R 全体で凹（上に凸）であるから $\Pi'(\ell) = 0 \Leftrightarrow \frac{3p}{5\sqrt[5]{\ell^2}} = 1 \Longrightarrow \frac{3p}{5} = \sqrt[5]{\ell^2} \Longrightarrow \ell^2 = (\frac{3p}{5})^5$.

よって，$\ell^* = (\frac{3p}{5})^{\frac{5}{2}}$. $y^*(p) = f((\frac{3p}{5})^{\frac{5}{2}}) = \{(\frac{3p}{5})^{\frac{5}{2}}\}^{\frac{3}{5}} = (\frac{3p}{5})^{\frac{3}{2}}$.

第 3 章の問題の解答

練習 3.2.1 (1) $z_x = y(1+y^2)^5$, $z_y = x(1+11y^2)(1+y^2)^4$ (2) $z_x = (1+2x)e^{2x+3y}$, $z_y = 3xe^{2x+3y}$ (3) $z_x = \cos(x+y^2)$, $z_y = 2y\cos(x+y^2)$ (4) $z_x = \frac{2xy}{x^2+y^2}$, $z_y = \log(x^2+y^2) + \frac{2y^2}{x^2+y^2}$

練習 3.5.1 合成関数の微分公式から，$F'(t) = \frac{\partial f}{\partial x}(x(t), y(t))\frac{dx}{dt} + \frac{\partial f}{\partial y}(x(t), y(t))\frac{dy}{dt}$, $F''(t)$ については変数 $(x(t), y(t))$，t を省略して書くと，

$$\begin{aligned} F''(t) &= (\frac{\partial^2 f}{\partial x^2}\frac{dx}{dt} + \frac{\partial^2 f}{\partial y \partial x}\frac{dy}{dt}) \cdot \frac{dx}{dt} + (\frac{\partial^2 f}{\partial x \partial y}\frac{dx}{dt} + \frac{\partial^2 f}{\partial y^2}\frac{dy}{dt}) \cdot \frac{dy}{dt} + \frac{\partial f}{\partial x}\frac{d^2 x}{dt^2} + \frac{\partial f}{\partial y}\frac{d^2 y}{dt^2} \\ &= \frac{\partial^2 f}{\partial x^2}(\frac{dx}{dt})^2 + 2\frac{\partial^2 f}{\partial y \partial x}\frac{dx}{dt}\frac{dy}{dt} + \frac{\partial^2 f}{\partial y^2}(\frac{dy}{dt})^2 + \frac{\partial f}{\partial x}\frac{d^2 x}{dt^2} + \frac{\partial f}{\partial y}\frac{d^2 y}{dt^2}. \end{aligned}$$

練習 3.8.1 （**定理 3.8.2 の証明**）

f が準凸関数の場合について証明する．その他も同様である.

$L = \{(x,y)|f(x,y) \leq c\}$ $(\exists c \in R)$ が凸集合でないとすると，$(x_1, y_1), (x_2, y_2)$ で，$(x_1, y_1), (x_2, y_2) \in L$, $(\theta x_1 + (1-\theta)x_2, \theta y_1 + (1-\theta)y_2) \notin L$ $(0 < \exists\theta < 1)$ すなわち，$f(x_1, y_1) \leq c$, $f(x_2, y_2) \leq c$ であるから，$\max\{f(x_1, y_1), f(x_2, y_2)\} \leq c$ であり，一方，$f(\theta x_1 + (1-\theta)x_2, \theta y_1 + (1-\theta)y_2) > c$ $(0 < \exists\theta < 1)$，すなわち $\exists(x_0, y_0) = (\theta x_1 + (1-\theta)x_2, \theta y_1 + (1-\theta)y_2)$ （ただし，$x_1 < x_2$ のときは $x_0 \in (x_1, x_2)$，$x_1 > x_2$ のときは $x_0 \in (x_2, x_1)$，$y_1 < y_2$ のときは $y_0 \in (y_1, y_2)$，$y_1 > y_2$ のときは $y_0 \in (y_2, y_1)$，$x_1 = x_2$ のときは $y_1 \neq y_2$ に注意して，$x_0 = x_1 = x_2$ で $y_1 < y_2$ のときは $y_0 \in (y_1, y_2)$，$y_1 > y_2$ のときは $y_0 \in (y_2, y_1)$，同様に $y_1 = y_2$

のときは $x_1 \neq x_2$ に注意して，$y_0 = y_1 = y_2$ で $x_1 < x_2$ のときは $x_0 \in (x_1, x_2)$, $x_1 > x_2$ のときは $x_0 \in (x_2, x_1)$ とすると）$f(x_0, y_0) > \max\{f(x_1, y_1), f(x_2, y_2)\}$ である．したがって，f は準凸ではない．

逆に $L = \{(x, y) | f(x, y) \leq c\} (\forall c \in R)$ が凸集合だとすると，$(x_1, y_1), (x_2, y_2)$ で，$(x_1, y_1), (x_2, y_2) \in L \Rightarrow (\theta x_1 + (1-\theta)x_2, \theta y_1 + (1-\theta)y_2) \in L$ $(0 < \forall\theta < 1)$．すなわち，$c = \max\{f(x_1, y_1), f(x_2, y_2)\}$ とおけば，$f(x_1, y_1) \leq c, f(x_2, y_2) \leq c$ であるが，$\forall(x_0, y_0) = (\theta x_1 + (1-\theta)x_2, \theta y_1 + (1-\theta)y_2)$ $(0 < \exists\theta < 1), f(x_0, y_0) \leq c$ である．すなわち，f は準凸である．　**証終**

練習 3.8.2　$f(1,1) = 0, f(1,-1) = 0, f(1,0) = 1 > 0$ であるので，$f(\theta\cdot 1+(1-\theta)\cdot 1, \theta\cdot 1+(1-\theta)\cdot(-1)) = f(1, 2\theta-1) = 1-(2\theta-1)^2 = 1-(4\theta^2-4\theta+1) = -4\theta(\theta-1)$．ここで，$0 < \theta < 1$ であるから，$-4\theta(\theta-1) > 0$ であり，$\theta f(1,1)+(1-\theta)f(1,-1) = 0+0 = 0$ であるから，f は凸関数ではない．また，$\max\{f(1,1), f(1,-1)\} = 0$ であるので，f は準凸関数でもない．

$f(1,1) = 0, f(-1,1) = 0, f(0,1) = -1 < 0$ であるので，$f(\theta\cdot 1+(1-\theta)\cdot(-1), \theta\cdot 1+(1-\theta)\cdot 1) = f(2\theta-1, 1) = (2\theta-1)^2-1 = 4\theta^2-4\theta+1-1 = 4\theta(\theta-1)$．ここで，$0 < \theta < 1$ であるから，$4\theta(\theta-1) < 0$ であり，$\theta f(1,1)+(1-\theta)f(-1,1) = 0+0 = 0$ であるから，f は凹関数ではない．また，$\min\{f(1,1), f(-1,1)\} = 0$ であるので，f は準凹関数でもない．

したがって，f は凸関数，準凸関数，凹関数，準凹関数のいずれでもない（例 3.1.1.(4)，図 3.2(4) 参照）．

練習 3.9.1　(1) 利潤関数は $\Pi(\ell, k) = p\cdot f(\ell, k) - w\ell - rk = 2\cdot\ell^{\frac{1}{3}}k^{\frac{1}{2}} - 3\ell - k$ である．$\Pi_\ell(\ell, k) = \frac{2}{3}\ell^{-\frac{2}{3}}k^{\frac{1}{2}} - 3$, $\Pi_k(\ell, k) = \ell^{\frac{1}{3}}k^{-\frac{1}{2}} - 1$, $\Pi_{\ell\ell}(\ell, k) = -\frac{4}{9}\ell^{-\frac{5}{3}}k^{\frac{1}{2}}$, $\Pi_{\ell k}(\ell, k) = \frac{1}{3}\ell^{-\frac{2}{3}}k^{-\frac{1}{2}}$, $\Pi_{k\ell}(\ell, k) = \frac{1}{3}\ell^{-\frac{2}{3}}k^{-\frac{1}{2}}$, $\Pi_{kk}(\ell, k) = -\frac{1}{2}\ell^{\frac{1}{3}}k^{-\frac{3}{2}}$.

極値の候補（必要条件を満たす点）を求める．$\Pi_\ell(\ell, k) = 0$, $\Pi_k(\ell, k) = 0 \Longrightarrow$ (1) $\ell^{-\frac{2}{3}}k^{\frac{1}{2}} = \frac{3^2}{2}$, (2) $\ell^{\frac{1}{3}}k^{-\frac{1}{2}} = 1 \Rightarrow$ (1) $\times$ (2)：$\ell^{-\frac{1}{3}} = \frac{3^2}{2} \Longrightarrow \ell^{\frac{1}{3}} = \frac{2}{3^2} \Rightarrow \ell = (\frac{2}{3^2})^3$．一方，(2) より $\ell^{\frac{1}{3}}k^{-\frac{1}{2}} = 1 \Rightarrow \frac{2}{3^2}k^{-\frac{1}{2}} = 1 \Rightarrow k^{-\frac{1}{2}} = \frac{3^2}{2} \Rightarrow k = (\frac{2}{3^2})^2$．よって，$(\ell^*, k^*) = ((\frac{2}{3^2})^3, (\frac{2}{3^2})^2)$.

判別する．

$$\Delta_2(\ell^*, k^*) = \begin{vmatrix} \Pi_{\ell\ell}(\ell^*, k^*) & \Pi_{\ell k}(\ell^*, k^*) \\ \Pi_{k\ell}(\ell^*, k^*) & \Pi_{kk}(\ell^*, k^*) \end{vmatrix} = \begin{vmatrix} -\frac{4}{9}\ell^{*-\frac{5}{3}}k^{*\frac{1}{2}} & \frac{1}{3}\ell^{*-\frac{2}{3}}k^{*-\frac{1}{2}} \\ \frac{1}{3}\ell^{*-\frac{2}{3}}k^{*-\frac{1}{2}} & -\frac{1}{2}\ell^{*\frac{1}{3}}k^{*-\frac{3}{2}} \end{vmatrix} =$$

$(-\frac{4}{9})\cdot(-\frac{1}{2})\ell^{*-\frac{4}{3}}k^{*-\frac{2}{2}} - (\frac{1}{3})^2\ell^{*-\frac{4}{3}}k^{*-1} = (\frac{2}{9} - \frac{1}{9})\ell^{*-\frac{4}{3}}k^{*-1} > 0$, $\Delta_1(\ell^*, k^*) = \Pi_{\ell\ell}(\ell^*, k^*) = -\frac{4}{9}\ell^{*-\frac{5}{3}}k^{*\frac{1}{2}} < 0$ より $\Pi(\ell, k)$ は上に凸だから $\Pi((\frac{2}{3^2})^3, (\frac{2}{3^2})^2)$ は極大値．$y^* = f(\ell^*, k^*) = (\ell^*)^{\frac{1}{3}}(k^*)^{\frac{1}{2}} = \frac{2}{3^2}\frac{2}{3^2} = \frac{2^2}{3^4}$.

(2) 利潤関数は $\Pi(\ell, k) = p\cdot f(\ell, k) - w\ell - rk = 4\cdot\ell^{\frac{1}{2}}k^{\frac{3}{4}} - 2\ell - 3k$ であ

る．$\Pi_\ell(\ell,k) = 2\ell^{-\frac{1}{2}}k^{\frac{3}{4}} - 2$, $\Pi_k(\ell,k) = 3\ell^{\frac{1}{2}}k^{-\frac{1}{4}} - 3$, $\Pi_{\ell\ell}(\ell,k) = -\ell^{-\frac{3}{2}}k^{\frac{3}{4}}$, $\Pi_{\ell k}(\ell,k) = \frac{3}{2}\ell^{-\frac{1}{2}}k^{-\frac{1}{4}}$, $\Pi_{k\ell}(\ell,k) = \frac{3}{2}\ell^{-\frac{1}{2}}k^{-\frac{1}{4}}$, $\Pi_{kk}(\ell,k) = -\frac{3}{4}\ell^{\frac{1}{2}}k^{-\frac{5}{4}}$.

極値の候補 (必要条件を満たす点) を求める．$\Pi_\ell(\ell,k) = 0$, $\Pi_k(\ell,k) = 0 \Longrightarrow$ (1) $\ell^{-\frac{1}{2}}k^{\frac{3}{4}} = 1$, (2) $\ell^{\frac{1}{2}}k^{-\frac{1}{4}} = 1 \Rightarrow$ (1) $\times$ (2)：$k^{\frac{1}{2}} = 1 \Longrightarrow k = 1$.

一方，(2) より $\ell^{\frac{1}{2}}k^{-\frac{1}{4}} = \ell^{\frac{1}{2}} = 1 \Longrightarrow \ell = 1$. よって，$(\ell^*, k^*) = (1,1)$.

判別する．

$$\Delta_2(\ell^*,k^*) = \begin{vmatrix} \Pi_{\ell\ell}(\ell^*,k^*) & \Pi_{\ell k}(\ell^*,k^*) \\ \Pi_{k\ell}(\ell^*,k^*) & \Pi_{kk}(\ell^*,k^*) \end{vmatrix} = \begin{vmatrix} -\ell^{*-\frac{3}{2}}k^{*\frac{3}{4}} & \frac{3}{2}\ell^{*-\frac{1}{2}}k^{*-\frac{1}{4}} \\ \frac{3}{2}\ell^{*-\frac{1}{2}}k^{*-\frac{1}{4}} & -\frac{3}{4}\ell^{*\frac{1}{2}}k^{*-\frac{5}{4}} \end{vmatrix} =$$

$\begin{vmatrix} -1 & \frac{3}{2} \\ \frac{3}{2} & -\frac{3}{4} \end{vmatrix} = \frac{3}{4} - \frac{9}{4} < 0$ だから，f は極値をもたない．

練習 3.9.2 利潤関数は $\Pi(\ell,k) = p \cdot f(\ell,k) - w\ell - rk = p \cdot \ell^{\frac{2}{5}}k^{\frac{1}{2}} - 2\ell - 3k$ である．$\Pi_\ell(\ell,k) = \frac{2}{5}p\ell^{-\frac{3}{5}}k^{\frac{1}{2}} - 2$, $\Pi_k(\ell,k) = \frac{1}{2}p\ell^{\frac{2}{5}}k^{-\frac{1}{2}} - 3$, $\Pi_{\ell\ell}(\ell,k) = -\frac{6}{25}p\ell^{-\frac{8}{5}}k^{\frac{1}{2}}$, $\Pi_{\ell k}(\ell,k) = \frac{1}{5}p\ell^{-\frac{3}{5}}k^{-\frac{1}{2}}$, $\Pi_{k\ell}(\ell,k) = \frac{1}{5}p\ell^{-\frac{3}{5}}k^{-\frac{1}{2}}$, $\Pi_{kk}(\ell,k) = -\frac{1}{4}p\ell^{\frac{2}{5}}k^{-\frac{3}{2}}$.

極値の候補 (必要条件を満たす点) を求める．$\Pi_\ell(\ell,k) = 0$, $\Pi_k(\ell,k) = 0 \Longrightarrow$ (1) $\ell^{-\frac{3}{5}}k^{\frac{1}{2}}p = 5$, (2) $\ell^{\frac{2}{5}}k^{-\frac{1}{2}}p = 2\cdot 3 \Rightarrow$ (1) $\times$ (2)：$\ell^{-\frac{1}{5}}p^2 = 2\cdot 3\cdot 5 \Longrightarrow \ell^{\frac{1}{5}} = \frac{p^2}{2\cdot 3\cdot 5} \Rightarrow \ell = (\frac{p^2}{2\cdot 3\cdot 5})^5 = \frac{p^{10}}{2^5\cdot 3^5\cdot 5^5}$.

一方，(2) より $(\frac{p^2}{2\cdot 3\cdot 5})^2 \cdot k^{-\frac{1}{2}} \cdot p = 2\cdot 3$ より $k^{\frac{1}{2}} = \frac{p^5}{2^3 3^3 5^2} \Longrightarrow k = \frac{p^{10}}{2^6 3^6 5^4}$. よって，$(\ell^*, k^*) = \left(\frac{p^{10}}{2^5 3^5 5^5}, \frac{p^{10}}{2^6 3^6 5^4}\right)$.

判別する．

$$\Delta_2(\ell^*,k^*) = \begin{vmatrix} \Pi_{\ell\ell}(\ell^*,k^*) & \Pi_{\ell k}(\ell^*,k^*) \\ \Pi_{k\ell}(\ell^*,k^*) & \Pi_{kk}(\ell^*,k^*) \end{vmatrix} = \begin{vmatrix} -\frac{6}{25}p\ell^{*-\frac{8}{5}}k^{*\frac{1}{2}} & \frac{1}{5}p\ell^{*-\frac{3}{5}}k^{*-\frac{1}{2}} \\ \frac{1}{5}p\ell^{*-\frac{3}{5}}k^{*-\frac{1}{2}} & -\frac{1}{4}p\ell^{*\frac{2}{5}}k^{*-\frac{3}{2}} \end{vmatrix} =$$

$(\frac{6}{100})\ell^{*-\frac{6}{5}}k^{*-1}p^2 - (\frac{1}{25})\ell^{*-\frac{6}{5}}k^{*-1}p^2 > 0$, $\Delta_1(\ell^*,k^*) = \Pi_{\ell\ell}(\ell^*,k^*) = -\frac{6}{25}p\ell^{*-\frac{8}{5}}k^{*\frac{1}{2}} < 0$ より $\Pi(\ell,k)$ は凹（上に凸）だから，$\Pi\left(\frac{p^{10}}{2^5 3^5 5^5}, \frac{p^{10}}{2^6 3^6 5^4}\right)$ は極大値．$y^*(p) = f(\ell^*,k^*) = (\ell^*)^{\frac{2}{5}}(k^*)^{\frac{1}{2}} = \frac{p^4}{2^2 3^2 5^2}\frac{p^5}{2^3 3^3 5^2} = \frac{p^9}{2^5 3^5 5^4}$.

練習 3.10.1

(1) $5x + 3y = 60$，すなわち，$g(x,y) = 60 - 5x - 3y = 0$.

（注） $g(x,y) = 5x + 3y - 60 = 0$ としても正しい結果が得られる．

(2) $\mathcal{L} = f(x,y) - \lambda g(x,y) = x^{\frac{1}{2}}y - \lambda(60 - 5x - 3y)$.

（注）(1) の注にあるように，$\mathcal{L} = f(x,y) - \lambda(5x + 3y - 60) = f(x,y) + \lambda(60 - 5x - 3y)$ としても，正しい結果が得られるが，ラグランジュ乗数 λ の値の符号は逆になる．

(3) 1 階の条件は以下のとおりである．

$\mathcal{L}_x = \frac{1}{2}x^{-\frac{1}{2}}y + 5\lambda = 0$　　(A)

$\mathcal{L}_y = x^{\frac{1}{2}} + 3\lambda = 0$　　(B)

$\mathcal{L}_\lambda = -(60 - 5x - 3y) = 0$　　(C)

(4) (B) より，$x^{\frac{1}{2}} = -3\lambda \Rightarrow x = 9\lambda^2$．(A) より $\frac{1}{2}\left(\frac{1}{-3\lambda}\right)y = -5\lambda \Rightarrow y = 30\lambda^2$．(C) に代入して，$60 - 45\lambda^2 - 90\lambda^2 = 0 \Rightarrow \lambda^2 = \frac{60}{135} = \frac{4}{9} \Rightarrow x = 4,\ y = \frac{40}{3}$．また，$\lambda = \pm\frac{2}{3}$ であるが，(B) より $\lambda = -\frac{2}{3}$．これは，(A)，(B)，(C) をみたす．$(x,y) = \left(4, \frac{40}{3}\right)$．

(5) ラグランジュ関数の縁付ヘッセ行列式（Bordered Hessian）は

$$|B(x,y,\lambda)| = \begin{vmatrix} 0 & g_x(x,y) & g_y(x,y) \\ g_x(x,y) & \mathcal{L}_{xx}(x,y,\lambda) & \mathcal{L}_{xy}(x,y,\lambda) \\ g_y(x,y) & \mathcal{L}_{yx}(x,y,\lambda) & \mathcal{L}_{yy}(x,y,\lambda) \end{vmatrix} = \begin{vmatrix} 0 & -5 & -3 \\ -5 & -\frac{1}{4}x^{-\frac{3}{2}}y & \frac{1}{2}x^{-\frac{1}{2}} \\ -3 & \frac{1}{2}x^{-\frac{1}{2}} & 0 \end{vmatrix}$$

$= \frac{15}{2}x^{-\frac{1}{2}} + \frac{15}{2}x^{-\frac{1}{2}} + \frac{9}{4}x^{-\frac{3}{2}}y = 15x^{-\frac{1}{2}} + \frac{9}{4}x^{-\frac{3}{2}}y > 0$．

よって，与えられた予算制約の下で f は，$(x,y) = \left(4, \frac{40}{3}\right)$ で極大値をとる（効用関数を極大化する）．

第 3 章の章末問題

1．根号内非負であればよいので，直線 $y = x$ と円 $x^2 + y^2 = 1$ で分割される陰影部の境界を含む領域（図 7.12）である．

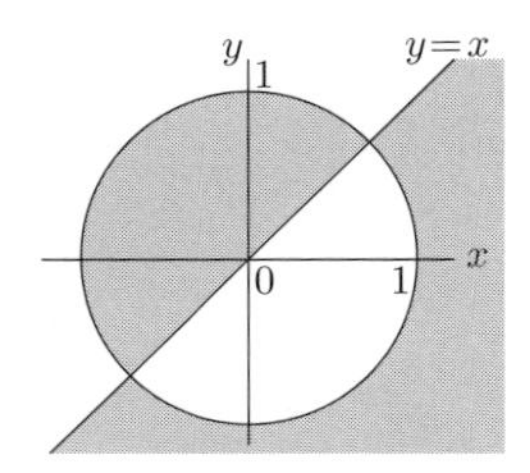

図 7.12　第 3 章の章末問題 1. の定義域

2．以下与えられた関数を z と書き，$z_x, z_y, z_{xx}, z_{xy}, z_{yy}$ の順に書く．2 階の偏導関数は計算が面倒になる場合もある．まずは 1 階を計算して，2 階は後でやってもよい．また，微分の練習が十分な人は省略も可である．

(1) $-\frac{y}{(x+y)^2}$，$\frac{x}{(x+y)^2}$，$\frac{2y}{(x+y)^3}$，$\frac{-x+y}{(x+y)^3}$，$-\frac{2x}{(x+y)^3}$

(2) $\frac{3}{2\sqrt{3x+y^2}}$，$\frac{y}{\sqrt{3x+y^2}}$，$\frac{-9}{4(3x+y^2)\sqrt{3x+y^2}}$，$\frac{-3y}{2(3x+y^2)\sqrt{3x+y^2}}$，$\frac{3x}{(3x+y^2)\sqrt{3x+y^2}}$

(3) $(1-2xy)e^{-2xy}$，$-2x^2e^{-2xy}$，$-4y(1-xy)e^{-2xy}$，$-4x(1-xy)e^{-2xy}$，$4x^3e^{-2xy}$

(4) $y(\sin(x-y)+x\cos(x-y))$, $x(\sin(x-y)-y\cos(x-y))$, $y(2\cos(x-y)-x\sin(x-y))$, $(1+xy)\sin(x-y)+(x-y)\cos(x-y)$, $-x(2\cos(x-y)+y\sin(x-y))$

(5) $2\log(x^2+y^2+1)+\frac{2x(2x-3y)}{x^2+y^2+1}$, $-3\log(x^2+y^2+1)+\frac{2y(2x-3y)}{x^2+y^2+1}$, $\frac{2(2x^3+3x^2y+6xy^2-3y^3+6x-3y)}{(x^2+y^2+1)^2}$, $-\frac{2(3x^3+2x^2y-3xy^2-2y^3+3x-2y)}{(x^2+y^2+1)^2}$, $\frac{2(2x^3-9x^2y-2xy^2-3y^3+2x-9y)}{(x^2+y^2+1)^2}$

3. $\lim_{h\to 0}\frac{f(0+h,0)-f(0,0)}{h}$ が存在すれば $(0,0)$ で x について偏微分可能であり，存在しなければ偏微分可能でない．$\lim_{h\to 0}\frac{f(0+h,0)-f(0,0)}{h}=\lim_{h\to 0}\frac{\frac{h\cdot 0+0^2}{h^2+0^2}-0}{h}=\lim_{h\to 0}\frac{0}{h}=0$ より，偏微分可能である．y については，$\lim_{k\to 0}\frac{f(0,0+k)-f(0,0)}{k}=\lim_{k\to 0}\frac{\frac{0\cdot k+k^2}{0^2+k^2}-0}{k}=\lim_{k\to 0}\frac{1}{k}$ で，$\lim_{k\to 0}\frac{1}{k}$ は存在しない（なぜなら，$k\to 0+$ ならば $\frac{1}{k}\to+\infty$ で，$k\to 0-$ ならば $\frac{1}{k}\to-\infty$ だから）ので $(0,0)$ で y について偏微分可能でない．

4. (1) h,k に依存しない定数 α,β が存在して，$f(a+h,b+k)=f(a,b)+\alpha h+\beta k+\varepsilon(h,k)$, $\frac{\varepsilon(h,k)}{\sqrt{h^2+k^2}}\to 0\ (h,k\to 0)$ となること．

(2) (i) 接平面 $z-6=3(x-2)+2(y-3)$，単位法線ベクトル $\pm\frac{1}{\sqrt{14}}(3,2,-1)$，(ii) 接平面 $z-2=6(x-1)+9(y-2)$，単位法線ベクトル $\pm\frac{1}{\sqrt{118}}(6,9,-1)$，(iii) 接平面 $z-1=y-3$，単位法線ベクトル $\pm\frac{1}{\sqrt{2}}(0,1,-1)$.

5. (1) $z_x=-\frac{1}{x^2}f(\frac{y}{x})-\frac{y}{x^3}f'(\frac{y}{x})$, $z_y=\frac{1}{x^2}f'(\frac{y}{x})$ より, $xz_x+yz_y+z=0$. また, z は (-1) 次の同次関数なので, オイラーの定理（定理 3.5.2）を使って $xz_x+yz_y+z=0$ を得る．もし，$z=x^\alpha y^\beta f\left(\frac{y}{x}\right)$ ならば $xz_x+yz_y-(\alpha+\beta)z=0$ となる．

(2) $z=\frac{1}{2}\log(x^2+y^2)$ として，$z_x=\frac{x}{x^2+y^2}$, $z_{xx}=\frac{-x^2+y^2}{(x^2+y^2)^2}$. 同様に，$z_{yy}=\frac{x^2-y^2}{(x^2+y^2)^2}$. ゆえに，$z_{xx}+z_{yy}=0$.

(3) 合成関数の微分法を使って，$z_t=-af'(x-at)$, $z_{tt}=(-a)^2f''(x-at)$. 同様に，$z_x=f'(x-at)$, $z_{xx}=f''(x-at)$ $\therefore z_{tt}-a^2z_{xx}=0$.

(4) $u=\frac{1}{2\sqrt{\pi}}t^{-\frac{1}{2}}e^{-\frac{x^2}{4t}}$ より，$u_x=\frac{1}{2\sqrt{\pi}}t^{-\frac{1}{2}}e^{-\frac{x^2}{4t}}(-\frac{2x}{4t})=-\frac{1}{4\sqrt{\pi}}t^{-\frac{3}{2}}xe^{-\frac{x^2}{4t}}$, $u_{xx}=-\frac{1}{4\sqrt{\pi}}t^{-\frac{3}{2}}(e^{-\frac{x^2}{4t}}+xe^{-\frac{x^2}{4t}}(-\frac{2x}{4t}))=-\frac{e^{-\frac{x^2}{4t}}}{4\sqrt{\pi}}\cdot\frac{1}{t\sqrt{t}}(1-\frac{x^2}{2t})$, $u_t=\frac{1}{2\sqrt{\pi}}(-\frac{1}{2}t^{-\frac{3}{2}}e^{-\frac{x^2}{4t}}+t^{-\frac{1}{2}}e^{-\frac{x^2}{4t}}\cdot\frac{x^2}{4t^2})=\frac{e^{-\frac{x^2}{4t}}}{4\sqrt{\pi}}\cdot\frac{1}{t\sqrt{t}}(-1+\frac{x^2}{2t})$. よって，$u_t=u_{xx}$. この (4) がスラスラ計算できればかなり計算力があると思ってよい．ついでながら，(2) の $z_{xx}+z_{yy}=0$ はラプラス方程式，(3) の $z_{tt}-a^2z_{xx}=0$ は波動方程式，(4) の $u_t=u_{xx}$ は熱伝導方程式と呼ばれる典型的な 2 階の偏微分方程式である．

6. x で偏微分するときは y を定数とみなして微分をしているので，$\frac{\partial f}{\partial x}(x,y)=0$

ならば $f(x,y)=C(y)$（C は任意関数）と書ける．$\frac{\partial^2 f}{\partial x\partial y}(x,y)=\frac{\partial}{\partial x}(\frac{\partial f}{\partial y})(x,y)=0$ より，$\frac{\partial f}{\partial y}=C(y)$．よって，$f(x,y)=C_1(x)+C_2(y)$（$C_1, C_2$ は任意関数）と書ける．ここに，${C_2}'(y)=C(y)$．

7. $f(x,y) \fallingdotseq f(0,0)+f_x(0,0)x+f_y(0,0)y+\frac{1}{2}(f_{xx}(0,0)x^2+2f_{xy}(0,0)xy+f_{yy}(0,0)y^2)$ を使えばよい．

8. (1) $(\frac{2}{3},\frac{1}{3})$ で極小値 $-\frac{1}{3}$ をとる．

(2) $(1,1)$ で極小値 -1 をとる．実際，$f_x=3x^2-3y$, $f_y=3y^2-3x$．$f_x=f_y=0$ とおいて，$f_x=0$ より $y=x^2$．これを $f_y=0$ に代入して，$x^4-x=0$, $x(x^3-1)=0$, $x=0,1$ を得る．よって，極値をとる点の候補として $(x,y)=(0,0)$, $(1,1)$ が求まる．$f_{xx}=6x$, $f_{xy}=-3$, $f_{yy}=6y$ $\therefore$ $|H(0,0)|=\begin{vmatrix} 0 & -3 \\ -3 & 0 \end{vmatrix}=-9<0$. よって $(0,0)$ で極値をとらない（鞍点!）．$|H(1,1)|=\begin{vmatrix} 6 & -3 \\ -3 & 6 \end{vmatrix}=36-9>0$, $f_{xx}(1,1)=6>0$．よって $(1,1)$ で極小をとり，極小値 $f(1,1)=1+1-3=-1$．

(3) 極値なし．$f_x=3x^2$, $f_y=-2y$．$f_x=f_y=0$ より，$(0,0)$ が極値をとる点の候補となる．$f_{xx}=6x$, $f_{xy}=0$, $f_{yy}=-2$ $\therefore |H(0,0)|=\begin{vmatrix} 0 & 0 \\ 0 & -2 \end{vmatrix}=0$．よって判定が不可能なケースである．しかし，少し工夫して，$y=0$（x 軸）に沿って x を動かすと，$x>0$ のとき $f(x,0)=x^3>0$ で，$x<0$ のとき $f(x,0)=x^3<0$．よって，$(0,0)$ で極値をとらないことがわかる．

(4) $f_x=f_y=0$ から極値をとる点の候補は $(x,y)=(0,0),(0,1),(0,-1),(1,0),(-1,0),(\frac{1}{2},\frac{1}{2}),(\frac{1}{2},-\frac{1}{2}),(-\frac{1}{2},\frac{1}{2}),(-\frac{1}{2},-\frac{1}{2})$ の 9 点. $|H(0,0)|,|H(0,\pm1)|,|H(\pm1,0)|$ は負で極値にならない．点 $(\pm\frac{1}{2},\pm\frac{1}{2})$ で極小値 $-\frac{1}{8}$，$(\pm\frac{1}{2},\mp\frac{1}{2})$ で極大値 $\frac{1}{8}$ をとる．

9. $L=x+y-\lambda(x^2+2y^2-24)$ とおくと $L_x=1-2\lambda x$, $L_y=1-4\lambda y$, $L_\lambda=-(x^2+2y^2-24)$．$L_x=L_y=L_\lambda=0$ とおく．$L_x=L_y=0$ より，$2\lambda x=1$, $4\lambda y=1$ で，$x,y,\lambda\neq 0$ となるので辺々割り算をして，$\frac{x}{2y}=1$, $x=2y$．$L_\lambda=0$ に代入して $6y^2=24$, $y=\pm2$ $\therefore x=\pm4$, $\lambda=\pm\frac{1}{8}$．$x^2+2y^2=24$ は楕円で，有界閉集合となっているので，定理 3.1.1 より，z は最大値と最小値をとり，かつ極値をとる点の候補が 2 つ．$(x,y,\lambda)=(4,2,\frac{1}{8})$ のとき $z=6$, $(x,y,\lambda)=(-4,-2,-\frac{1}{8})$ のとき $z=-6$．よって，最大値 6，最小値 -6 をとる．また，$\left|B\left(\pm4,\pm2,\pm\frac{1}{8}\right)\right|=\pm36$ を計算してもよい．初等的にも解けて，$y=z-x$ を制約条件に代入して x の 2 次方程式と考え，x が実数であることから判別式 ≥ 0 である．これより $-6\leq z\leq 6$ を得る．

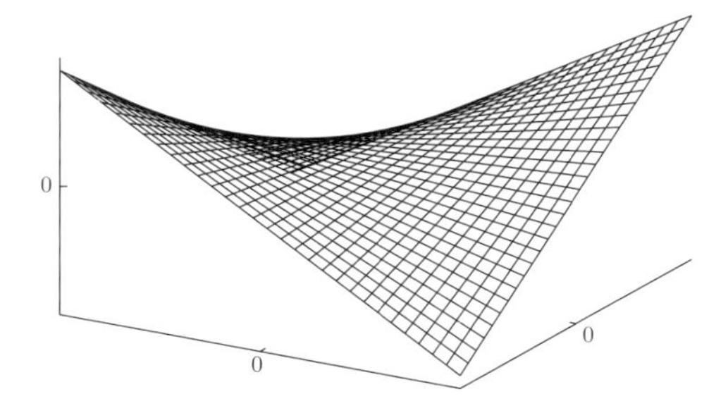

図 7.13　$\mathbf{R}^2$ 全体では準凸でも準凹でもない関数

10．次の 4 個の 4 分の 1 平面（それぞれ境界を含む）で考える．(A) $x \geq 0,\ y \geq 0$, (B) $x \geq 0,\ y \leq 0$, (C) $x \leq 0,\ y \geq 0$, (D) $x \leq 0,\ y \leq 0$.

(A) の場合, $x\!-\!y$ 平面で曲線 $xy = k\ (k \geq 0)$ を描くとき, 曲線より上部では, $xy > k$, 曲線より下部では $xy < k$ となっている．このとき, 曲線より上部の点同士の場合は, その 2 点を結ぶ線分は, 曲線より上部に含まれる．一方, 曲線より下部の点で, 例えば $k > \frac{1}{2}$ のとき, $(k+\frac{1}{2}, \frac{1}{2})$ と $(\frac{1}{2}, k+\frac{1}{2})$ のとき, それらの点では, $f(\frac{1}{2}, k+\frac{1}{2}) = f(k+\frac{1}{2}, \frac{1}{2}) = \frac{2k+1}{4}$ なので，$k - \frac{2k+1}{4} = \frac{2k-1}{4} > 0$，すなわち，$f(\frac{1}{2}, k+\frac{1}{2}) = f(k+\frac{1}{2}, \frac{1}{2}) < k$ であるが，それらの中点 $(\frac{k+1}{2}, \frac{k+1}{2})$ では $(\frac{k+1}{2})^2 = \frac{(k+1)^2}{4} = \frac{k^2+2k+1}{4}$ であるが, $f(\frac{k+1}{2}, \frac{k+1}{2}) - k = \frac{k^2+2k+1}{4} - \frac{4k}{4} = \frac{k^2-2k+1}{4} = \frac{(k-1)^2}{4} > 0$ なので, $f(\frac{k+1}{2}, \frac{k+1}{2}) > k$ である．したがって，f は (A) で狭義の準凹であるが，準凸ではない．したがって，凸ではない．また，直線 $y = x$ 上では $f(x) = x^2$ であるから，その部分で，凹ではない．

同様の分析により，f は (D) で狭義の準凹であるが，凸，凹，準凸ではない．一方，(B) と (C) では狭義の準凸であり，凸，凹，準凹ではない．したがって，$\mathbf{R}^2$ 全体では，f は凸，凹，準凸，準凹のいずれでもない（図 7.13)．

11．利潤関数は $\Pi(\ell, k) = p \cdot f(\ell, k) - w\ell - rk = 6 \cdot \ell^{\frac{1}{2}} k^{\frac{2}{5}} - 5\ell - 4k$ である．$\Pi_\ell(\ell, k) = 3\ell^{-\frac{1}{2}} k^{\frac{2}{5}} - 5$, $\Pi_k(\ell, k) = \frac{12}{5}\ell^{\frac{1}{2}} k^{-\frac{3}{5}} - 4$, $\Pi_{\ell\ell}(\ell, k) = -\frac{3}{2}\ell^{-\frac{3}{2}} k^{\frac{2}{5}}$, $\Pi_{\ell k}(\ell, k) = \frac{6}{5}\ell^{-\frac{1}{2}} k^{-\frac{3}{5}}$, $\Pi_{k\ell}(\ell, k) = \frac{6}{5}\ell^{-\frac{1}{2}} k^{-\frac{3}{5}}$, $\Pi_{kk}(\ell, k) = -\frac{36}{25}\ell^{\frac{1}{2}} k^{-\frac{8}{5}}$.

極値の候補 (必要条件を満たす点) を求める．$\Pi_\ell(\ell, k) = 0,\ \Pi_k(\ell, k) = 0 \Longrightarrow$ (1) $\ell^{-\frac{1}{2}} k^{\frac{2}{5}} = \frac{5}{3}$, (2) $\ell^{\frac{1}{2}} k^{-\frac{3}{5}} = \frac{5}{3} \Rightarrow$ (1) $\times$ (2)：$k^{-\frac{1}{5}} = (\frac{5}{3})^2 \Longrightarrow k = (\frac{3}{5})^{10}$．(1) へ代入：$\ell^{-\frac{1}{2}} \cdot \left\{(\frac{3}{5})^{10}\right\}^{\frac{2}{5}} = \frac{5}{3} \Rightarrow \ell^{-\frac{1}{2}} \cdot (\frac{3}{5})^4 = \frac{5}{3} \Rightarrow \ell^{\frac{1}{2}} = (\frac{3}{5})^5 \Longrightarrow \ell = (\frac{3}{5})^{10}$．よって，$(\ell^*, k^*) = ((\frac{3}{5})^{10}, (\frac{3}{5})^{10})$.

判別する．

$$\Delta_2(\ell^*,k^*) = \begin{vmatrix} \Pi_{\ell\ell}(\ell^*,k^*) & \Pi_{\ell k}(\ell^*,k^*) \\ \Pi_{k\ell}(\ell^*,k^*) & \Pi_{kk}(\ell^*,k^*) \end{vmatrix} = \begin{vmatrix} -\frac{3}{2}\ell^{*-\frac{3}{2}}k^{*\frac{2}{5}} & \frac{6}{5}\ell^{*-\frac{1}{2}}k^{*-\frac{3}{5}} \\ \frac{6}{5}\ell^{*-\frac{1}{2}}k^{*-\frac{3}{5}} & -\frac{36}{25}\ell^{*\frac{1}{2}}k^{*-\frac{8}{5}} \end{vmatrix} =$$

$(-\frac{3}{2})\cdot(-\frac{36}{25})\ell^{*-1}k^{*-\frac{6}{5}} - (\frac{6}{5})^2\ell^{*-1}k^{*-\frac{6}{5}} = (\frac{108}{50} - \frac{36}{25})\ell^{*-1}k^{*-\frac{6}{5}} > 0$, $\Delta_1(\ell^*,k^*) = \Pi_{\ell\ell}(\ell^*,k^*) = -\frac{3}{2}\ell^{*-\frac{3}{2}}k^{*\frac{2}{5}} < 0$ より $\Pi(\ell,k)$ は凹（上に凸）だから，$\Pi((\frac{3}{5})^{10},(\frac{3}{5})^{10})$ は極大値.

$y^* = f(\ell^*,k^*) = (\ell^*)^{\frac{1}{2}}(k^*)^{\frac{2}{5}} = \{(\frac{3}{5})^{10}\}^{\frac{1}{2}}\cdot\{(\frac{3}{5})^{10}\}^{\frac{2}{5}} = (\frac{3}{5})^5\cdot(\frac{3}{5})^4 = (\frac{3}{5})^9$.

12.　利潤関数は $\Pi(\ell,k) = p\cdot f(\ell,k) - w\ell - rk = p\cdot\ell^{\frac{1}{3}}k^{\frac{1}{4}} - 3\ell - 2k$ である．よって，$\Pi_\ell(\ell,k) = \frac{1}{3}p\ell^{-\frac{2}{3}}k^{\frac{1}{4}} - 3$, $\Pi_k(\ell,k) = \frac{1}{4}p\ell^{\frac{1}{3}}k^{-\frac{3}{4}} - 2$, $\Pi_{\ell\ell}(\ell,k) = -\frac{2}{9}p\ell^{-\frac{5}{3}}k^{\frac{1}{4}}$, $\Pi_{\ell k}(\ell,k) = \frac{1}{12}p\ell^{-\frac{2}{3}}k^{-\frac{3}{4}}$, $\Pi_{k\ell}(\ell,k) = \frac{1}{12}p\ell^{-\frac{2}{3}}k^{-\frac{3}{4}}$, $\Pi_{kk}(\ell,k) = -\frac{3}{16}p\ell^{\frac{1}{3}}k^{-\frac{7}{4}}$.

極値の候補 (必要条件を満たす点) を求める．$\Pi_\ell(\ell,k) = 0$, $\Pi_k(\ell,k) = 0 \Longrightarrow$ (1) $\ell^{-\frac{2}{3}}k^{\frac{1}{4}}p = 9 = 3^2$, (2) $\ell^{\frac{1}{3}}k^{-\frac{3}{4}}p = 8 = 2^3 \Rightarrow$ (3) $\ell^{\frac{2}{3}}k^{-\frac{3}{2}}p^2 = (2^3)^2 = 2^6 \Longrightarrow$ (1) $\times$ (3)：$k^{-\frac{5}{4}}p^3 = 2^6\cdot3^2 \Longrightarrow k^{-\frac{5}{4}} = 2^6\cdot3^2\cdot p^{-3} \Longrightarrow k^{-5} = (2^6\cdot3^2\cdot p^{-3})^4 = 2^{24}\cdot3^8\cdot p^{-12} \Rightarrow k^5 = 2^{-24}\cdot3^{-8}\cdot p^{12} \Rightarrow k = 2^{-\frac{24}{5}}3^{-\frac{8}{5}}p^{\frac{12}{5}}$.

一方，$(2)^3$： $\ell\cdot k^{-\frac{9}{4}}\cdot p^3 = (2^3)^3 = 2^9$ より $\ell = k^{\frac{9}{4}}\cdot2^9\cdot p^{-3} = (2^{-\frac{24}{5}}\cdot3^{-\frac{8}{5}}\cdot p^{\frac{12}{5}})^{\frac{9}{4}}\cdot2^9\cdot p^{-3} = 2^{(-\frac{24}{5}\cdot\frac{9}{4}+9)}\cdot3^{(-\frac{8}{5}\cdot\frac{9}{4})}\cdot p^{\frac{12}{5}\cdot\frac{9}{4}-3} = 2^{-\frac{9}{5}}\cdot3^{-\frac{18}{5}}\cdot p^{\frac{12}{5}}$. よって，$(\ell^*,k^*) = \left(2^{-\frac{9}{5}}\cdot3^{-\frac{18}{5}}\cdot p^{\frac{12}{5}},\ 2^{-\frac{24}{5}}\cdot3^{-\frac{8}{5}}\cdot p^{\frac{12}{5}}\right)$.

判別する．

$$\Delta_2(\ell^*,k^*) = \begin{vmatrix} \Pi_{\ell\ell}(\ell^*,k^*) & \Pi_{\ell k}(\ell^*,k^*) \\ \Pi_{k\ell}(\ell^*,k^*) & \Pi_{kk}(\ell^*,k^*) \end{vmatrix} = \begin{vmatrix} -\frac{2}{9}p\ell^{*-\frac{5}{3}}k^{*\frac{1}{4}} & \frac{1}{12}p\ell^{*-\frac{2}{3}}k^{*-\frac{3}{4}} \\ \frac{1}{12}p\ell^{*-\frac{2}{3}}k^{*-\frac{3}{4}} & -\frac{3}{16}p\ell^{*\frac{1}{3}}k^{*-\frac{7}{4}} \end{vmatrix} =$$

$(-\frac{2}{9})\cdot(-\frac{3}{16})\ell^{*-\frac{4}{3}}k^{*-\frac{6}{4}}p^2 - (\frac{1}{12})^2\ell^{*-\frac{4}{3}}k^{*-\frac{6}{4}}p^2 = (\frac{1}{24} - \frac{1}{144})\ell^{*-\frac{4}{3}}k^{*-\frac{6}{4}}p^2 > 0$, $\Delta_1(\ell^*,k^*) = \Pi_{\ell\ell}(\ell^*,k^*) = -\frac{2}{9}p\ell^{*-\frac{5}{3}}k^{*\frac{1}{4}} < 0$ より $\Pi(\ell,k)$ は凹（上に凸）だから，$\Pi\left(2^{-\frac{9}{5}}\cdot3^{-\frac{18}{5}}\cdot p^{\frac{12}{5}},\ 2^{-\frac{24}{5}}\cdot3^{-\frac{8}{5}}\cdot p^{\frac{12}{5}}\right)$ は極大値．$y^*(p) = f(\ell^*,k^*) = (\ell^*)^{\frac{1}{3}}(k^*)^{\frac{1}{4}} = (2^{-\frac{9}{5}}\cdot3^{-\frac{18}{5}}\cdot p^{\frac{12}{5}})^{\frac{1}{3}}\cdot(2^{-\frac{24}{5}}\cdot3^{-\frac{8}{5}}\cdot p^{\frac{12}{5}})^{\frac{1}{4}} = 2^{(-\frac{9}{5})\cdot\frac{1}{3}+(-\frac{24}{5})\cdot\frac{1}{4}}\cdot3^{(-\frac{18}{5})\cdot\frac{1}{3}+(-\frac{8}{5})\cdot\frac{1}{4}}\cdot p^{\frac{12}{5}\cdot\frac{1}{3}+\frac{12}{5}\cdot\frac{1}{4}} = 2^{-\frac{3}{5}-\frac{6}{5}}\cdot3^{-\frac{6}{5}-\frac{2}{5}}\cdot p^{\frac{4}{5}+\frac{3}{5}} = 2^{-\frac{9}{5}}3^{-\frac{8}{5}}p^{\frac{7}{5}}$.

13.　(1) $5x + 3y = 60$，すなわち，$g(x,y) = 60 - 5x - 3y = 0$

（注）　$g(x,y) = 5x + 3y - 60 = 0$ としても正しい結果が得られる．

(2) $\mathcal{L} = f(x,y) - \lambda g(x,y) = x^2y^2 - \lambda(60 - 5x - 3y)$

（注）　(1) の注にあるように，$\mathcal{L} = f(x,y) - \lambda(5x+3y-60) = f(x,y) + \lambda(60-5x-3y)$ としても，正しい結果が得られるが，ラグランジュ乗数 λ の値の符号は逆になる．

(3) $\mathcal{L}_x = 2xy^2 + 5\lambda = 0$　　(A)

$\mathcal{L}_y = 2x^2y + 3\lambda = 0$　　(B)

$\mathcal{L}_\lambda = -(60 - 5x - 3y) = 0$　　(C)

(4) (A) より $\lambda = -\frac{2xy^2}{5}$．(B) に代入して，$2x^2y + 3\left(-\frac{2xy^2}{5}\right) = 0 \Rightarrow 10x^2y -$

$6xy^2 = 0 \Rightarrow 2xy(5x-3y) = 0 \Rightarrow x = 0$ または $y = 0$ または $y = \frac{5}{3}x$. 仮定から $x > 0, y > 0$ であるので, $y = \frac{5}{3}x$. (C) に代入して, $60-5x-5x = 0 \Rightarrow 10x = 60 \Rightarrow x = 6 \rightarrow y = 10 \rightarrow \lambda = -240$. この点は, (A), (B), (C) を満たす. $(x,y) = (6,10)$.

(5) ラグランジュ関数の縁付ヘッセ行列式（Bordered Hessian）は

$$|B(x,y,\lambda)| = \begin{vmatrix} 0 & g_x(x,y) & g_y(x,y) \\ g_x(x,y) & \mathcal{L}_{xx}(x,y,\lambda) & \mathcal{L}_{xy}(x,y,\lambda) \\ g_y(x,y) & \mathcal{L}_{yx}(x,y,\lambda) & \mathcal{L}_{yy}(x,y,\lambda) \end{vmatrix} = \begin{vmatrix} 0 & -5 & -3 \\ -5 & 2y^2 & 4xy \\ -3 & 4xy & 2x^2 \end{vmatrix}$$

$$= 60xy + 60xy - 18y^2 - 50x^2 = 120xy - 18y^2 - 50x^2$$

$$= 120 \cdot 6 \cdot 10 - 18 \cdot 100 - 50 \cdot 36 > 0$$

よって, 与えられた予算制約の下で f は, $(x,y) = (6,10)$ で極大値をとる（効用関数を極大化する）.

第 4 章の問題の解答

練習 4.2.1　(1) $z_x = (1+2x)e^{2x-3y}$, $z_y = -3xe^{2x-3y}$　(2) $z_{x_1} = e^{x_2}$, $z_{x_2} = x_1e^{x_2} - e^{-x_3}$, $z_{x_3} = x_2e^{-x_3}$ (3) $z_{x_1} = \frac{4x_1x_2}{2x_1^2+3x_2^2+4x_3^4}$, $z_{x_2} = \log(2x_1^2+3x_2^2+4x_3^4) + \frac{6x_2^2}{2x_1^2+3x_2^2+4x_3^4}$ $z_{x_3} = \frac{16x_2x_3^3}{2x_1^2+3x_2^2+4x_3^4}$

練習 4.9.1　(1) 4 点 $(1,3), (1,-3), (-1,3), (-1,-3)$ が極値をとる点の候補で, $(1,-3)$ で極小値 -56 をとり, $(-1,3)$ で極大値 60 をとる. $(1,3), (-1,-3)$ では $|H(\pm1,\pm3)| = -216 < 0$ より, 極値をとらない.

(2) 点 $(-1,-1,0)$ が極値をとる点の候補として得られるが, この点で極値とならない. この点で, $H = \begin{pmatrix} 2 & -2 & -4 \\ -2 & 2 & 0 \\ -4 & 0 & 4 \end{pmatrix}$ となって, $|H_1| = 2 > 0$, $|H_2| = 0$, $|H_3| = -32 < 0$. よって, 定理 4.9.1 の条件をともに満たさず, 例 4.9.2 の (i) と同様の議論から, $|H_2| = 0$ より, 2 つの固有値が正で, 1 つが負となることがわかって, この点で極値をとらない.

練習 4.9.2　まずは $(x,y) \neq (0,0)$ として通常の計算をする. $f_x = \frac{2x}{\sqrt{x^2+y^2}} + 2x - 1$, $f_y = \frac{2y}{\sqrt{x^2+y^2}} - 2y$. $f_x = f_y = 0$ とおくと, $f_y = 0$ から $2y(\frac{1}{\sqrt{x^2+y^2}} - 1) = 0$ $\therefore y = 0$ または $x^2+y^2 = 1$. (i) $y = 0$ のとき, $x \neq 0$ に注意して, $\frac{2x}{\sqrt{x^2}} + 2x - 1 = 0$. $\sqrt{x^2} = |x|$ なので, $x > 0, x < 0$ のときに分けて, $x > 0$ のとき $x = -\frac{1}{2} < 0$, $x < 0$ のとき $x = \frac{3}{2} > 0$ となって, ともに解なし. (ii) $x^2+y^2 = 1$ のとき, $f_x = 0$ に代入して, $x = \frac{1}{4}, y = \pm\frac{\sqrt{15}}{4}$. よって, 2 点 $(\frac{1}{4}, \pm\frac{\sqrt{15}}{4})$ が極値をとる点の候補. 十分条件を調べる

ために 2 階偏微分を計算する．$f_{xx} = \frac{2y^2}{(x^2+y^2)\sqrt{x^2+y^2}} + 2$, $f_{xy} = -\frac{2xy}{(x^2+y^2)\sqrt{x^2+y^2}}$, $f_{yy} = \frac{2x^2}{(x^2+y^2)\sqrt{x^2+y^2}} - 2$　$\therefore |H(\frac{1}{4}, \pm\frac{\sqrt{15}}{4})| = \begin{vmatrix} \frac{31}{8} & \mp\frac{\sqrt{15}}{8} \\ \mp\frac{\sqrt{15}}{8} & -\frac{15}{8} \end{vmatrix} < 0$. よって，これらの点で極値をとらない．最後に微分不可能な点 $(0,0)$ で，$f(h,k) - f(0,0)$ を計算する．$(h,k) \neq (0,0)$ で h,k が小さいときつねに正を示せば極小がいえる．$f(h,k) - f(0,0) = 2\sqrt{h^2+k^2} + h^2 - h - k^2 = (\sqrt{h^2+k^2} - h) + (\sqrt{h^2+k^2} - k^2) + h^2$ と変形して，明らかに第 1 項，第 3 項は正（非負）．第 2 項も $|k| < 1$ のとき正．よって，$(0,0)$ で極小で，極小値 0 をとることがわかった．

練習 4.11.1　$u_x = 2(2x+y-3), u_y = 2(x+2y-3)$. $u_x = u_y = 0$ とおいて，$(x,y) = (1,1)$（このとき，$z = 3 - x - y = 1$ となる）．十分条件を調べるために，$u_{xx} = 4, u_{xy} = 2, u_{yy} = 4$ より，$H = \begin{pmatrix} 4 & 2 \\ 2 & 4 \end{pmatrix}$. $|H_1| = 4 > 0, |H_2| = 16 - 4 > 0$ なので，$(x,y) = (1,1)$ で極小で，極小値 $u = 3$ をとる．

練習 4.11.2　(1)　$L(x,y,\lambda) = x + 2y - \lambda(x^2 + 2y^2 - 12)$ とおいて，$\begin{cases} L_x = 1 - \lambda \cdot 2x, \\ L_y = 2 - \lambda \cdot 4y, \\ L_\lambda = -(x^2 + 2y^2 - 12). \end{cases}$ $L_x = L_y = L_\lambda = 0$ とおくと，$(x,y,\lambda) = (2, 2, \frac{1}{4})$，$(-2, -2, -\frac{1}{4})$．十分条件を調べる．$g = x^2 + 2y^2 - 12$ とおいて，$\begin{cases} g_x = 2x, & g_y = 4y, \\ L_{xx} = -2\lambda, & L_{xy} = 0, \\ & L_{yy} = -4\lambda. \end{cases}$ (i) 点 $(2, 2, \frac{1}{4})$ で，$|B| = |B(2, 2, \frac{1}{4})| = 32 + 16 > 0$. よって，この点で極大となり，極大値 $z = 2 + 4 = 6$ をとる．(ii) 点 $(-2, -2, -\frac{1}{4})$ でも同様に，$|B| = -32 - 16 < 0$ となるので，極小で，極小値 $z = -6$ をとる．

(2)　$L(x,y,z,\lambda) = 2x + 3y + z - \lambda(x^2 + y^2 + z^2 - 14)$ とおいて，$\begin{cases} L_x = 2 - 2\lambda x, \\ L_y = 3 - 2\lambda y, \\ L_z = 1 - 2\lambda z, \\ L_\lambda = -(x^2 + y^2 + z^2 - 14). \end{cases}$ $L_x = L_y = L_z = L_\lambda = 0$ とおくと，$(x,y,z,\lambda) = \pm(2, 3, 1, \frac{1}{2})$ が極値をとる点の候補となる．十分条件を調べるために，$g = x^2 + y^2 + z^2 - 14$ とおいて，$\begin{cases} g_x = 2x, & g_y = 2y, & g_z = 2z, \\ L_{xx} = -2\lambda, & L_{xy} = 0, & L_{xz} = 0, \\ & L_{yy} = -2\lambda, & L_{yz} = 0, \\ & & L_{zz} = -2\lambda. \end{cases}$ (i) 点 $(2, 3, 1, \frac{1}{2})$ で，

$|B| = \begin{vmatrix} 0 & 4 & 6 & 2 \\ 4 & -1 & 0 & 0 \\ 6 & 0 & -1 & 0 \\ 2 & 0 & 0 & -1 \end{vmatrix}$．よって，$|B_2| = \begin{vmatrix} 0 & 4 & 6 \\ 4 & -1 & 0 \\ 6 & 0 & -1 \end{vmatrix} = 36 + 16 > 0$，$|B_3| =$
$|B| = \begin{vmatrix} 4 & 4 & 6 & 2 \\ 4 & -1 & 0 & 0 \\ 6 & 0 & -1 & 0 \\ 0 & 0 & 0 & -1 \end{vmatrix}$ ((1 列)+2·(4 列)→(1 列)) $= (-1)\cdot(-1)^{4+4} \begin{vmatrix} 4 & 4 & 6 \\ 4 & -1 & 0 \\ 6 & 0 & -1 \end{vmatrix} =$
$-(4 + 36 + 16) < 0$．つまり，$(-1)^k|B_k| > 0\,(k = 2, 3)$．よって，点 $(2, 3, 1, \frac{1}{2})$ で極大で，極大値 14．(ii) 点 $(-2, -3, -1, -\frac{1}{2})$ で，同様に，$|B_k| < 0\,(k = 2, 3)$ を得て，この点で極小で，極小値 -14．

第 4 章の章末問題

1．(1) $u_x = \frac{2x+y}{x^2+xy+y^2}$，$u_y = \frac{x+2y}{x^2+xy+y^2}$．$du = u_x dx + u_y dy$（以下，全微分 du は同様なので省略する）．点 $(2, 1)$ で，$u = \log 7$，$u_x = \frac{5}{7}$，$u_y = \frac{4}{7}$ より，接平面の式は $u - \log 7 = \frac{5}{7}(x-2) + \frac{4}{7}(y-1)$．単位法線ベクトルは $\pm\frac{1}{3\sqrt{10}}(5, 4, -7)$．

(2) $u_x = -\frac{y^3}{(x^2-y^2)\sqrt{x^2-y^2}}$，$u_y = \frac{x^3}{(x^2-y^2)\sqrt{x^2-y^2}}$．点 $(2, -1)$ で，$u = -\frac{2}{\sqrt{3}}$，$u_x = \frac{1}{3\sqrt{3}}$，$u_y = \frac{8}{3\sqrt{3}}$ より，接平面の式は $u + \frac{2}{\sqrt{3}} = \frac{1}{3\sqrt{3}}(x-2) + \frac{8}{3\sqrt{3}}(y+1)$．単位法線ベクトルは $\pm\frac{1}{2\sqrt{23}}(1, 8, -3\sqrt{3})$．

(3) $u_x = \frac{x}{\sqrt{x^2+y^2+z^2}}$ 等．点 $(1, -2, 3)$ で，$u = \sqrt{14}$，$u_x = \frac{1}{\sqrt{14}}$，$u_y = -\frac{2}{\sqrt{14}}$，$u_z = \frac{3}{\sqrt{14}}$．接平面の式，単位法線ベクトルは $u - \sqrt{14} = \frac{1}{\sqrt{14}}(x-1) - \frac{2}{\sqrt{14}}(y+2) + \frac{3}{\sqrt{14}}(z-3)$，$\pm\frac{1}{2\sqrt{7}}(1, -2, 3, -\sqrt{14})$．

(4) それぞれ求めるものは，$u_x = 2xe^{1+x^2+\frac{1}{2}y^2+2z^3}$，$u_y = ye^{1+x^2+\frac{1}{2}y^2+2z^3}$，$u_z = 6z^2e^{1+x^2+\frac{1}{2}y^2+2z^3}$．点 $(0, 1, -1)$ で，$u = \frac{1}{\sqrt{e}}$，$u_x = 0$，$u_y = \frac{1}{\sqrt{e}}$，$u_z = \frac{6}{\sqrt{e}}$．よって，$u - \frac{1}{\sqrt{e}} = \frac{1}{\sqrt{e}}(y-1) + \frac{6}{\sqrt{e}}(z+1)$，$\pm\frac{1}{\sqrt{37+e}}(0, 1, 6, -\sqrt{e})$．

2．(1) $u = (x^2+y^2+z^2)^{-\frac{1}{2}}$ より，$u_x = -x(x^2+y^2+z^2)^{-\frac{3}{2}}$，$u_{xx} = -(x^2+y^2+z^2)^{-\frac{3}{2}} + 3x^2(x^2+y^2+z^2)^{-\frac{5}{2}} = \frac{2x^2-y^2-z^2}{(x^2+y^2+z^2)^2\sqrt{x^2+y^2+z^2}}$．$u$ は x, y, z の対称式（x, y, z を入替えても式が変わらない式をいう）なので，$u_{yy} = \frac{2y^2-x^2-z^2}{(x^2+y^2+z^2)^2\sqrt{x^2+y^2+z^2}}$，$u_{zz} = \frac{2z^2-x^2-y^2}{(x^2+y^2+z^2)^2\sqrt{x^2+y^2+z^2}}$．よって，$u_{xx} + u_{yy} + u_{zz} = 0$．

(2) $z_x = -\sin(x-y) + \frac{1}{x+y}$，$z_{xx} = -\cos(x-y) - \frac{1}{(x+y)^2}$，$z_y = \sin(x-y) + \frac{1}{x+y}$，$z_{yy} = -\cos(x-y) - \frac{1}{(x+y)^2}$．よって，$z_{xx} - z_{yy} = 0$．

3．(1) $f(\boldsymbol{x}) = c(x_2, \ldots, x_n)$（$c$ は任意関数）．(2) (i) $f(\boldsymbol{x}) = x_1c_1(x_2, \ldots, x_n) +$

$c_2(x_2,\dots,x_n)$（c_1, c_2 は任意関数） (ii) $f(\boldsymbol{x}) = c_1(x_1, x_3, \dots, x_n) + c_2(x_2,\dots,x_n)$（$c_1, c_2$ は任意関数）.

4. (1) $|\lambda E - A| = (\lambda-5)(\lambda-1) = 0$ より，$\lambda = 1, 5$. 固有ベクトルは，$\lambda = 1$ のとき，$c\begin{pmatrix} 1 \\ -1 \end{pmatrix}$（$c$ は任意定数），$\lambda = 5$ のとき，$c\begin{pmatrix} 3 \\ 1 \end{pmatrix}$（$c$ は任意定数）.

(2) A の固有値は $-7, 6$, B の固有値は $0, 2, 3$.

(3) $Q = (x\ y\ z)\begin{pmatrix} 2 & 0 & 0 \\ 0 & 1 & -3 \\ 0 & -3 & 1 \end{pmatrix}\begin{pmatrix} x \\ y \\ z \end{pmatrix}$（$= {}^t\boldsymbol{x}H\boldsymbol{x}$ とおく）. H の固有値を計算して，$\lambda = -2, 2, 4$. 異符号の固有値があるので 2 次形式 Q は不定符号. 別解は，主小行列式を使って，$|H_1| = 2 > 0$, $|H_2| = 2 > 0$, $|H_3| = 2 - 18 < 0$. よって，$|H_3| = \lambda_1\lambda_2\lambda_3 < 0$ となって，2 つの固有値が正で，もう 1 つが負である. もし 3 つとも負ならば，定理 4.8.4 (ii) から，$|H_1| < 0$ であるはずだから.

(4) $Q = (x\ y\ z)\begin{pmatrix} 5 & 1 & 0 \\ 1 & 1 & a \\ 0 & a & 1 \end{pmatrix}\begin{pmatrix} x \\ y \\ z \end{pmatrix}$（$= {}^t\boldsymbol{x}H\boldsymbol{x}$ とおく）. $|H_1| = 5 > 0$, $|H_2| = 5 - 1 > 0$ より，$|H_3| > 0$ となるように a を決めればよい. $|H_3| = 5 - 1 - 5a^2 > 0$ $\therefore a^2 - \frac{4}{5} < 0$, $-\frac{2}{\sqrt{5}} < a < \frac{2}{\sqrt{5}}$.（3 つの固有値がすべて正となるように a を決めてもよいが，3 次方程式の 3 つの解が正となるように決めなければならないので，少々考察を要する. この場合は主小行列式を使うほうが楽である.）

5. (1) $f_x = f_y = f_z = 0$ より，$(x, y, z) = (0, 0, 0), (\sqrt[3]{2}, \sqrt[3]{4}, \sqrt[3]{2})$ を得る. 2 階偏微分 $\begin{matrix} f_{xx} = 6x, & f_{xy} = -3, & f_{xz} = 0 \\ & f_{yy} = 6y, & f_{yz} = -3 \\ & & f_{zz} = 6z \end{matrix}$ より，ヘッセ行列 $H = \begin{pmatrix} 6x & -3 & 0 \\ -3 & 6y & -3 \\ 0 & -3 & 6z \end{pmatrix}$.

(i) 点 $(0, 0, 0)$ で，$|H_1| = 0, |H_2| < 0, |H_3| = 0$. $|H_3| = 0$ なので，固有値の中に 0 があって判定できない. しかし，この場合は次のようにして極値をとらないことがわかる. $f(x, 0, 0) = x^3$ なので，$f(x, 0, 0) > 0\,(x > 0)$, $f(x, 0, 0) < 0\,(x < 0)$. これは $(0, 0, 0)$ で f が極値をとらないことを示している. (ii) 点 $(\sqrt[3]{2}, \sqrt[3]{4}, \sqrt[3]{2})$ で，$|H_1| = 6\sqrt[3]{2} > 0, |H_2| = 63 > 0, |H_3| = 324\sqrt[3]{2} > 0$. よって，$f$ はこの点で極小値 $f(\sqrt[3]{2}, \sqrt[3]{4}, \sqrt[3]{2}) = -4$ をとる.

(2) $f_x = f_y = f_z = 0$ から $(x, y, z) = (3, 3, \frac{1}{2})$. この点で，$H = \begin{pmatrix} 2 & -2 & 0 \\ -2 & 4 & 0 \\ 0 & 0 & 2 \end{pmatrix}$, $|H_1| = 2 > 0$, $|H_2| = 8 - 4 > 0$, $|H_3| = 16 - 8 > 0$ となって，極小値 $-\frac{17}{4}$ をとる.

(3) 極値をとる候補の点は $(0,0,1)$, $(-\frac{4}{3},-\frac{4}{3},1)$. 点 $(0,0,1)$ で極小値 -1. 点 $(-\frac{4}{3},-\frac{4}{3},1)$ では, $|H_1|=-2<0$, $|H_2|=-4-4<0$, $|H_3|=-8-8<0$ で, 負値であるための条件を満たしていない. $|H_3|<0$ より 3 つの固有値がすべて負か, 2 つが正で 1 つが負. 負値ではなかったので, 2 つが正で 1 つが負となって, この点で極値をとらないことがわかる.

6. (1) $L(x,y,\lambda)=2xy-\lambda(x^2+y^2-1)$ とおいて, $L_x=L_y=L_\lambda=0$ とおくと, $(x,y,\lambda)=(\pm\frac{1}{\sqrt{2}},\pm\frac{1}{\sqrt{2}},1)$, $(\pm\frac{1}{\sqrt{2}},\mp\frac{1}{\sqrt{2}},-1)$. 縁付行列式を計算して, 点 $(\pm\frac{1}{\sqrt{2}},\pm\frac{1}{\sqrt{2}},1)$ で極大で, 極大値 1 をとり, 点 $(\pm\frac{1}{\sqrt{2}},\mp\frac{1}{\sqrt{2}},-1)$ で極小で, 極小値 -1 をとる.

(2) $L(x,y,\lambda)=x^3+y^3-\lambda(x^2+y^2-1)$ とおいて, $L_x=L_y=L_\lambda=0$ とおくと, $L_x=0$ から $x=0$ または $x=\frac{2}{3}\lambda$, $L_y=0$ から $y=0$ または $y=\frac{2}{3}\lambda$. $(x,y)=(0,0)$ のとき, $L_\lambda=0$ を満たさず不適である. $(x,y)=(\frac{2}{3}\lambda,0)$ のとき, $L_\lambda=0$ に代入して $\lambda=\pm\frac{3}{2}$, $x=\pm1$. 同様にして, $(x,y)=(0,\frac{2}{3}\lambda)$ のとき, $\lambda=\pm\frac{3}{2}, y=\pm1$, $(x,y)=(\frac{2}{3}\lambda,\frac{2}{3}\lambda)$ のとき, $(x,y,\lambda)=(\pm\frac{1}{\sqrt{2}},\pm\frac{1}{\sqrt{2}},\pm\frac{3}{4}\sqrt{2})$. よって, 極値をとる点の候補として, 6 個の点 $(x,y,\lambda)=(0,\pm1,\pm\frac{3}{2})$, $(\pm1,0,\pm\frac{3}{2})$, $(\pm\frac{1}{\sqrt{2}},\pm\frac{1}{\sqrt{2}},\pm\frac{3}{4}\sqrt{2})$ を得る. 縁付行列式 $|B|=|B_2|=\begin{vmatrix}0 & 2x & 2y\\ 2x & 6x-2\lambda & 0\\ 2y & 0 & 6y-2\lambda\end{vmatrix}$ を得て, 各点で $|B_2|$ を計算し, 負のとき極小, 正のとき極大となる. まとめて, $(0,1,\frac{3}{2})$, $(1,0,\frac{3}{2})$ のとき極大値 1, $(0,-1,-\frac{3}{2})$, $(-1,0,-\frac{3}{2})$ のとき極小値 -1. また, $(\frac{1}{\sqrt{2}},\frac{1}{\sqrt{2}},\frac{3}{4}\sqrt{2})$ のとき, 極小値 $\frac{1}{\sqrt{2}}$, $(-\frac{1}{\sqrt{2}},-\frac{1}{\sqrt{2}},-\frac{3}{4}\sqrt{2})$ のとき, 極大値 $-\frac{1}{\sqrt{2}}$ を得る（最後の 2 つの極値は誤りではない).

7. 直方体の縦, 横, 高さを x,y,z とする（単位は cm）と, 体積 $xyz=32$ のもとで, 表面積 $S=xy+2xz+2yz$ を最小にすればよい. (解法 I) $z=\frac{32}{xy}$ を S に代入して, $S=xy+\frac{64}{x}+\frac{64}{y}$ の極値問題を解けばよい. ただし, x,y が正であることに注意すること. (解法 II) これはもちろん条件付極値問題なので, $L=xy+2xz+2yz-\lambda(xyz-32)$ とおいて計算すればよい. 答は 3 辺が $(4,4,2)$ をとるときが表面積最小となる. 解法 I では, $S_x=S_y=0$ より, $(x,y)=(4,4)$. この点でヘッセ行列 $H=\begin{pmatrix}2 & 1\\ 1 & 2\end{pmatrix}$. $|H_1|=2>0$, $|H_2|=3>0$ となって極小で, 極小値 $S=48\,\mathrm{cm}^2$ を得る. 一方, 解法 II では, $L_x=y+2z-\lambda yz$, $L_y=x+2z-\lambda xz$, $L_z=2x+2y-\lambda xy$, $L_\lambda=-(xyz-32)$ より, $L_x=L_y=L_z=L_\lambda=0$ を解く. $L_\lambda=0$ を使って,

$L_x=0, L_y=0$ は $\begin{cases} y+2z=\frac{32\lambda}{x} \\ x+2z=\frac{32\lambda}{y}. \end{cases}$ よって，$\begin{cases} xy+2xz=32\lambda \\ xy+2yz=32\lambda. \end{cases}$ 辺々を引いて，$(x-y)z=0$．$z>0$ より $y=x$．$L_z=0$ に代入して，$x=y=\frac{4}{\lambda}$．$L_x=0$ に代入して $z=\frac{2}{\lambda}$．これらを $L_\lambda=0$ に代入して，$\frac{32}{\lambda^3}=32$, $\lambda=1$．ゆえに，$(x,y,z,\lambda)=(4,4,2,1)$．この点で，縁付行列式 $|B|=\begin{vmatrix} 0 & 8 & 8 & 16 \\ 8 & 0 & -1 & -2 \\ 8 & -1 & 0 & -2 \\ 16 & -2 & -2 & 0 \end{vmatrix}$．ゆえに，$|B_2|=-128<0$, $|B_3|=-768<0$ となって，この点で極小で，極小値 $S=48\,\mathrm{cm}^2$ をとる．

第5章の問題の解答

練習 5.1.1　(1) $\frac{2}{3}x\sqrt{x}+3x+6\sqrt{x}+\log|x|+C$　(2) $3\sin x-2\tan x+C$　(3) $\frac{3}{7}t^2\sqrt[3]{t}+\frac{3}{2}t\sqrt[3]{t}+3\sqrt[3]{t}+C=\frac{3}{14}\sqrt[3]{t}(2t^2+7t+14)+C$　(4) $\frac{1}{2}\log\left|\frac{x-1}{x+1}\right|+C$　(5) $\frac{1}{2}x^2+\log|x^2-1|+C$　（$\frac{x^3+x}{x^2-1}=x+\frac{2x}{x^2-1}$ として，第 2 項を部分分数に分解する．または，5.1.2 項の (5.5) を使う．）(6) $\frac{2}{3}(\sqrt{(x+1)^3}-\sqrt{(x-1)^3})+C$　（分母を有理化して積分する．）

練習 5.1.2　(1) $2(2-x)\sqrt{1-x}+C$　(2) $-(2+x^2)\sqrt{1-x^2}+C$　(3) $\frac{1}{2}\log(2x+1+\sqrt{4x^2+4x+3})+C$　（$4x^2+4x+3=(2x+1)^2+2$ と $\int\frac{dx}{\sqrt{x^2+a}}=\log|x+\sqrt{x^2+a}|$ を思い浮かべて，$2x+1=t$ とおけ．または，(5.2) と (5.3) を組み合わせてもよい．）(4) $4\sin^{-1}\frac{x}{2}+x\sqrt{4-x^2}+C$（例 5.1.5 (1) と同様に，$x=2\sin t$ または，$x=2\cos t$ とおく．$x=2\cos t$ とおくと，$-4\cos^{-1}\frac{x}{2}+x\sqrt{4-x^2}+C$ が得られたかもしれない．これも正解．一般に，$\sin^{-1}x+\cos^{-1}x=\frac{\pi}{2}$ であるから．練習 5.1.6 と同様な方法で部分積分法を使うこともできる．）

練習 5.1.3　(1) $3(x-1)e^x+C$　(2) $-x\cos x+\sin x+C$　(3) $\frac{1}{25}x^5(5\log x-1)+C$

練習 5.1.4　(1) $(x^2-2x+2)e^x+C$　(2) $-\frac{1}{27}(9x^2+6x+2)e^{-3x}+C$　(3) $\frac{1}{2}x\sin 2x+\frac{1}{4}\cos 2x+C$　(4) $(2-x^2)\cos x+2x\sin x+C$

練習 5.1.5　例 5.1.8 と同様にして，$I=\frac{e^{ax}(a\sin bx-b\cos bx)}{a^2+b^2}$．

練習 5.1.6　部分積分法を使うと，$I=\int(x)'\sqrt{x^2+a^2}\,dx=x\sqrt{x^2+a^2}-\int x\frac{x}{\sqrt{x^2+a^2}}\,dx=x\sqrt{x^2+a^2}-\int\sqrt{x^2+a^2}\,dx+\int\frac{a^2}{\sqrt{x^2+a^2}}\,dx$ ($\because\ x^2=(x^2+a^2)-a^2$) $=x\sqrt{x^2+a^2}-I+a^2\log(x+\sqrt{x^2+a^2})+2C$．ゆえに，$I=\frac{1}{2}(x\sqrt{x^2+a^2}+$

$a^2\log(x+\sqrt{x^2+a^2}))+C$．任意定数は 2 で割れるので $2C$ として形を整えた．
別解　計算は面倒になるが置換積分法を使ってもできる．これまでやってきたいろいろな方法が目白押しででてくる．途中の計算はかなり省略する．まず例 5.1.5 (2) と同様に $x=a\tan\theta$ とおくと，$I=\int\frac{a}{\cos\theta}\cdot\frac{a\,d\theta}{\cos^2\theta}=a^2\int\frac{d\theta}{\cos^3\theta}=a^2\int\frac{\cos\theta\,d\theta}{(1-\sin^2\theta)^2}$．最後の式は，例 5.1.9 (5) のように，分母子に $\cos\theta$ を掛けた．さらに，$\sin\theta=t$ とおいて，$I=a^2\int\frac{dt}{(1-t^2)^2}=a^2\int\frac{dt}{(1-t)^2(1+t)^2}$．部分分数に分解して，$I=\frac{a^2}{4}\int(\frac{1}{1-t}+\frac{1}{(1-t)^2}+\frac{1}{1+t}+\frac{1}{(1+t)^2})\,dt=\frac{a^2}{4}(-\log|1-t|+\frac{1}{1-t}+\log|1+t|-\frac{1}{1+t})+C=\frac{a^2}{4}(\log|\frac{1+t}{1-t}|+\frac{2t}{1-t^2})+C$．ここで，$t=\sin\theta, x=a\tan\theta$ を使って x の式に戻す．$\frac{1+t}{1-t}=\frac{1+\sin\theta}{1-\sin\theta}=\frac{(1+\sin\theta)^2}{\cos^2\theta}=(\frac{1}{\cos\theta}+\tan\theta)^2=(\sqrt{(\frac{x}{a})^2+1}+\frac{x}{a})^2=\frac{1}{a^2}(x+\sqrt{x^2+a^2})^2$，$\frac{2t}{1-t^2}=\frac{2\sin\theta}{\cos^2\theta}=2\tan\theta\cdot\frac{1}{\cos\theta}=\frac{2}{a^2}x\sqrt{x^2+a^2}$．よって，$I=\frac{a^2}{4}(\log|\frac{1}{a^2}(x+\sqrt{x^2+a^2})^2|+\frac{2}{a^2}x\sqrt{x^2+a^2})+C=\frac{a^2}{2}\log(x+\sqrt{x^2+a^2})+\frac{1}{2}x\sqrt{x^2+a^2}+C'$ $(C'=C-\frac{a^2}{2}\log a)$ として部分積分法で得られた解と同じ解が得られる．

練習 5.2.1　底面が半径 r の円, 高さが h の円錐が横になっていると思って，$y=\frac{r}{h}x$ を x 軸で回転すればよい．$V=\pi\int_0^h(\frac{r}{h}x)^2\,dx=\frac{\pi r^2}{h^2}[\frac{x^3}{3}]_0^h=\frac{1}{3}\pi r^2h$.

第 5 章の章末問題

1．(1) $x<0$ のとき, $x+|x|=0$．よって, 与式$=\int_0^1\frac{2x}{1+x^2}\,dx=[\log(1+x^2)]_0^1=\log 2$．(2) $e^x=t$ とおくと，$e^xdx=dt,\ x|_0^\infty\to t|_1^\infty$　$\therefore$ 与式 $=\int_0^\infty\frac{e^x\,dx}{e^{2x}+1}=\int_1^\infty\frac{dt}{t^2+1}=[\tan^{-1}t]_1^\infty=\frac{\pi}{2}-\frac{\pi}{4}=\frac{\pi}{4}$.

2．(1) $\int_0^\infty t^2e^{-t^2}\,dt=\int_0^\infty(-\frac{1}{2}e^{-t^2})'\cdot t\,dt=[-\frac{1}{2}e^{-t^2}\cdot t]_0^\infty-\int_0^\infty(-\frac{1}{2}e^{-t^2})\cdot 1\,dt=\frac{\sqrt{\pi}}{4}$．(2) $\sqrt{t}=x, t=x^2$ とおくと，$dt=2x\,dx,\ t|_0^\infty\to x|_0^\infty$　$\therefore\int_0^\infty\frac{e^{-t}}{\sqrt{t}}\,dt=\int_0^\infty\frac{e^{-x^2}}{x}2x\,dx=2\int_0^\infty e^{-x^2}\,dx=\sqrt{\pi}$．これは，$\int_0^\infty\frac{e^{-t}}{\sqrt{t}}\,dt=\int_0^\infty e^{-t}t^{\frac{1}{2}-1}\,dt=\Gamma(\frac{1}{2})$ なので，$\Gamma(\frac{1}{2})=\sqrt{\pi}$ を示している．

3．$\cos x=t$ とおくと，$-\sin x\,dx=dt,\ x|_{\pi/3}^{\pi/2}\to t|_{1/2}^0$　$\therefore a_n=-\int_{1/2}^0 t^{n-1}\,dt=[\frac{1}{n}t^n]_0^{1/2}=\frac{1}{n}(\frac{1}{2})^n$　$\therefore\sum_{n=1}^\infty na_n=\sum_{n=1}^\infty(\frac{1}{2})^n=\frac{\frac{1}{2}}{1-\frac{1}{2}}=1$．最後は無限等比級数の公式 $a+ar+ar^2+\cdots=\frac{a}{1-r}\ (|r|<1)$ を使った．

4．これは例 5.1.10 に関連したもう少し高度な問題である．$I_n=\int_0^{\frac{\pi}{2}}(-\cos x)'\sin^{n-1}x\,dx=[-\cos x\sin^{n-1}x]_0^{\frac{\pi}{2}}-\int_0^{\frac{\pi}{2}}(-\cos x)\cdot(n-1)\sin^{n-2}x\cos x\,dx=0+(n-1)\int_0^{\frac{\pi}{2}}\underbrace{\cos^2x}_{1-\sin^2x}\sin^{n-1}x\,dx=(n-1)(I_{n-2}-I_n)$．ゆえに移項し整理すれば, 漸化式 $I_n=\frac{n-1}{n}I_{n-2}$ を得る．これより，n が偶数ならば，$I_0=\int_0^{\frac{\pi}{2}}1\,dx=\frac{\pi}{2}$ なの

で，$I_n = \frac{n-1}{n} I_{n-2} = \frac{n-1}{n} \cdot \frac{n-3}{n-2} I_{n-4} = \cdots = \frac{n-1}{n} \cdot \frac{n-3}{n-2} \cdots \frac{1}{2} I_0 = \frac{(n-1)(n-3)\cdots 3\cdot 1}{n(n-2)\cdots 4\cdot 2} \frac{\pi}{2}$．もし，$n$ が奇数ならば，$I_1 = \int_0^{\frac{\pi}{2}} \sin x \, dx = [-\cos x]_0^{\frac{\pi}{2}} = 1$ なので，$I_n = \frac{n-1}{n} \cdot \frac{n-3}{n-2} \cdots \frac{2}{3} I_1 = \frac{(n-1)(n-3)\cdots 2}{n(n-2)\cdots 3}$．

5．(1) 両辺に $e^{\int p(x)\,dx}$ を掛けると，$y' \cdot e^{\int p(x)\,dx} + y \cdot \underbrace{p(x)e^{\int p(x)\,dx}}_{\left(e^{\int p(x)\,dx}\right)'} = q(x)e^{\int p(x)\,dx}$．左辺に積の微分公式を適用すると，$(y \cdot e^{\int p(x)\,dx})' = q(x)e^{\int p(x)\,dx}$ $\therefore y \cdot e^{\int p(x)\,dx} = \int q(x)e^{\int p(x)\,dx} dx + C$．よって，解公式を得る．

(2) 等式の両辺を x で微分すると，$y' + 3y = 3x$ で，これは 1 階線形微分方程式．$\therefore\ y = e^{-3x}[\int 3xe^{3x}\,dx + C]$．ここで，$\int 3xe^{3x}\,dx = \int (e^{3x})' x\,dx = e^{3x}x - \int e^{3x}\,dx = e^{3x}(x - \frac{1}{3})$ より，$y = x - \frac{1}{3} + Ce^{-3x}$．また，与式で，$x = 0$ とおくと $y(0) = 0$ を得るので，$0 = -\frac{1}{3} + C$ $\therefore C = \frac{1}{3}$．よって，$y = x - \frac{1}{3} + \frac{1}{3}e^{-3x}$．

第 6 章の問題の解答

第 6 章の章末問題

1．D の図と積分順序については図 7.14 を参照のこと．

(1) $\int_D y\,dx\,dy = \int_0^2 \left(\int_0^{\frac{1}{2}x} y\,dy\right) dx = \int_0^2 [\frac{1}{2}y^2]_0^{\frac{1}{2}x} dx = \int_0^2 \frac{1}{8}x^2\,dx = [\frac{1}{24}x^3]_0^2 = \frac{1}{3}$．または，$\int_D y\,dx\,dy = \int_0^1 \left(\int_{2y}^2 y\,dx\right) dy = \int_0^1 y(2 - 2y)\,dy = \frac{1}{3}$．(2) $\int_D 20xye^{x^2+y^2}\,dx\,dy = \int_0^2 20x \left(\int_0^{\frac{1}{2}x} ye^{x^2+y^2}\,dy\right) dx = \int_0^2 10x[e^{x^2+y^2}]_{y=0}^{y=\frac{1}{2}x} dx = \int_0^2 10x(e^{\frac{5}{4}x^2} - e^{x^2})\,dx = [4e^{\frac{5}{4}x^2} - 5e^{x^2}]_0^2 = (4e - 5)e^4 + 1$．または，$\int_D 20xye^{x^2+y^2}\,dx\,dy = \int_0^1 20y \left(\int_{2y}^2 xe^{x^2+y^2}\,dx\right) dy = \int_0^1 10y[e^{x^2+y^2}]_{x=2y}^{x=2} dy = [5e^{4+y^2} - e^{5y^2}]_0^1 = (4e - 5)e^4 + 1$.

2．極座標変換 $x = r\cos\theta, y = r\sin\theta$ とおくと，$1 < r < \infty, \pi/6 < \theta < \pi/4$ で，

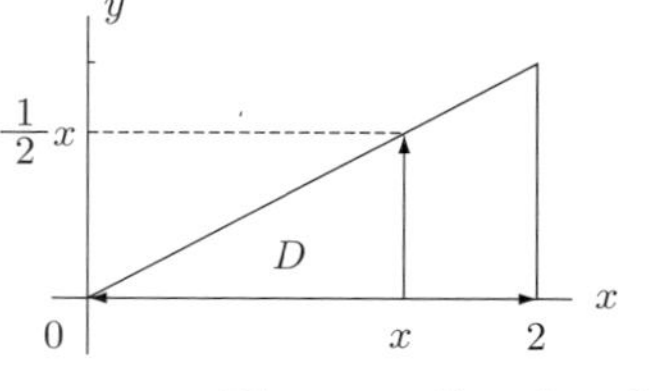

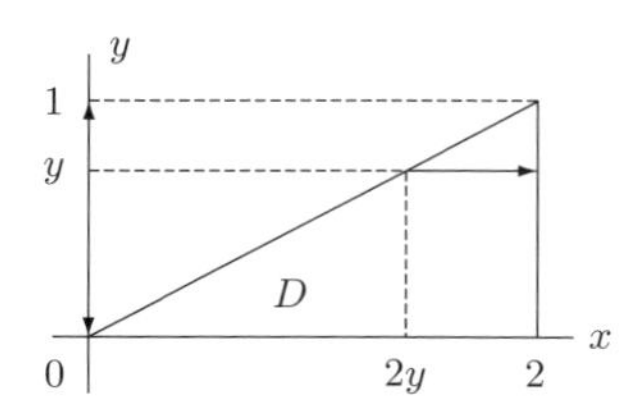

図 **7.14**　第 6 章の章末問題 1. の積分順序

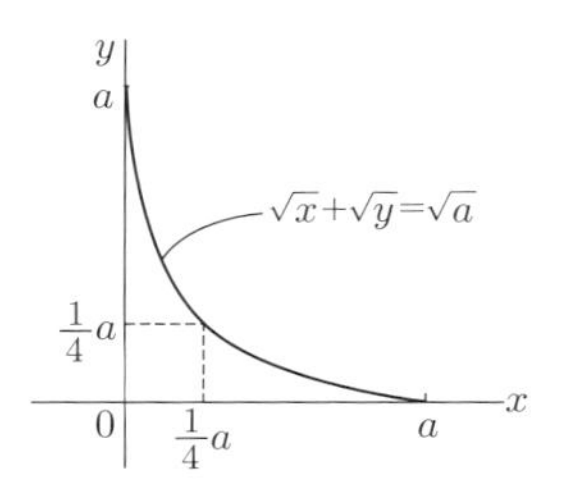

図 7.15 (a)　第 6 章の章末問題 4.(1) グラフ

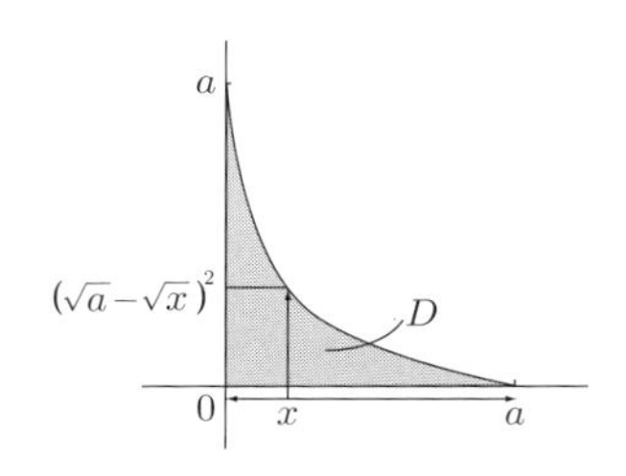

図 7.15 (b)　4.(2) 積分の順序

$dx\,dy = r\,dr\,d\theta$ $\therefore I = \int_{\pi/6}^{\pi/4}\int_1^{\infty} r^{-4}\cdot r\,dr\,d\theta = (\frac{\pi}{4}-\frac{\pi}{6})[\frac{1}{-2}r^{-2}]_1^{\infty} = \frac{\pi}{24}$.

3. 領域は球 $x^2+y^2+z^2 \leq 4$ を円柱 $x^2+y^2=1$ で切り抜いた図形を表している．その体積 V は，$V = 2\int_{x^2+y^2\leq 1}\sqrt{4-x^2-y^2}\,dx\,dy$ で与えられる．この場合も極座標変換 $x = r\cos\theta, y = r\sin\theta$ をして，$0 \leq r \leq 1, 0 \leq \theta < 2\pi$ で，$dx\,dy = r\,dr\,d\theta$ $\therefore V = 2\int_0^{2\pi}\int_0^1 \sqrt{4-r^2}\cdot r\,dr\,d\theta = 2\cdot 2\pi[-\frac{1}{3}(4-r^2)^{\frac{3}{2}}]_0^1 = 4\pi(\frac{8}{3}-\sqrt{3})$.

4. (1) $y = y(x)$ と考えて，両辺を x で微分して（陰関数表示の関数の微分），$\frac{1}{2}x^{-\frac{1}{2}} + \frac{1}{2}y^{-\frac{1}{2}}y' = 0$ $\therefore y' = -(\frac{y}{x})^{\frac{1}{2}} < 0$. よって，2 階の導関数は，$y'' = -\frac{1}{2}(\frac{y}{x})^{-\frac{1}{2}}\cdot\frac{y'x-y}{x^2} = \frac{1}{2}(\frac{y}{x})^{-\frac{1}{2}}\cdot\frac{(-y')x+y}{x^2} > 0$ $(\because y' < 0)$. グラフは図 7.15 (a). もし，与式が絶対値のついた $\{(x,y);\ \sqrt{|x|}+\sqrt{|y|} \leq \sqrt{a}\}$ で与えられれば，原点，x, y 軸対称の菱形上の領域となる．

(2) $x \in (0,a)$ を固定したとき，$0 \leq y \leq (\sqrt{a}-\sqrt{x})^2$ なので（図 7.15 (b)），$I = \iint_D dx\,dy = \int_0^a \left(\int_0^{(\sqrt{a}-\sqrt{x})^2} dy\right) dx = \int_0^a (a - 2\sqrt{a}x^{\frac{1}{2}} + x)\,dx = \frac{a^2}{6}$. これは領域 D の面積である．

参考文献

本書執筆にあたって，本文中にあげた文献など多くの関連書物を参考にさせていただいた．主として参考にさせていただいた文献を以下にあげ，併せて深く感謝申し上げる．

「解析概論」(改訂第三版) (高木貞治著)，岩波書店，1983 年
「解析学序説」(第 1 版) (上，下巻) (一松信著)，裳華房，1962, 1963 年
「微分積分学」(現代数学ゼミナール 2) (中尾愼宏著)，近代科学社，1987 年
「微分積分 (上)」(応用解析の基礎 1) (入江昭二，垣田高夫，杉山昌平，宮寺功共著)，内田老鶴圃，1975 年
「経済数学—近代経済学を学ぶために—」(岡本哲治，蔵田久作，小山昭雄編)，有斐閣，1975 年
「経済数学 I (微分と偏微分)」(津野義道著)，培風館，1990 年
A.C. Chiang, Fundamental Methods of Mathematical Economics, McGRAW-HILL, 1967.
「経済数学」(経済学教室 3) (永田良，田中久稔共著)，培風館，2012 年

なお，上記のほか，第 4 章の線形代数に関する事項およびショートノートに関する事項について

「アントンのやさしい線型代数」(H. アントン著，山下純一訳)，現代数学社，1979 年
「線型代数入門」(有馬哲著)，東京図書，1974 年
「改訂 マトリクスとその応用」(西垣久實，洲之内治男著)，コロナ社，1969 年
「代数学と幾何学」(関野薫著)，学生社，1969 年

等を参考にさせていただいた．

索引

さ

た

な

は

ま

や

ら

わ

〈著者紹介〉

西原健二

現職：早稲田大学名誉教授

「半線形消散型波動方程式の Cauchy 問題の解の時間大域的漸近挙動」（東北大学大学院理学研究科 大学院 GP レクチャーノートシリーズ 20），2010 年

「非線形微分方程式の大域解—圧縮性粘性流の数学解析」（日本評論社），2004 年（共著）

瀧澤武信

現職：早稲田大学名誉教授

「人間に勝つコンピュータ将棋の作り方」（技術評論社），2012 年（共著）

「ファジィ理論　基礎と応用」（共立出版），2010 年（共著）

「Excel で楽しむ統計」（共立出版），2004 年（共著）

「エキスパートシステムの実際と展望」（パーソナルメディア），1987 年（共訳）他

玉置健一郎

現職：早稲田大学政治経済学術院　准教授

“Optimal Statistical Inference in Financial Engineering”（Chapman and Hall/CRC），2007 年（共著）

経済系のための微分積分 増補版

Elementary Calculus for Economics

Enlarged Edition

2007 年 3 月 15 日　初 版 1 刷発行

2018 年 3 月 25 日　初 版 9 刷発行

2018 年 9 月 10 日　増補版 1 刷発行

2022 年 9 月 30 日　増補版 3 刷発行

検印廃止

NDC 413.3

ISBN 978-4-320-11338-1

著　者　西原健二，瀧澤武信

玉置健一郎　© 2018

発行者　南 條 光 章

発行所　**共立出版株式会社**

〒112-0006

東京都文京区小日向 4-6-19

電話　03-3947-2511（代表）

振替口座　00110-2-57035

www.kyoritsu-pub.co.jp

印　刷
製　本　藤原印刷

一般社団法人

自然科学書協会

会員

Printed in Japan